COURS ÉLÉMENTAIRE

DE PALÉONTOLOGIE

ET DE GÉOLOGIE

STRATIGRAPHIQUES.

DU MÊME AUTEUR.

Prodrome de Paléontologie stratigraphique universelle des animaux mollusques et rayonnés, faisant suite au Cours élémentaire de Paléontologie et de Géologie stratigraphiques. — Ouvrage entièrement terminé et sous presse. Le premier volume est en vente. 3 vol in-18. 24 fr.

Paléontologie française (TERRAINS CRÉTACÉS). Les 146 livraisons publiées contiennent les Mollusques céphalopodes, gastéropodes, acéphales, et brachiopodes, formant 4 volumes de texte et 4 volumes de planches.

Paléontologie française (TERRAINS JURASSIQUES). Il a déjà paru 55 livraisons comprenant les Céphalopodes. — Les prix sont par livraison, comprenant 4 planches in-8 tirées sur papier vélin, et du texte correspondant, 1 fr. 25 c. pour Paris, 1 fr. 35 c. pour les départements.

Paléontologie universelle des Coquilles et des Mollusques, 8 volumes in-8 avec un Atlas de 1500 planches environ, du même format, représentant toutes les espèces de coquilles fossiles connues. — Prix de chaque livraison, contenant 20 pl. et le texte correspondant. 6 fr.
(C'est la Paléontologie française réunie à l'ouvrage suivant.)

Paléontologie des Coquilles et des Mollusques étrangers à la France ; Atlas représentant les coquilles fossiles étrangères à la France, et les animaux types des genres qui se rencontrent fossiles, accompagnée du texte de la Paléontologie universelle. — Prix de chaque livraison, contenant 20 planches et le texte correspondant. 8 fr.

Mollusques vivants et fossiles. Description de toutes les espèces de coquilles et de mollusques, classées suivant leur distribution géologique et géographique. — 10 vol. in-8, avec un Atlas de 800 planches gravées, du même format.

Cet ouvrage se publie par livraisons contenant chacune environ 5 planches et 5 feuilles de texte.

PRIX DE CHAQUE LIVRAISON :

Pour les exemplaires avec toutes les planches en noir....... 3 fr. 50 c.
Pour les exemplaires avec les planches des fossiles en noir et les planches des mollusques vivants fossiles............ 5 fr. »

Voyage dans l'Amérique méridionale pendant les années 1826 à 1834. — 10 vol. in-4° y compris 500 planches.

Corbeil, imprim. de Crété.

COURS ÉLÉMENTAIRE

DE

PALÉONTOLOGIE

ET

DE GÉOLOGIE

STRATIGRAPHIQUES

PAR

M. ALCIDE D'ORBIGNY

Docteur ès sciences, Professeur suppléant de Géologie à la Faculté des Sciences de Paris,

Chevalier de l'ordre national de la Légion d'honneur, de l'ordre de saint Wladimir de Russie, de l'ordre de la Couronne de fer d'Autriche, officier de la Légion d'honneur Bolivienne; membre des Sociétés philomatique, de géologie, de géographie et d'ethnologie de Paris, membre honoraire de la Société géologique de Londres; membre des Académies et sociétés savantes de Turin, de Madrid, de Moscou, de Philadelphie, de Ratisbonne, de Montevideo de Bordeaux, de Normandie, de la Rochelle, de Saintes, de Blois, de l'Yonne, etc.

Vignettes gravées en relief et sur cuivre,

PAR M. E. SALLE.

PREMIER VOLUME.

VICTOR MASSON,

Place de l'École de Médecine, 17. — Paris.

1849

INTRODUCTION.*

Née sur le sol de la France, la *Paléontologie* doit une célébrité méritée aux savantes recherches des Cuvier et des Brongniart. Dès que leurs travaux parurent, cessant d'être de simples objets de curiosité, les restes d'animaux fossiles enfouis dans les couches terrestres devinrent les *médailles de l'histoire de notre planète*. La comparaison rigoureuse que fit Georges Cuvier des animaux vertébrés fossiles avec les animaux actuellement existants, vint en effet jeter un jour tout nouveau sur les dernières phases de l'animalisation du globe. En ouvrant un champ sans limites à l'observation, cet important résultat fit entrevoir où pourrait conduire l'étude positive de l'ensemble des êtres répartis en si grand nombre dans les étages qui se sont succédé à toutes les époques géologiques.

Les nombreux travaux paléontologiques qui suivirent, ont sans doute leur utilité, mais rédigés par des hommes qui n'avaient pas toujours des connaissances zoologiques et géologiques assez positives, ils présentent souvent des erreurs et les opinions les plus contradictoires. Signalées avec juste raison par quelques géologues, ces contradictions nous ont engagé à publier, sous le titre de *Paléontologie française*, la série des faits bien constatés que nous ont permis de ras-

* Nous nous sommes adjoint, comme collaborateur, M. Hugard, vice-secrétaire de la Société Géologique de France, à qui sont familières les études zoologiques, géologiques et minéralogiques.

M. Hugard a rassemblé pour nous les matériaux concernant les animaux vertébrés et annelés ; il nous a également fourni des notes sur les questions minéralogiques et chimiques des généralités préliminaires.

Qu'il nous soit permis de lui en témoigner ici toute notre reconnaissance.

sembler des études géologiques soutenues pendant un grand nombre d'années.

En commençant cette publication, nous disions, dès 1840 (*Terrains crétacés*, t. I, p. 18), qu'après avoir publié les faunes fossiles propres au sol de la France, nous terminerions nos recherches par un travail d'ensemble, résumé zoologique et géologique des faits nombreux consignés dans cet ouvrage. Nous avions, dès cette époque, l'intention de publier, comme résultat de nos observations, un traité de *Paléontologie générale appliquée à la géologie*. Si nous pouvions croire alors cette époque assez rapprochée, nous avons dû nous détromper, en enregistrant successivement les découvertes multipliées dont une heureuse impulsion enrichissait chaque jour le domaine de la science paléontologique. Le nombre des espèces fossiles s'étant en effet augmenté dans une progression très-rapide, au fur et à mesure de nos publications, nous avons vu se sextupler le nombre de nos matériaux, et notre but s'éloigner de plus en plus. D'un autre côté, les vastes travaux qui nous étaient imposés en dehors des études de notre choix (notre *Voyage dans l'Amérique méridionale*), absorbant une grande partie de nos loisirs, nous voulions attendre encore, mais plusieurs auteurs nous ayant devancé, en faisant paraître des ouvrages de Paléontologie où nos travaux se trouvent analysés, on concevra que nous ne puissions plus longtemps garder le silence, et qu'il nous devienne surtout indispensable de publier *nous-même* le résumé de nos observations.

Si pourtant ces traités de Paléontologie nous avaient paru complets, nous n'aurions pas eu la pensée d'en donner un de plus ; mais, d'après l'idée que nous nous sommes formée de cette science, nous croyons qu'ils n'atteignent nullement leur but. La Paléontologie, dans l'état actuel des connaissances humaines, est encore à son berceau, et pour la conduire aux résultats qui lui sont promis, il faut l'asseoir sur des bases nouvelles solidement établies. Elle ne saurait se traiter dans le cabinet, en compulsant des ouvrages et en groupant les éléments les plus hétérogènes, dont l'agrégation ne produira jamais que des erreurs. On ne peut la mettre en pratique d'une manière utile et réellement élémentaire que sur le terrain, en étudiant scrupuleusement, dans le grand livre de la nature, les plus petits détails de composition des couches terrestres, et la manière d'être des fossiles dans ces couches. C'est ainsi que nous l'avons étudiée et que nous poursuivons incessamment nos recherches ; car nous le répétons, la Paléontologie est une science neuve, dont il convient préalablement de faire connaître la haute portée. Nous croyons donc, qu'un traité élémentaire de Paléontologie, conçu dans ce sens, contenant, pour la première fois, l'ensemble des faits bien constatés qui lui servent de base, et la curieuse succession des êtres à la surface du globe, est, sans contredit, un des besoins les plus impérieux du moment, dans la marche progressive des travaux scientifiques.

La Paléontologie, d'après ce principe, ne se borne pas, comme on le croit généralement, à donner, d'après une classification méthodique, une simple nomenclature de zoologie fossile. Elle ne consiste pas, non plus, à présenter une suite d'espèces dans un ordre zoologique ou géologique quelconque. A cette science très-complexe, se rattachent, en effet, les plus hautes questions relatives au passé comme au présent de l'animalisation terrestre.

Pour s'occuper fructueusement de Paléontologie, il ne suffit pas d'être zoologiste. Bien que la zoologie et l'anatomie comparée soient la base de tout travail, et que, sans ces premiers éléments, il n'y ait pas de Paléontologie possible, la zoologie seule n'est pas suffisante. Elle constate et discute les rapports ou les différences qui existent entre les animaux vivants et les animaux fossiles, mais sans apprécier les conditions d'âge géologique où se trouvent ces animaux, et les hautes conséquences qu'on peut en déduire.

Pour s'occuper de Paléontologie, il ne suffit pas non plus d'être géologue. Connût-on parfaitement la position respective des couches qui renferment des animaux fossiles, eût-on étudié leur âge relatif et même quelques-unes des conditions d'existence des êtres, lorsqu'il s'agira de la détermination très-positive des espèces, base de toutes les considérations générales et spéciales, on n'en commettra pas moins de graves et nombreuses erreurs, et cela sans même s'en douter le moins du monde. On séparera, par exemple, de simples variétés ou même des monstruosités qu'on érigera en espèces, ou bien, ne pouvant pas toujours apprécier des caractères peu visibles, on réunira, sous le même nom, les espèces les plus distinctes. Il s'ensuivra un chaos inextricable très-propre à jeter des doutes sur les résultats paléontologiques.

Qu'il nous soit permis de le dire ici en passant : toutes les divergences d'opinion, toutes les contradictions qu'amène la comparaison des différents ouvrages de Paléontologie, tiennent positivement à deux grandes causes d'erreurs. Elles proviennent souvent de fausses indications géologiques données par des zoologistes, mais plus souvent encore, de fausses déterminations d'espèces faites par des auteurs peu versés dans la zoologie. Nous insisterons beaucoup sur ce point, la clef et la véritable explication de ces contradictions qui n'existent que dans les livres, et pas du tout dans la nature. Jamais légitimement une personne étrangère aux sciences mathématiques n'aura, par exemple, la prétention de publier des observations astronomiques, pas plus qu'une personne étrangère à la chimie n'osera publier des travaux de minéralogie ; car il est reconnu que, sans la connaissance approfondie de ces sciences élémentaires, ces personnes commettraient les plus graves erreurs. Il est certain que les mathématiques sont à l'astronome, la chimie au minéralogiste, dans les mêmes conditions que la zoologie par rapport au paléontologiste. Sans des études premières très-sérieuses, sans ces éléments de vérité, le paléontologiste marchera fréquemment dans une fausse voie, et quelle que puisse être d'ailleurs sa sagacité, il ne manquera pas de se tromper souvent et d'émettre des principes en opposition complète avec les faits. Si nous supposons que des hommes d'une très-haute portée puissent se laisser quelquefois entraîner dans une fausse direction, que n'arrivera-t-il pas, lorsque la Paléontologie tombera entre des mains moins habiles, ou lorsqu'elle sera à la disposition de ces hommes passionnés qui, pour établir et défendre des idées préconçues, voudront couper, trancher parmi les espèces fossiles, de la manière la plus arbitraire, sans se préoccuper des rapprochements les plus étranges et des contre-sens zoologiques et géologiques les plus positifs, qu'ils seront exposés à faire à chaque pas?

Une fâcheuse école a, dans ce moment, pour système arrêté de réunir les êtres fossiles, dès que leurs formes extérieures les rapprochent quelque peu les uns des autres, et cela, sans songer que les caractères les mieux tranchés ont pu lui échapper. Il résulte de ce faux principe qu'on assemble les êtres les plus disparates, et qui ont vécu à des époques géologiques bien distinctes. De cette alliance monstrueuse naissent deux graves erreurs. L'une, géologique, réunit des êtres que la nature avait séparés, efface arbitrairement les caractères distinctifs des étages et replonge ainsi dans un véritable chaos l'étude des couches qui composent l'écorce terrestre; l'autre, zoologique, tient, comme nous l'avons dit, au manque de connaissances premières en zoologie, et tend à nous faire d'un seul coup rétrograder d'un siècle, en nous ramenant à l'enfance de la science.

A l'instant où le génie d'un grand homme le portait à séparer, pour la première fois, l'ensemble des êtres, afin d'en former des groupes génériques, on conçoit qu'il dut quelquefois se tromper, et prendre un genre pour une espèce, comme on le voit, par exemple, pour le *sepia octopodia* de Linné, qui renfermait toutes les espèces du genre *octopus;* pour le *spondylus gederopus* où étaient confondues presque toutes les espèces de *spondylus*, etc., etc. Ces erreurs, quelque regrettables qu'elles soient, s'expliquent par l'époque où elles ont été commises; mais y retomber en 1847, c'est annihiler les longues études de tant d'hommes justement illustres, c'est annuler leurs savantes découvertes zoologiques et anatomiques.

Nous sommes entré dans ces détails pour répondre publiquement à ces insinuations si souvent reproduites par quelques auteurs, que les zoologistes *multiplient trop les espèces,* afin de faire connaître de quels principes elles émanent et l'importance qu'on y doit mettre. La division naturelle des espèces, basée sur des études prolongées, sur l'examen minutieux de nombreux échantillons de tous les âges, recueillis dans les meilleures conditions géologiques, est d'accord en tout point avec les règles zoologiques les plus sévères, et conduit aux résultats géologiques les plus positifs d'application, à la reconnaissance de l'âge des étages. Le système contraire de réunion arbitraire fausse les notions de zoologie les plus élémentaires, en réunissant des êtres qui diffèrent spécifiquement les uns des autres, et qui souvent ont vécu à des époques géologiques bien distinctes. Par cet exposé rapide, on concevra que la première des méthodes est en rapport direct avec la zoologie et la géologie; qu'elle tend à simplifier l'étude et à la ramener à des règles positives d'application, tandis que la seconde, tout en faussant les faits relatifs à ces deux sciences, en retarde gratuitement les progrès.

§ 1. Définition de la Paléontologie. — La Paléontologie, comme nous la comprenons, ne se borne pas à décrire isolément les animaux fossiles, dans un ordre zoologique ou géologique; elle embrasse toutes les questions relatives à ces deux sciences, qui se rattachent directement ou indirectement aux êtres enfouis dans les couches terrestres. Elle embrasse l'ensemble des éléments de zoologie spéciale et raisonnée, de manière à donner les moyens de reconnaître les caractères d'un être à l'état normal. Elle indique par la comparaison avec les êtres vivants toutes les causes d'erreurs, afin qu'on ne confonde pas les véritables espèces avec les diverses phases de l'accroissement individuel, avec les changements déterminés par les sexes, par les milieux d'habitations, ou même avec de simples cas pathologiques. Elle pose les différentes limites qui doivent être adoptées dans la détermination spécifique, suivant la série animale dont elle s'occupe, en démontrant, par exemple, que ces limites sont d'autant plus restreintes que l'animal est plus parfait, qu'il jouit de plus de liberté dans son existence, et, au contraire, d'autant plus larges que l'être est moins libre dans ses mouvements et qu'il est plus sédentaire.

Il faut rattacher à la *Paléontologie* toutes les questions de zoologie générale, afin d'arriver, par la connaissance des faits actuels, bien constatés, à reconnaître ce qui s'est passé aux différentes époques géologiques. Elle doit s'occuper de la répartition géographique des êtres terrestres, suivant la circonscription des continents, suivant les limites de latitude, la configuration orographique et les éléments d'existence. Les animaux marins, qui ont joué un bien plus grand rôle aux époques passées, doivent être étudiés avec plus de soin. C'est, en effet, d'après leur répartition sur les côtes, au sein des mers, d'après leurs limites d'habitation en latitude, d'après les lois qui président à leur distribution géographique, eu égard aux courants généraux, aux affluents terrestres, d'après leur manière exclusive de vivre sur les côtes rocailleuses, sur les baies de sable, sur la vase, dans les eaux douces, saumâtres ou salées, à diverses profondeurs sur les côtes, ou enfin seulement au milieu des océans, qu'on pourra, par des comparaisons scrupuleuses, dire avec quelque certitude quelles ont été les circonstances d'existence des êtres éteints, suivant les lieux où ils se trouvent aujourd'hui.

Une partie très-importante des causes actuelles se rattache encore à la Paléontologie. Si l'on fait intervenir les conditions d'existence, il faut de plus comparer les conditions dans lesquelles les êtres sont détruits, naturellement ou par des événements fortuits, comme les inondations pour les espèces terrestres, les coups de vent, les tremblements de terre pour les espèces marines ou fluviales. La manière dont ces êtres se déposent aujourd'hui sur les continents, sur les rivages, au fond des mers, devra jeter un grand jour sur les époques passées. Il en est de même de l'étude des divers modes de décomposition auxquels ces corps, privés de vie, sont soumis suivant leur plus ou moins de densité, par l'action lente des agents atmosphériques, de l'élément aqueux, ou par l'action incessante des courants et des vagues. Il convient enfin de rechercher les conditions les plus favorables dans lesquelles ils peuvent se conserver pour l'avenir, comme l'ont été ceux que nous trouvons enfouis dans les couches terrestres.

§ 2. But de la Paléontologie. — Si toutes les questions actuelles de zoologie spéciale et générale sont indispensables à la Paléontologie, comme moyens de comparaison, on conçoit qu'il est encore plus nécessaire d'étudier comme faits, sous tous leurs points de vue, les animaux fossiles et les couches qui les renferment. La Paléontologie doit donc s'occuper des couches sédimentaires de l'écorce terrestre, et de tous les faits géologiques qui s'y rattachent. Elle doit étudier ces couches dans leur superposition, dans leur âge relatif, dans leurs circonscriptions géographique et géologique, dans la composition des faunes qu'elles contiennent, de manière à suivre les êtres à travers les différents dépôts et à reconnaître les points où ils cessent d'exister pour être remplacés par d'autres.

A la Paléontologie appartient exclusivement l'étude zoologique des êtres perdus, de leurs limites spécifiques, des changements qu'ils ont pu subir, suivant l'âge, le sexe, les conditions d'existence et les cas pathologiques. Cette science doit aussi envisager, par des comparaisons, tout ce qui concerne les faunes perdues, relativement à leurs limites géologiques et géographiques, aux milieux dans lesquels elles vivaient, aux modes de destruction qu'elles doivent avoir éprouvés, aux moyens de conservation qui ont empêché leur anéantissement; aux lieux où elles se sont déposées, au sein des mers, sur des rivages tranquilles, ou sur des plages battues par la vague. Il lui appartient encore de signaler tous les modes de transformation chimique et minéralogique qu'ont subis les restes de corps organisés dans les couches terrestres. Elle donne les moyens de reconnaître les modifications de formes déterminées par la pression des couches et par les accidents de fossilisation, les déformations de tous genres qu'ont dû subir les êtres, suivant la densité des couches qui les renferment; elle les fait enfin retrouver sur des empreintes complètes ou partielles, d'après des parties plus ou moins considérables des êtres, ou même d'après de simples traces de leur passage.

En résumé, l'application rigoureuse de la zoologie spéciale et générale à la géologie des couches de sédiment qui composent l'écorce terrestre, conduit à reconnaître que ces couches forment des étages distincts, superposés et caractérisés chacun par une faune particulière; que chaque faune a des limites certaines et positives, et que la présence d'un nombre plus ou moins considérable de leurs espèces respectives et caractéristiques dans ces étages, peut toujours les faire distinguer sous les différentes formes minéralogiques qu'ils offrent maintenant.

En effet, si l'étude seule de la superposition, de la concordance de stratification des étages géologiques, donne souvent d'excellents résultats, lorsque ces étages se suivent sans lacune, elle cesse d'offrir des indications positives lorsqu'il manque des étages intermédiaires et que l'ordre naturel est interrompu, comme on le voit sur une multitude de points de notre globe. Il appartient alors exclusivement à la Paléontologie de décider de leur âge relatif, par la comparaison des faits constatés.

En élargissant ainsi, pour la première fois, le cadre de la Paléontologie, on conçoit qu'il nous eût été difficile de rassembler les documents nécessaires pour le remplir, si nous ne nous y étions préparé de longue main ; mais les études variées auxquelles nous n'avons cessé de nous livrer, dans le grand livre de la nature, depuis plus de vingt-cinq ans, tant en Europe qu'en Amérique, nous ont permis de toucher successivement presque toutes les questions qui s'y rattachent. En rassemblant et en discutant de nouveau les résultats consignés dans nos divers ouvrages de Paléontologie, de géologie et de zoologie, nous n'aurons donc plus, pour atteindre le but que nous nous sommes proposé, qu'à joindre aux travaux de nos devanciers, préalablement discutés, les faits nombreux que nous avons observés sur le sol de la France, que nous prendrons plus particulièrement comme point d'appui de toutes nos conclusions, afin de donner les moyens de vérifier la valeur des observations qui leur servent de base.

Plan de l'ouvrage. Cet ouvrage se compose de quatre parties distinctes. La première, sous le titre d'*Éléments divers,* sera consacrée aux éléments de la science ; aux explications nécessaires pour fixer le sens que nous donnons aux expressions employées en Paléontologie, à la définition des termes généraux relatifs aux corps fossiles, à leur état de conservation, à leur transformation organique, aux substances minérales qui concourent à leur pétrification, et enfin aux divers procédés de fossilisation.

La seconde partie sera consacrée aux *Éléments stratigraphiques*, c'est-à-dire à tout ce qui concerne la formation des couches terrestres et les conditions si variées dans lesquelles les corps organisés s'y sont déposés. Regardant ces notions comme la base des études propres aux couches sédimentaires du globe, nous avons fait de longues recherches sur les causes actuelles qui seules peuvent expliquer beaucoup des faits passés. Nous nous occuperons donc de la provenance des sédiments, de leur répartition dans les mers, suivant la forme orographique des côtes, la tranquillité ou l'agitation des eaux mues par les marées, les vents et les courants. Nous verrons comment les animaux morts y sont répartis selon leur densité ou leur nature flottante ; quelle est la distribution géographique et isotherme des êtres à l'état de vie, eu égard aux influences de la température, des courants et de la zone de profondeur. Nous ferons les mêmes recherches pour les sédiments terrestres, afin de fixer sur les limites du mélange des animaux terrestres et marins. Nous arriverons ainsi à définir les limites extrêmes des causes actuelles auxquelles on ne peut attribuer le relief des montagnes, ni aucun des grands traits des continents et des mers. Passant aux circonstances géologiques, nous chercherons les causes des perturbations ; les effets de ces mouvements sur les couches sédimentaires en train de se former, sur les couches déjà consolidées qui nous donnent les reliefs du globe, et enfin ce que sont devenus les corps organisés dans ces dernières circonstances. Nous terminerons cette partie par les conclusions relatives à la séparation des étages et des faunes spéciales qu'ils renferment, aux moyens de reconnaître ces instants alternatifs de long repos et de brusque agitation, qui ont déterminé les grandes époques géologiques de la croûte terrestre.

Notre savant ami, M. Milne Edwards, ayant donné, avec autant de clarté que de savoir dans son *Cours de Zoologie*, les éléments de la zoologie générale et spéciale, nous nous bornerons, dans notre troisième partie, consacrée aux *Éléments zoologiques*, à l'examen comparatif des caractères que la fossilisation ne fait pas disparaître et qui sont toujours à la disposition du géologue. Nous donnerons, dans l'ordre zoologique, la série des êtres connus à l'état fossile, en indiquant les caractères propres à chaque genre, l'instant d'apparition des espèces de ce genre, l'époque de leur maximum de développement, et enfin l'instant où, d'après les connaissances actuelles, elles ont cessé d'exister. Nous citerons les espèces les plus caractéristiques de tous les étages qui composent l'écorce de notre globe, en ne nous servant toutefois que des faits les plus certains, et dont nous avons pu vérifier l'exactitude.

La quatrième partie contiendra l'*Application des éléments stratigraphiques et zoologiques*, à la classification des couches sédimentaires du globe et aux grandes questions qui se rattachent directement ou indirectement à l'histoire chronologique des couches sédimentaires, et des corps organisés qu'elles renferment. Nous suivrons l'ordre de succession des étages géologiques depuis la première animalisation du globe jusqu'à l'époque actuelle. Chacune de ces époques sera discutée : 1° dans sa synonymie ; 2° dans son extension géographique, pour démontrer qu'elle n'est pas un accident local, mais bien une époque générale à la surface de la terre ; 3° dans sa stratification générale et spéciale à la France ; 4° dans sa composition minéralogique comparée ; 5° dans les déductions qu'on peut tirer de la nature première des sédiments dont se composent les couches, afin de reconnaître, par les corps flottants, les points littoraux ; par d'autres caractères, les dépôts sous-marins, côtiers ou pélagiens, formés sous l'influence des courants ou du repos des eaux, de manière à retrouver, pour ainsi dire, les anciennes limites des mers géologiques et les différents genres d'influences locales auxquelles ces mers étaient soumises ; 6° enfin dans ses caractères paléontologiques spéciaux. Nous indiquerons la faune spéciale, les caractères différentiels qui la distinguent des faunes antérieures et postérieures déterminées par les formes animales éteintes et par celles qui se montrent pour la première fois ; les moyens de la distinguer sous toutes ses formes minéralogiques et sous ses différents aspects de dépôts littoraux, côtiers ou pélagiens. Nous terminerons par des conclusions générales relatives à l'ensemble des modifications que présentent les séries animales suivant les grandes coupes géologiques, et aux rapports intimes qui unissent la géologie et la Paléontologie dans l'étude des couches sédimentaires de notre globe.

Paris, ce 1er décembre 1847.

COURS ÉLÉMENTAIRE

DE PALÉONTOLOGIE STRATIGRAPHIQUE

PREMIÈRE PARTIE.

ÉLÉMENTS DIVERS.

CHAPITRE PREMIER.

DÉFINITION DES TERMES EMPLOYÉS EN PALÉONTOLOGIE.

§ 3. La PALÉONTOLOGIE (de παλαιων οντων λογος), comme nous l'avons définie (§ 1), est la *science des animaux fossiles.* Elle comprend toutes les questions qui se rattachent directement ou indirectement aux couches sédimentaires qui les renferment, aux conditions diverses dans lesquelles ils ont vécu, au mode d'extinction qu'ils ont subi et à leur milieu de conservation dans l'écorce terrestre. Elle fait, disons-nous (§ 2), reconnaître, par la présence d'un nombre plus ou moins grand d'animaux fossiles propres et caractéristiques, l'âge relatif des étages géologiques, quelles que soient d'ailleurs leur composition minéralogique, les lacunes qui peuvent exister dans leur succession régulière, et les dislocations qu'ils ont éprouvées. Les résultats généraux des connaissances paléontologiques actuelles que nous donnons dans la quatrième partie de ce cours, prouvant, du reste, ce que nous venons d'avancer, il nous suffira de fixer la signification du mot *Fossile*, que nous venons d'employer.

§ 4. Les **fossiles**, chez les auteurs anciens, comprenaient toutes les substances minérales utiles extraites de la terre par des fouilles directes. Plus tard, dans les divisions établies par Linné, le nom de *Petrificata* vint, comme division des *Fossilia*, s'appliquer aux corps organisés fossiles. Aujourd'hui la signification du mot fossile est très-variable, suivant les auteurs : ainsi tel géologue, prenant en considération les seuls caractères dérivés de la nature organique du corps enfoui et de son degré de transformation minérale plus ou moins avancée, ne place au rang des fossiles que ceux de ces corps chez lesquels le changement est complet ; tels autres, plus réservés, se sont contentés, pour condition essentielle de fossilisation, de la transformation partielle de la structure organique, d'un commencement de décomposition ou d'un remplissage imparfait du corps enfoui. Un grand nombre, sans précisément tenir compte des caractères empruntés aux divers changements organiques ou chimiques, font figurer, en première ligne, l'âge présumé du corps organisé enfoui au sein des couches. Ils n'ont vu de véritables fossiles que dans des dépôts relativement très-anciens ; plusieurs même sont allés jusqu'à rechercher exclusivement par delà le déluge des vestiges véritablement fossiles, en rejetant comme tels tous ceux des corps organisés qu'ils rencontraient dans les dépôts modernes, de l'époque actuelle. Pour ces derniers paléontologistes, la nature des couches, leur structure et leur composition minéralogique étant généralement en rapport avec leur âge présumé, les débris organisés qu'ils ont découverts dans les dépôts meubles, les roches clastiques, les grès, les argiles, enfin les terres plus ou moins superficielles et qui caractérisent souvent la désagrégation ou la désunion des parties composantes, ne leur ont pas paru mériter le nom de fossiles. Enfin la plupart des définitions du mot fossile, proposées jusqu'à ce jour, s'appliquent exclusivement aux portions intégrales des corps organisés qu'on rencontre dans les couches ; sans qu'on ait pris garde qu'il est des fossiles qui ne présentent plus de portions organiques en nature dans le sol, mais seulement une image de leur forme. Nous voulons parler des empreintes de pas d'animaux et des traces de sillon laissées sur la vase par les organes de mouvement des animaux nageurs. Ces sortes de représentations ne sont, pour ainsi dire, que des souvenirs, des vestiges physiologiques des mœurs et des habitudes des animaux perdus, qui, conservés dans les couches, attestent tout aussi bien que les débris organiques l'existence d'animaux jadis vivants, et qui nous semblent, à tous égards, mériter le nom de fossiles.

En résumé, les principes sur lesquels on a cru pouvoir fonder les diverses définitions du mot *fossile*, proposées jusqu'à ce jour, sont : leur état organique ou chimique, leur âge, la nature des couches qui les contiennent, enfin la nature même de la représentation organique. Ces principes, vrais lorsqu'ils sont pris dans leur ensemble, lorsqu'on les considère dans leurs rapports respectifs, sont au contraire insuffisants ou incomplets quand on les prend chacun en particulier, et peuvent même induire en erreur relativement à la véritable origine des corps organisés qu'on rencontre dans les couches.

§ 5. Plus large dans notre manière de voir, nous donnerons le nom de *Fossile, à tout corps ou vestige de corps organisé enfoui naturellement dans les couches terrestres et se trouvant aujourd'hui en dehors des conditions normales et actuelles d'existence.* Un fossile n'est pas seulement pour nous le corps organisé, avec son relief, ses contours, sa forme extérieure ; il suffit qu'il nous ait laissé, dans des couches, des traces quelconques, non équivoques, de son existence. Que la structure organique en ait été détruite, la composition altérée, transformée partiellement, changée d'une manière plus complète ; que les éléments premiers en aient disparu totalement, ou aient été conservés ; que la cavité en ait été remplie, la substance propre pénétrée de substances étrangères ; qu'il gise dans une couche formée d'hier, ou bien dans une couche plus ancienne ; que cette couche soit compacte, grenue, terreuse, cristalline, dure, friable ou clastique, peu nous importe..... Tous les corps organisés que nous rencontrons au sein des *couches terrestres,* dans des conditions qui ne sont plus leurs conditions normales d'existence, sont à nos yeux de véritables fossiles. Par exemple, les huîtres (*Ostrea edulis*) et les autres coquilles qui se trouvent dans les buttes de Saint-Michel en l'Herm (Vendée), bien qu'elles aient conservé leurs couleurs et tous leurs caractères organiques, sont fossiles, pour nous, parce qu'elles existent à vingt mètres au-dessus du niveau où elles pourraient vivre dans la mer voisine, et à douze kilomètres de distance des rivages actuels ; elles sont *fossiles*, parce qu'il a fallu un mouvement géologique pour les sortir de leur lieu normal d'existence, et pour les placer où elles sont aujourd'hui.

§ 6. Les fossiles, suivant la série à laquelle ils appartiennent, sont divisés en *fossiles végétaux* et en *fossiles animaux.* Les premiers n'appartiennent pas au domaine de la Paléontologie, et nous nous abstiendrons d'en parler. Quant aux animaux fossiles, ils reçoivent, suivant la classe, l'ordre auquel ils appartiennent, les mêmes dénominations que les animaux vivants, et rentrent dès lors dans la nomenclature zoologique ordinaire. Les animaux vertébrés fossiles, tels que les mammifères, les oiseaux, les reptiles, les poissons, viennent se classer dans des familles naturelles, de même que les animaux annelés, mollusques et rayonnés, (les crabes, les insectes, les coquilles, les polypiers, etc.). Presque toutes les classes d'animaux vivants ont leurs représentants à l'état fossile.

§ 7. Les fossiles, suivant leur analogie avec les espèces qui vivent actuellement dans les mers ou qui se retrouvent dans des couches distinctes, sont divisés en *fossiles identiques,* en *fossiles analogues* et en *fossiles perdus* ou *détruits.*

§ 8. Les **fossiles identiques** sont, en tout, semblables aux espèces actuellement vivantes, bien qu'ils ne se trouvent plus dans les conditions normales d'existence actuelle. Les huîtres (*Ostrea edulis, fig.* 1), le *Littorina littorea* (*fig.* 2), fossiles des buttes de Saint-Michel en l'Herm, sont *identiques* aux huîtres comestibles, à la littorine de nos côtes. La Tonne (*Dolium perdix*), fossile dans le calcaire blanc de l'île de Cuba, est identique à la même espèce vivante sur les côtes des Antilles, etc.

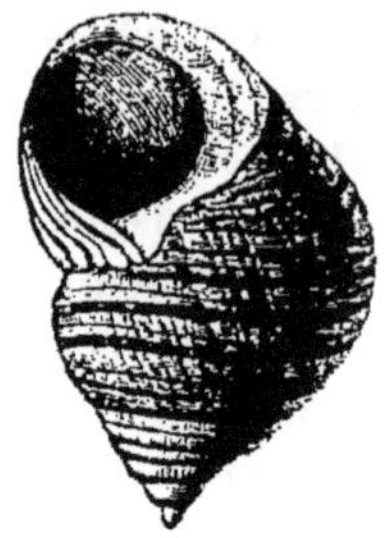

Fig. 1. — Ostrea edulis.

Fig. 2. — Littorina littorea.

On a, outre mesure, augmenté le nombre des espèces identiques sur des déterminations faites à la légère. On a trouvé par exemple un grand nombre d'espèces identiques entre les coquilles du calcaire grossier du bassin de Paris et la faune des mers actuelles, tandis que, jusqu'à présent, tous les prétendus identiques que nous avons pu étudier diffèrent spécifiquement de la manière la plus frappante, lorsqu'on veut les comparer avec une critique sévère. Le nombre des espèces identiques entre les espèces vivantes et les espèces fossiles est bien plus restreint qu'on ne l'avait pensé. Elles ne se trouvent guère que dans les étages géologiques les plus rapprochés de nous, dans les couches qui dépendent de l'époque actuelle et qui forment notre *étage contemporain*, comme les buttes à huîtres de Saint-Michel en l'Herm.

§ 9. Lorsqu'entre deux étages géologiques distincts et en contact, on rencontre la même espèce, on peut dire aussi qu'elle est identique. L'*Ammonites discus* de l'*étage Bajocien* de Bayeux (Calvados) est l'identique de l'*A. discus*, qu'on rencontre à Ranville (Calvados), dans l'*étage Bathonien*. On trouve des identiques entre les espèces de l'*étage Parisien* inférieur et supérieur, près de Chaumont (Oise) et à Auvers : on en voit encore entre quelques autres étages ; mais les identiques de ce genre sont des exceptions et tiennent, le plus souvent, à des remaniements postérieurs à leur premier dépôt, comme nous aurons occasion de le démontrer plus tard.

§ 10. On dit également *fossiles identiques*, quand on compare des couches géologiques du même âge, mais géographiquement très-éloignées les unes des autres. L'étage dévonien de l'Amérique du Nord renferme des espèces identiques au même étage en Europe (*Spirigerina reticularis*, *fig.* 3) ; l'étage néocomien de Colombie renferme des espèces identiques avec l'étage néocomien de France et de Suisse (*Car-*

dium peregrinum, *fig.* 4). Les couches Sénoniennes de Pondichéry renferment des espèces identiques avec celles de France, avec celles de

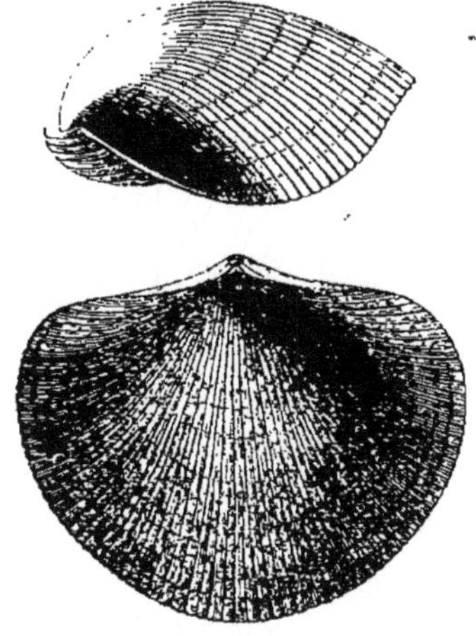

Fig. 3. Spirigerina reticularis.

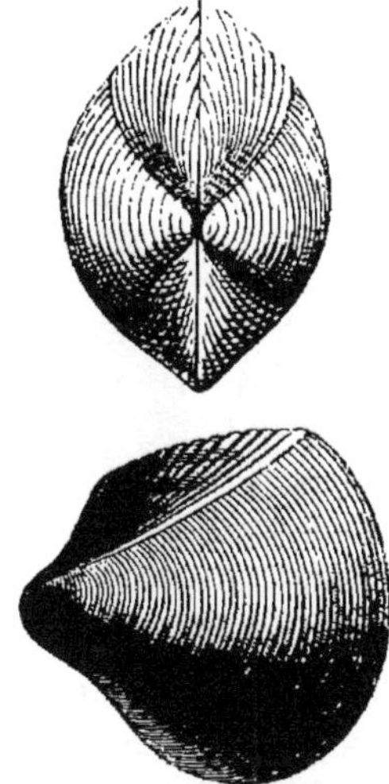

Fig. 4. Cardium peregrinum.

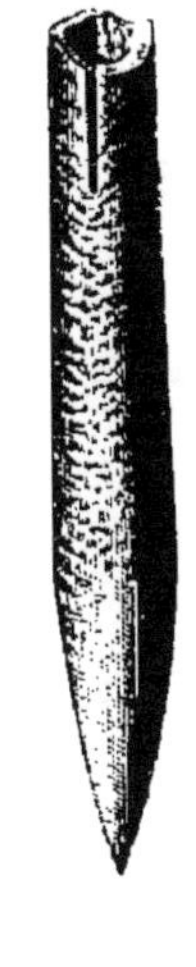

Fig. 6. Belemnitella mucronata.

l'Amérique du Nord (l'*Ostrea larva*, Lamarck, *fig.* 5). Les mêmes étages des États-Unis montrent le *Belemnitella mucronata* (*fig.* 6), identique à celui des mêmes couches en France. L'étage Parisien montre des identiques de cette sorte avec l'étage correspondant de la Caroline du Sud, aux États-Unis (le *Cardita planicosta*, Lamarck, *fig.* 7).

Fig. 5. Ostrea larva.

§ 11. Les **fossiles analogues**, tels que nous les considérons, ne peuvent être pris qu'en général. Ils ne peuvent servir à désigner ces *semi-espèces* de certains auteurs, lesquelles n'existent réellement pas dans la nature, mais bien l'analogie qu'on remarque dans les formes de deux faunes locales de même âge, éloignées l'une de l'autre. Nous nous servons de ce mot dans deux acceptions différentes. 1° On dit que telle série de fossiles est *analogue* à telle autre, quand elle se trouve dans les mêmes conditions géologiques, bien qu'elle ne renferme pas d'identiques communs : ainsi les coquilles fossiles de l'étage falunien du Chili sont analogues aux coquilles fossiles de nos faluns de France, parce qu'elles se composent les unes et les autres d'une série de genres

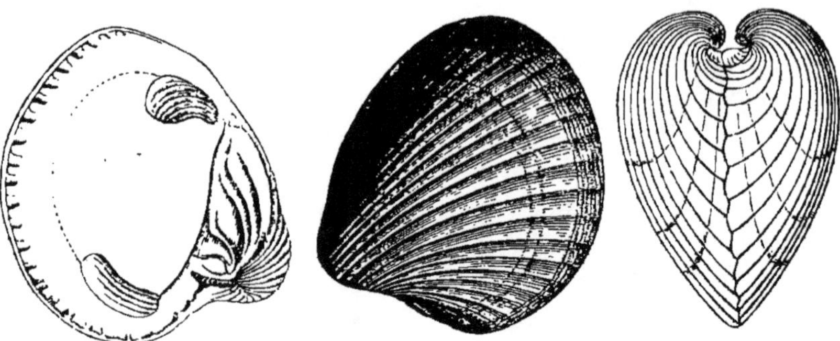

Fig. 7. Cardita planicosta.

différente de la série qui vit actuellement sur les côtes voisines. 2° On peut dire encore que telle série de fossiles est *analogue* à telle autre, lorsque le *facies*, l'ensemble des formes, des genres et des espèces se ressemblent, n'y eût-il d'ailleurs aucune espèce identique. L'étage carboniférien des Andes Boliviennes ressemble, sous ce rapport, au même étage en Belgique et en Angleterre ; les fossiles jurassiques de l'Himalaya ont le même ensemble de formes que ceux de l'étage callovien de France et d'Angleterre.

§ 12. Les **fossiles perdus** ou **détruits** sont ceux qui n'ont plus de représentants dans les mers actuelles, et qui ont tout à fait disparu de la surface du globe. On peut dire que toutes les couches terrestres, depuis les plus anciennes jusqu'aux époques tertiaires les plus rapprochées de nous, ne contiennent que des fossiles perdus.

Les fossiles perdus peuvent quelquefois constituer des familles naturelles bien circonscrites, dont aucun des genres n'a survécu, comme la famille des *mégathéridées*, dans l'ordre des édentés, celle des ptérodactylidées (*fig.* 8) ou sauriens volants parmi les reptiles, les *lepidoïdes* parmi les poissons, les ammonites *ammonidées* parmi les mollusques, les crinoïdes *cystidæ* parmi les échinodermes, etc.

D'autres fois ces formes constituent seulement des genres perdus dans des familles dont quelques genres sont encore vivants, tels que le Mastodonte parmi les Proboscidiens, les *Mosasaurus*, les *Iguanodon*, les *Ichthyosaurus*, les *Plesiosaurus* parmi les reptiles, les genres *Palæoniscus* (*fig.* 9) parmi les poissons, les *Trinucleus* (*fig.* 10) parmi les crustacés, les *Lituites* parmi les mollusques, les *Apiocrinus* (*fig.* 11), les *Dysaster*, les *Cuneolina* (*fig.* 12), parmi les animaux rayonnés.

Lorsque les fossiles perdus ne forment pas des familles, des genres distincts des familles, et des genres actuellement vivants à la surface du globe, ils offrent seulement des espèces perdues appartenant à des genres de la faune actuelle. L'*Ursus cultridens* est une espèce perdue du genre *Ursus*, le mammouth une espèce perdue du genre éléphant ; il en est de même des *Carcharias tenuis*, *acutus*, etc., du genre actuel *carcharias* (requin) parmi les poissons ; du *Nautilus Koninckii* (*fig.* 13), de l'*Helix hemisphærica* (*fig.* 17), parmi les mollusques, des *Cidaris Blumenbachii*, du *Pentacrinus briareus* parmi les échinodermes, du *Meandrina Reussiana*, de l'*Astræa bacciformis* (Mich.) parmi les zoophytes.

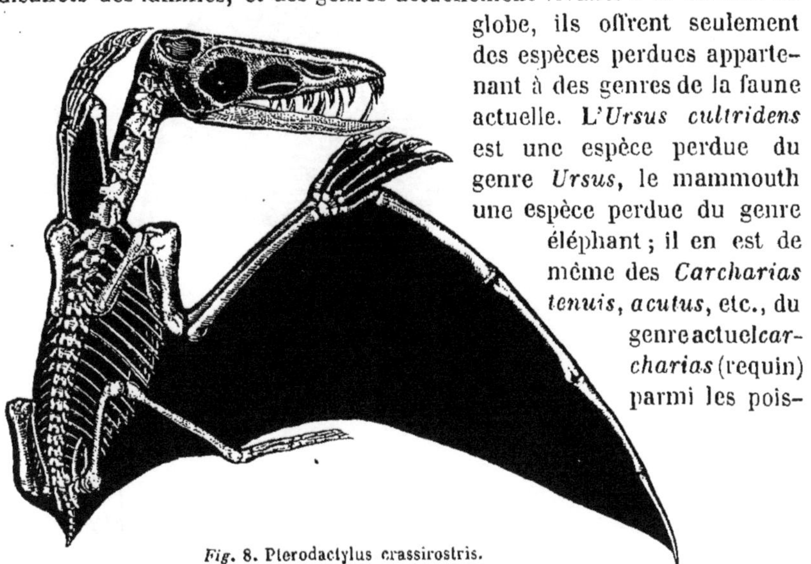

Fig. 8. Pterodactylus crassirostris.

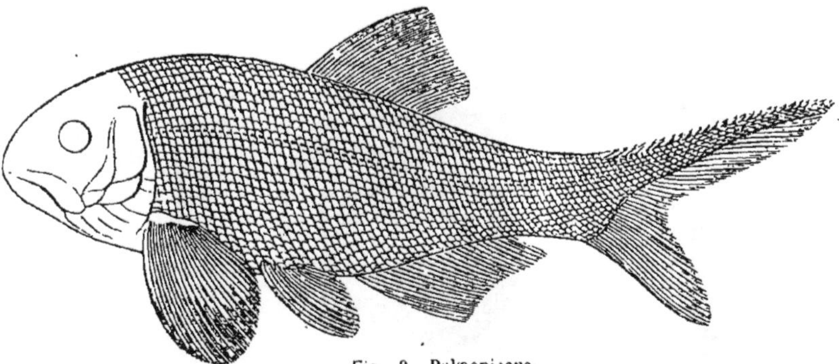

Fig. 9. Palæoniscus.

§ 13. Les *fossiles* ne sont pas *perdus*, seulement par rapport à la nature actuelle ; les familles, les genres et, dans tous les cas, les espèces le sont encore presque tous d'un étage géologique à l'autre. Les *Ammonites* (*fig.* 14), qui ont cessé d'exister avec les dernières couches de terrains crétacés, sont perdues relativement, pour les terrains tertiaires

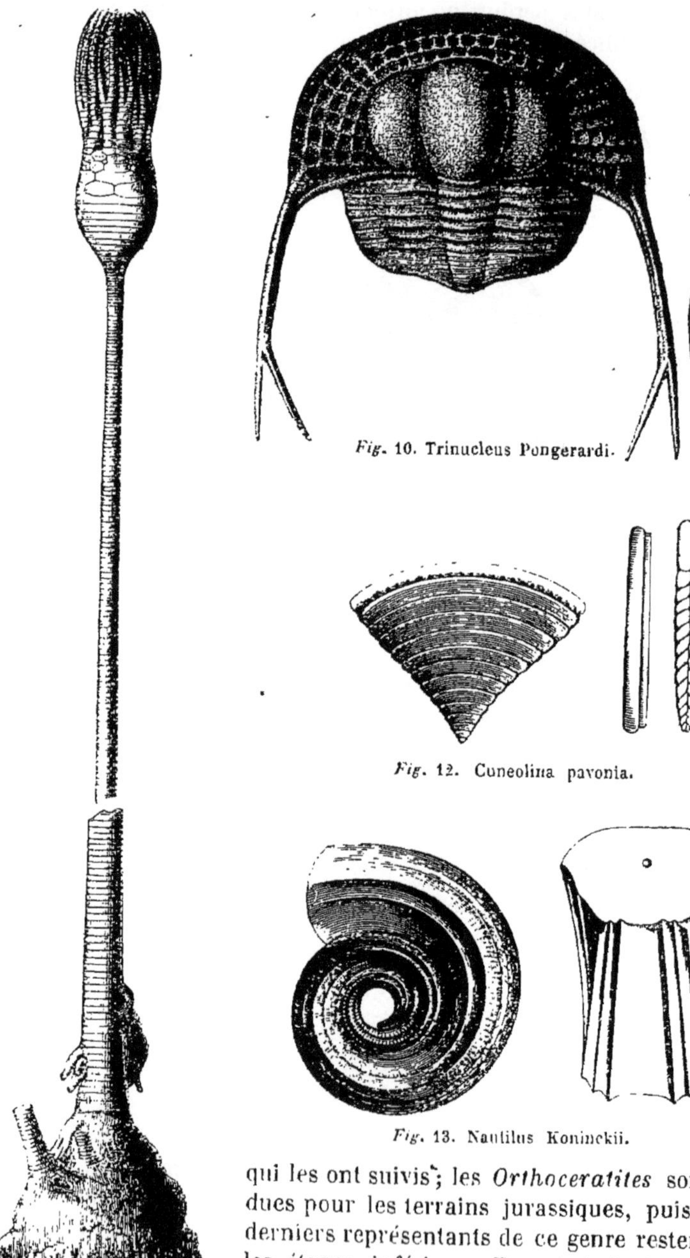

Fig. 10. Trinucleus Pongerardi.

Fig. 12. Cuneolina pavonia.

Fig. 13. Nautilus Koninckii.

Fig. 11. Apiocrinus Roissyanus.

qui les ont suivis; les *Orthoceratites* sont perdues pour les terrains jurassiques, puisque les derniers représentants de ce genre restent dans les étages inférieurs. En général, les espèces d'un étage géologique ne passant pas à l'étage suivant, il en résulte que chaque époque géologique contient une faune particulière, caractéristique, et que, presque toujours, la faune enfouie dans un terrain, dans un étage, est entièrement perdue par rapport au terrain, à l'étage qui lui succède.

§ 14. Comparativement à ce qui existe aujourd'hui, on se sert du mot **faune fossile**, pour désigner l'ensemble de la zoologie, tous les animaux qui ont peuplé une époque géologique quelconque ou une superficie définie. Comme on peut parler de la *faune actuelle*, pour désigner tous les animaux qui couvrent la terre aujourd'hui, on peut dire également, la *faune fossile de l'étage carboniférien*, la faune fossile de l'étage oxfordien, la faune fossile tertiaire de Paris, pour tous les êtres qui vivaient à ces diverses époques géologiques. Alors la faune désigne les animaux fossiles d'un *âge géologique*, et ce sont des *faunes chronologiques*, des faunes successives, qui se sont remplacées dans l'ordre de superposition des étages terrestres.

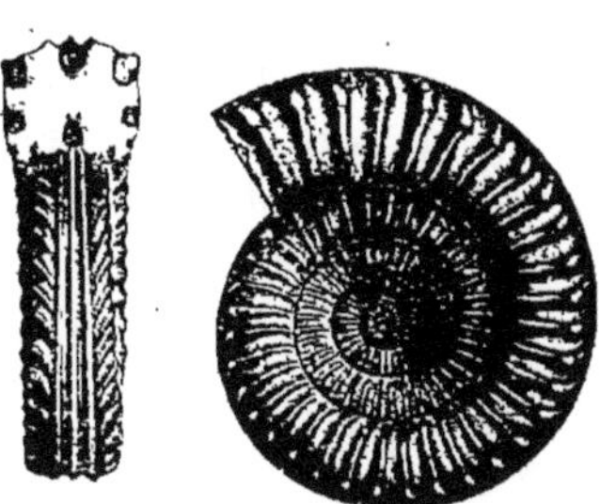

Fig. 14. Ammonites bisulcatus.

En d'autres cas, on se sert du mot faune pour désigner une circonscription géographique quelconque. Comme on dit aujourd'hui la faune d'Afrique, la faune d'Amérique, pour désigner tous les animaux d'Afrique ou tous les animaux d'Amérique, on peut aussi dire, en parlant des animaux fossiles dans le même sens, que la *faune fossile du bassin de la Touraine* ou de l'étage falunien de la Touraine est nombreuse; que la *faune fossile du bassin tertiaire* des environs de Paris est la plus riche en espèces, etc., etc.

Fig. 15. Mylodon robustus.

Relativement à l'*habitat*, ou milieu dans lequel les animaux fossiles paraissent avoir vécu, en les comparant à ce que nous observons aujourd'hui, ils sont *terrestres*, *fluviatiles* et *lacustres*, *palustres*, ou *marins*.

§ 15. Les **fossiles** sont **terrestres** lorsqu'ils habitaient exclusivement les terrains sortis des eaux, les continents. Les *Mastodontes*, les *Paleotherium*, les *Mylodon* (*fig*. 15), les limaçons (*Helix*, *fig*. 17), les *Cyclostoma*

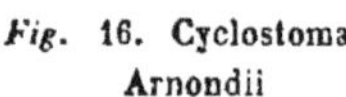
Fig. 16. Cyclostoma Arnondii

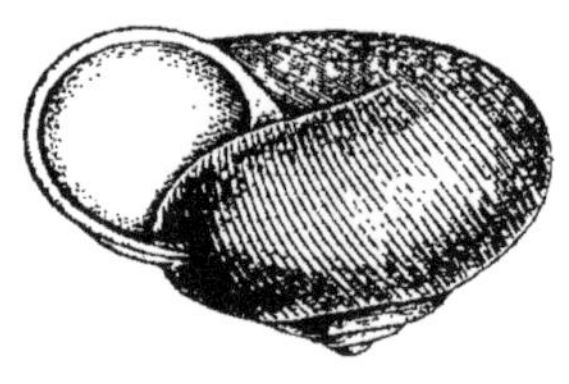

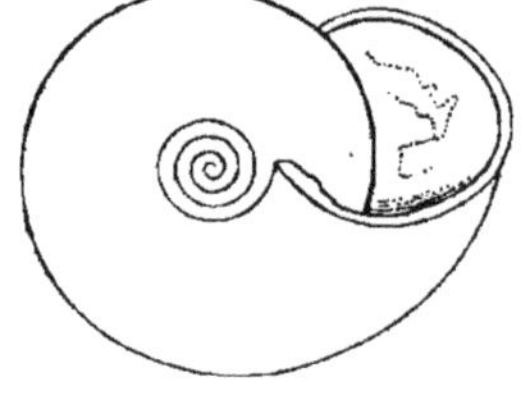

Fig. 17. Helix hemisphærica.

(*fig*. 16) sont des animaux terrestres, dont les organes respiratoires prennent l'air en nature, et qui ne peuvent vivre dans d'autres conditions.

§ 16. Les **fossiles** sont **fluviatiles**, **lacustres** ou **palustres**, lorsque, d'après leurs caractères, ou d'après la composition de leur faune, on reconnaît par comparaison qu'ils ont vécu dans les eaux douces d'une rivière, dans un lac, ou dans un marais. Certains poissons, parmi les animaux vertébrés, les *Planorbis*, les *Lymnea*, les *Physa*, les *Anodonta*, les *Unio* parmi les mollusques (*fig*. 18, 19, 20), sont des *animaux fossiles fluviatiles*, *lacustres*, ou *palustres*, qui vivent effectivement en séparant, des eaux douces, au moyen de branchies, l'air propre à leur

Fig. 18. Lymnea pyramidalis.

Fig. 19. Physa columnaris.

Fig. 20. Unio waldensis.

existence. On a quelquefois abusé de ces caractères en géologie, mais une saine critique peut ramener les choses à leur limite réelle.

§ 17. Les **animaux fossiles** sont **marins**, lorsqu'ils ont dû habiter exclusivement la mer. On doit, suivant leur manière de vivre, les subdiviser encore en *fossiles côtiers*, ou du littoral, comme les *Ichthyosaurus*, les *Plesiosaurus*, qui vivaient probablement sur les rivages, les *Buccinum*, les *Murex*, les *Cerithium*, les *Cypræa*, les *Venus*, les huîtres (*Ostrea*, *fig.* 1, 2, 4, 5, 7, 21, 22, 23), quelques oursins, qui ne pourraient vivre sur les côtes qu'à telle ou telle profondeur. On a souvent donné le nom de *fossiles pélagiens* aux animaux que, par analogie, on croit avoir habité les hautes mers, comme beaucoup de cétacés, les céphalopodes (*Nautilus*, *Ammonites*), les *Conularia* et les *Hyalea* (*fig.* 12, 14, 24, 25) parmi les animaux mollusques, qui paraissent avoir vécu, ainsi que leurs analogues d'aujourd'hui, au sein des océans et ne s'approcher des côtes que lorsqu'ils y sont portés, de leur vivant, par des causes fortuites, ou après leur mort par la nature légère de leur coquille, comme on le voit de la *Spirula fragilis*, du *Nautilus pompilius*, etc.

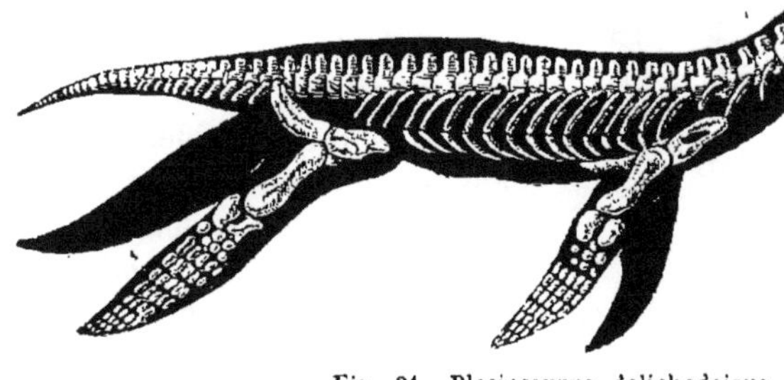

Fig. 21. Plesiosaurus dolichodeirus.

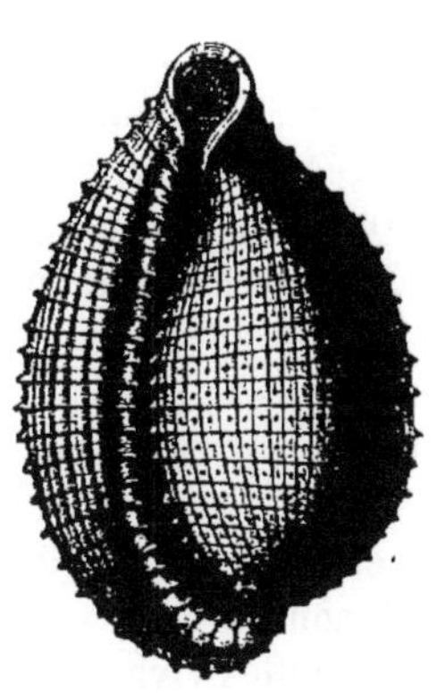

Fig. 22. Cypræa elegans.

Fig. 23. Cerithium hexagonum.

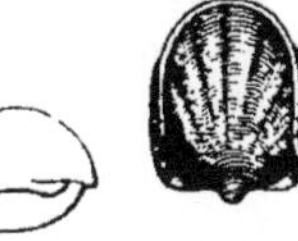

Fig. 24. Hyalea Orbignyana.

Les différences qu'établissent entre les animaux fossiles l'habitat et les diverses conditions du milieu d'existence, de climat ou de distribution géographique, sont d'une haute importance en Paléontologie, et peut-être, jusqu'à présent, ne leur a-t-on pas accordé toute la valeur qu'elles méritent. Nous en tiendrons soigneusement compte aux genres et aux espèces ; elles nous serviront à essayer, dans notre résumé général, une esquisse climatologique et géographique de la terre aux diverses époques géologiques.

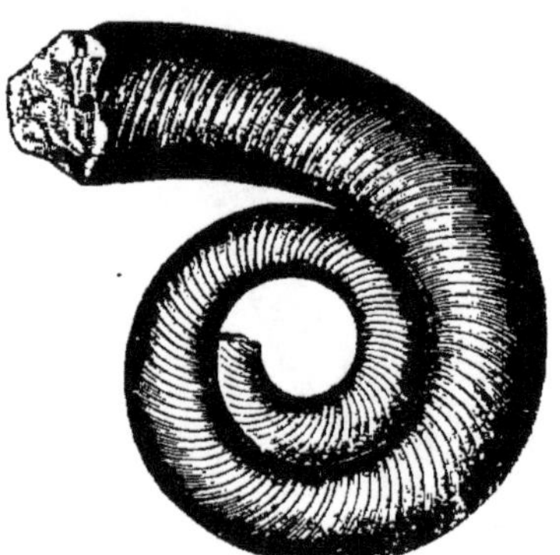

Fig. 25. Lituites cornu arietis.

§ 18. Quant à l'âge des *fossiles*, dans les couches terrestres, chacun les a divisés à sa manière, en les appelant *anciens* ou *modernes;* mais il faut oublier, aujourd'hui, ces dénominations purement relatives. Il en est ainsi des noms qui avaient rapport aux anciennes divisions employées dans les divers systèmes géologiques, tels que fossiles *primaires*, *secondaires*, *tertiaires* et *quaternaires*, maintenant beaucoup trop vagues pour être rigoureusement appliqués à l'âge réel des couches terrestres. Sous ce rapport, les noms des séries chronologiques, qui dérivent de l'âge relatif géologique des fossiles, suivront les noms de divisions fournies par l'étude des faunes, que nous indiquerons à la fin de cette première partie, et que nous définirons complétement à la quatrième, afin de les appliquer toujours positivement à la détermination de ces faunes successives; ainsi les *fossiles oxfordiens*, les *fossiles néocomiens* et tous les autres seront déduits des étages dans lesquels ils ont vécu.

§ 19. On a souvent appelé *subfossiles* des coquilles qu'on rencontre quelquefois en grand nombre sur certaines côtes, et qui sont absolument identiques à des coquilles vivant encore aujourd'hui dans les mers voisines. On en trouve sur toutes les côtes du monde, sur le littoral de l'Amérique méridionale, des Antilles, de France, de Norwège, etc., etc. Ces coquilles appartiennent, pour nous, à l'étage contemporain, parce qu'elles dépendent de la faune contemporaine de l'homme.

M. Marcel de Serres divise les fossiles en deux groupes, les *fossiles proprement dits* et les *fossiles humatiles*. Sous ce dernier nom, il désigne tous les débris de corps organisés qu'on rencontre dans les calcaires d'eau douce contemporains ou dans les dépôts qu'il croit précipités ou transportés depuis la rentrée des mers dans leurs bassins respectifs actuels; tous les animaux enfouis dans les brèches osseuses, les cavernes, les alluvions, les mares d'eau douce, qu'il regarde comme postérieurs aux derniers terrains tertiaires d'origine marine, contemporains de l'homme et non point antédiluviens. Pour nous, ces fossiles *humatiles* rentrent encore dans notre *étage contemporain*, et seraient les équivalents terrestres des couches marines contenant des espèces identiques. Selon M. Marcel de Serres, les *fossiles proprement dits* comprendraient tous les débris de corps organisés enfouis dans les couches, antérieurement à cette dernière époque. On a vu par nos divisions que nous croyons inutile d'admettre ces termes.

§ 20. **Suivant le degré de transformation minérale**, les fossiles peuvent être *organiques, semi-organiques* ou *inorganiques*, c'est-à-dire ne conserver de leur état primitif que les formes extérieures qui seules attestent encore leur existence. En effet, tantôt le fossile est *conservé en nature*, n'ayant subi que de légères modifications, soit dans ses caractères physiques extérieurs, soit dans sa composition chimique. Beaucoup d'ossements sont dans ce cas, ceux surtout qu'on extrait des cavernes à ossements et des brèches osseuses les plus modernes. Les insectes qu'on rencontre quelquefois si bien conservés dans les résines fossiles, n'ont probablement aussi subi aucune espèce de changement organique ou chimique. La substance combustible qui leur sert de gangue est restée à l'état d'enveloppe extérieure, et la nature même de cette substance semi-fluide et glutineuse au moment où elle enveloppait les corps organisés, ne permet guère de supposer qu'elle ait pénétré plus intimement dans ces corps. Nous citerons également, au nombre des fossiles *conservés en nature*, les mollusques qu'on rencontre en certains dépôts travertins très-modernes, calcaires ou siliceux, où les coquilles se montrent conservées avec leur nacre, avec leurs couleurs. Grand nombre de fossiles des dépôts contemporains paraissent encore avoir gardé la plus grande partie de leur matière animale.

Néanmoins la conservation des couleurs chez les coquilles n'est pas toujours en rapport avec leur degré de transformation, avec leur âge géologique, car nous connaissons dans l'étage dévonien de Paffrath (Prusse) des coquilles avec leurs couleurs (*Turbo subcostatus*). Nous en possédons de l'étage sinemurien de Pouilly (Côte-d'Or), de l'étage bajocien de Bayeux (Calvados), de l'étage néocomien des Basses-Alpes (*Pecten alpinus*), de l'étage turonien inférieur des bords de la Loire (l'*Ostrea columba*) et de tous les étages tertiaires. Le brillant de la nacre chez les coquilles qui en étaient pourvues, se conserve aussi parfaitement dans les couches terrestres d'âges géologiques très-différents. Elle a tout son éclat sur les fossiles des étages oxfordiens de Russie ; elle le montre encore sur les coquilles de l'étage albien ou du Gault de Folkstone (Angleterre), de Wissant (Pas-de-

Calais), de Machéroménil (Ardennes), etc., sur quelques coquilles de l'étage cénomanien de la montagne Sainte-Catherine à Rouen (Seine-

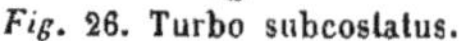

Fig. 26. Turbo subcostatus.

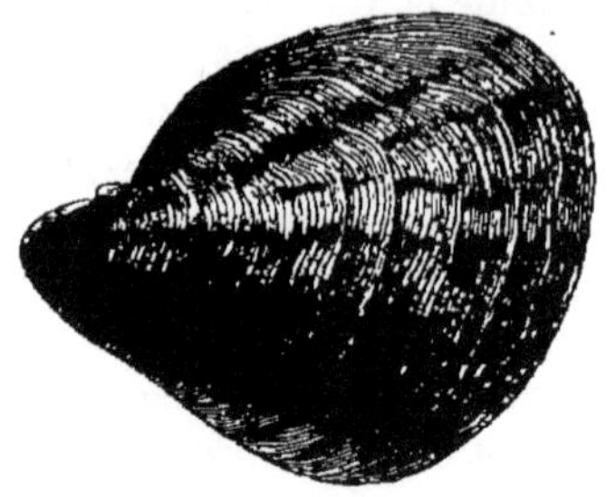

Fig. 27. Ostrea columba.

Inférieure), de l'étage sénonien des Montagnes Rocheuses (États-Unis), et sur les coquilles de presque tous les dépôts tertiaires.

§ 21. D'autres fois, on dit que le fossile est *altéré*. C'est le cas du plus grand nombre des ossements de vertébrés qu'on rencontre dans les cavernes et dans les brèches osseuses ; c'est le cas aussi de la plupart des coquilles tertiaires, celles, par exemple, que fournissent en si grande abondance les bassins subappennin, parisien et de la Gironde, etc. Dans ces sortes de fossiles, la matière animale a disparu en partie ou en totalité ; les principes solubles en ont été éliminés et entraînés par les eaux infiltrantes ; il n'est resté du corps enfoui que la charpente osseuse ou l'enveloppe calcaire, en quelque sorte nue, et ne contenant plus que les principes insolubles et les sels permanents, terreux ou alcalins.

§ 22. Enfin, le plus souvent, le corps organisé a été complétement *transformé*, soit en conservant une partie de ses principes constituants qui auraient subi une nouvelle disposition moléculaire, soit en acquérant des principes étrangers qui l'auraient *remplacé* en totalité ou en partie. Tous les fossiles des terrains les plus anciens sont, à peu d'exceptions près, dans ce cas. Nous parlerons plus en détail de ces divers degrés de changement, lorsque nous discuterons, au chapitre de la *fossilisation*, les causes multiples qui ont pu les déterminer.

§ 23. Quand le corps organisé a été *remplacé* par des substances minérales étrangères, ou pénétré seulement par ces substances, on dit qu'il a été *pétrifié*. Il faut bien distinguer le sens restreint que nous donnons au mot *pétrification*, du sens plus général que nous avons donné au mot *fossile*. Le mot pétrification désigne tout corps organisé enfoui dans les couches, dont la forme extérieure a été conservée, la structure intérieure plus ou moins détruite et remplacée par une matière toute différente de la matière organique dont il se composait à l'état vivant. Souvent la matière minérale qui a fourni à la pétrification est, à peu de chose près, de même nature que la matière organique elle-même ; ainsi, le test des mollusques qui se compose en grande partie, à l'état vivant, de carbonate de chaux, demeure à l'état de carbonate, après sa conversion au sein des couches calcaires. De même, les ossements qui offrent à l'état vivant une certaine quantité de carbonate et une plus forte proportion de phosphate de chaux, conservent, à l'état de pétrification, le premier principe en totalité, le second en partie, de telle sorte que la pétrification ou la conversion minérale du corps organisé est, le plus souvent, une simple *épigénie* minérale. La *pseudomorphose* est rarement complète.

§ 24. **Des empreintes organiques.** Le corps organisé qui a laissé, dans les couches, des traces durables de son existence, ne s'y trouve pas toujours intégralement représenté ; souvent une ou plusieurs de ses parties ont disparu, ou même, dans quelques cas, toutes ont été complétement détruites, et des caractères organiques du corps enfoui, il ne reste plus que l'image de ses formes. On dit, dans ce cas, que le corps existe à l'état d'*empreinte organique*.

Les empreintes organiques qui nous offrent dans la nature tous les résultats auxquels on est parvenu par le travail, dans l'art du modelage des corps, doivent emprunter leurs termes à la sculpture et à l'architecture. La nature, en effet, a dû procéder comme les modeleurs. Lorsqu'une coquille, ou tel autre corps solide, s'est trouvée entourée de sédiments fins, ceux-ci, en contact immédiat, en ont reproduit les moindres accidents. Supposons, pour expliquer le fait, qu'après l'endurcissement de la couche la coquille ou le corps vienne à disparaître sous l'influence de certaines causes, comme, par exemple, sa dissolution par les eaux infiltrantes ; il ne restera plus, dans la couche au sein de laquelle gisait le corps, qu'une image en creux de la forme de ses contours ; c'est ce que nous appelons *empreinte organique* Suivant l'état plus ou moins complet de cette empreinte, nous la désignerons sous le nom de *moule*, de *modèle*, d'*empreintes* et de *contre-empreintes*.

§ 25. Nous appelons **Moule**, toute empreinte organique complète, qui n'a laissé qu'un vide à la place occupée par le corps organisé, quelle qu'en soit la forme, comme le moule exécuté en plâtre par les modeleurs pour reproduire et tirer des exemplaires d'une sculpture ou d'un ornement quelconque. Ce moule peut être *extérieur*, *intérieur*, ou montrer les deux parties à la fois.

Le moule *extérieur* s'applique à toute espèce de corps organisés, pleins ou creux à l'intérieur, comme à la cavité taillée dans une roche par un os, un polypier, ou même par une coquille. C'est alors une cavité simple, circonscrite de toutes parts (*a*, *fig.* 28).

§ 26. Le moule *intérieur*, au contraire, n'est applicable qu'aux corps organisés qui présentent une cavité intérieure, comme les bivalves fermées et les gastéropodes; mais, le plus souvent, les corps creux laissent à la fois, le moule extérieur et intérieur. Lorsque, par exemple, une coquille bivalve entière (*fig.* 28) enveloppée de sédiments fins, laisse quelque partie béante (*b b*) entre les valves, elle ne tarde pas à se remplir de ces sédiments qui l'entourent extérieurement. Lorsque la coquille se détruit, il reste à l'extérieur (*e e*) un moule *extérieur*, tandis qu'à l'intérieur les sédiments moulés sur l'intérieur de la coquille forment un moule *intérieur* (*c c*). Il en est de même d'un gastéropode.

Fig. 28 Moule intérieur d'Arca.

§ 27. Lorsque le *moule*, cette cavité circonscrite, se remplit postérieurement de molécules adventives qui en prennent plus ou moins exactement la forme, nous appellerons cette partie de remplissage, *Modèle;* car elle est tout à fait comparable aux modèles que les modeleurs tirent de leurs moules. Alors le remplissage aura en tout la forme du corps organisé, mais sera de matière tout à fait variable.

§ 28. Nous réservons plus spécialement le nom d'**Empreintes** aux parties plus ou moins étendues d'un moule. Une empreinte peut, relativement au corps qu'elle reproduit, être *extérieure* et représenter la face extérieure d'un corps organisé. Dans une coquille bivalve dont les deux valves sont séparées, disséminées, chacune de ces valves, enveloppée par le sédiment environnant, laissera tout à la fois sur ce sédiment, l'empreinte de sa surface convexe ou extérieure (*fig.* 29), et celle de sa surface concave ou intérieure (*fig.* 30); on aura, dans ce dernier cas, ce qu'on nomme une empreinte *intérieure*. Comme le moule, l'empreinte extérieure s'applique à tous les corps, tandis que l'empreinte intérieure n'est applicable qu'à ceux qui sont creux. Nous ne saurions donner une idée plus exacte de la nature d'une empreinte, qu'en la

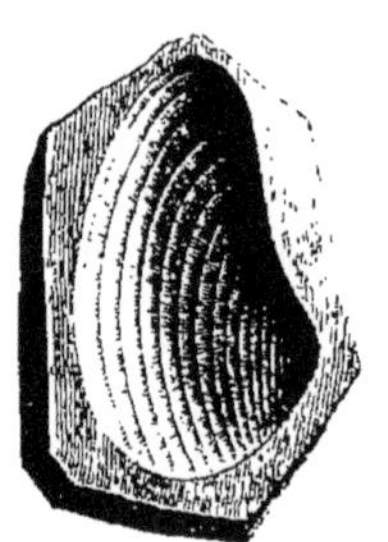
Fig. 29.

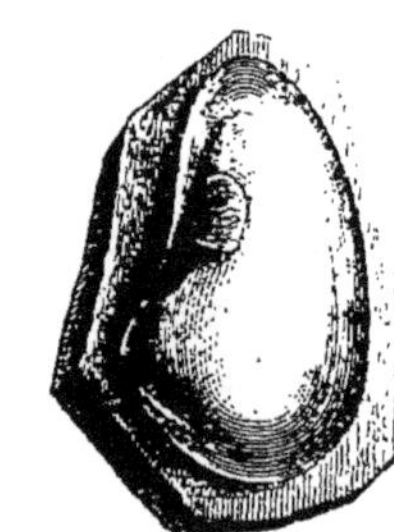
Fig. 30.

comparant à l'image laissée sur un fond mou ou ductile, comme celle qu'imprime sur la cire le cachet qu'on y applique. Les empreintes, soit extérieures, soit intérieures, sont fréquentes dans certaines couches, surtout dans celles qui se montrent très-perméables aux infiltrations aqueuses, lorsque le corps organique offrait, en soi, des éléments de décomposition facile. Plus les molécules qui ont enveloppé le corps organisé étaient fines, plus les empreintes sont nettes et bien caractérisées. On en trouve dans les grès, dans les calcaires, et à toutes les époques géologiques. L'étage silurien ne montre souvent que cela, ainsi que beaucoup de couches jurassiques, comme celles de l'étage corallien de la Belle-Croix, près de la Rochelle (Charente-Inférieure), et certains calcaires grossiers de l'étage parisien des environs de Paris, où des couches entières ne sont formées que de moules et d'empreintes de mollusques et de polypiers.

§ 29. Quelques auteurs (Lyell) ont appelé *contre-empreinte* ce que nous avons nommé moule extérieur, tandis que nous désignons sous ce nom de *contre-empreinte* un cas tout particulier, assez fréquent dans les couches calcaires ou argileuses. Lorsqu'une coquille, déposée dans les couches terrestres, s'est détruite en laissant d'un côté, dans la couche, l'empreinte ou le moule extérieur, et de l'autre, l'empreinte ou le moule intérieur, et que cette couche qui la renferme, non encore solidifiée, a subi postérieurement une pression déterminée par le poids des couches supérieures qui tend à en rapprocher toutes les parties, le vide resté à la place de la coquille disparaît, et les empreintes extérieure et intérieure réunies et mises en contact, atténuent plus ou moins complétement les caractères internes, en donnant un ensemble qui n'est ni une empreinte interne, ni une empreinte externe, mais bien la réunion de l'une et de l'autre. Cette circonstance est très-fréquente, surtout dans les calcaires marneux de tous les âges, comme l'étage kimméridgien de Châtelaillon, l'étage corallien de Marans (Charente-Inférieure), etc., etc.

§ 30. **Empreintes physiologiques.** En traitant des empreintes, des moules, des modèles, des contre-empreintes, nous n'avons parlé que de *traces organiques* fossiles des parties solides des animaux enfouis dans les couches; mais il est d'autres vestiges fossiles laissés par les corps vivants sur les sédiments non consolidés, et qui se rapportent moins à ces parties solides des corps, qu'aux habitudes vitales et physiologiques de ceux-ci. Il s'agit d'empreintes de pas d'animaux, de sillons, de cannelures, de bourrelets, laissés par les organes de mouvement des animaux marcheurs et nageurs. M. Hitchcock, qui a beaucoup étudié les empreintes fossiles de pas d'animaux, les a désignées sous le nom général d'*Ichnites*, (d'ιχνος trace, vestige), en appelant *Ichnologie* la science qui s'occupe de ces sortes de fossiles. Nous y réunirons également les empreintes analogues laissées par les animaux nageurs, et nous nommerons encore cette série d'empreintes, bien distincte de la première, *Empreintes physiologiques* (*fig.* 31, 32, 33); car

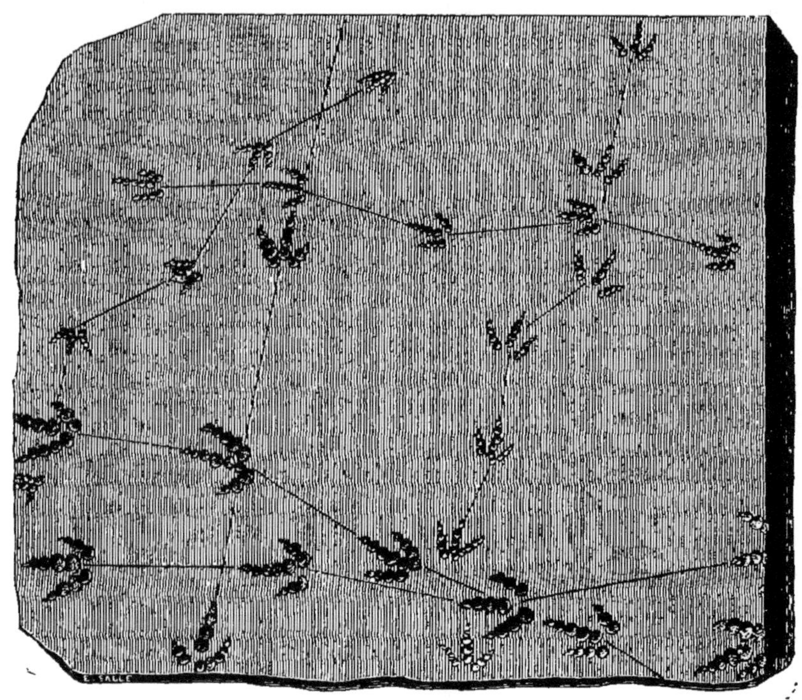

Fig. 31. Empreintes physiologiques de pas d'Oiseaux.

nous trouvons inutile de surcharger la science de noms nouveaux, pour désigner des choses qui rentrent dans les acceptions vulgaires. Il est certain que les noms d'*empreintes physiologiques*, de *pas d'oiseaux*, de *pas de reptiles*, etc., s'entendent mieux que les mots d'*Ichnites*, et d'*Ichnologie*, etc.

Poussant plus loin son travail, M. Hitchcock les a subdivisées en deux groupes : 1° les *Sauroïdichnites;* 2° les *ornithichnites* suivant qu'elles se rapportent à des sauriens ou à des oiseaux; et plus récemment, le même auteur a proposé une autre division, dans laquelle il a tenu moins compte des caractères généraux de zoologie, que du nombre de parties composant chacune de ces traces : telles sont les *polypodichnites* ou traces à plusieurs pieds; les *tetrapodichnites* ou traces à quatre pieds; les *dipodichnites* ou traces à deux pieds, et enfin les *apodichnites* ou traces sans pieds. Les traces de poissons laissées sur les fonds vaseux par les organes de natation de ces animaux, ont été désignées, par M. Buckland, sous le nom d'*Ichthyopatolites*. Nous croyons qu'on doit tout simplement désigner ces empreintes comme des *empreintes physiologiques* d'oiseaux, de sauriens et de poissons, et ne pas admettre surtout les termes déduits du nombre des pieds.

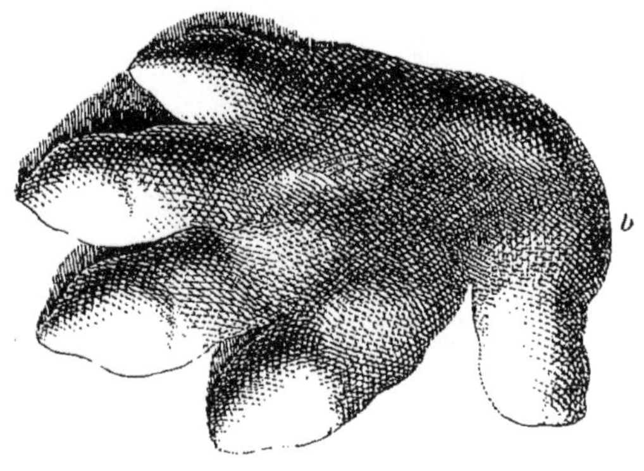

§ 31. **Empreintes physiques.** Il est encore d'autres empreintes qu'on

Fig. 32. Empreintes physiologiques : *aa*, de pas de Tortue; *bb*, de pas de Chirotherium.

rencontre dans des couches d'âges très-différents et qui, bien qu'el-

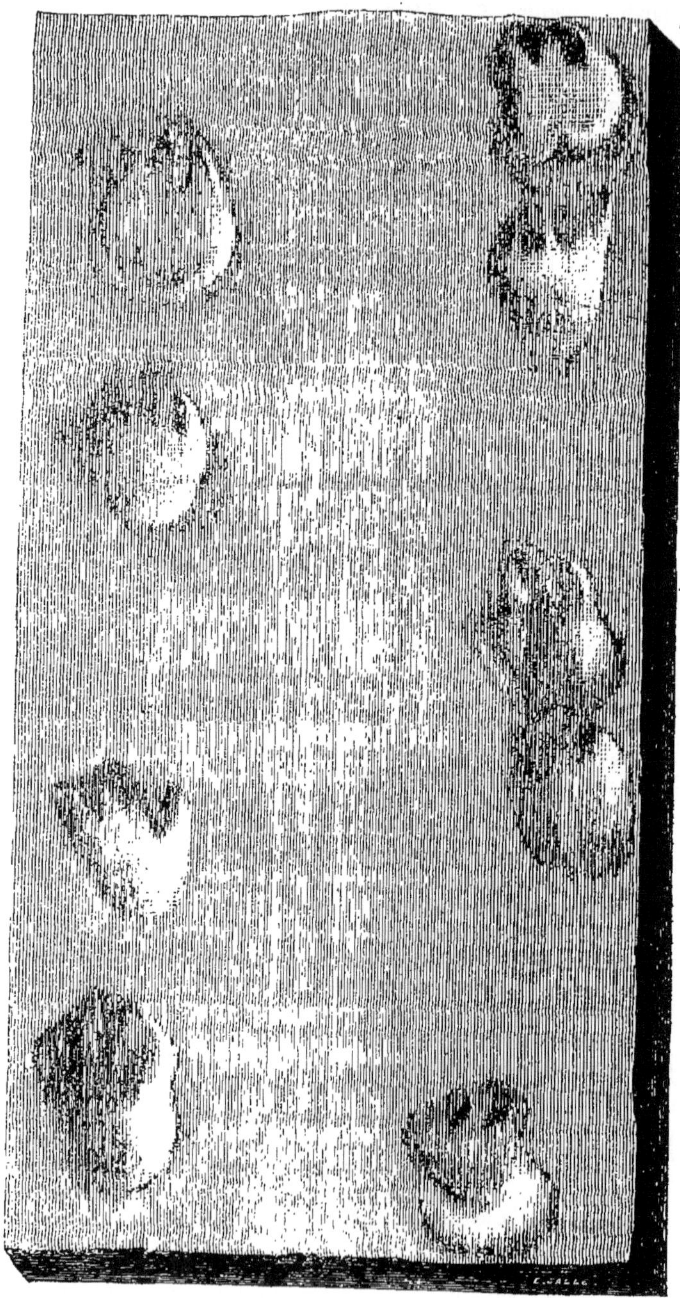

Fig. 33. Empreintes physiologiques de pas de Tortue terrestre.

les n'appartiennent pas à la Paléontologie, n'en offrent pas moins beaucoup d'intérêt. Nous voulons parler des empreintes de gouttes de pluie, et des ondulations laissées par les eaux, qu'on trouve sur les grès et sur les calcaires. Pour ne pas créer de nouveaux noms, nous appellerons ces sortes d'empreintes *empreintes physiques* (*fig.* 34, 35).

§ 32. **Des gouttes de pluie.** Plusieurs auteurs ont donné des descriptions de gouttes de pluie fossiles. Cunningham, Hitchcock, Lyell, etc., les ont étudiées en particulier, et leurs observations ont été si consciencieuses qu'il n'est guère permis de conserver encore quelque doute sur leur existence. M. Cunningham parle dans les termes suivants d'impressions et de moules de gouttes de pluie qu'il a observés dans les carrières de Storeton-Hill (Cheshire), ces mêmes carrières qui ont déjà offert des empreintes de Chirotherium. « Les effets d'une pluie tombant sur des cendres très-fines du Vésuve s'y font remarquer en globules arrondis, semblables à ceux que produirait l'eau d'un arrosoir sur un parquet couvert de poussière. Même phénomène a été remarqué sur les grès de Storeton-Quarry. En certains cas, les globules sont petits et circulaires, comme s'ils eussent été produits par une pluie légère ; en d'autres, ils sont plus gros, de forme moins régulière, indiquant une pluie plus violente. »

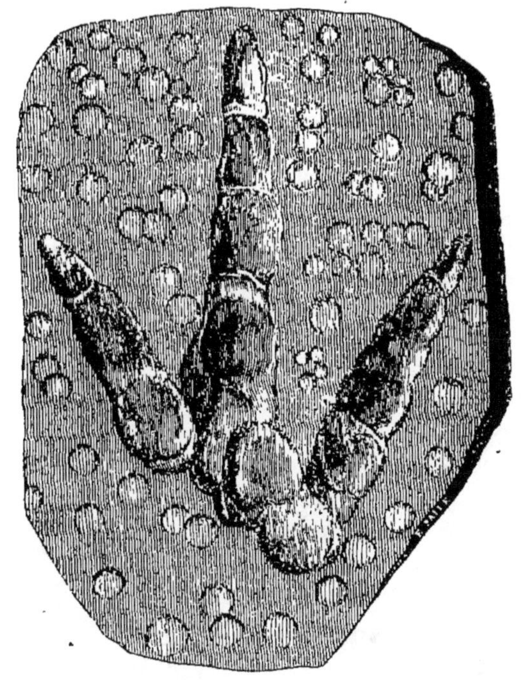

Fig. 34. Empreinte physiologique de pas d'Oiseau, et empreintes physiques de gouttes de pluie.

M. Lyell a décrit des empreintes semblables à des gouttes de pluie dans la vallée de Connecticut, Amérique du Nord. Ces empreintes ont été observées en plusieurs localités, à Newark, New-Jersey, à Cabotville dans le Massachussets, à Smith's Ferry au nord de Springfield, etc. M. Lyell est convaincu que ces empreintes sont bien réellement celles de gouttes de pluie, malgré les doutes qu'il a professés pendant longtemps sur les vues de M. Hitchcock et autres.

On se rappelle ces plaques de grès bigarré du nouveau grès rouge qui furent découvertes, il y a quelques années, par M. Ward, à Shrewsbury, en Angleterre, et dont M. Buckland a offert un modèle en plâtre à la Société géologique de France. On remarque, sur ces plaques de grès, des empreintes de gouttes d'eau, dans trois circonstances différentes : ici, les empreintes sont hémisphériques, elles sont formées par une pluie tranquille ; là, elles sont larges et sans profondeur, ce devait être une pluie d'orage à grosses gouttes ; ailleurs, elles sont dans un sens oblique, c'est un signe que la pluie qui les a laissées était accompagnée d'un vent plus ou moins violent. M Ward a observé lui-même à Grinshill-Hill (comté de Shrop), en Angleterre, des gouttes de pluie fossiles dont l'obliquité indique que les gouttes ne seraient pas tombées perpendiculairement, mais auraient été jetées obliquement par la force du vent.

§ 33. **Des ondulations laissées par les eaux.** Le fait de l'existence à l'état fossile de véritables ondulations occasionnées par le mouvement des eaux, est également bien constaté. Les grès de Shrewsbury, dont il a déjà été question, présentent de ces sortes d'empreintes ; ceux de Grinshill-Hill sont dans le même cas. Dans cette dernière localité, les empreintes d'ondulations offrent nettement des élévations et des dépressions alternatives plus ou moins continues, avec des surfaces émoussées et arrondies

Nous avons vu de ces ondulations formées par les eaux sur les bancs de calcaire carbonifère, sur les grès portlandiens des environs de Boulogne (Pas-de-Calais), sur les grès tertiaires des bords du Rio-Negro, en Patagonie, et sur une multitude d'autres points. En traitant des causes actuelles, nous chercherons à expliquer le mode de formation des empreintes physiques, et les moyens employés par la nature pour nous les conserver dans les couches terrestres (§ 96).

Fig. 35. Empreintes physiques. Ondulations laissées par les eaux. Environs de Boulogne-sur-Mer.

§ 34. **Des coprolites.** Il n'est pas rare de rencontrer dans les couches des *fæces* fossiles, qu'on désigne aujourd'hui plus particulièrement sous le nom de *Coprolites*. Nous allons donner ici quelques détails sur ces corps si singuliers, dont les véritables analogies ont pu être longtemps contestées, mais sur la nature *organique* desquels, leurs caractères physiques et leur composition chimique ne laissent plus aucune incertitude.

Les coprolites se présentent, en général, sous la forme de petits corps arrondis, tantôt globulaires, tantôt allongés, souvent contournés ou tordus en spirale, à surface lisse ou légèrement rugueuse. Leur consistance est souvent très-dure, quelquefois cependant ils sont plus ou moins friables, ou se divisent facilement en fragments, lorsqu'on vient à briser la couche qui les renferme. Leur grosseur varie de celle d'une noisette à celle du poing, ou même dépasse ce dernier volume. Leur couleur est également très-variable; les nuances les plus fréquentes sont le gris cendré, le jaune, le brun clair, etc.

Fig. 36. Coprolite de Poisson.

Du reste, chacun de ces caractères de forme, de consistance, de grosseur, de teinte, change pour chacune des classes, des ordres, ou même des genres d'animaux auxquels ils appartiennent.

La composition matérielle des coprolites a présenté, dans quelques cas, des circonstances fort remarquables et bien propres à nous prouver combien les faits paléontologiques les plus simples et les plus futiles en apparence peuvent être précieux pour nous apprendre à connaître les habitudes physiologiques des animaux qui ont peuplé la terre aux époques géologiques anciennes, et le mode d'anéantissement des faunes successives. Certains coprolites ont paru présenter dans leur masse intérieure des parties non encore digérées et distinctes, telles que des fragments d'os, d'écailles, des poils, des graines, etc. L'animal aurait-il été détruit subitement, peu de temps après un repas copieux et non encore transformé? La fameuse salamandre fossile qui existe à Leyde, dans le cabinet de Van-Breda, contient, dans la partie correspondant à l'abdomen, plusieurs coprolites où l'on distingue, dit-on, très-facilement des fragments d'os de grenouilles et de poissons. Des coprolites de Lyme-Regis sont remplis d'os, de dents, d'écailles de poissons, dont la conservation est telle qu'on a pu les rapporter distinctement à des genres connus. Les coprolites d'oiseaux de Chicopee laissent voir quelquefois, dans leur intérieur, à l'aide d'instruments grossissants, de véritables graines, sous forme de petits grains noirs.

La forme, avons-nous dit, ainsi que la dureté, la couleur, etc., en un mot les principaux caractères physiques, indiquent approximativement la classe d'animaux auxquels les coprolites appartiennent. La composition chimique est un caractère non moins utile pour arriver au même but. Nous ne parlerons pas ici avec détail de ce dernier caractère des coprolites, nous réservant de le développer lorsque nous aurons à traiter, dans le chapitre de la Fossilisation, de la composition chimique comparée dans les divers fossiles. Nous dirons seulement, par anticipation, que les caractères chimiques des excréments fossiles prouvent jusqu'à l'évidence que la nature de ces corps est bien organique. Nous ajouterons que l'analyse chimique a fait découvrir, dans chaque classe de coprolites, des caractères propres à chacun et qui viennent en aide aux caractères physiques, pour les distinguer entre eux. C'est donc d'après l'ensemble de ces caractères qu'on a pu reconnaître déjà des coprolites de quatre grandes classes de vertébrés. Quelques auteurs ont proposé des noms particuliers pour chacune de ces classes : ils ont appelé *Saurocoprolites*, *Crocodilocoprolites*, les fæces fossiles de sauriens, de crocodiles; *Ichthyocoprolites*, ceux de poissons; *Ornithocoprolites*, ceux d'oiseaux, etc.

On connaît des coprolites dans un grand nombre de localités et dans plusieurs étages : Lyme-Regis, le comté de Fife, etc., en Angleterre, Burdie-House, en Écosse, les cavernes de Lunel-Viel, en France, de la province de Liége, etc., en ont offert les plus nombreux exemples. Le terrain le plus ancien dans lequel on les ait rencontrés paraît être celui de Burdie-House, compris dans les membres les plus inférieurs de l'étage carboniférien. Les coprolites de Chicopee sont dans un grès dur et compacte appartenant probablement au terrain triasique; ceux de Lyme-Regis sont rapportés au lias; il en existe dans l'étage sénonien de la craie de Meudon, dans les couches noires du calcaire grossier de Passy; enfin ils abondent généralement dans la plupart des cavernes à ossements. Le guano représente les coprolites de l'époque contemporaine.

CHAPITRE II.

DE LA FOSSILISATION.

Sous ce titre général de *fossilisation*, nous comprendrons tout ce qui se rattache, plus ou moins directement, aux *changements* par lesquels un corps vivant et jadis animé a passé d'une époque, alors actuelle, à un autre époque qui n'est plus, en laissant, dans les couches terrestres des traces impérissables de sa forme caractéristique. Nous y réunirons un ensemble de considérations d'une haute importance, et qui néanmoins ont été complétement négligées par les paléontologistes.

† Conditions de fossilisation dérivant de la nature et de la composition chimique des corps vivants.

§ 35. Pour qu'un corps organisé soit susceptible de laisser au sein des couches des traces durables de son existence, il ne suffit pas que sa dureté et sa consistance lui permettent de résister à l'action mécanique des milieux environnants et de conserver ainsi sa forme jusqu'après consolidation complète des sédiments où il se trouve enfoui; il faut encore que sa composition chimique soit telle qu'il puisse en même temps échapper à la décomposition organique et que la dissolution de chacune de ses parties ne soit pas immédiate après sa mort. La nature physique d'un corps organisé, c'est-à-dire sa consistance, sa solidité, sa dureté, etc., est essentiellement en rapport avec sa nature chimique, et connaître celle-ci, c'est, en quelque sorte, déterminer les caractères physiques : or la nature des éléments chimiques n'est pas, à beaucoup près, la même chez tous les animaux : elle présente, il est vrai, des caractères généraux communs à toute la série animale, mais elle comporte aussi des différences particulières propres à chaque classe, à chaque ordre, ou même à chacune des parties d'un même corps organisé. Suivant ces différences, les caractères physiques varieront dans le même rapport, et la fossilisation offrira des modifications semblables.

La composition chimique comparée des fossiles de toute la série animale n'avait guère, jusqu'à ce jour, fixé d'une manière spéciale l'attention des géologues et des paléontologistes; du moins aucun travail d'ensemble n'avait encore été publié sur ce sujet. M. Hugard a essayé de combler cette lacune, en réunissant les matériaux épars dans les ouvrages et en y ajoutant d'autres matériaux bien plus nombreux, fruit de ses propres recherches. Une communication qu'il a faite dernièrement sur ce sujet, à la Société géologique de France, contient le résumé de son travail, dont nous ne ferons que donner ici une analyse succincte.

Parmi les caractères chimiques qui distinguent les animaux entre eux, les uns, avons-nous dit, sont communs à toute la série animale. La présence de l'azote, par exemple, caractérise assez bien toute substance animale, et la distingue des substances végétales; les autres sont propres à telle ou telle division de cette série, ou même, dans certains cas, à telle ou telle partie d'un même corps organisé. Les caractères *communs* ne nous occuperont pas ici; leur étude nous entraînerait à de trop longs détails et à des discussions inutiles, qui ne sauraient trouver place dans cet ouvrage élémentaire. Les caractères chimiques *spéciaux* ont pour nous une importance plus directe; ce sont aussi ceux-là que concerne principalement le travail de M. Hugard. Dans ce travail, l'auteur a groupé les faits, d'après les affinités chimiques de composition des corps organisés qu'il passe successivement en revue; cet ordre est celui que nous adoptons dans les considérations qui suivent.

§ 36. **Os, dents, cartilages des mammifères.** La composition chimique des *os* de mammifères peut se résumer par les chiffres moyens suivants : cartilage complétement soluble dans l'eau, 32,17 ; vaisseaux, 1,13; phosphate basique de chaux, avec un peu de fluorure de calcium, 54,04 ; carbonate de chaux, 11,30 ; phosphate de magnésie, 1,16 ; soude avec une très-petite quantité de chlorure de sodium, 1,20,=100 (Berzélius). Ces différents chiffres, comparés, nous démontrent que les matières terreuses l'emportent de beaucoup, par leur quantité relative, sur les matières animales, et que le phosphate de chaux forme même, à lui seul, plus de la moitié de l'ensemble de la matière osseuse. Le phosphate de chaux possède une dureté considérable ; sa stabilité chimique est très-grande ; faits qui seuls nous expliquent déjà pourquoi les os et les dents sont de toutes les parties d'un mammifère celles qu'on rencontre le plus fréquemment à l'état fossile. Du reste, tous les os du squelette, ou même les différentes parties d'un même os, ne contiennent pas les mêmes quantités proportionnelles de matière animale et de matière terreuse. Les os longs des membres offrent plus de matières terreuses que ceux du tronc ; les os des membres supérieurs en renferment un peu plus que ceux des extrémités inférieures, et en général les extrémités soumises à un travail plus actif, en présentent plus que ceux qui le sont moins. Les os spongieux sont aussi toujours relativement moins terreux que les os plus compactes. De ces faits, il est naturel de conclure que telle ou telle partie du squelette, tel ou tel os, ou même les différentes parties d'un même os, n'offriront pas des conditions semblables de fossilisation. C'est ce que prouve, en effet, le nombre comparé des différentes parties du squelette qu'on trouve à l'état fossile.

Les *cartilages*, qui, sous plus d'un rapport, peuvent être assimilés aux os proprement dits, offrent cependant une composition chimique assez différente par les proportions, sinon par la qualité des éléments qui les constituent. Les principes terreux que nous avons vus s'élever jusqu'à 66,50 environ pour 100 dans les os, ne sont plus que de 1 à 2 pour 100, au maximum, dans les cartilages. La gélatine en constitue la majeure partie; or, on sait que ce dernier principe est bien peu stable : nous n'aurons donc pas lieu de nous étonner si l'existence des parties cartilagineuses du squelette des mammifères n'a pas souvent été constatée à l'état fossile, malgré la dureté et la résistance presque osseuse que présentent quelques-unes d'entre elles. Du reste, ce que nous venons de dire des cartilages des mammifères s'applique également à ceux d'oiseaux et de reptiles, mais non aux cartilages de poissons.

§ 37. Les **dents de mammifères** offrent, dans les différents groupes, une composition chimique à peu près semblable à celle des os dans les mêmes vertébrés, du moins quant à la nature des éléments qui les forment ; il n'en est pas de même de la quantité relative des éléments comparés entre eux. L'un des principes terreux, le phosphate de chaux, est ici en quantité bien plus considérable que dans les os en général. Nous avons vu que dans ceux-ci la quantité du sel terreux s'élevait en moyenne à 54,04 pour cent ; dans la substance des dents, cette quantité n'est jamais au-dessous de 60 et peut aller même jusqu'à 64 et 66. Les dents doivent à leur dureté et leur ténacité considérable la forte proportion de phosphate qu'elles contiennent. Du reste, la composition de la dent n'est pas identique dans chacune de ses parties; l'émail contient une bien plus forte proportion de phosphate que l'ivoire, et la substance corticale qui existe chez quelques mammifères contient, à son tour, bien moins encore de principes terreux que les deux précédentes; de là des différences essentielles de dureté ; de là aussi des conditions variables de fossilisation.

Les défenses de divers mammifères, et en particulier de certains pachydermes, l'ivoire de quelques animaux du même ordre, les cornes de cerfs ont la plus grande analogie de composition avec les dents. Les cornes, toutefois, contiennent une plus faible quantité de phosphate et de carbonate terreux Cependant les cornes de cerfs ne semblent pas différer par leur composition des os eux-mêmes.

La composition chimique des os d'oiseaux diffère peu de celle des os de mammifères ; les proportions seules des éléments varient, pour un même poids. A volume égal, un os d'oiseau contiendra une aussi forte proportion de sels terreux que l'os d'un animal appartenant à la première classe de vertébrés, bien que, sous ce volume égal, sa densité soit beaucoup moindre à poids égaux. Cette même proportion des sels terreux dans un os d'oiseau, sera de beaucoup supérieure à la quantité des mêmes éléments dans tout autre os de vertébré. Si donc la *qualité* des éléments constitutifs des os d'oiseaux ne peut suffire à la faire distinguer de ceux de tous les autres vertébrés, la *quantité* de ces mêmes éléments pourra suppléer à ce défaut, et l'on conçoit, dès à présent, combien, dans ce cas, la différence quantitative pourra être utile au paléontologiste indécis sur la nature de fragments osseux dont les caractères zoologiques ne lui paraîtraient pas suffisamment tranchés.

La composition des os de reptiles n'a pas encore été étudiée en particulier ; toutefois, il est à présumer qu'elle ne diffère pas beaucoup de celle des deux classes précédentes.

§ 38. **Des os de poissons.** La quantité des matières terreuses est, relativement à la matière animale, beaucoup moindre dans ces os que dans ceux des classes précédentes. Ce fait nous explique pourquoi les os de poissons sont rares à l'état fossile; il nous fournit en même temps un excellent moyen pour distinguer ces os à l'état fossile, par le seul caractère de la quantité absolue, sous un poids donné, de quelques-uns de leurs éléments essentiels; enfin il nous fait comprendre pourquoi les poissons étant rarement conservés à l'état fossile avec leur forme et leur volume réels, on les rencontre toujours très-déformés et aplatis, ou même, le plus souvent, représentés par leurs écailles. Quant aux cartilages dont se compose uniquement le squelette de toute une division de la classe des poissons, leur composition diffère peu de celle des cartilages des autres classes de vertébrés; c'est toujours du phosphate de chaux, de magnésie, de fer, environ 0,1600; du sulfate de chaux, 0,1200; des traces de soufre, d'alumine, de silice, de potasse; et tout le reste, pour 100 parties, est de la matière animale. Cependant les cartilages de certains poissons présentent une dureté et une résistance presque égales à celles des os proprement dits: dans ce cas, leur fossilisation a pu devenir plus facile, et effectivement, il n'est pas rare de rencontrer des poissons cartilagineux fossiles. Toutefois dans ceux-ci, on remarque qu'il n'est plus rien resté d'organique que la forme; leurs principes élémentaires ont été totalement remplacés par des substances adventitielles de nature pierreuse qui ont pénétré, dans tous les sens, le corps perméable assez résistant pour conserver sa forme pendant toute la durée de la fossilisation, mais qui ne l'était pas assez pour échapper ensuite à la décomposition organique.

§ 39. Les **cornes des ruminants**, la *carapace des chéloniens*, les *écailles des reptiles, des poissons,* le *squelette tégumentaire des annelés*, se ressemblent par une composition commune. Quelques-uns de ces organes se rencontrent fréquemment à l'état fossile; aussi est-il important de bien connaître leurs véritables caractères chimiques, afin d'en mieux comprendre les différences de fossilisation. Nous ne possédons pas encore de données bien certaines sur la composition chimique de la *carapace cornée* des *chéloniens*. Son origine fait présumer qu'elle n'est pas très-différente de celle des écailles de reptiles et de poissons, sur lesquelles nous allons donner quelques détails. Les *cornes creuses* des ruminants sont probablement aussi dans le même cas. Les *écailles de reptiles* consistent principalement, à l'état frais, en une sorte de substance cornée qui contient à peine, chez quelques genres, le crocodile dans le jeune âge par exemple, 1 et 1/2 pour 100 de matière terreuse, et pas plus de 3 pour 100 dans les écailles du même animal, qui forment la crête dorsale et qui paraissent en contenir le plus. La très-faible proportion de matières terreuses dans les écailles de cette grande classe de vertébrés explique facilement leur rareté à l'état fossile. Souvent les écailles qu'on a cru devoir attribuer à des reptiles étaient, au contraire, des écailles de poissons; et, en effet, nous verrons plus loin que celles-ci offrent des conditions bien plus favorables de fossilisation que les premières.

Les *écailles de poissons* diffèrent essentiellement de celles des reptiles, quant aux proportions des éléments qui les constituent. Nous possédons un grand nombre d'analyses d'écailles de poissons vivants et fossiles. Toutes démontrent que, dans ces écailles, la proportion des sels terreux l'emporte de beaucoup sur celle des éléments analogues pour la classe précédente. Le phosphate de chaux y entre à lui seul dans la proportion de 42 à 46 centièmes de la masse totale ; c'est-à-dire que l'écaille d'un poisson offre presque la composition d'un os. On voit par là, combien il sera facile de distinguer, à l'état fossile, une écaille de poisson de celle d'un reptile. D'un autre côté, les écailles de poissons ne devront pas être rares dans les couches, et, en effet, ce sont quelquefois les seuls organes qui représentent l'animal à l'état fossile. Du reste, les écailles de reptiles, lorsqu'elles existent conservées dans les couches, y sont généralement remplacées par une matière siliceuse ou calcaire ; au contraire, les écailles de poissons retiennent toujours, à l'état fossile, une quantité considérable de phosphate de chaux, comme le prouvent un grand nombre d'analyses chimiques de ces écailles, entreprises par M. Hugard, sur des échantillons pris à différents âges géologiques. Nous insisterons donc ici encore une fois sur les différences essentielles de composition, ou du moins de proportions dans les éléments qui constituent les écailles de poissons et de reptiles, en rappelant combien ces différences peuvent être utiles pour la détermination zoologique de débris fossiles appartenant à l'une ou à l'autre des deux classes de vertébrés ; car il est souvent impossible de distinguer par les seuls caractères anatomiques ou extérieurs des écailles prises dans l'une ou l'autre de ces deux classes.

§ 40. Les **ongles,** les **piquants,** les **crins,** les **poils,** les **cheveux,** etc., ont entre eux la plus grande analogie de composition, et diffèrent à peine, même dans la proportion des éléments qui les constituent. Nous n'insisterons donc pas plus longtemps sur l'importance des caractères que peut fournir leur composition chimique comparée pour la distinction des classes auxquelles ils appartiennent. Nous dirons seulement que chacun d'eux n'est qu'une simple dépendance du tissu cuticulaire, et comme tel se compose presque exclusivement de matière animale semblable au mucus. On y rencontre, de plus, un peu de phosphate de chaux, du carbonate de la même base, de l'oxyde de manganèse, du fer oxydé, du *fer sulfuré*, une quantité notable de silice et une quantité plus notable encore de soufre. Cette dernière circonstance mérite de fixer un instant notre attention. On attribue à la décomposition de substances animales la grande quantité de soufre, généralement à l'état de sulfure, qu'on rencontre dans certaines couches d'origine sédimentaire où abondent effectivement certains débris organiques. L'explication nous paraît peu probable, ou du moins insuffisante.

Les *plumes*, chez les oiseaux, dépendent, comme les organes précédents, du système cuticulaire; elles se composent également, en grande partie, de mucus animal.

Que conclure de tous ces faits? Qu'on espérerait en vain trouver avec abondance, à l'état fossile, la plupart des organes que nous venons de citer : d'abord leur solidité et leur résistance aux agents mécaniques extérieurs n'est pas très-grande, et puis ils se composent d'éléments tout à fait instables, dont la putréfaction s'empare promptement, car la plus grande partie de ces éléments sont solubles. Aussi les cas de crins, poils, ongles, etc., fossiles, cités jusqu'à ce jour sont-ils extrêmement rares et, en quelque sorte, exceptionnels.

§ 41. **Des téguments et autres pièces cornées des animaux annelés.** Dans l'embranchement des annelés, la classe qui compte le plus grand nombre de représentants à l'état fossile est, sans contredit, celle des crustacés. La classe des annélides, moins toutefois les tubicoles, et celle des arachnides n'ont laissé, au sein des couches, que quelques vestiges de leur existence. Après les crustacés, viennent, par ordre d'abondance, les insectes, puis les cirrhipèdes. Ceux-ci, par la grande analogie de leur enveloppe testacée avec celle des mollusques, se rencontrent abondamment dans quelques terrains. Voyons jusqu'à quel point les conditions chimiques de ces différents corps pourront expliquer leur abondance relative dans les couches terrestres.

L'enveloppe solide des crustacés est formée d'une grande quantité de carbonate de chaux, d'une moindre quantité de matière animale et d'une quantité toujours décroissante de phosphate calcaire. Toutefois la proportion de ces éléments varie avec l'animal de tel ou tel ordre, ou même quelques-uns d'entre eux peuvent disparaître complétement suivant le genre. On voit, en effet, tel crustacé présenter une enveloppe extérieure à peine cornée, tandis que tel autre présentera cette même enveloppe encroûtée de matière calcaire et constituant un test d'une solidité remarquable, comparable même, dans certains cas, à celle des os des animaux supérieurs. Lorsque le squelette tégumentaire du crustacé est de nature seulement demi-cornée, elle se compose presque en entier d'albumine et d'une substance particulière nommée *chitine*, substance qu'on retrouve également dans les téguments des insectes. Lorsqu'au contraire la carapace du crustacé est osseuse, on y rencontre, outre l'albumine, les éléments que nous avons cités ci-dessus; mais dans l'un et l'autre cas, la substance qui en constitue la base et qui donne leur forme aux téguments est la chitine, principe organique, découvert d'abord par M. Odier, retrouvé, plus tard, par d'autres chimistes et étudié tout spécialement par

M. Milne Edwards. Ce savant zoologiste a reconnu, dans la carapace du *Carcin menade*, environ 100 pour 100 de chitine, 18 d'eau, 63 de sels mêlés à un peu de matière animale soluble à froid dans une petite quantité d'acide hydrochlorique faible et environ 8 d'albumine. Dans les segments dorsaux des anneaux abdominaux du même animal, il a trouvé 20 pour 100 de chitine et 54 de matières salines.

Cette observation prouve que certains crustacés offrent les conditions les plus favorables à la fossilisation : composition chimique et solidité se réunissent pour les préserver de la désorganisation putride et de la destruction mécanique. Aussi les crustacés présentent-ils, en général, un degré de conservation remarquable à l'état fossile, quel que soit, du reste, leur âge géologique ; tels sont, par exemple, les fameux trilobites de Dudley, les crustacés décapodes de bien d'autres localités ; et si nous ne trouvons pas un très-grand nombre de ces animaux à l'état fossile, dans toute la série des autres étages, c'est qu'apparemment la classe en était moins nombreuse en individus que dans la nature actuelle. N'oublions pas du reste, que leur composition chimique varie beaucoup dans chacune des familles, dans chacun des genres, ou même dans chacune des espèces.

Le *tégument externe dans les insectes* est souvent aussi, comme dans les crustacés, de consistance rigide et cornée ; il se compose, ainsi que les ailes, chez ces mêmes animaux : 1° d'une matière animale particulière qu'on a nommée *entomoléine*, la même que nous avons déjà nommée chitine dans les crustacés ; 2° d'une autre matière animale propre, qui a reçu le nom de *coccine* ; 3° d'huile colorée diversement suivant les espèces. A ces trois sortes de principes organiques, il faut ajouter de petites quantités d'alumine, de sous-carbonate de potasse, de phosphate de chaux, etc. On voit, par cette composition, que les téguments des insectes ont la plus grande analogie avec la corne des animaux vertébrés. Ce que nous avons dit des conditions de fossilisation de ces derniers organes s'applique donc également aux organes de composition analogue qu'on retrouve chez les insectes. Les insectes n'ont laissé à l'état fossile que de très-rares débris de leur squelette. Dans quelques cas plus rares encore, les ailes, qui ont la plus grande analogie de composition avec les autres parties du squelette tégumentaire, paraissent bien conservées. Les insectes renfermés dans l'ambre sont un cas tout à fait exceptionnel sur lequel nous ne croyons pas devoir insister ici.

§ 42. **Des coquilles des mollusques**, etc. De tous les animaux, ceux qu'on rencontre le plus fréquemment à l'état fossile sont, sans contredit, les mollusques, soit que le nombre de ceux-ci ait été réellement plus considérable que celui des autres animaux, aux différentes époques géologiques, soit que leur habitude d'existence dans les eaux les ait placés dans des conditions plus favorables de conservation, soit enfin que la nature de leur enveloppe solide en ait rendu la transformation plus facile. La composition chimique du test des coquilles est telle qu'on ne doit pas s'étonner de leur bonne conservation dans les couches même les plus anciennes. Cette composition n'est pas toujours identique dans chaque classe de mollusques, où elle offre des différences dans les genres, dans les espèces. Toute coquille est composée de matière animale et de carbonate de chaux ; seulement, les plus compactes montrent une plus forte proportion de ce dernier principe. Voici à peu près les nombres proportionnels qui pourraient représenter la composition chimique de la coquille des mollusques : carbonate de chaux, 95 à 96 pour 100 ; phosphate de chaux, 1 à 2 ; eau, 1 à 1 et 1/2 ; matière animale, 1. Les coquilles des céphalopodes contiennent bien plus de matière animale que celles des autres classes. Certaines coquilles d'acéphales renferment, outre la matière animale et le carbonate de chaux, du phosphate calcaire, du carbonate de magnésie, de l'oxyde de fer, et même, dans quelques-unes, celles des huîtres par exemple, la proportion de matière animale est si minime, qu'à peine en peut-on tenir compte. Cette dernière circonstance nous explique l'énorme quantité d'huîtres fossiles qu'on rencontre dans la plupart des couches.

Les téguments testacés des cirrhipèdes et ceux des annélides *tubicoles* offrent, à peu de chose près, la composition élémentaire des coquilles de mollusques.

§ 43. **Carapace testacée, carapace siliceuse,** de certains animaux microscopiques, dits *foraminifères* et *infusoires*, etc. Nous ignorons si, jusqu'à ce jour, on a essayé de faire l'analyse chimique des organes de ces animaux, à l'état vivant. Quel que soit le résultat obtenu, on peut affirmer par avance que ces organes, surtout ceux dont la nature était siliceuse, ont dû offrir, dans tous les cas, les conditions les plus favorables à la fossilisation ; on sait, en effet, que certaines roches, en couches très-étendues dans quelques localités, le tripoli par exemple, sont complétement formées de débris de la carapace siliceuse de ces singuliers animaux.

§ 44. **Des polypiers.** On connaissait déjà, depuis fort longtemps, d'une manière générale, la composition chimique de différents polypiers. Hatchett avait donné, dans les *Philosophical Transactions*, vol. XVII, des résultats d'analyses *qualitatives* faites sur des dendrophyllies, des gorgones, des tubipores, etc., et l'on savait, d'après ces analyses, que les polypiers consistaient principalement en carbonate de chaux imprégnant une sorte de membrane de nature gélatineuse, laquelle retenait, jusqu'à un certain degré, la forme et la structure du zoophyte, après la dissolution de celui-ci dans l'acide azotique. Dans certains polypiers, Hatchett avait trouvé une petite proportion d'acide phosphorique. Les proportions relatives de carbonate de chaux, de phosphate de chaux, et de matière animale avaient paru extrêmement variables dans les différents genres. Depuis Hatchett, M. Silliman jeune a cru devoir soumettre, d'après les moyens plus parfaits que nous possédons aujourd'hui, à de nouvelles analyses plus rigoureuses la composition chimique, non-seulement *qualitative*, mais encore *quantitative*, des zoophytes pierreux. Dans la plupart des coraux calcaires qu'il a examinés, il a trouvé une petite quantité, sur 100, de magnésie, d'alumine, de fer, de silice, d'acide phosphorique et de fluor, outre le carbonate de chaux qui constitue, après qu'on a séparé la matière animale, les 97 à 98 centièmes de la masse totale. La tige cornée de la *Gorgonia setosa* lui a fourni une proportion considérable d'alumine, outre de l'acide phosphorique, un peu de carbonate de chaux et 93 pour 100 de matière animale. Tous ces résultats sont consignés dans un ouvrage de M. Dana, intitulé « *sur la structure et la classification des zoophytes,* » et dans différents endroits du *Journal américain* dirigé par M. Silliman. Nous trouvons une explication suffisante de l'origine des éléments qui composent les polypiers, dans la composition même des eaux de la mer où ils sont appelés à vivre et dans celle des fonds solides où ils fixent leur demeure. Il est inutile de développer ici les transformations successives que les polypiers doivent subir en passant à l'état fossile; ils ne perdent guère, pour passer à cet état, que la quantité variable de matière animale qu'ils contiennent. La composition chimique des polypiers est d'une haute importance en géologie, pour expliquer la formation de couches puissantes qui, dans certains étages, sont presque exclusivement composées de polypiers.

§ 45. Pour compléter ce que nous avons à dire sur la composition chimique comparée des diverses parties organiques qu'on peut rencontrer à l'état fossile, nous ajouterons quelques mots sur celle des coprolites des différentes classes de vertébrés. Nous avons annoncé ailleurs (§ 34) que les coprolites diffèrent entre eux par la forme ; ils diffèrent également par la nature chimique, qui se résume dans les principaux chefs suivants : 1° Les coprolites de mammifères (ceux des cavernes de Lunel Viel, par exemple) sont composés, pour 1000 parties, de phosphate de chaux, 625 ; carbonate de chaux, 150 ; eau, 120 ; limon siliceux coloré par l'oxyde de fer, 55 ; matière organique, des traces, mais en moindre quantité que dans les os ; fluorure de calcium, des traces; perte, 50. — 2° Les coprolites d'oiseaux, ceux de Chicopee, par exemple, ont fourni à l'analyse pour 100 : eau, matière organique, urate et sels volatils d'ammoniaque, 10,30 ; chlorure de sodium, 0,51 ; sulfates de chaux et de magnésie, 1,75 ; phosphates de chaux et de magnésie, 39,60 ; carbonate de chaux, 34,77 ; silicate, 13,07. Ces résultats offrent la plus grande analogie avec ceux que fournit le *guano*, matière coprolitique d'oiseaux, non fossile. — 3° Les coprolites de reptiles. — 4° Les coprolites de poissons paraissent composés de phosphate et de carbonate de chaux, jusqu'à 90 pour 100, de phosphate de magnésie, d'oxydes de fer et de manganèse, de silice, de traces de matière animale, etc. Si nous comparons ces différents résultats d'analyses de coprolites empruntés aux quatre classes de vertébrés, nous trouverons que les coprolites de mammifères diffèrent peu de ceux des poissons, et ne s'en distinguent que par la forme ; que, dans les coprolites de reptiles, la quantité de phosphate et de carbonate calcaires parait moindre ; enfin que, dans les coprolites d'oiseaux, la proportion ou même la seule présence d'acide urique suffira toujours pour les distinguer de ceux de toutes les autres classes. Au reste, la composition générale des coprolites est sensiblement différente de celle de toutes les autres parties organiques et servira à les séparer facilement de celles-ci, quelles qu'elles soient. Ajoutons toutefois qu'il est difficile de se faire une idée exacte de la composition chimique comparée des différents coprolites ; car ces corps n'étaient pas parfaitement compactes et imperméables à l'état frais ; de sorte que, dans la plupart des cas, ils ont été pénétrés, avant de passer à l'état fossile, d'une plus ou moins grande quantité de substances étrangères.

Les considérations qui précèdent, relativement à la composition chimique comparée dans les corps organisés vivants et fossiles, nous conduisent, en résumé, aux principales conclusions suivantes :

La composition chimique n'est pas la même dans toute la série des corps à l'état vivant ; elle varie suivant les grandes divisions du règne animal, suivant les classes, les ordres, les genres, les espèces, ou même suivant les différentes parties d'un même individu ;

Du caractère de la composition chimique dépend essentiellement le caractère physique du corps organisé ; et des deux caractères réunis découle essentiellement l'une des conditions les plus importantes de la fossilisation ;

La composition chimique est telle, même à l'état fossile, que dans le plus grand nombre de cas, on peut déterminer, par les seuls caractères qu'elle fournit, le rang zoologique du corps fossile ;

D'autres considérations qui seront développées dans le cours de cet ouvrage nous montreront que, par la composition chimique, on peut déterminer jusqu'à un certain degré, l'âge géologique du fossile ;

Enfin la composition chimique comparée des différents fossiles nous fournira de très-utiles renseignements sur les circonstances qui ont pu accompagner la formation de certaines couches fossilifères.

†† Substances minérales fossilisantes.

Ainsi que nous l'avons dit précédemment, la conservation d'un corps organisé dans les couches terrestres dépend de sa nature plus ou moins résistante, de sa composition chimique et des milieux qui l'entourent lors de son enfouissement dans les couches terrestres. Que les sédiments soient produits par le lavage des continents ou par la trituration des côtes maritimes due à l'action de la mer, il n'en est pas moins vrai que les sédiments déposés par les eaux sont les plus puissants agents de conservation des corps. Or les éléments arrachés aux roches préexistantes sont principalement pierreux ou terreux, tandis que les roches salines métalliques ou combustibles sont des exceptions. Aux premiers se rapportera la silice, aux seconds le carbonate de chaux. Les deux substances qui forment la majorité des fossiles, sont la silice et plus spécialement le calcaire (§ 45). La plupart des fossiles paléozoïques, jurassiques, crétacés ou tertiaires sont à l'état de carbonate de chaux. Tantôt cette substance minérale y est à l'état grossier, tantôt à l'état compacte, tantôt à l'état spathique. Lorsque la dépouille animale présentait une cavité assez large pour permettre au sédiment grossier de s'introduire, celui-ci a pénétré, en remplissant l'intérieur, et l'enveloppe testacée, déjà composée de carbonate de chaux, s'en est assimilé une nouvelle quantité arrachée au sédiment environnant et qui est venu remplir les vides laissés par la soustraction de la matière animale ; aussi le test est-il généralement plus compacte dans les fossiles que les cavités intérieures qu'il circonscrit. Lorsqu'au contraire, le corps organisé ne présentait aucune cavité à remplir, et seulement une masse solide à minéraliser, cette minéralisation n'a pu s'opérer qu'au moyen de molécules très-fines, et alors la totalité de cette masse a passé à l'état de carbonate de chaux compacte. Lorsqu'enfin ce remplissage s'est fait dans des circonstances favorables au groupement régulier des molécules fossilisantes, le carbonate de chaux a pris la forme spathique. Cette forme est plus fréquente dans les anciens terrains. Dans les fossiles tertiaires, le carbonate de chaux est, pour ainsi dire, resté ce qu'il était à l'état vivant ; seulement le test est devenu plus poreux, par l'ablation de la matière animale qu'il contenait à l'état vivant ; et le carbonate de chaux en est plutôt terreux que compacte.

§ 46. La silice, bien que plus rare que le carbonate de chaux dans les fossiles, est cependant encore assez fréquente, beaucoup plus du moins qu'aucune autre des substances minérales qui vont suivre. Comme le calcaire, la silice peut être tenue dans les eaux à l'état de dissolution ou à l'état de suspension fine, ou enfin à l'état de sédiment grossier. A ce dernier état, la silice provient de la désagrégation, de la trituration par les eaux, de roches préexistantes; elle constitue les grès, les sables, etc. Les fossiles à l'état de grès ne sont pas rares; mais on ne les rencontre qu'à l'état de moules intérieurs, remplissant, par exemple, des coquilles de mollusques ou tout autre corps à cavités libres intérieures; la matière siliceuse, trop grossière pour pénétrer la coquille, n'a fait que remplir la cavité qu'elle circonscrit. Dans la plupart des cas, cette coquille elle-même a disparu en laissant un vide (§ 24); car les couches de grès sont essentiellement perméables aux eaux, et celles-ci ont ainsi pu facilement entraîner ou même dissoudre la matière calcaire des corps organisés seulement; aussi est-il rare de rencontrer des fossiles entiers, convertis en grès. On doit remarquer que dans plusieurs localités, les fossiles des grès sont en carbonate de chaux. La silice à l'état de division fine paraît avoir été beaucoup plus puissante pour pénétrer les substances organisées, et dans tous les cas où un fossile se présente à l'état siliceux, la silice, pour remplir ce fossile, semble avoir subi une véritable dissolution; du moins présente-t-elle toujours les caractères physiques généraux qui se sont formés sous de telles circonstances. Tels sont les quartz hyalin, compacte, vitreux, incolore, diversement imprégnés de substances métalliques étrangères, quartz-agate, calcédoine, cornaline, etc., quartz-silex, pyromaque, corné, etc., quartz-jaspe, quartz-résinite, etc.

§ 47. Nous pourrions placer ici, comme substance minérale fossilisante d'une certaine fréquence, le sulfure de fer (pyrite ou sperkise). Certaines couches des terrains jurassiques ou crétacés paraissent contenir une énorme quantité de fer à l'état de sulfure, et dans ces couches comme dans celles qui contiennent beaucoup de silice, ce sont les corps organisés qui en contiennent les plus fortes proportions; même en certains cas, les fossiles en sont totalement pénétrés, tandis que les couches qui contiennent ces fossiles n'en présentent que fort peu. Les fossiles à l'état de fer sulfuré abondent surtout dans certaines couches des étages jurassiques, dans l'étage liasien de Vieux-Pont (Calvados), dans l'étage callovien des Vaches-Noires, dans l'étage néocomien des Hautes-Alpes, etc. Les corps ainsi pénétrés appartiennent à toutes les classes d'animaux, mais principalement aux ammonites.

On sait jusqu'à quel point abondent, dans l'argile bleue de Shepey, les graines fossiles à l'état de pyrite.

La décomposition des pyrites de fer a quelquefois donné lieu à un accident de fossilisation fort remarquable. On voit, dans certaines couches, des fossiles entièrement convertis en soufre natif, et ce corps simple, qu'on ne peut guère supposer avoir remplacé *à priori* les corps organisés, s'y trouve ainsi, sous l'influence de certaines forces, au nombre des substances minérales fossilisantes. M. Braun (1) cite, sur le territoire des communes de Willel, Libros et Riodeva, dans la province de Feruel (Aragon), une couche régulière de marne gypseuse imprégnée de soufre, dont la partie inférieure contient une immense quantité de restes organiques, surtout des *Planorbes*, quelques lymnées, etc., avec leurs moules intérieurs formés par le soufre. Très-souvent leur test se trouve parfaitement conservé. La partie supérieure contient aussi de nombreux fossiles, mais ils sont presque entièrement confondus dans la roche mélangée de soufre et de marne bitumineuse, contenant 50 à 70 0/0 de soufre.

§ 48. Les substances minérales beaucoup plus accidentelles que les précédentes, dans les fossiles, sont : parmi les substances terreuses, la *barytine* (sulfate de baryte). Il existe, aux environs d'Alençon, un gisement de fossiles ainsi convertis en sulfate de baryte, consistant en polypiers (*astræa*) et en coquilles bivalves (*lima*). Ces fossiles forment des masses disséminées au milieu d'un sable argilo-ferrugineux qui contient quelques grains de feldspath, sur le granite et au-dessous du calcaire oolitique. M. Delanoue a rencontré, près de Nontron (Dordogne), un calcaire magnésien contenant des bélemnites dont la substance a été remplacée par de la barytine. On trouve, dans la même localité, des tellines et autres coquilles converties en cette substance. Plusieurs localités en Angleterre contiennent également des fossiles barytiques.

On voit dans certains endroits du Derbyshire, en Angleterre, des fossiles à l'état de fluorine (chaux fluatée), particulièrement des crinoïdes et quelquefois aussi des mollusques testacés.

Le *gypse* (sulfate de chaux hydratée) remplit rarement les fossiles creux. Les ossements de vertébrés qu'on rencontre en abondance dans les gypses tertiaires de la France en offrent rarement, à l'analyse, la moindre parcelle. Toutefois on rencontre des cristaux de gypse dans la cavité de certaines coquilles.

§ 49. La série des substances minérales désignées, en général, sous le nom de *pierres*, et composée en grande partie de silicates à bases terreuses multiples ne se rencontrent pas à l'état fossile, excepté le quartz et ses variétés, qu'on fait rentrer dans cette grande classe. On cite néanmoins des moules de fossiles testacés, à l'état de *hornblende*. La plupart des *pierres* sont des substances essentiellement cristallines, et dont la cristallisation s'est opérée par fusion ignée ou par sublimation. On conçoit que la présence de corps organisés est impossible au milieu de semblables agents ; car en supposant même qu'ils

(1) Bull. Soc. géol., vol. 12, p. 172.

eussent existé dans les couches aujourd'hui pénétrées de ces sortes de substances ignées, la chaleur produite lors de la production de celles-ci, les aurait infailliblement anéantis.

§ 50. Les substances métalliques sont plus fréquentes dans les fossiles. Nous avons vu les fossiles à l'état de sulfure très-abondants dans certaines couches. Les corps organisés convertis en *limonite* (fer peroxydé hydraté), ne sont peut-être pas moins abondants : du moins sont-ils plus généralement répandus dans la série des terrains. Souvent les fossiles à l'état de limonite ne sont que des épigénies formées aux dépens de fossiles d'abord pyriteux et dont le soufre aurait disparu pour faire place à l'oxygène. D'autres fois les corps organiques ont été convertis directement en limonite ; c'est le cas des fossiles qu'on rencontre en grand nombre dans certaines couches oolitiques, à la formation desquelles le fer n'a pas moins de part que le calcaire ou d'autres substances non métalliques. La limonite se trouve ordinairement à l'état terreux ou compacte ; aussi est-ce à cet état que se rencontrent les fossiles convertis en cette substance.

Il existe également des fossiles à l'état de fer *oligiste* (sesquioxyde de fer). Tout le monde connaît ces coquilles si remarquables de cardinia, de lima, de gastéropodes et de polypiers, qu'on voit en immense quantité dans la lumachelle ferrugineuse de l'étage sinémurien de Beauregard (Côte-d'Or). Le test de ces fossiles singuliers est complétement converti en fer oligiste très-cristallin et lamellaire, de la variété dite *spéculaire*. Quelques-uns sont simplement à l'état d'oligiste rouge terreux ; d'autres à l'état de limonite. Jamais l'intérieur de ces bivalves ainsi minéralisées n'est rempli lui-même par le fer oligiste spéculaire.

Le **fer vivianite** (fer phosphaté, fer azuré) se rencontre quelquefois dans les fossiles, en remplissant la cavité, tapissant cette cavité de cristaux, ou plus rarement y prenant la place du test lui-même. Les fossiles convertis en vivianite nous offrent, comme nous l'avons déjà vu ci-dessus, un magnifique exemple d'épigénie minérale. Le phosphate de chaux qui constituait la plus grande partie du corps organique à l'état vivant, a fini par perdre en totalité sa base alcaline, l'oxyde de calcium, pour s'attribuer une autre base métallique, l'oxyde de fer ; de là, formation du phosphate de fer. Ces sortes d'épigénies sont peut-être plus fréquentes qu'on ne le pense ; seulement, dans un grand nombre de cas, la transformation chimique s'est faite de telle sorte que la structure organique ou les formes extérieures des fossiles ont été anéanties ; c'est alors surtout qu'on a la vivianite pulvérulente, si fréquente dans certains terrains abondants en débris organiques. Il existe en Crimée un dépôt tertiaire où se trouvent des coquilles dont le test est en partie conservé avec sa substance primitive, tandis que l'intérieur est rempli de cristaux diversement entre-croisés de vivianite prismatique bleu foncé. Nous possédons de magnifiques échantillons ainsi tapissés de cristaux de fer phosphaté, qui nous ont été donnés par M. Hommaire de Hell.

A la Bouiche, en Bourgogne, on a trouvé des vertébrés fossiles dont l'intérieur était tapissé de cristaux de cette substance. Le fer phosphaté bleu pulvérulent revêt quelquefois, sous forme de belles taches bleues, la surface de certaines coquilles ; tels sont quelques échantillons de Grignon, près de Versailles. Dans ces sortes d'épigénies, on rencontre encore quelques traces de matière organique : ainsi M. Thompson a trouvé, dans un échantillon de vivianite, 2,80 sur 100 de cette matière. Enfin, on rencontre, dans certaines couches, des fragments d'ivoire, des dents ou autres parties de divers animaux pénétrés de fer phosphaté, qui leur a donné une couleur bleue. Cette couleur les a fait comparer aux *turquoises* orientales, qui ne sont autre chose que des substances pierreuses colorées par de l'oxyde de cuivre, et susceptibles de recevoir un beau poli. Les fausses turquoises (calaïtes), qui seules doivent nous occuper ici, ne présentent pas une transformation organique complète. Le phosphate de fer y existe en faible quantité, proportionnellement au phosphate de chaux qui subsiste encore.

Sidérose (fer carbonaté). Cette espèce minérale n'existe guère dans les fossiles qu'à l'état lithoïde ou compacte. Tout le monde connaît ces sortes de masses sphéroïdales aplaties ou noduleuses, irrégulières, de fer carbonaté dont la grosseur est variable, qu'on rencontre quelquefois en grand nombre dans certaines couches de l'étage carboniférien, souvent disposées sur des plans parallèles à la stratification. Ces masses arrondies (*sphérosidérites, fer oolitique des houillères*) sont pleines et compactes ; mais on remarque souvent qu'elles se composent de couches concentriques, et qu'au milieu se trouvent, parfois, des corps organisés, des poissons fossiles. Ces nodules de fer carbonaté lithoïde ne sont pas exclusifs aux terrains houillers. On voit dans l'étage liasien, au milieu d'argiles très-fines, aux environs de Nancy (Meurthe), par exemple, des nodules semblables, contenant un échantillon d'ammonite, ou beaucoup d'autres coquilles.

Le cuivre fournit quelques-unes de ses espèces au remplissage des corps organisés ; la *chalkopyrite* (sulfure double de cuivre et de fer) paraît même avoir, sous ce rapport, quelque fréquence. C'est surtout dans les terrains triasiques que les émissions sulfocuivreuses (si telle est l'origine du cuivre qu'on rencontre en certaine abondance dans ces terrains) paraissent avoir exercé une action plus marquée. Les schistes bitumineux de Mansfeld contiennent de nombreuses empreintes de poissons dont les écailles sont à l'état de cuivre sulfuré. Bergmann a cité une anomie complétement convertie en cuivre sulfuré, qui aurait été trouvée en Norwège, dans une gangue de minerai de fer magnétique (?). Enfin, on dit qu'il existe en Sibérie des végétaux transformés en chalkopyrite. La *chalkosine* (cuivre sulfuré) existe à Frankenberg (Hesse), sous forme de petites masses ovales et aplaties, dont la surface présente des espèces d'écailles imbriquées à la manière des cônes de pin. Cette configuration a fait penser à quelques naturalistes que les types de cette pseudomorphose pourraient bien être des portions de cônes de pin, qui auraient été pénétrées ou même remplacées par le cuivre sulfuré. D'autres croient que ce sont les épis d'une espèce de graminée, le ***Phalaris bulbosa*** de Linné. Quoi qu'il en soit, cette variété de cuivre sulfuré qu'on a nommée, dans le pays, argent en épis, se trouve dans des filons qui traversent le terrain primitif, et reposent sur une gangue argileuse. Ces deux circonstances semblent exclure l'idée que la pseudomorphose ait été produite sur une substance végétale, ou pour mieux dire sur une substance organique. Bien que le remplissage des végétaux par les substances minérales ne rentre pas essentiellement dans notre sujet, puisque nous n'avons pas à traiter des végétaux fossiles, nous n'avons cependant pas hésité à citer quelques bons exemples de minéralisation organique, empruntés au règne végétal. Rien ne s'oppose à ce que des animaux fossiles aient pu subir les mêmes modes de transformation ; car les uns et les autres appartiennent au règne organique. Enfin on cite des fossiles transformés en azurite et en malachite, entre autres des végétaux en Sibérie.

Le plomb est représenté, dans les fossiles, par la galène (plomb sulfuré). Il existe aux environs de Semur (Côte-d'Or) des huitres complétement transformées en cette substance; mais, le plus souvent, elle a été trouvée seulement en cristaux disséminés dans des végétaux. On cite également une belle impression de feuille découverte sur du plomb sulfuré, dans les houillères de Zwickau.

Il existe, dans certains districts du Mississipi supérieur, riches en gisements de plomb, des calcaires dont les fossiles sont remplis de galène.

Le **mercure** cinabre (mercure sulfuré), plus ou moins mélangé de substances impures, remplit quelquefois les cavités de coquilles de mollusques; rarement il remplace la substance même de leur test. Le mercure sulfuré appartient aux terrains palæozoïques, les roches qui le renferment en plus grande abondance sont le grès houiller proprement dit, le grès quartzeux, les schistes bitumineux et les argiles endurcies subordonnées au calcaire qui recouvre la première de ces roches. Presque toujours, dans ce dernier gisement, le mercure sulfuré est accompagné de débris de corps organisés, tels qu'empreintes de poissons, coquilles fossiles, bois silicifié, petits amas de houille et d'anthracite.

Le zinc présente deux espèces principales ayant quelque abondance dans la nature : la *calamine* (zinc silicaté) et la *blende* (zinc sulfuré). La calamine, dans beaucoup de pays, existe en véritables couches étendues ; on a cru reconnaître dans ces couches ou dans les dépôts qui leur étaient immédiatement superposés des échantillons de cette substance remplissant des coraux ou des coquilles. Bergmann assure aussi avoir vu de la blende sous forme de coraux. Ces deux faits, ou du moins le dernier, sont sujets à controverse.

Il nous resterait, pour terminer la liste des substances minérales rencontrées jusqu'à ce jour dans les fossiles, à parler de certaines substances charbonneuses qui remplacent quelquefois les corps organisés enfouis dans les couches. Telles sont, en particulier, les substances bitumineuses ; mais comme, dans ce cas, la matière de remplissage provient de la décomposition même des principes charbonneux dont le corps de l'animal était en partie formé à l'état vivant, nous en parlerons, plus tard, en traitant du processus ou procédé de la fossilisation.

††† Processus de fossilisation.

La fossilisation, ou pour mieux dire, le *processus* de la fossilisation est une sorte de phénomène par lequel un corps organisé perd plus ou moins de sa nature primitive et *normale* pour se convertir en une substance nouvelle qui, sous la forme du corps organisé lui-même, présente des caractères de composition chimique ou de structure plus ou moins différente du corps originaire. On distingue plusieurs modes de fossilisation. On connaît plusieurs procédés de fossilisation.

§ 51. **Fossilisation par altération** ou mieux par *ablation* simple. Le corps organique perd une partie de ses éléments premiers, et en général, d'abord sa matière animale plus vite décomposable et volatile. C'est le cas de la plupart des fossiles récents des cavernes, des coquilles contemporaines, etc. Ce mode de fossilisation semble être le premier passage par lequel le corps organisé qui doit devenir plus complétement fossile, commence ses phases de transformation.

§ 52. **Fossilisation par incrustation**, à la surface. C'est une sorte de procédé mécanique dont l'effet est de recouvrir, d'envelopper, et même jusqu'à un certain point de pénétrer un corps par une substance minérale, qui vient se montrer à sa surface, comme des cristaux d'un sel se groupant autour d'un fil qu'on suspend dans une dissolution saturée. Après cette incrustation, le corps intérieur peut avoir disparu par une cause quelconque, ou bien avoir échappé à la destruction et subsister avec toutes ses formes et sa nature première. Le corps intérieur, totalement détruit, a laissé après lui un vide qui représente sa configuration extérieure ou intérieure et un nouveau mode de fossilisation s'ajoute alors au premier, celui de la *pénétration*, que nous aurons occasion d'expliquer tout à l'heure. Les substances minérales incrustantes sont principalement le carbonate de chaux et la silice. On sait que le carbonate de chaux est soluble dans l'eau ordinaire, à la faveur d'un excès d'acide carbonique. Toutes les eaux contiennent de l'acide carbonique; il en est même qui en contiennent plusieurs fois leur volume : mais à l'air et à la température ordinaire, l'excès d'acide, en vertu de sa force élastique, ne tarde pas à reprendre l'état de gaz, ce qui explique très-bien comment les eaux acidulées ou gazeuses forment des incrustations sur les corps qu'elles baignent. Telles sont, par exemple, les eaux de Saint-Philippe en Toscane, de la fontaine de Saint-Allyre, près de Clermont. Lorsque l'incrustation est longtemps prolongée, elle ne tarde pas à se communiquer, de proche en proche, dans l'intérieur de la masse du corps incrusté ; et, alors, au premier phénomène vient s'ajouter celui de la *pénétration*. Peu de fossiles sont simplement à l'état d'*incrustation*.

On a encore quelques autres exemples de substances minérales incrustantes, comme les sulfures de fer ou de cuivre, la limonite, etc., mais ces cas sont beaucoup plus rares. On cite toutefois de fort beaux exemples de concrétions pyriteuses dans certains terrains (les argiles de Dives, l'argile plastique tertiaire, etc.). Dans ce dernier étage, les corps organisés, enveloppés de la croûte pyriteuse, sont *altérés*, mais non pas complétement *remplacés*. Cette croûte elle-même est essentiellement tuberculeuse, mamelonnée, ce qui ne permet aucun doute sur son mode de formation.

§ 53. **Fossilisation par introduction mécanique** grossière. Ce mode de fossilisation se rapporte principalement aux corps organiques dont l'enveloppe, osseuse, cornée ou testacée, présente une cavité plus ou moins close, munie toutefois d'ouvertures qui permettent une entrée facile aux matières des sédiments environnants. On rencontre ce mode de fossilisation dans la plupart des mollusques fossiles dont le test circonscrivait une cavité intérieure plus ou moins complète où pouvait s'opérer très-librement l'introduction mécanique des substances minérales environnantes. Le test, dans ces corps, est assez résistant; les substances minérales introduites pouvaient en prendre facilement la forme, en donnant ainsi naissance à ces sortes de noyaux de remplissage que nous avons appelés des *moules intérieurs* (§ 26). Le test ainsi enveloppé à l'extérieur, rempli à l'intérieur, perd insensiblement, sous l'influence de certaines circonstances environnantes, une partie de ses éléments constituants. Ces cas se présentent fréquemment; mais en général le test a acquis de nouveaux principes empruntés à la couche elle-même qui l'enveloppe.

§ 54. **Fossilisation par pénétration moléculaire**, ou en quelque sorte par introduction plus intime de matières beaucoup plus ténues. La pénétration est une sorte de filtration des matières solides au travers de la masse organique. Elle accompagne souvent les incrustations chez lesquelles il est rare que la matière incrustante s'en tienne à la surface extérieure. Peu de fossiles ont échappé à son influence; car, dans tout liquide chargé de sédiments, les particules sédimentaires peuvent se trouver à un état d'extrême division, voisine, pour ainsi dire, de l'état de dissolution. Un sédiment très-fin n'aura pas de peine à *pénétrer* des substances déjà altérées, et chez lesquelles le déplacement des premiers éléments qu'aura entraîné la décomposition, aura laissé, par là même, de nombreux vides intermoléculaires. Toutefois la matière animale peut être *pénétrée* de substances minérales sans rien perdre, pour ainsi dire, de ses éléments organiques; ce qui distingue ce procédé d'un autre, celui de la *substitution*, où la perte des éléments est plus ou moins complète. Enfin, pour bien distinguer la pénétration de l'introduction, il nous suffira d'ajouter que celle-ci a lieu dans les cavités qui lui sont offertes, tandis que celle-là se fait au travers des parois elles-mêmes de ces cavités, ou encore au travers des corps pleins dans toute leur masse. Un seul exemple fera comprendre cette distinction. On rencontre souvent des ammonites dont la dernière loge, celle qui est immédiatement en rapport avec le milieu environnant, se trouve remplie par des cassures, de la pâte plus ou moins grossière qui forme la couche où elles ont été déposées, tandis que les autres loges sont remplies d'une pâte fine, ou même seulement tapissées de cristaux. La substance minérale qui remplit la dernière loge est ici une substance *introduite;* celle qui remplit les loges subséquentes et qui est souvent d'autant plus fine que les loges sont plus éloignées de la première, ainsi que les cristaux eux-mêmes, a *pénétré*, au contraire, à travers la coquille du céphalopode.

§ 55. **Fossilisation par substitution** : un élément étranger pénètre dans la substance organique, pour y remplacer mécaniquement un ou plusieurs éléments, ou même pour y remplacer le corps total. Ce cas est assez rare, car, dans la plupart des corps organisés qui paraissent au premier aspect complétement remplacés, on rencontre encore des indices de matière animale; tels sont, par exemple, des térébratules et des productus des roches siluriennes de Malvern, qui ont laissé pour résidu de légers flocons de matière animale ressemblant à la membrane fraîche d'une coquille.

On sait aussi que dans les bois silicifiés, qui offrent l'un des meilleurs exemples de minéralisation connus, la matière végétale existe encore, suivant les expériences de Parkinson.

Les coquilles remplacées par le fer oligiste de Sémur fournissent peut-être le plus bel exemple de substitution totale.

§ 56. **Fossilisation par conversion chimique.** Ici le procédé n'est plus mécanique, comme dans la plupart des cas précédents. Des lois secrètes, que nous ne connaissons encore que par leur effet, président à ce nouveau mode de fossilisation. Tantôt la conversion chimique s'exerce sur les éléments organiques eux-mêmes qui constituent le corps soumis à cette sorte de conversion. Ces éléments entrent alors dans de nouvelles combinaisons donnant lieu à des corps composés nouveaux qui conservent toutefois la forme première; telle serait, par exemple, la conversion de certains animaux en bitume. Parfois d'autres éléments extérieurs arrivent pour se combiner aux éléments existant déjà ; enfin, tantôt la conversion chimique est partielle, tantôt elle est complète.

§ 57. **Fossilisation par transformation** de la structure intérieure. C'est un simple accident de cristallisation par lequel les molécules ont pris un nouvel arrangement et se sont groupées entre elles, suivant des faces ou dans des directions électives, propres à chaque espèce minérale; accident fréquent à l'état fossile. Le carbonate de chaux, qui constitue en grande partie le test des coquilles, et qui présente généralement une structure compacte, rarement fibreuse, à l'état vivant, acquiert ainsi, dans les fossiles une structure lamellaire, souvent même spathique, et quelquefois nettement fibreuse, chez certaines espèces. Souvent les substances organiques solides, en passant à l'état fossile, au lieu de perdre complétement leur structure organique première, changent seulement quelques-unes de leurs propriétés physiques. Tel corps, d'opaque qu'il était (des *astartés* de l'étage oxfordien) devient translucide ou même transparent; tel autre est plus cassant, tel autre plus léger, et ainsi de suite.

§ 58. Après avoir décrit les divers modes de fossilisation, il nous sera facile d'expliquer le *processus* lui-même de la fossilisation. Dans tous les cas précédemment supposés, la fossilisation n'a pu se faire que par l'un des trois procédés suivants, et quelquefois par deux ou les trois réunis : par voie *mécanique*, par voie *galvanique*, par voie *électro-chimique*.

Si, de nouveau, nous passons en revue ces divers modes de fossilisation qui, comme nous le verrons plus tard, varient pour chaque fossile, suivant l'espèce, suivant le milieu environnant et suivant les substances minérales qui ont fourni à leur transformation ; si nous cherchons les causes qui ont amené leur changement, ce phénomène si simple en apparence nous apparaîtra plus complexe, car à ce phénomène se rattache, pour ainsi dire, toute l'histoire de la formation et des transformations des couches solides.

Lorsque les corps organisés simplement livrés à eux-mêmes sont exposés à l'action des agents extérieurs et à l'influence directe de l'air atmosphérique après leur mort, la décomposition en est complète. La simple *altération* des corps fossiles est donc un phénomène naturel essentiellement lié aux lois de décomposition qui régissent l'ensemble du règne organique. Lorsqu'en effet les matières animales ou végétales humides sont abandonnées à elles-mêmes à la température ambiante, bientôt leurs principes se séparent. Les uns se combinent dans un autre ordre et donnent lieu à beaucoup de produits, parmi lesquels on compte l'eau, le gaz carbonique, l'acide acétique, l'ammoniaque, l'hydrogène carboné, etc.; les autres qui se dégagent, sont formés avec ceux-ci et emportent eux-mêmes une portion de la matière à demi décomposée. Quand la matière organique a le contact de l'air libre, elle finit par se dissiper ainsi tout entière; mais lorsqu'elle est enfouie dans la terre immergée, ou enveloppée dans les sédiments sous-marins, quelques-uns de ces éléments subsistent encore dans ces milieux après la décomposition, et c'est sans doute à la présence des substances animales désagrégées et disséminées après leur décomposition qu'il faut attribuer l'odeur fétide, tantôt bitumineuse, tantôt alliacée, tantôt ammoniacale, etc., que répandent certaines roches, lorsqu'on les casse ou qu'on les frotte, les calcaires noirs, carbonifères, par exemple, et en général les roches composées d'une grande quantité de débris organiques.

Enfin, lorsque la matière animale, outre les parties charnues, vasculo-cellulaire, molle, etc., contient des parties solides salines, à bases terreuses ou alcalines, celles-ci sont les dernières à subir une décomposition totale. Elles perdent d'abord leurs principes volatils, tels que ceux que nous avons énumérés ci-dessus. Leurs autres principes plus fixes, finiront bien à la longue par disparaître eux-mêmes, mais ils résistent longtemps. Lorsqu'après leur première altération par la perte de quelques-uns de leurs éléments, les os fossiles sont plus poreux, plus légers, plus cassants, et que les sédiments viennent à les envelopper, ils offrent tous les éléments nécessaires à une conservation complète. N'oublions pas qu'au nombre des principes constituants qui résistent le plus longtemps à la décomposition dans les animaux, il faut citer principalement les phosphates et carbonates de chaux, le phosphate de magnésie, des traces d'alumine, de silice, d'oxyde de fer, etc., principes que nous avons rencontrés dans les os des vertébrés, et dans les enveloppes cornées ou testacées des animaux appartenant aux autres grandes classes du règne animal (§ 37, 38).

L'introduction, comme la pénétration, sont des procédés de fossilisation faciles à comprendre. Nous ne nous y arrêterons pas plus longtemps.

Nous ajouterons seulement ici que l'altération par décomposition putride ou par soustraction simple, prépare généralement les fossiles à la pénétration, et que celle-ci sera, dans tous les cas, d'autant plus prompte et plus facile que le corps lui-même sera plus poreux et conséquemment plus perméable. Il est même assez difficile de concevoir qu'un corps, une coquille de mollusque, par exemple, puisse être pénétré de substances étrangères, s'il n'a pas préalablement perdu quelques-uns des principes qu'il contenait à l'état vivant.

§ 59. *La substitution* dans les fossiles n'a de mécanique que le transport des molécules substituées; mais les forces qui président à ce transport sont compliquées et difficiles à saisir. Nous croyons que l'électricité de contact et l'électricité par influence jouent ici un grand rôle, pour déterminer le départ premier des molécules qui vont s'unir à la substance organique, pour en déplacer des substances déjà existantes et y former quelquefois de nouvelles combinaisons. A ce moment commence l'affinité chimique, et les deux forces réunies (peut-être n'est-ce qu'une seule et même force accusée par des résultats un peu différents) contribuent à former lentement les modifications qu'ici nous avons désignées sous le nom de substitutions. Le galvanisme et l'électro-chimie ont été encore bien peu étudiés sous le rapport de leur influence dans les phénomènes naturels; mais les savantes expériences de M. Becquerel à ce sujet ont déjà fait faire un grand pas à la science, et nous voyons du moins clairement, dès aujourd'hui, ce qui nous reste à faire pour compléter nos documents sur ce sujet. L'attraction électrique jointe aux affinités chimiques nous fournit d'excellents moyens pour expliquer la substitution dans les fossiles, et ces forces cachées sont, sans doute, plus générales qu'on ne l'a cru jusqu'à présent.

Dans les substitutions électro-chimiques, le corps organisé représente probablement, par rapport au milieu ambiant, l'un des pôles d'une pile voltaïque dont le milieu serait le pôle opposé positif ou négatif; fait d'autant plus vrai qu'un grand nombre des substances minérales qui entrent dans la composition des fossiles pétrifiés sont insolubles par les moyens connus; que leur transport n'a pu, par conséquent, se faire par un moyen simplement mécanique ou chimique, et que la substance elle-même du fossile est souvent totalement différente de celle des couches environnantes. On dit, dans ces cas-là, que le corps organisé a servi de point de départ à la matière minérale tenue en dissolution ou en suspension qui est venue se grouper autour d'un centre ou d'un axe, comme des cristaux d'alun, par exemple, ou de sulfate ferrique autour des corps étrangers qu'on introduit quelquefois dans leurs dissolutions, pour les faire cristalliser; or, qu'est-ce que ce point de départ ou cette sorte d'attraction moléculaire, sinon une dépendance des effets électro-chimiques? Nous rencontrons à chaque pas, dans les couches fossilifères, des exemples remarquables de ces sortes de phénomènes, postérieurement à leur dépôt, ou même se continuant encore de nos jours. Il n'y a rien en cela d'étonnant. La diversité des éléments dont se composent les roches, la nature des fossiles à l'état vivant, qui diffère totalement de celle de ces roches elles-mêmes, le degré plus ou moins grand d'humidité qu'elles renferment, deviennent en certaines circonstances, les éléments d'autant de piles qui donnent lieu à des courants électriques puissants, quoique imperceptibles. Grand nombre d'oolites ont été ainsi formées; les sphérosidérites, les incrustations pyriteuses, les silex noduleux enveloppant des corps organisés, etc., sont dans le même cas. On sait que la plupart des grains oolitiques contiennent à leur centre un grain de sable, ou un petit corps organisé qui a servi probablement de centre d'attraction à la matière oolitique. Autour de ce centre se sont groupées plusieurs couches concentriques successives de cette matière. Les oolites calcaires et les oolites ferrugineux sont dans le même cas. Les rognons sphéroïdaux plus ou moins réguliers de fer carbonaté lithoïde qu'on rencontre dans les terrains houillers (aussi nommés fer oolitique des houillères), ont une origine analogue. Ces sphéroïdes sont pleins et compactes, mais on remarque qu'ils se composent d'une croûte formée par la réunion de plusieurs couches enveloppantes qui se séparent en calottes creuses. Ordinairement l'intérieur en est rempli de cristaux de quartz de chaux carbonatée; plus souvent, il contient des corps organisés.

Nous avons parlé de l'origine des rognons de silex qu'on rencontre abondamment dans divers terrains, comme les silex pyromaques de la craie, etc. Ce sujet a fixé longtemps l'attention des géologues, et plusieurs opinions plus ou moins différentes ont été émises sur leur mode de formation. Nous ne voyons là qu'un phénomène purement électrique dont les forces multipliées ont agi, à l'époque de la formation des couches et postérieurement à leur dépôt.

§ 60. Un autre phénomène non moins général et non moins puissant que les forces électro-chimiques, le galvanisme et l'électricité simple, a dû présider au remplissage des fossiles; c'est l'électro-magnétisme. Le phénomène de la substitution, des incrustations et, en partie, de la conversion chimique, que nous avons vu emprunter à l'électro-chimie des forces dont les résultats sont pour nous irrécusables, est aussi, dans quelques cas, étroitement lié avec l'électro-magnétisme; mais c'est surtout à cette dernière série d'agents souterrains qu'il faut rapporter la transformation cristalline et les accidents divers de cristallisation qu'on rencontre si fréquemment dans les fossiles, et surtout dans les fossiles des anciens étages. On sait combien sont décisives les expériences faites, depuis quelques années, en Angleterre, sur la puissance, la direction, la nature des courants magnétiques dans l'intérieur des roches, et sur les effets produits par de tels courants. Ces courants ont une action directe sur la formation des minéraux et sur la transformation moléculaire des roches qu'ils traversent. Peut-être ces sortes d'effets s'expliquent-ils par la filtration au travers des masses minérales d'eau chargée principalement de dissolutions métalliques. Les minéraux se déposeraient ainsi suivant leurs conditions électriques, et la direction des dépôts serait influencée par celle du méridien magnétique. On sait aussi que cette direction a une tendance générale de l'est à l'ouest, du nord-est au sud-ouest. On connaît, du reste, les travaux de M. Becquerel à ce sujet; ils sont antérieurs à tous les autres dans le même genre. Les forces électro-magnétiques paraissent agir avec plus d'intensité dans les terrains les plus anciens; leur action dans ces terrains agit sans doute encore de nos jours autant qu'elle a agi aux époques anciennes. Là, sont les plus nombreux filons, veines ou masses minérales et principalement métalliques. Les roches sédimentaires ont rarement conservé, dans ces terrains, leur texture première, grossière, compacte, terreuse; elles y sont devenues plus ou moins cristallines, lamellaires; leur couleur a changé, et les fossiles qu'elles contiennent ont généralement passé à un état cristallin, qui contraste même, dans nombre de cas, avec la texture moins cristalline des roches elles-mêmes qui les contiennent. Tels sont, par exemple, les marbres bélemnitifères de la Tarentaise, et les calcaires coralliens des environs de la Rochelle.

Les corps organisés qui se détachent ainsi nettement de la masse, étaient probablement déjà fossiles quand a commencé sur eux l'action électro-magnétique; elle n'a fait ainsi que transformer leur structure intérieure, sans ajouter de nouveaux éléments à la pétrification. C'est aussi aux forces incessantes de l'électro-magnétisme souterrain, qu'il faut rapporter ces filons qu'on voit quelquefois sillonner, dans tous les sens, la plupart des fossiles de certaines localités. Nous possédons de nombreux échantillons ainsi traversés de petits filons, provenant des étages carboniférien, liasien, albien, etc., etc. Ce singulier phénomène s'observe surtout d'une manière remarquable à Mont-de-Lans (Isère), sur des échantillons de bélemnites. Tantôt le filon participe de la nature même de la substance minérale qui remplit le fossile; tantôt ces filons sont de nature différente, le plus souvent quartzeux ou métalliques. Ces faits sont au plus haut point dignes de notre attention, et nous expliquent combien de forces secrètes, que nous ne connaissons pas assez, parce que nous n'en faisons pas l'objet d'observations directes, agissent incessamment dans les couches souterraines et peuvent très-bien nous expliquer la plupart des transformations qu'ont subies les roches, et que nous avons trop de tendance à attribuer à des actions générales de métamorphisme direct par l'action immédiate de la chaleur de contact. Le métamorphisme à de grandes distances est certes inadmissible. Les forces électro-chimiques ou magnétiques sont universellement répandues dans les masses, et donnent une meilleure idée des effets produits à de grandes distances, et sur de larges étendues.

Le mode de transport des molécules minérales dans les fossiles, ou le groupement de celles-ci, dans telles ou telles circonstances particulières, au moyen des courants électriques souterrains, offre quelquefois des accidents dignes d'intérêt, et qui nous donnent une juste idée de la force de ces courants. Tantôt l'enveloppe testacée qu'on rencontre à l'état fossile, demeure avec la même composition et la même nature que les couches environnantes, l'intérieur ou la cavité se tapissant de cristaux à formes très-nettes; tantôt cette enveloppe testacée elle-même est de nature plus ou moins différente de celle de la couche environnante, tandis que sa cavité est remplie par la matière de la couche elle-même; tantôt la cristallisation a paru soumise à certaines lois symétriques, toujours les mêmes pour la même espèce (les échinodermes). Les fossiles présentent une cristallisation d'autant plus nette, que leur cavité a été moins remplie par la substance minérale qui a pénétré dans leur intérieur. Lorsqu'il existe un vide dans la cavité du fossile, la filtration des substances minérales solubles au travers du test est plus facile, et la dissolution, une fois introduite, trouvant l'espace libre au groupement moléculaire des substances qu'elle dépose, donne lieu, sous l'influence de l'électricité, à une multitude de petits cristaux qui tapissent l'intérieur de la cavité, en affectant les formes propres à chaque substance. Souvent la nature de ces cristaux est différente de celle de l'enveloppe testacée elle-même. Dans les ammonites de Fontenay (Vendée), par exemple, les loges sont souvent tapissées de cristaux de quartz, tandis que le test lui-même est calcaire, suivant la nature des couches où on les rencontre. Un spatangue qui existe dans la collection minéralogique du Museum d'Histoire naturelle, présente le test à l'état calcaire et spathique, la croûte qui l'enveloppe en partie est crétacée; l'intérieur du spatangue est revêtu d'une couche mince de silex, et sur cette dernière enveloppe intérieure on remarque de nombreux cristaux de baryte et de strontiane sulfatée. Les divers genres de la grande classe des échinodermes présentent fréquemment de ces accidents de cristallisation plus ou moins remarquables. Leur structure poreuse favorise, sans doute, plus spécialement chez eux, la transformation moléculaire au moyen des agents électriques; et la perte de la petite quantité de matières animales que ces corps contiennent permet plus promptement ces sortes de transformations.

En appliquant artificiellement les divers moyens que la nature a employés pour faire des fossiles, on est parvenu, par des expériences modernes, à des résultats souvent très-rapprochés. On connaît les belles expériences de M. Gœppert, entreprises dans le but de changer des substances végétales et animales en substances terreuses et métalliques, sans altérer leur tissu ni leur structure. Il obtient ces changements au moyen de dissolutions assez concentrées, dans lesquelles on laisse tremper ces substances jusqu'à ce que les solutions aient entièrement pénétré dans l'intérieur des corps organiques. En exposant ceux-ci à un feu assez vif, il détruit le tissu organique et obtient la substance terreuse ou métallique sous la forme du végétal ou de l'animal.

Le procédé galvano-plastique a été également employé dans ces derniers temps pour conserver des corps ou pour les reproduire par le même moyen: M. Jordan montrait, en 1841, à l'Association britannique, plusieurs copies de trilobites et autres fossiles ainsi obtenus par les procédés ordinaires de la galvano-plastie. La croûte métallique dont on recouvre les corps en leur faisant jouer, par exemple, le rôle d'électrode négatif, pourrait servir à conserver ces corps, tout aussi bien qu'à fournir l'empreinte et les modèles.

Divers autres modes de reproduction ont encore été proposés pour la conservation des substances animales (1) et les divers procédés d'embaumement employés aujourd'hui, sont de véritables modes de pétrification, qui peuvent être comparés, jusqu'à un certain point, aux procédés employés par la nature elle-même.

†††† Des roches fossilifères.

Si l'on examine sous le rapport de leur origine les divers matériaux qui composent le sol terrestre, on voit que, dès le commencement du monde, deux causes distinctes n'ont cessé de présider à leur formation : les uns ont été formés par voie ignée, les autres par voie aqueuse. Les matériaux qui composent le sol, se résument à peu près en ceux-ci : les minéraux, les roches, les fossiles. Nous connaissons la différence qui existe entre les minéraux et les roches. Celles-ci sont des masses minérales, composées, soit d'une seule espèce, soit de plusieurs espèces minéralogiques réunies, qui jouent un rôle dans la composition des couches. Comme

(1) Nous avons pu, par exemple, admirer, il n'y a pas longtemps, un rein pétrifié, communiqué à l'Académie des sciences par M. Baldacconi, de Sienne, qui assure qu'il conserve ainsi depuis 1837, divers objets d'histoire naturelle.

les autres matériaux du sol, les roches sont divisées en deux sections. les roches d'origine ignée, les roches sédimentaires (1).

§ 61. Les **roches d'origine ignée ou plutonniennes** ont été préalablement à l'état de fusion ou de dissolution, dans un véhicule quelconque; dissolution favorisée par une très-haute température. Il est inutile de chercher, dans toute cette grande série de roches, des corps organisés fossiles. La chaleur intense qui a présidé à leur mode de formation a dû anéantir toute trace d'organisation. C'est même de la présence ou de l'absence des corps organisés fossiles dans ces couches, et d'autres caractères de composition et de dépôt, qu'on est convenu de déduire la nature sédimentaire ou plutonnienne de ces couches. Nous citerons néanmoins quelques exceptions apparentes à cette règle générale.

On a souvent parlé de roches volcaniques contenant des corps organisés. Bracchini, qui a décrit, avec beaucoup d'exactitude, l'éruption du Vésuve en 1631, assure avoir trouvé des coquilles marines qui avaient été rejetées. M. Constant Prévost a eu aussi plusieurs fois occasion de remarquer des coquilles enveloppées dans des cendres volcaniques. Ces faits prouvent seulement que les matières volcaniques incohérentes, qui étaient lancées à une très-grande hauteur, pouvaient perdre promptement, par la résistance de l'air, par la désagrégation de leurs molécules, par l'extrême faiblesse de leur conductibilité calorique, la chaleur qu'elles apportaient du foyer central; et les coquilles lancées au loin avec les eaux de la mer, introduites dans la bouche du volcan par quelques fissures naturelles, ont été à peine altérées.

Du reste, qu'y a-t-il d'étonnant que des matériaux, qu'une lave volcanique remaniée par les eaux de la mer, amenée ainsi à l'état de sédiment, recouvrent les corps organisés déposés au fond des eaux, et les conservent ensuite à l'état fossile? Peut-être, si l'on étudiait bien les quelques gisements exceptionnels de coquilles dans des roches volcaniques, trouverait-on que celles-ci peuvent toujours se rapporter à des tufs ou conglomérats, roches essentiellement remaniées.

Mais si l'on a pu trouver, dans certains cas exceptionnels, des corps organisés dans des dépôts ignés modernes, il n'en est pas de même de toute la série des roches ignées anciennes, granitoïdes, porphyroïdes, serpentineuses, etc. Une chaleur sans doute incomparablement plus

(1) Il nous reste encore bien des recherches à faire, avant de fixer la limite qui sépare les roches d'origine ignée des roches sédimentaires. La transformation incontestable de ces dernières en roches qui ont la plupart des caractères extérieurs des produits ignés, ajoute à l'incertitude. On a cru, longtemps, que la présence de matières bitumineuses azotées, sinon celle de corps organisés distincts, était un caractère essentiel de la distinction des deux groupes de roches; mais des expériences récentes ont prouvé combien ce caractère était insuffisant.

forte que celle qui a donné naissance aux produits volcaniques modernes, a présidé à la formation de celles-ci.

On voit, par ce qui précède, que les cas où l'on rencontre des corps organisés fossiles, dans les roches plutonniennes ou d'origine ignée, sont tout à fait exceptionnels et n'ont pas d'importance réelle en Paléontologie.

§ 62. Les **roches sédimentaires**, que nous désignons ainsi pour indiquer leur mode de formation au sein des eaux, ont été aussi appelées *roches d'origine aqueuse*, ou *roches neptuniennes.*

Lorsqu'on étudie avec soin les couches sédimentaires, relativement à la manière d'être des fossiles qui y sont renfermés, on reconnaît que ces couches se sont déposées comme se déposent aujourd'hui tous les détritus sous - marins, riverains, ou lacustres. Comme nous le développerons plus tard, en parlant des phénomènes actuels, nous croyons que les roches sédimentaires se sont formées dans les eaux, par des molécules terrestres amenées des continents, soit dans les lacs, soit dans la mer; par des molécules que l'action incessante de la vague a enlevées aux rivages, ou qu'a produites la décomposition des corps organisés. Nous croyons encore que ces molécules y ont été transportées par suite de causes naturelles incessantes, telles que les courants terrestres et sous-marins, ou par des causes fortuites accidentelles dues aux dislocations de l'écorce terrestre, mais que, dans tous les cas, ces molécules ont formé des couches de nivellement, et qu'elles ont été déposées presque horizontalement.

Lorsque les roches sédimentaires n'ont subi, postérieurement à leur dépôt, que des changements peu considérables, qui permettent encore de juger de leur nature primitive, on les nomme *roches sédimentaires naturelles;* mais, lorsque des roches ont été *altérées*, *modifiées,* ou comme on le dit *métamorphosées*, par suite d'une action étrangère, on les nomme roches *métamorphiques.*

§ 63. Les **roches métamorphiques** tiennent le milieu entre les roches d'origine ignée et les roches sédimentaires. Avec l'aspect cristallin et quelques-uns des caractères minéralogiques des premières, leur structure en grand semble indiquer toujours une origine analogue aux secondes; aussi les géologues croient-ils en général qu'elles ont été déposées dans les eaux et postérieurement modifiées. Nous n'avons pas à discuter ici cette célèbre théorie de l'agent modificateur des roches métamorphiques, qui a occupé les plus illustres géologues. Deux systèmes sont en présence : l'un admet que ces roches ont été métamorphosées par le contact des roches d'intrusion, ou par des *agents ignés* différents; l'autre explique la transformation de structure intime dans les roches sédimentaires par des *actions lentes électro-chimiques.* Ne pourrait-on pas croire que les deux agents ont joué leur rôle dans le métamorphisme? car si, dans quelques cas, l'action ignée est incontestable, on pourrait croire aussi que la chaleur qui aurait modifié certaines roches, en amenant des cristaux de mâcles, des grenats, qui aurait converti des calcaires en dolomie sur de vastes étendues, y aurait détruit toute trace d'organisation.

Voici, du reste, l'indication de quelques-unes de ces roches qui contiennent des restes de corps organisés.

On voit fréquemment dans les tufs de la Somma du Vésuve, et sur des points élevés, comme au mont Ottajana, des masses plus ou moins volumineuses de calcaire tertiaire-coquillier. Ces masses ont été altérées et amenées à l'état sublamellaire. On observe, au contact de l'étage dévonien et des granits, au Hartz, des fragments coquilliers de la première roche, dans des filons granitoïdes. On a plusieurs fois constaté l'existence d'un calcaire à encrines, associé avec le micaschiste et le chloritoschiste, près du village de Tweng, au pied des Alpes Tauern. De semblables associations ont été observées dans les Alpes occidentales. L'ensemble du dépôt paraît appartenir aux terrains palæozoïques.

Les schistes cristallins et mâclifères de l'étage silurien de la Bretagne présentent, dans quelques localités, des empreintes très-distinctes d'*Orthis* et de *Trilobites*. Il existe au mont Sainte-Marie, non loin de Saint-Gothard, et au mont Nufenen, à l'ouest d'Airolo, des schistes grenatifères qui renferment des *bélemnites*. Certaines roches palæozoïques observées dans les Vosges contiennent des empreintes végétales au milieu d'une altération telle, produite par l'effet de la chaleur des roches plutonniennes situées dans le voisinage, qu'un géologue très-exercé les a prises pour des trapps et des eurites.

MM. Élie de Beaumont et de Buch ont trouvé à Gerolstein des polypiers inclus dans la dolomie et convertis eux-mêmes en cette substance. Un peu plus loin, dans le calcaire qui forme le prolongement de la masse dolomitisée, on retrouve les polypiers à l'état calcaire parfaitement conservés, tandis que là où la masse a été modifiée en dolomie, la majeure partie de leur texture intérieure a disparu. M. de Collegno a recueilli à Tercis, près de Dax (Landes), des oursins et des fragments de coquilles dont le test est converti en dolomie, tout aussi bien que la roche qui les contient. M. Coquand assure avoir trouvé dans une couche saccharoïde des calcaires réputés primitifs de Couledoux (Pyrénées), des fossiles déterminables et un polypier radié. Enfin on sait que le fameux marbre, dit primitif, de Carrare contient en certaines places des corps marins fossiles, qu'on distingue surtout lorsque les fragments ont été polis, ou lorsqu'on les observe par plaques minces, au travers de la lumière. Du reste, ces marbres statuaires passent insensiblement à des calcaires compactes remplis eux-mêmes de fossiles, alors parfaitement distincts, appartenant probablement aux terrains jurassiques.

§ 64. **Les roches sédimentaires** proprement dites, qui, depuis leur formation, ont subi moins d'altération, peuvent se diviser naturellement en quatre groupes : 1° Les roches qui ont pour base un principe alcalin (chaux, strontiane, baryte), dont le meilleur type est le calcaire (carbonate de chaux) ; 2° les roches qui ont pour principe dominant la silice, seule ou combinée avec les terres, telles que les argiles, les grès; 3° les roches métalliques; 4° les roches combustibles.

Les *calcaires* contiennent ordinairement grand nombre de fossiles. On a supposé que, dans quelques cas, ils s'étaient formés par précipité chimique, après dissolution, qu'ils ont été réunis en masse, en se prenant sous forme solide, et ont enveloppé, tout au plus, les corps organisés suspendus dans la masse liquide. Nous sommes loin de partager cette opinion. Quand on voit dans ces calcaires, les fossiles déposés comme partout ailleurs par couches horizontales, quand on voit souvent, en dessus et en dessous, les couches argileuses qui les recouvrent évidemment sédimentaires, on doit également croire que les fossiles qu'ils enveloppent ont été déposés dans les mêmes circonstances que les autres. Ces calcaires, généralement cristallins, lamellaires, plus ou moins purs, formant des couches puissantes, peu riches en fossiles, sont d'autant plus fréquents qu'on descend plus bas dans la série chronologique des terrains. Vers les plus anciens, ils constituent des masses puissantes, et leur voisinage des roches cristallines a pu les faire regarder comme des roches métamorphiques.

Les *calcaires sédimentaires*, mieux caractérisés, sont par excellence des roches fossilifères. Les calcaires grossiers des environs de Paris, des bords de la Gironde, les calcaires blancs argileux jurassiques des environs de La Rochelle (Charente-Inférieure), de Tonnerre (Yonne), de Saint-Mihiel (Meuse), etc., etc., en contiennent un grand nombre, de même que les calcaires marneux ou argilo-calcaires de Sémur (Côte-d'Or), d'Avallon (Yonne), de Castellane (Basses-Alpes), de Milhau (Aveyron), etc., etc. D'autres calcaires paraissent assez pauvres en fossiles, et ce sont ordinairement les plus compactes, comme les couches bathoniennes, calloviennes et oxfordiennes de Grasse (Var), les couches bathoniennes de Chaumont (Haute-Marne), les couches portlandiennes de Saint-Jean-d'Angély (Charente-Inférieure), de Cirey-le-Château (Haute-Marne), etc.

§ 65. Le **gypse** (sulfate de chaux hydraté) joue à peu près le rôle du calcaire sous le rapport du mode de formation, c'est-à-dire qu'il a été déposé sous forme de sédiment. Les gypses cristallins sont de beaucoup les plus abondants dans la nature. Les deux variétés principales qu'on en rencontre dans les couches fossilifères, sont le *gypse fibreux* et le *gypse grossier saccharoïde*. On ne voit jamais de fossiles dans les gypses fibreux. Les gypses grossiers contiennent, à Montmartre, près de Paris, un grand nombre d'ossements, surtout de mammifères et des débris de poissons, d'oiseaux, de reptiles, mais jamais de coquilles de mollusques, ou d'animaux rayonnés.

La barytine existe à peine en roche; elle se trouve plus souvent à l'état de filon; mais, jusqu'à présent, les couches n'ont jamais offert de fossiles.

Le sel gemme (chlorure de sodium) présente quelquefois des débris fossiles, bien que ceux-ci soient très-rares. Une couche de sel a offert à Wieliczka des restes de mollusques, de poissons et de polypiers fossiles. Le dépôt de sel gemme de Gmunden, en Autriche, contient quelques zoophytes. Ajoutons à ces fossiles quelques fruits de végétaux, de nombreux animalcules microscopiques, et nous aurons la somme des corps organisés que contiennent ces sortes de roches. Des recherches très-minutieuses ont été faites par M. Marcel de Serres sur la nature des infusoires du sel gemme. Leurs formes se rapprochent beaucoup de celles que prennent, après leur mort, les *Monas Dunalii* découverts par M. Joly, dans les eaux des marais salants, et auxquels celui-ci attribue leur coloration en rouge. Les animalcules découverts par M. Joly sont incolores, présentent diverses nuances de coloration, ou même changent ou perdent leur couleur, après leur mort. De là, l'état incolore ou diversement coloré des sels gemmes de Wieliczka, du pays de Salzbourg, du Tyrol, de Moyenvic, de Cardona, etc. Certains sels sont formés de ces animalcules jusqu'à peu près le quart de leur volume. On sait aussi que la coloration en rouge des eaux de certains marais salants est aujourd'hui attribuée à de petits crustacés de l'ordre des branchiopodes et du genre *artemia*. Ces animaux périssent lorsque la dissolution atteint la densité de 25°, et leur corps prend alors la couleur rouge.

§ 66. Parmi les **roches à base de silice,** les *argiles* sont généralement très-fossilifères ; et la conservation des débris organiques y est souvent parfaite. Les argiles plastiques d'Aï (Marne), que nous regardons comme un accident local des lignites, contiennent, en dessus et en dessous, beaucoup de restes de corps organisés avec leur test bien conservé. Les argiles limoneuses des Pampas de Buenos-Ayres, qui occupent des centaines de myriamètres de superficie, renferment une quantité considérable d'ossements de mammifères.

Les *schistes*, composés de molécules très-fines, contiennent souvent beaucoup de restes de corps organisés. Les ardoises exploitées de l'étage silurien des environs d'Angers (Maine-et-Loire) sont dans ce cas.

Les *phyllades* en montrent aussi en assez grand nombre, dans l'étage silurien des environs de Brest (Finistère), aux îles Malouines, dans l'intérieur de la Bolivia, et sur une surface immense, aux États-Unis.

§ 67. Les **grès**, formés de grains de sable agrégés, appartiennent à tous les âges géologiques, et contiennent presque toujours des restes d'animaux fossiles. Les grès siluriens de May (Calvados) montrent des trilobites, des Conulaires ; les grès dévoniens et carbonifériens de Bolivia renferment des *Spirifer*, des *Productus*, etc. Les grès de l'étage sinémurien présentent beaucoup d'empreintes aux environs de Semur (Côte-d'Or), de Valognes (Manche), de Metz (Moselle), ainsi que les grès coralliens de Trouville (Calvados), les grès kimméridgiens de la route de Niort à Saint-Jean-d'Angély (Charente-Inférieure); ceux des terrains crétacés des Ardennes, du Mans (Sarthe), de Fourras, de l'ile d'Aix (Charente-Inférieure), de Pondichéry, de Concepcion (Chili), offrent une grande variété de restes organisés, ainsi que les grès inférieurs, moyens et supérieurs des terrains tertiaires du bassin parisien, des côtes du Chili, et de la Patagonie.

§ 68. Les **tripolis**, quand ils résultent d'un dépôt fait par l'eau de silice extrêmement divisée, se rapprochent quelquefois beaucoup de la texture des grès, en présentant alors une composition analogue à ceux-ci. D'autres fois, au contraire, les tripolis se trouvent dans le voisinage de roches ignées ou pseudovolcaniques, telles que les houillères embrasées, et paraissent être le résultat de la transformation de schistes argileux dépouillés de leur alumine, par l'effet de la chaleur ou de tout autre agent. Ces derniers tripolis contiennent quelquefois jusqu'à 98 p. 100 de silice. Les tripolis d'origine sédimentaire sont quelquefois complétement formés d'animaux infusoires à carapace siliceuse; comme par exemple, ceux de Bilin, en Bohême. M. Ehrenberg a calculé que 27 millimètres cubes de tripoli de cette localité pouvaient contenir jusqu'à 41,000 millions de ces infusoires à test siliceux. Ces sortes de tripolis ne renferment jamais de corps organisés autres que les infusoires dont ils sont formés. Les tripolis *métamorphiques* contiennent, par exception, quelques corps organisés. Ceux de Poligné (Ille-et-Vilaine) montrent quelques empreintes de bivalves, de végétaux.

§ 69. Les **roches de silex** (pyromaque, meulière, résinite, jaspe) offrent aussi des fossiles, principalement des mollusques et des radiaires pour les pyromaques et les meulières, et des végétaux pour les autres. On cite cependant des résinites à poissons et à insectes à Krepitz, à Nikoltschitz, en Gallicie, dans des mollasses tertiaires. On a cru que, dans ces sortes de roches, la silice, au lieu de se déposer sous forme de sédiment plus ou moins fin, comme dans les grès et les tripolis, a été à l'état de dissolution, et qu'elle a pris, en se consolidant, un éclat compacte vitreux, que n'ont pas les autres roches. On a supposé encore que la silice des pyromaques, des meulières, etc., avait été à l'état de dissolution gélatineuse; mais, lorsqu'on étudie la manière d'être de ces roches de silex et des fossiles qu'elles contiennent dans les couches d'eau douce des meulières des environs de Paris, dans les falaises crétacées de toute la côte de la Seine-Inférieure, des environs de Tours (Indre-et-Loire), de Saintes (Charente-Inférieure), dans les silex de l'étage corallien de Trouville (Calvados), dans ceux du lias supérieur de Thouars (Deux-Sèvres), de Poitiers (Vienne), de Sainte-Honorine (Calvados), etc., etc., on acquiert bientôt la certitude que les fossiles y ont été déposés par couches horizontales, au milieu des sédiments. On voit distinctement de plus, que la matière siliceuse en dissolution a pénétré ces couches postérieurement à leur formation, en y formant ces rognons isolés, des silex, de la craie et du lias, ces masses lenticulaires plus grandes des meulières, et enfin, qu'elle a pénétré seulement par endroits les masses coralliennes de Trouville, en changeant, sur quelques points isolés, la couche de grès en silex, tandis que cette couche est restée intacte à l'état de grès, sur toutes les autres parties de son extension. Nous ne verrions donc, dans les silex, qu'une modification partielle des couches, due peut-être à des courants électro-chimiques, mais nullement un fait général de dépôt.

Du reste, ces roches siliceuses se trouvent très-rarement en couches continues; elles affectent plutôt la forme de nodules, de rognons, d'amas plus ou moins irréguliers, qui semblent indiquer, d'une manière définitive, l'origine de la plupart. Quant aux jaspes, ils ne sont pas toujours d'origine sédimentaire. Il en est dont l'origine ignée est incontestable; d'autres, enfin, qui proviennent de roches transformées. Or il serait inutile de chercher des fossiles dans ces deux dernières roches.

§ 70. Les **substances minérales métalliques**, quelquefois abondantes dans la nature, y sont rarement stratiformes. On les rencontre plus souvent en grandes masses, en dikes, veines ou filons, etc. Les métaux en dikes ou en filons ont une origine non équivoque, qui exclut toute idée de dépôt par les eaux; ils ne contiennent pas de fossiles. On a bien voulu opposer à cette loi générale quelques faits exceptionnels : ainsi des tronçons de pins furent trouvés jadis dans une veine de plomb au pays de Galles. Le bois ne présentait pas de changement, sauf qu'il était fortement imprégné de galène. On ajoute qu'on a trouvé, dans un autre filon, du plomb sulfuré accompagné de barytine et de quartz, près de Frémoy et de Corcelles; mais ce ne sont là que des exceptions qui n'ont peut-être pas toute l'authenticité désirable.

Il est des cas où la forme de filons, ou de dikes, n'est absolument qu'apparente, et peut tromper facilement l'observateur peu expérimenté. Nous en avons acquis la preuve près de Fontaine-Étoupe-Four (Calvados). On voit, en effet, sur ce point, et dans les communes voisines, des masses considérables de grès siluriens où s'observent des filons obliques ou plus ou moins verticaux, remplis d'argile ou de limonite, enveloppant un nombre considérable de coquilles bien conservées, tout à fait distinctes des coquilles fossiles contenues dans les grès. Lorsqu'on étudie la géologie des environs, on reconnaît que ces filons ne sont que des fentes déterminées par la dislocation des grès, qu'ont remplies, lors de la mer liasienne, des détritus marins et des coquilles marines qui vivaient à cette époque, probablement sur ces rochers siluriens, formant alors des écueils voisins du rivage.

§ 71. Les **Limonites** (fer peroxydé hydraté) sont peut-être, de toutes les roches métalliques, les seules qui forment des couches véritables ; aussi contiennent-elles plus de fossiles qu'aucune autre. On en distingue plusieurs variétés : les seules qui aient pour nous de l'intérêt sont les variétés *compacte*, *terreuse* et *oolitique*.

Les *limonites compactes* sont exploitées, comme minerai de fer, à la Voulte (Ardèche), dans les couches calloviennes ; à la Verpillère (Isère), dans les couches toarciennes, où elles contiennent un nombre considérable de coquilles fossiles.

Les *limonites terreuses* sont peu communes; néanmoins nous les trouvons entièrement composées de coquilles fossiles passées à l'état de fer oligiste, dans les couches de l'étage sinémurien, aux mines de Beauregard, non loin de Semur (Côte-d'Or).

Les *limonites oolitiques*, faciles à distinguer par les petits grains ronds dont elles se composent, sont toujours les plus communes. Elles renferment une grande quantité de restes de corps organisés. Des couches de limonite oolitique, souvent exploitées pour le fer qu'elles contiennent, se voient dans l'étage toarcien, à Lyon (Rhône); dans l'étage bajocien de Bayeux (Calvados); dans l'étage callovien, aux environs de Chaumont, de Château-Villain, de Langres (Haute-Marne), de Lifol (Vosges), de Mamers (Sarthe) ; dans l'étage oxfordien des environs de Saint-Mihiel (Meuse), de Launoy (Ardennes), d'Is-sur-Tille (Côte-d'Or), d'Étivey (Yonne); dans l'étage néocomien de Bellancourt-la-Ferrée (Haute-Marne), de Brillon (Meuse); dans l'étage aptien de Vassy (Haute-Marne), etc., etc.

Les corps organisés qu'on rencontre dans ces couches sont des coquilles, des polypiers, et rarement des ossements d'animaux vertébrés. Tantôt ces fossiles sont convertis eux-mêmes en limonite, tantôt ils ont conservé leur enveloppe crétacée ; dans l'un et l'autre cas, ils présentent une assez bonne conservation.

Nous ne connaissons pas de roches métalliques fossilifères autres que les limonites. On cite toutefois, en Bretagne et dans quelques autres parties de la France, notamment près de Fresnay (Sarthe), dans les couches siluriennes, un fer aluminaté oolitique contenant des fossiles, entre autres des *calymènes* et des *asaphus*. Quelquefois le fer oligiste remplace le minerai aluminaté.

§ 72. Nous mettrons au nombre des *substances combustibles fossilifères*, ces sortes de masses plus ou moins volumineuses, compactes, nodulaires ou granuliformes, jaunâtres, à cassure vitreuse et conchoïde, qu'on a désignées sous le nom de *succin*, *résine fossile*, *ambre jaune*, etc. On rencontre le succin dans les lignites de l'étage cénomannien de l'île d'Aix (Charente-Inférieure), de l'étage turonien de Soulatge (Aude), dans l'argile plastique des terrains tertiaires ou dans des terrains plus modernes. Les eaux de la Baltique en apportent encore de nos jours sur les côtes, où il accompagne des cailloux roulés et diverses substances, surtout du bois fossile. Souvent le succin renferme des insectes entiers ; celui qu'on rencontre sur les bords de la Baltique est rempli de corps marins.

Enfin, après avoir énuméré jusqu'ici les diverses roches qui renferment des fossiles, nous ne passerons pas sous silence un gisement de fossiles bien singulier, mais qui ne rentre pas moins dans la question des divers milieux au sein desquels les corps organisés ont pu être conservés. Nous voulons parler des ossements enfouis dans les glaces vers les deux pôles et qu'on a recueillis sur la côte nord-ouest de l'Amérique et sur les bords de la mer Glaciale, en Sibérie.

DEUXIÈME PARTIE.

ÉLÉMENTS STRATIGRAPHIQUES.

CHAPITRE III.

CIRCONSTANCES NATURELLES PASSIVES QUI CONCOURENT A LA FORMATION DES COUCHES SÉDIMENTAIRES, ET AU DÉPÔT DES ANIMAUX DANS CES COUCHES.

§ 73. Si, comme nous l'avons vu, l'une des conditions essentielles pour qu'un corps organisé passe à l'état fossile, dérive de sa nature même, il en est d'autres indispensables, déterminées par les milieux qui l'ont environné à l'instant où il cessait d'exister, et par l'espace de temps qui s'est écoulé depuis sa mort.

Tous les corps organisés exposés à l'air libre se décomposent plus ou moins promptement, suivant leur composition chimique, et finissent toujours par disparaître entièrement, quels que soient d'ailleurs leur densité ou leur volume. Pour qu'un corps organisé se conserve, il faut donc qu'il soit soustrait à l'action immédiate de cet agent destructeur. On conçoit, dès lors, que cette conservation dépendra principalement du milieu qui l'environne. Lorsqu'on étudie l'ensemble des faits, on reconnaît facilement que les eaux ont été le plus favorable, et pour ainsi dire l'unique agent de conservation des corps organisés fossiles : d'abord, comme moteur mécanique, en l'enveloppant de diverses molécules destinées à en couvrir toutes les parties et à le garantir des causes destructives extérieures, puis en servant de conducteur à l'électricité, et plus tard de véhicule aux molécules fossilisantes de substitution, entraînées par les forces électro-chimiques et électro-magnétiques.

Pour définir le mode de dépôt des fossiles dans les couches terrestres, nous avons, successivement et comparativement, étudié les couches fossilifères de toutes les époques géologiques et la manière dont les corps organisés se déposent aujourd'hui dans les eaux marines et terrestres. Cette étude très-prolongée nous a donné, par la discussion de tous les faits scrupuleusement observés, la conviction intime que *deux séries de circonstances alternatives* ont agi dans la formation des couches sédimentaires, et sur le mode de dépôt des animaux fossiles qu'elles renferment : les unes *passives, incessantes, qui appartiennent exclusivement aux causes naturelles actuelles ;* les autres *fortuites, accidentelles, purement géologiques,* et qui tiennent aux révolutions, aux dislocations de l'écorce terrestre.

Nous allons d'abord chercher à définir les premières dans ce chapitre.

D'après l'étude des couches sédimentaires de toutes les époques géologiques, et la manière dont les fossiles y sont renfermés, on reconnaît, par le parallélisme de ces couches, et par celui des lits de fossiles qui y sont disséminés, qu'elles ont été déposées sous les eaux. Lorsqu'on veut comparer ces couches terrestres à ce qui se passe maintenant dans la nature, au sein des mers et sur les continents, on acquiert bientôt la conviction que des circonstances analogues ont dû présider à leur mode de dépôt et ont donné, dans les mêmes conditions, des résultats identiques. Il reste ainsi démontré, pour l'observateur, que les causes naturelles encore en action ont toujours existé, et que, pour avoir l'explication satisfaisante de tous les phénomènes passés, il devient indispensable d'étudier les phénomènes actuels.

L'heureuse pensée de recourir aux causes agissant maintenant, pour expliquer la formation des couches terrestres, appartient tout entière à M. Constant Prévost, qui, le premier, l'établit dans son système géologique. La science doit encore à M. Lyell le développement de ce système, appuyé de nombreuses recherches aussi savantes qu'ingénieuses ; mais, comme il fallait un séjour très-prolongé sur les côtes de toutes les mers, pour obtenir des données certaines, et que ce mode d'observation n'est pas à la disposition de tout le monde, on s'est, le plus souvent, contenté, dans ces systèmes, d'interpréter, par l'étude des couches terrestres, la manière dont les choses doivent se passer aujourd'hui au sein des mers et sur les continents. Nous avons suivi une marche contraire. Dégagé de toute idée préconçue, nous avons voulu compléter la somme des faits acquis durant nos voyages, par des recherches spéciales, prolongées, exécutées sur différents points de l'Océan, dans le seul but de scruter les faits actuels destinés à nous donner, sans hypothèse aucune, la valeur relative des divers agents qui concourent à la formation des couches sédimentaires.

L'époque actuelle offre des continents et des mers ; il s'y forme donc simultanément, des *sédiments marins* et des *sédiments fluvio-terrestres.* Ces deux séries, bien qu'offrant le *synchronisme* le plus complet et se confondant souvent, méritent néanmoins d'être étudiées chacune à part. Nous commencerons par les sédiments marins qui jouent un rôle immense à la surface du globe, et qui expliquent plus particulièrement la nature des étages géologiques les plus répandus.

† *DES SÉDIMENTS MARINS.*

§ 74. Nous appelons ainsi toutes les particules terrestres, minérales ou autres qui, abstraction faite de leur dimension, ou de leur provenance, se trouvent actuellement dans la mer et sur ses rivages. Si nous parcourons rapidement les côtes de France, par exemple, nous voyons, sans descendre au-dessous du balancement des marées, ces sédiments changer de nature suivant les lieux, et offrir à la fois toutes les modifications. Les côtes de la Normandie, depuis Abbeville jusqu'au Havre, montrent des falaises au pied desquelles sont des cailloux siliceux, et parfois du sable. Les côtes du Calvados présentent, par intervalles, depuis Honfleur jusqu'à Dives, un mélange de cailloux siliceux et calcaires, des sables et quelquefois de la boue. En marchant à l'ouest, des sables remplissent les baies ; et la côte, lorsqu'elle est bordée de falaises, se couvre de galets de diverses natures, suivant la composition de ces mêmes falaises. Presque toute la côte de Bretagne présente des cailloux granitiques, ou des anses sablonneuses; la Vendée offre, dans la baie de Bourgneuf, près de Beauvoir, des atterrissements vaseux considérables, puis des dunes et quelques roches granitiques, jusqu'au golfe de Luçon, où de nouveaux dépôts vaseux couvrent une immense surface. Les côtes de la Charente-Inférieure sont couvertes par endroits, soit de galets calcaires, formant ces cordons littoraux si bien décrits par M. Elie de Beaumont (La Rochelle, Châtelaillon (*b*, *fig*. 37), etc.), soit d'anses vaseuses (les Trois-Canons, Marennes), soit de dunes comme à la Tremblade; puis, au sud de l'embouchure de la Gironde, les sables recommencent jusqu'à Bayonne. C'en est assez, nous le croyons, pour démontrer ce que nous avons avancé, et prouver le synchronisme de toutes ces matières sédimentaires différentes.

A. — Provenance des sédiments marins.

Les sédiments marins actuels se forment de trois manières différentes : par le transport des particules terrestres, par l'usure des côtes, par les corps organisés, leur usure et leur décomposition.

§ 75. Les **sédiments apportés par les affluents terrestres** ont été regardés comme étant, pour ainsi dire, les seuls dans les circonstances actuelles. Sans nier leur importance réelle, nous espérons prouver que des sédiments considérables se déposent aussi sur les côtes où il n'existe aucun affluent, comme celles du Chili, de la Bolivie et du Pérou ; mais ayant l'intention de traiter séparément des phénomènes terrestres, nous renvoyons ceux-ci à leur chapitre spécial. Il nous suffira de constater, maintenant, la valeur des sédiments qu'ils apportent. Les rivières de France qui débouchent dans l'Océan, sont loin d'en fournir également, et même, la somme de leurs produits de ce genre n'est pas toujours en rapport avec leur importance et le volume de leurs eaux. Toutes les petites rivières, la Somme, la Dive, l'Orne, la Vilaine, la Sèvre, la Charente, etc., charrient à peine, lors des grandes pluies, quelques sédiments fins en suspension dans leurs eaux. La Seine même donne aussi des sédiments fins et très-peu de sable. Il n'y a donc que la Gironde et la Loire, et surtout la dernière, qui fournissent à la fois des sédiments fins et du sable en abondance. Néanmoins, si nous considérons que les côtes françaises de l'Océan présentent une surface de plus de 1,800 kilomètres, en contact avec la force de la vague, tandis que deux fleuves seulement donnent, sur ce circuit, des sédiments terrestres, il sera facile de juger qu'en évaluant au quart de l'ensemble la valeur de leur apport annuel dans les océans du monde entier, on sera peut-être encore bien au-dessus de la vérité. On en est surtout persuadé, lorsqu'on voit que, sur 115 degrés, ou 11,500 kilomètres de côtes battues par la vague, l'Amérique méridionale, sur l'océan Atlantique, n'offre que trois fleuves, la Plata, l'Amazone et l'Orénoque, qui donnent des sédiments; et que, sur la côte opposée du Grand Océan, 80 degrés ou 8,000 kilomètres d'extension n'ont que deux rivières, le Rio de Guayaquil et le Rio Biobio, qui, réunis, ne donnent pas annuellement autant de sédiments que la Seine. On en sera d'autant plus persuadé, que sur ces côtes, depuis Coquimbo jusqu'à Guayaquil, il ne pleut jamais, et que cependant il s'y trouve des sédiments considérables.

§ 76. Les **sédiments formés par l'usure des côtes** sont, dans l'état actuel, suivant nos observations, les plus considérables, et peuvent être représentés par les dix-seizièmes de l'ensemble fourni à l'Océan dans le cours d'une année. Lorsqu'on a vécu sur les côtes de quelque partie du monde que ce soit, on peut se convaincre de l'action incessante de la vague, augmentée dans les gros temps, sur le littoral maritime, bordé de falaises sablonneuses, calcaires, crayeuses ou argileuses. Les efforts impuissants du génie de l'homme pour s'en garantir à Bayonne, à Noirmoutiers, en sont une preuve; d'ailleurs, il suffit de voir les côtes avant et après une tempête, pour se faire une juste idée de cette action et des immenses changements qu'elle opère, en enlevant une surface considérable de sédiments soit au-dessus, soit au-dessous du niveau moyen du balancement des marées.

Si, pour nous éclairer à cet égard, nous parcourons encore les bords de l'Océan, sur le littoral de la France, nous verrons par exemple, qu'à l'exception de quelques golfes profonds très-restreints dans leur extension, où se forment actuellement des atterrissements, comme aux environs de Beauvoir (Loire-Inférieure), dans le golfe de Luçon (Vendée), à Brouage (Charente-Inférieure), etc., presque toutes les côtes subissent, au contraire, l'action destructive de la houle.

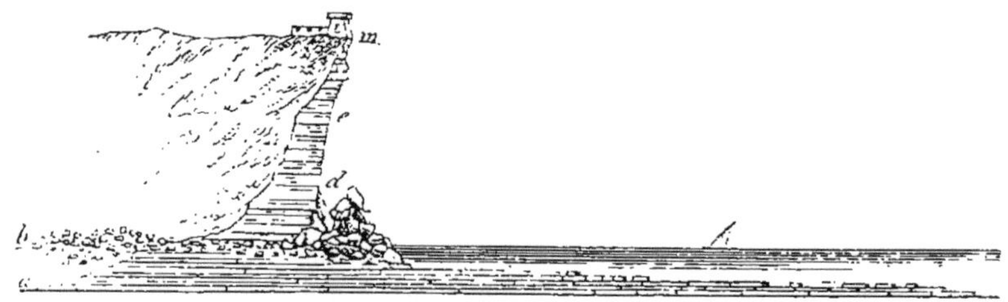

Fig. 37. Pointe de Châtelaillon (Charente-Inférieure).
a, niveau des basses marées ; *b*, niveau de la haute mer.

Cette action s'exerce de diverses manières, suivant la disposition du littoral. Lorsqu'une côte à mer basse montre à découvert des bancs argileux, calcaires (*a*, *fig*. 37), ou sablonneux, la houle, à chaque marée, lave, délaye et enlève les sédiments, comme on le voit sur les côtes des départements du Pas-de-Calais, de la Somme, de la Seine-Inférieure, du Calvados, de la Vendée et de la Charente-Inférieure. Les bancs calcaires de Châtelaillon, de la pointe de la Baleine à l'île de Ré, de la pointe de Chassiron à l'île d'Oléron (Charente-Inférieure), du Calvados, depuis Honfleur jusqu'à Port-en-Bessin, qui montren à basse mer une étendue d'un à trois kilomètres, en présentent surtout des exemples remarquables.

Lorsque des falaises bordent la côte, la mer, en sappant incessamment le pied (*m*, *e*, *fig*. 37), ronge la roche, et les couches ne tardent pas à surplomber. Elles s'éboulent ensuite en parties fragmentaires (*d*, *fig*. 37), et la houle recommence à laver, à triturer et à enlever les particules les plus fines. Son action continuelle fait disparaître peu à peu le produit de l'éboulement, et elle vient de nouveau battre la côte en brèche. Les hautes falaises de craie et de calcaire argileux du cap Blanc-Nez, près de Boulogne (Pas-de-Calais), les côtes crayeuses de la Somme, de la Seine-Inférieure, depuis Abbeville jusqu'au Havre ; les côtes crayeuses, argileuses et calcaires du Calvados ; les côtes de grès, de calcaire ou d'argile de la Charente-Inférieure en donnent partout des exemples.

On voit aussi les deux actions s'exercer en même temps sur beaucoup des mêmes côtes qui offrent à la fois des bancs prolongés sous la mer et des falaises perpendiculaires sur le rivage (*fig*. 37).

Un troisième mode d'action qui s'exerce en tous lieux est l'usure continuelle de tout ce qui, sur un rivage, se trouve dans la zone du balancement des marées. Quiconque a pu entendre, sur la côte de la Normandie, depuis

Abbeville jusqu'au Havre, le bruit que font les galets de silex, lorsqu'ils sont remués par une forte houle, se rendra compte de cette action incessante. Les cailloux de silex, malgré leur dureté, s'usent encore assez promptement ; ce qui donne la mesure pour des galets calcaires ou de toute autre nature d'une moindre densité. La mise en mouvement par les eaux de toutes les matières sédimentaires de ce niveau tend à en diminuer constamment le volume par le frottement. Si, en effet, nous reconnaissons cette action sur nos côtes, relativement très-tranquilles, on jugera de ce que la houle pourra produire sur certain littoral, comme celui des iles de tous les océans, du Chili, du Pérou, de la Patagonie, où la mer, incessamment en furie, déferle toujours avec force contre ses limites naturelles.

Les côtes granitiques ou de grès anciens des départements de la Manche, des côtes du Nord, du Finistère, du Morbihan, sont loin de donner des résultats aussi considérables que les côtes calcaires ; mais la décomposition de ces roches et l'action continuelle de la vague, ne laissent pas cependant de fournir une bonne part de détritus. Les côtes bordées de dunes de sable, paraissent souvent être à l'abri de l'action de la houle, mais il n'en est pas ainsi; car presque toujours, il existe, sous ces dunes, des roches ou des terres qui découvrent à basse mer et sont constamment en butte à la houle, comme sur la côte de Vendée, sur les côtes extérieures des îles de Noirmoutiers, de Ré, d'Oléron, etc., etc.

On pourrait, pour quelques points des côtes, obtenir des données certaines relativement au cubage des matières enlevées annuellement par la vague,en mesurant, au delà d'un édifice, la distance qui le sépare du rivage, et prenant l'année suivante la différence. Les falaises argilo-calcaires de Châtelaillon (Charente-Inférieure) nous en ont offert une preuve. La ville de ce nom (*Castellum allionis*) y était bâtie ; et, suivant les documents historiques, y existait encore en 1780. Aujourd'hui on trouve, à plus de deux kilomètres en mer, lors des basses marées, des débris de constructions qui témoignent seuls de l'existence de la ville de Châtelaillon. Un fort bâti sur cette même falaise, sous le règne de Napoléon, et qui, en 1825, se trouvait encore à plus de deux cents mètres du rivage, était, en octobre 1846 (*m*, *fig.* 37), à moitié tombé avec la falaise qui le supportait. On voit qu'en calculant la hauteur moyenne de cette falaise longue d'un kilomètre, et dont les points les plus élevés ont de 15 à 18 mètres, il serait facile d'avoir la somme des sédiments fournis sur ce point. Les falaises de grès friable de la Patagonie qui, sur des degrés de longueur, s'élèvent à plus de 100 mètres, donnent encore une altération plus rapide. Ces diverses preuves suffiront peut-être pour établir la somme réelle des sédiments enlevés par l'usure des côtes.

§ 77. **Les sédiments que forment les corps organisés,** leur décomposition et leur usure, bien qu'ils ne soient pas les plus considérables, puisque nous n'évaluons leur produit qu'à un huitième de l'ensemble, n'en méritent pas moins toute notre attention. Les corps organisés forment à eux seuls quelques-unes des îles madréporiques de l'archipel des Amis dans le Grand Océan, les récifs des Antilles de la côte occidentale d'Afrique et même les récifs souvent ignorés des zoologistes, mais bien connus des ingénieurs hydrographes de la marine, qui, sur quelques points de la côte de Normandie (Calvados), en dehors de la pointe de la Baleine (île de Ré) et de la pointe de Chassiron (île d'Oléron), offrent d'assez grandes étendues sous-marines. Les corps organisés en nature montrent encore, suivant les importants travaux de ces ingénieurs, que les fonds sous-marins les plus communs sur tous les atterrages du monde, sont sans contredit formés de bancs de coquilles plus ou moins brisées. Du reste, lorsqu'on examine la composition du sable de certains rivages, comme ceux des îles *Gallopagos* et de tout l'archipel des Amis, dans le Grand Océan, on reconnaît qu'il n'est absolument composé que de fragments de coquilles et de coraux. L'importance de cette nature de sédiment est donc bien constatée et non équivoque, à l'époque actuelle, comme elle l'a été aux époques passées.

Ainsi que nous le dirons, en traitant particulièrement de la manière d'être des animaux, dans les couches sédimentaires, les parties solides de ces animaux, une fois séparées des parties charnues, forment des sédiments et sont soumises aux mêmes altérations et à la même usure que les fragments de roches enlevés aux falaises. Elles se décomposent de même par l'action mécanique de la vague, et forment des sédiments qui se mêlent aux autres de même densité, de même nature.

En résumé, prenant approximativement le chiffre *seize* pour l'ensemble des sédiments marins, nous trouvons que ce nombre se compose des provenances suivantes :

Sédiments fournis par les affluents terrestres..........	4
Sédiments fournis par l'usure des côtes..............	10
Sédiments fournis par les corps organisés............	2
Total..............................	16

D'après ce que nous venons de dire, les sédiments, selon leur provenance, sont de diverses compositions et de densité très-différentes. Ils se composent, en effet, à la fois, sur la côte de tous les continents : de cailloux, de galets siliceux et calcaires de toutes les dimensions, de gros sable, de sable fin, de sable vaseux et de vase. Nous allons maintenant nous occuper de leur répartition, suivant leur volume, leur densité et la force motrice qui les déplace.

B. — De la répartition naturelle des sédiments dans les mers.

§ 78. L'action passive et générale des sédiments, dès qu'ils sont soumis au moindre mouvement, est essentiellement de se tasser et de niveler. En effet, leur propre poids, aussitôt qu'ils se répandent dans l'élément aqueux, toujours d'une moindre densité, ou lorsqu'ils sont portés par l'agitation des milieux qui les environnent, les force à descendre sur une pente. Dès lors, selon leur nature et leur densité, les sédiments se déposent de différentes manières, suivant la configuration des côtes, la pente plus ou moins rapide de celles-ci, et l'action des courants sous-marins.

§ 79. **Sur une côte en pente rapide vers une mer profonde,** comme nous avons pu l'observer à Ténériffe, au Chili, au Pérou, et sur quelques points de la Méditerranée, ces sédiments se déposent en raison de leur densité. Quelquefois les anses présentent du sable, sous forme de dunes, au-dessus des marées ; mais les lieux battus de la vague offrent toujours, au niveau de ces marées, près des lieux où ils ont été enlevés au littoral, des cailloux plus ou moins gros, ou du gros sable qui se continuent jusqu'aux limites inférieures du balancement des eaux. Lorsqu'on sonde ou qu'on drague au-dessous de ce niveau, on voit la grosseur des sédiments diminuer graduellement, à mesure qu'on descend, et les sables sont remplacés, dans les grandes profondeurs de ces mers, par les parties les plus ténues et les restes organisés les plus légers. La drague et la sonde nous ont toujours donné de 60 à 100 mètres, à Ténériffe, comme sur toutes les côtes profondes du Chili et du Pérou, des sédiments très-fins, remplis de foraminifères, et M. Duperrey nous a dit avoir toujours trouvé, de 50 à 60 kilomètres au large, dans la Méditerranée, un fond de boue et de sédiments fins, ce qui prouverait la généralisation du fait. Alors les sédiments qui se déposent sur un plan incliné, forment toujours des couches parallèles de moins en moins inclinées, jusqu'au fond des mers où elles deviennent sans doute horizontales.

Les courants qui exercent une action si puissante dans les atterrages peu profonds sur la répartition des sédiments, et partout sur la répartition des êtres à l'état de vie, n'en ont absolument aucune, quant aux sédiments des côtes abruptes, comme celles du Chili et du Pérou ; car, vu la pente rapide et le peu de largeur de la bande sédimentaire située dans la limite de l'action de ces courants, cette action ne saurait amener aucun changement important. Ils ne paraissent pas non plus atteindre les grandes profondeurs de l'Océan, et en aucune manière ils ne sauraient transporter des sédiments d'un continent à l'autre, lorsque ceux-ci sont séparés par de grandes profondeurs. On le conçoit, il faudrait qu'avant de passer d'un côté à l'autre ils comblassent l'intervalle en le nivelant.

§ 80. **Sur une côte très-plate** et très-prolongée sous les eaux de la mer, s'il n'y a pas de courants, les choses se passent comme sur une côte abrupte ; seulement, chaque nature de sédiment prend une bien plus grande extension. On trouve également toujours les parties les plus légères au-dessous du balancement des eaux, et dans les grandes profondeurs. Nous l'avons observé sur les côtes de France et de Patagonie.

§ 81. L'**action des courants** côtiers et sous-marins est immense sur les côtes plates ou en pente très-faible, ainsi que dans les détroits dont on connaît le fond, comme dans la Manche, sur les côtes de la Bretagne et sur celles du golfe de Gascogne.

On peut comparer, quant à leurs résultats identiques, l'action mécanique des courants sur la distribution des sédiments, à la même action produite par la vague et par le balancement des marées, sur les côtes tranquilles. De même elle sert à séparer les sédiments suivant leur nature, et à les transporter dans des lieux différents.

§ 82. Par la seule action des courants sous-marins, les cailloux, vu leur densité, restent toujours près du lieu où ils ont été enlevés, ou sont transportés à peu de distance. Lorsqu'on les suit, sur le littoral de la France, on arrive à cette conclusion. Dans tous les cas, restant près de la côte sur le lieu agité, ils ne sont presque jamais transportés au large. Sur toute la côte des départements de la Seine-Inférieure et de la Somme, les cailloux sont formés de silex enlevés à la craie des falaises; à Trouville (Calvados), ce sont des galets calcaires oolitiques ou non qui proviennent des falaises. En Bretagne, ce sont des cailloux de roches cristallines, etc., etc.

§ 83. Le **gros sable** qui, dans le balancement des marées, reste au-dessous des cailloux, n'est pas trop lourd pour être transporté par les courants, aussi le trouve-t-on partout où les courants ont une forte action. Des sondages opérés en dehors et près du cap Horn, à l'extrémité sud de l'Amérique méridionale, où se rencontre un des plus forts courants, ont donné du gros sable. Le banc de Terre-Neuve, où passe un courant sous-marin rapide, offre partout du sable de même nature ; il en est de même du fond de la Manche et des côtes, jusqu'à 30 kilomètres au large, des îles de Noirmoutiers, de Ré et d'Oléron.

Presque tous les bancs de sable qu'on observe à basse mer, sur toutes les côtes où il y a des courants, sont formés de gros sable et de coquilles. Sont dans le même cas les bancs sous-marins que les courants forment sur certaines côtes ou près de l'embouchure des rivières. Lorsqu'on examine la manière dont les sédiments se déposent sur ces bancs, on voit qu'ils forment une partie horizontale, ou légèrement inclinée du côté d'amont, tandis que l'extrémité d'aval est ordinairement une pente rapide et figure ce que les marins désignent sous le nom d'accore du banc. C'est là que les sédiments sont déposés sur un plan incliné comme les sédiments des côtes fortement déclives. Ces couches inclinées, au milieu de couches horizontales, qu'on trouve quelquefois dans les étages géologiques, se déposent toujours sur l'extrémité d'aval d'un banc (*fig.* 38). Le courant enlève de *a* les grains de sable qui, lorsqu'ils arrivent en *b*, tombent naturellement sur le talus déjà existant, et y composent des couches inclinées. Les bancs de sable des rivières, de la Loire, par exemple, offrent tous les ans, lors des basses eaux, des moyens de vérifier ce fait. Que postérieurement à ce dépôt, une action de nivellement ait lieu, comme dans la fig. 39, les parties supérieures seront enlevées, et il ne restera que les couches inclinées diversement, suivant les courants qui se sont succédé, ainsi que nous le verrons dans les couches géologiques.

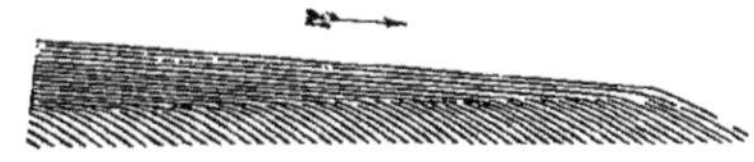

Fig. 38. Banc formé sous l'influence des courants.

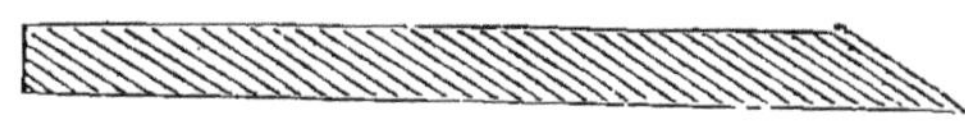

Fig. 39.

§ 84. Le **sable fin** transporté avec plus de facilité par les courants, se dépose ordinairement dans les lieux où l'action de ceux-ci est moins violente, et y forme des couches horizontales. C'est ce sable qui se prolonge si loin sous les eaux, sur les côtes plates de l'Océan et de la Méditerranée, et qui se dépose sur les points moins agités, comme en dedans des îles de Noirmoutiers, de Ré et d'Oléron, et dans une grande partie de la Manche. On le trouve dans tout l'intervalle compris entre les îles Malouines et la côte de Patagonie, et en dehors de toutes les côtes du Brésil, jusqu'à une grande distance au large.

§ 85. **Dunes**. Une partie de ces sables, jetés par la vague sur les côtes droites, peu inclinées et non bordées de falaises, est ensuite, lorsqu'ils sèchent, dans l'intervalle des marées, transportée par les vents vers la terre et forme ces amas considérables de sable qu'on nomme *dunes*. Ces dunes couvrent quelquefois de grandes surfaces de côtes, comme on peut le voir sur quelques points du littoral de la France, notamment sur les côtes de la Vendée, en dehors des îles de Noirmoutiers, de Ré et d'Oléron, sur la côte de la Tremblade (Charente-Inférieure), et sur toute la côte des départements de la Gironde et des Landes, depuis la Teste jusqu'à Bayonne. On les voit aussi sur la côte du désert de Sahara en Afrique, sur les côtes de la Patagonie septentrionale, de la Plata, etc. Les dunes ont quelquefois une grande importance et envahissent tellement les côtes, qu'elles forcent d'abandonner des villages, comme on l'a vu aux *Zéloux*, île de Noirmoutiers, à Saint-Palais, près de Royan (Charente-Inférieure).

Nous avons pu nous assurer qu'il ne se forme de dunes que sur les points où le mouvement des eaux est assez violent, qu'il soit déterminé par les courants ou par la vague. Jamais, par exemple, il n'existe de dunes ni de cordon littoral sur les côtes tranquilles, quelle que soit leur nature. Les îles d'Oléron, de Ré et de Noirmoutiers en sont une preuve. Bordées de dunes du côté exposé à la lame du large, elles n'en ont point du côté opposé. Il faut toujours, pour qu'il existe des dunes sur une côte, d'abord qu'elle soit agitée, puis, que sa pente soit très-faible et prolongée au loin sous les eaux. Sans ces conditions, le sable n'en forme pas.

§ 86. Les **sédiments vaseux** les plus fins, les plus légers, comme nous l'avons vu pour la Méditerranée, sont déposés au sein des mers tranquilles, dans les grandes profondeurs. Lorsque les courants agissent, il n'en est pas toujours ainsi. Une partie des sédiments fins sont sans doute encore transportés au-dessous des limites de leur action ; mais une grande portion se dépose en même temps sur la côte, lorsque le permettent la tranquillité des eaux et la configuration du littoral. Partout où la côte est constamment battue de la vague ou soumise à l'action immédiate des courants, elle n'offre jamais que des sédiments sablonneux, débarrassés de toutes les particules vaseuses, comme on peut le voir sur la côte extérieure des îles de Noirmoutiers, de Ré et d'Oléron, et sur toutes les autres côtes du monde. Pour que les sédiments vaseux se déposent sur une côte maritime, au niveau des hautes marées, il est nécessaire qu'ils se trouvent garantis soit constamment, soit momentanément, de l'action immédiate des courants et des vents, tout en étant dans le voisinage même de ceux-ci. En effet, dans les circonstances actuelles, il faut des courants pour apporter ces sédiments vaseux en suspension dans les eaux, où ils ne pourraient se former, et d'un autre côté, pour qu'ils restent sur le littoral, il faut des golfes profonds, abrités, des côtes garanties par des îles, où le manque d'agitation des eaux leur permette de se déposer.

La vérité de cette assertion est démontrée par l'étude des lieux. Tandis que les côtes extérieures de l'île de Noirmoutiers, de l'île de Ré, de l'île d'Oléron, constamment en butte à l'action de la vague et des courants, sont couvertes de sables bien lavés dans toutes leurs parties, les côtes intérieures de ces mêmes îles, garanties en même temps de la houle et des courants, forment annuellement des atterrissements considérables de sédiments vaseux, où sont établis des marais salants, les principaux revenus industriels de la contrée. Si nous avons les deux genres de dépôts sur le littoral des îles séparées à peine par une langue de terre, nous les retrouvons encore sur une multitude de points du continent, chaque fois que la côte forme un golfe profond. On en voit des exemples sur quelques parties de la Bretagne, à Beauvoir, dans la baie de Bourgneuf (Loire-Inférieure), sur la côte de Brouage (Charente-Inférieure); mais le point le plus remarquable que nous ayons étudié sous ce rapport, est le golfe de Luçon ou de l'Aiguillon, aux confins des départements de la Vendée et de la Charente-Inférieure.

Dans ce golfe tranquille, les dépôts vaseux sont si considérables, que, tous les ans, le continent s'accroît d'au moins une dizaine de mètres sur toute la circonférence du golfe. Il en résulte que l'île de la Dive, jadis isolée, est maintenant à une grande distance dans les terres, et que le golfe tend à se combler entièrement. La seule rivière qui y débouche est la Sèvre. Lorsqu'on l'étudie, on voit que, par son peu de pente, elle apporte à peine des sédiments à la mer ; d'ailleurs l'analyse de ces dépôts vaseux du golfe (appelés *terre de Brie*), qu'a fait faire M. Fleuriau de Bellevue, a donné une proportion considérable de silice, tandis que le cours de la Sèvre et les côtes voisines du golfe ne sont bordés que de terrains calcaires. Il est, dès lors, démontré que ces dépôts vaseux ont été apportés par les courants et proviennent très-probablement de l'usure des côtes de Bretagne, que les courants apportent sur la côte de la Vendée.

Chaque fois que, sur les autres points du monde, nous avons vu une disposition de côtes identique, nous avons remarqué des dépôts de même nature. La baie de San-Blas, et la Bahia-Blanca, sur les côtes de la Patagonie septentrionale, le golfe de Rio de Janeiro (Brésil), la baie de Mexillones sur la côte de Bolivia, le fond du port d'Alexandrie, de Brest, de Toulon, nous en offrent encore des exemples.

§ 87. En résumé, nous voyons actuellement se former en même temps :

1° Au-dessus du niveau des marées, des dunes de sable non stratifiées sur les côtes plates, agitées ou en butte aux courants ;

2° Au niveau supérieur des marées, des couches horizontales de vase dans les golfes, sur les points abrités de la vague ou des courants ; des sables ou des cordons littoraux de galets, sur les côtes agitées ;

3° Au niveau du balancement des marées, des dépôts de vase en couches horizontales, sur les points très-tranquilles ; des dépôts de sable fin, sur d'autres lieux légèrement agités ; du gros sable, des cailloux, partout où la vague et les courants se font sentir avec force ;

4° Enfin, au-dessous du balancement des marées, les sédiments forment des bancs de gros sable, dans les lits de courants, et des dépôts d'autant plus fins que la tranquillité est plus grande, en descendant dans les profondeurs de l'Océan. Les bancs formés sous l'influence des courants offrent quelquefois des couches inclinées; les sédiments fins forment des couches horizontales.

C. — Des perturbations naturelles dans les dépôts de sédiments.

§ 88. Nous appelons **perturbations naturelles**, tout ce qui, dans les causes physiques actuelles, peut interrompre momentanément l'ordre naturel des dépôts sédimentaires, comme les marées, les changements de vent, de courants, les tempêtes, les raz de marées, etc.

S'il n'y avait pas de perturbations, les dépôts sous-marins seraient toujours de même nature sur le même point; leur épaisseur deviendrait considérable, sans qu'ils présentassent de couches distinctes, et alors, on ne pourrait définir la formation des couches alternes si communes dans tous les étages géologiques; mais la nature actuelle vient encore nous expliquer comment, au milieu de dépôts de même âge, il peut y avoir des couches, des lits de différentes compositions et renfermant souvent des animaux distincts, comme on le voit dans les couches terrestres.

§ 89. Lorsque les **marées ordinaires** amènent des courants contraires, comme sur la côte de Dieppe, dans la Manche, où les courants du flux vont au sud-est, tandis que les courants du reflux vont au nord-ouest; entre l'île d'Oléron et la terre ferme, où ils sont dirigés au sud à la mer montante, et au nord à la mer descendante, on conçoit déjà que les molécules transportées subissent une perturbation périodique susceptible d'influence sur la nature des bancs qu'elles forment, en les divisant par petits lits distincts et d'égale épaisseur. En effet, si les molécules sont charriées six heures de suite dans une direction, et six heures dans une autre, il peut arriver, de ces deux côtés opposés, des matières de nature différente qui concourent à former de petites couches distinctes uniformes. A l'instant où, périodiquement, le courant change de direction, il doit encore, entre ces couches apportées par des courants opposés, se marquer un instant de repos, ou une plus grande perturbation sensible sur la nature de ces mêmes couches.

§ 90. Les **marées de syzygies** seules qui, périodiquement, tous les quinze jours, descendent et montent beaucoup plus que les autres, remuent plus profondément les sédiments déposés dans la mer et sur le rivage. Leur action doit encore apporter une certaine différence dans la nature et l'épaisseur des couches, de manière à les diviser par lits plus puissants ou plus minces, mais également distants les uns des autres.

§ 91. Les **changements de vent** ont encore une puissante action sur les dépôts sédimentaires, lors même qu'il fait beau temps. En 1846, les vents de l'est, du sud-est et du nord-est ont eu une plus longue durée que d'habitude. Le littoral de La Rochelle, qui en était abrité et se trouvait alors plus tranquille, a été couvert partout, sur les galets de la côte, sur les sables et même sur tous les parcs à huîtres des communes de Nieul, de Marsilly, etc., d'une épaisse couche de sédiments vaseux. Ces dépôts sont restés tout l'été et n'ont été enlevés qu'au mois d'octobre, lorsque les premiers coups de vent du sud-ouest sont venus laver la côte. Comme la houle suit la direction des vents, on conçoit combien elle doit remuer le sable et le transporter tantôt d'un côté, tantôt de l'autre. Si nous avons vu des vases se répandre partout sur les galets, sur les sables des côtes de la Charente-Inférieure, nous avons vu aussi, bien souvent, sur les mêmes côtes et partout ailleurs, une couche de sable recouvrir de la vase. On la reconnaissait facilement à ce qu'on enfonçait quand on voulait y marcher. Il n'est pas un habitant du littoral qui ne sache que tel banc de roche est recouvert de sable, lorsque le vent vient d'une région déterminée, tandis qu'il en est libre par un vent contraire Les couches argileuses de Villers, les bancs de calcaires de Luc (Calvados), de Châtelaillon (Charente-Inférieure), de Vissant (Pas-de-Calais), qui, suivant les vents, sont ou non cachées par le sable, prouvent l'influence de cet agent sur le transport des sédiments. Les baigneurs parisiens en ont fait cette année à Trouville une expérience peu agréable, la plage, remarquable par son sable fin, ayant été dénudée par des vents d'est qui n'y ont laissé que des galets.

La côte de Valparaiso (Chili) nous a offert un exemple curieux de l'effet sous-marin des vents. Le port est formé par le cap de *Coromillera*, qui le garantit des vents et des courants régnant toujours dans la direction du sud au nord. Alors, la rade de Valparaiso est tranquille ; son fond, par une assez grande profondeur, est formé de sédiments fins, et les eaux y sont pures et limpides. Lorsque, vers le mois de mars, presque tous les ans, le vent tourne à l'ouest ou au nord-ouest, le port n'est plus abrité ; la houle devient plus forte, remue le fond sur le mouillage, l'eau est chargée de particules terreuses en mouvement qui ne se déposent que lorsque le retour du vent vers le sud ramène la tranquillité. Nécessairement pendant cette agitation, les coquilles et les sédiments les plus pesants restent au fond et se tassent; les autres molécules en mouvement ne se déposent que lorsque la période de repos recommence, se séparant alors en raison de leur densité. On conçoit que, suivant la longueur des intermittences entre les coups de vent, suivant la force du vent même, du mouvement qu'il imprime à l'élément aqueux, suivant enfin l'épaisseur des sédiments remués, il se forme, dans ces dépôts sous-marins, des lits alternatifs de coquilles et de sédiments plus fins, comme on le remarque si souvent dans les couches terrestres. Quand les coups de vent sont périodiques, et pour ainsi dire annuels, comme au Chili, aux Antilles et sur beaucoup d'autres points du monde, on concevra qu'il peut s'y former des couches successives, en quelque sorte d'égale épaisseur et se succédant régulièrement.

§ 92. **Des tempêtes.** Si, dans l'étude des causes naturelles de perturbation, nous voyons le changement de courant déterminé par la marée ou par le vent, produire des effets aussi marqués, nous pourrons juger de la valeur des perturbations apportées par un coup de vent, par une tempête ou par un raz de marée, qui remuent, avec plus de force et plus profondément, les sédiments déposés.

Dans une tempête, la somme des sédiments côtiers se trouve considérablement augmentée par la violence avec laquelle la vague frappe la côte; ce qui suffirait pour apporter, dans les dépôts des couches sédimentaires, une différence appréciable; mais il est une autre action plus forte produite par la tempête, et analogue à ce que nous avons observé à Valparaiso par le seul effet d'un changement de direction dans les vents régnants. Si, dans les temps calmes, la teinte sale de la mer que détermine la limite du mouvement des eaux, occupe, par exemple, un demi-kilomètre, on est étonné de la voir, pendant une tempête, quadrupler de largeur. Ce fait démontre que tous les sédiments sont alors remués d'une manière extraordinaire; et la force d'action est telle, au niveau de la marée, qu'elle démolit les constructions les plus solides que l'homme puisse lui opposer. Alors la perturbation sous-marine diffère suivant la direction des vents; néanmoins, son effet général est de remuer les sédiments à une profondeur proportionnée à son intensité. Dès que l'agitation se ralentit, les sédiments les plus pesants restent en place; les autres se déposent après, suivant leur pesanteur, jusqu'à ce que les phénomènes naturels reprennent leur cours. Il se fait encore un changement à cet instant : les courants propres à la côte enlèvent ce que la tempête avait placé sur leur passage, et les sédiments vont reprendre la place qu'ils occupent ordinairement dans la période de repos.

§ 93. **Résumé.** Les perturbations naturelles, qu'elles soient occasionnées par les marées, par les changements de courants, par les coups de vent ou par les tempêtes, tendent, comme on le voit, à interrompre l'ordre régulier des dépôts de sédiments et à les diviser par couches distinctes; à placer, par exemple, des sables sur les sédiments vaseux ou des sédiments vaseux sur les sables, à les diviser par lits, en changeant la nature minéralogique alternative des couches qui se succèdent. Ce résultat est très-important; car il nous explique ce caractère des lits séparés, si marqué dans les couches sédimentaires de tous les âges géologiques; et nous prouve, par la superposition de ces couches, par leur nature, par leurs lits, qu'elles se sont déposées en des circonstances absolument identiques aux *circonstances naturelles*, qui président aujourd'hui à la formation des couches sédimentaires actuelles.

D. — De la distribution des animaux morts dans les couches sédimentaires marines.

Maintenant que nous avons cherché à définir la manière dont se forment et se déposent dans la mer les sédiments actuels, nous allons chercher également, suivant leur nature et leur densité, ce que deviennent les corps organisés, dans les diverses circonstances signalées. *A priori*, l'on doit croire qu'ils se déposent en des lieux différents; et, pour le prouver, nous n'avons qu'à étudier les *animaux flottants* séparément des animaux ou des parties animales qui ne flottent pas.

§ 94. **Des animaux flottants.** Tous les mammifères, les oiseaux, les reptiles, les poissons qui meurent dans la mer, certains mollusques, tels que les céphalopodes, les aplysies et autres, dont la masse charnue est plus volumineuse et plus pesante que leur coquille, ainsi que les animaux de même nature transportés par les fleuves, sont destinés à flotter. En effet, dès l'instant que la décomposition organique se manifeste, il se dégage des gaz qui gonflent toutes leurs parties, les rendent plus légers, et les font remonter à la surface des eaux. Tout le monde connaît cette circonstance, sur laquelle nous croyons inutile d'insister.

D'autres parties organiques des êtres, comme la coquille remplie de loges aériennes des *Nautilus*, des *Spirula* et de la Seiche (*Sepia*), ne peuvent, même lorsqu'elles sont séparées de l'animal, faire autrement que de flotter, puisque les loges ou les divisions dont elles sont formées, n'ont pas de communication entre elles et que toutes sont remplies d'air.

On peut se demander où ces corps, tant qu'ils flotteront, pourront se déposer? Descendront-ils, comme on l'a cru quelquefois, jusqu'au fond des mers? Non; leur nature flottante s'y oppose de toutes les manières; ils seront donc infailliblement jetés sur le rivage. Il résulte de ce fait actuel, qu'on peut vérifier tous les jours sur le littoral, que les mammifères, les oiseaux, les reptiles, les poissons *entiers*, ainsi que les coquilles flottantes des céphalopodes, n'ont pu, dans aucune circonstance, se déposer en pleine mer, et qu'elles ont dû nécessairement, lorsqu'elles flottaient encore, être jetées sur le littoral et seulement au niveau des hautes mers.

§ 95. Les animaux entiers, *s'ils sont poussés sur une côte rocailleuse*, se désorganisent promptement par l'action de la vague. Les parties charnues sont séparées des parties osseuses, et ces différentes parties, rentrent suivant leur densité, dans les sédiments de diverses natures (§ 87).

S'ils sont jetés sur une côte sablonneuse, ils se conservent quelquefois avec les diverses parties du squelette peu éloignées les unes des autres, si toutefois ces dernières sont recouvertes tout de suite par d'autres sédiments, tandis que, le plus souvent, les parties se séparent et viennent encore former des sédiments qui se dispersent, d'après leur nature.

Si les animaux entiers sont, au contraire, portés par les courants *vers un golfe tranquille*, comme celui de l'Aiguillon, par exemple (§ 86), ils se déposent sur des sédiments fins qui les enveloppent avant que les os ne soient dispersés, et dès lors, non-seulement ils restent avec toutes leurs parties osseuses placées dans leurs rapports réciproques, mais encore ils peuvent, quelquefois, laisser l'empreinte des parties charnues.

§ 96. Nous avons obtenu, dans ce même golfe, la preuve que les corps en apparence les plus fugaces, et de la décomposition la plus prompte, pourraient encore imprimer des traces de leur existence sur les sédiments fins des plages tranquilles et vaseuses. En été, un grand nombre d'acalèphes des genres *Cyanea* et *Rhizostoma* sont jetés sur les côtes. Ceux qui entrent dans ce golfe, avec les dernières très-hautes marées d'une époque de syzygies ou d'équinoxe sont abandonnés sur la vase molle, où leur pesanteur spécifique imprime sa place et forme une empreinte. Si la marée, pendant les mortes eaux, n'atteint pas le lieu où l'acalèphe est déposé, il se décompose d'abord, se fond entièrement, en laissant, en creux sur la vase, l'empreinte bien distincte de toutes ses parties. Pendant douze, quelquefois vingt-quatre jours d'intervalle et même beaucoup plus, la marée suivante n'est pas aussi forte que la première; et si elle n'est pas poussée par le vent, la vase exposée à l'air, se dessèche au soleil, en conservant toutes les empreintes de sa surface, comme les pas des animaux riverains, les acalèphes ou tout autre objet. Lorsque la marée couvre enfin ces plages de vase, en apportant de nouveaux sédiments, elle passe à la surface durcie, sans détruire les empreintes, et revêt le tout d'une nouvelle couche; mais, comme les points en creux sont disposés de manière à recevoir les sédiments les plus lourds, ils sont presque toujours remplis de parties sableuses des plus fines, tandis que les derniers sédiments laissés sur le rivage sont ordinairement les plus légers; ce qui forme des couches en plaquettes. Il résulte évidemment de ce mode de dépôt que, si les plages vaseuses de l'Aiguillon devenaient fossiles, elles pourraient conserver, entre les couches, non-seulement les animaux entiers de toutes les natures, tels que mammifères, oiseaux, reptiles, poissons, crustacés, insectes, mollusques, les empreintes des animaux gélatineux, tels que les acalèphes, mais encore les empreintes physiologiques des pas d'animaux qui y ont marché, et même jusqu'aux fortes gouttes de pluie, dont nous avons souvent observé les traces sur la vase sèche. On voit que cette plage tranquille nous explique, à la fois, le mode de conservation des parties animales les plus faciles à se décomposer, et nous indique comment ont pu se conserver, jusqu'à nos jours, les empreintes *physiologiques* (§ 30) et les empreintes *physiques* (§ 31) qui ont tant étonné les géologues, lorsqu'ils les ont découvertes dans les couches terrestres.

§ 97. Pour les **coquilles flottantes**, comme les *Nautilus*, les *Spirula*, les *Sepia*, elles ont beaucoup plus de chances de conservation. En effet, connaissant la fragilité de la coquille de la *Spirula*, nous avons été très-étonné d'en trouver un nombre considérable d'entières et de brisées, jetées pêle-mêle sur les cailloux de la plage agitée de l'île de Ténériffe. Ce fait actuel, appliqué aux coquilles des nombreux céphalopodes renfermés dans les couches terrestres, nous prouve qu'elles ont pu se conserver sur toute espèce de rivage. On conçoit, cependant, qu'elles doivent être d'autant plus intactes qu'elles ont été déposées sur des côtes formées de sédiments plus fins, moins agités; et les plages vaseuses sont encore les plus propres à cette conservation, ce qu'on remarque, en effet, dans les couches sédimentaires du globe. Ce fait actuel peut donner la certitude que les coquilles flottantes des céphalopodes n'ont pu se déposer en grand nombre dans les couches que sur le littoral, au niveau des hautes marées. C'est peut-être un des plus importants dans son application ; car il pourra nous donner les moyens de retrouver, dans ces couches, les anciennes lignes littorales de toutes les époques géologiques qui se sont succédé depuis la première animalisation de la surface terrestre.

§ 98. Il est pourtant des circonstances où les coquilles flottantes peuvent perdre leur propriété; c'est lorsque, par exemple, formé de parties calcaires et cornées, le siphon qui traverse toutes les loges aériennes, s'altère, par le séjour prolongé dans les eaux, de manière à y laisser pénétrer l'élément aqueux. Une fracture occasionnée par un choc peut produire le même effet; mais alors, on ne trouvera que de rares coquilles isolées, et jamais on n'en rencontrera sur le même point un nombre considérable.

Si une coquille a cessé de flotter, lorsque l'air s'échappe de ses loges, on conçoit qu'il en sera de même pour l'animal flottant. En effet, pendant la durée de la putréfaction, s'il n'est pas jeté sur quelque côte, ce qui suppose une mer dépourvue de vents, et qu'il ait, au sein des eaux, le temps de se désorganiser, soit par les morsures des autres animaux voraces qui peuvent l'entamer, soit par le seul fait de la désorganisation, les diverses parties se séparent et tombent les unes après les autres où elles se trouvent; c'est-à-dire près ou loin des côtes. Ces circonstances suffisent pour expliquer la présence des coquilles flottantes isolées et des quelques ossements d'animaux vertébrés, dans les sédiments déposés au fond des mers ; mais alors, il doit être presque impossible qu'un animal s'y trouve entier; tandis que tout porte à croire que les parties osseuses y tombent séparées les unes des autres.

§ 99. **Des animaux non flottants.** Nous avons dit que les animaux flottants, lorsqu'ils sont décomposés, se désorganisent et que leurs parties séparées subissent le même mode de répartition que les sédiments ordinaires (§ 95). Voyons maintenant ce que deviennent les animaux qui ne flottent jamais, lors même qu'ils sont entiers. De ce nombre sont presque tous les crustacés, les échinodermes, et sans exception, tous les mollusques à coquille et les polypiers.

§ 100. Dans les phénomènes actuels, il est des circonstances où, sans le concours d'aucune perturbation, des animaux peuvent être enveloppés de sédiments, dans leur position normale d'existence. Les coquilles bivalves qui vivent profondément enfoncées, sans pouvoir changer de lieu, comme les *Solen*, les *Lavignons*, les *Mya*, sont dans ce cas. Si elles *meurent de vieillesse* en place, et que les sédiments ne soient pas remués, elles y restent enfouies et peuvent devenir fossiles, dans cette position. C'est, en effet, ce que nous avons vu au-dessus de Marans, près de l'île d'Elle (Vendée), lorsqu'on a creusé, en 1837, un nouveau lit à la rivière de Vendée. Bien que ce point soit aujourd'hui à plus de seize kilomètres de la mer, il nous a montré, dans la tranchée, un nombre considérable de *lavignons*, dans leur position normale, tels qu'ils vivent sur le littoral voisin, dans le golfe de l'Aiguillon. On peut reconnaître les

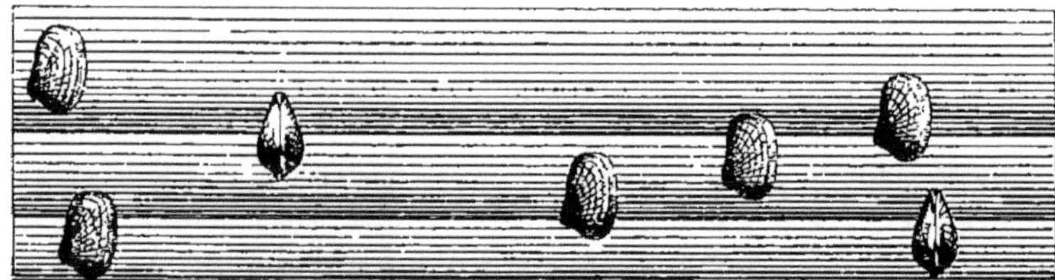

Fig. 40. Coquilles mortes successivement dans leur position normale.

coquilles en place, enveloppées de cette manière, à leur position respective dans les couches. D'abord elles sont presque toutes de même taille; et, comme elles meurent les unes après les autres, dans les sédiments qui s'augmentent toujours, elles y sont disséminées à diverses hauteurs, ainsi qu'on le voit souvent pour certaines *Pholadomya*, dans les couches fossilifères (*fig.* 40).

§ 101. Les coquilles bivalves peuvent être enveloppées dans les sédiments et périr fortuitement dans leur position normale, par la seule perturbation qu'apportent une tempête, un coup de vent, ou seulement la durée du vent, dans une seule direction. Nous avons observé plusieurs exemples de ce genre, sur le littoral de la France.

Un coup de vent avait, depuis quelques années, couvert d'une couche épaisse de sédiments tout l'intervalle compris entre le rocher du Cob et le village du Viel, île de Noirmoutiers (Vendée), et anéanti simultanément toutes les nombreuses huîtres, les Solens et les autres coquillages de cette côte, que les habitants avaient coutume d'y trouver. Le même agent devait nous le dévoiler. En effet, dans un gros temps, les vents enlevèrent, de nouveau les sédiments ; et alors, nous observâmes, au même niveau, dans leur position normale verticale, un nombre considérable de solens et d'autres bivalves, dont la coquille venait saillir à la surface du sol.

§ 102. Nous avons dit (§ 91) qu'en 1846 les vents régnant de la région de l'est, avaient, pendant l'été, couvert de sédiments vaseux toutes les côtes rocailleuses des environs de La Rochelle (Charente-Inférieure). Comme nous savions que ces côtes sont ordinairement peuplées de coquilles perforantes, telles que des *Saxicava* et des *Gastrochæna*, nous attendions avec impatience les vents du sud et du sud-ouest, qui devaient laver la côte et nous montrer ce que pourraient être devenues ces coquilles, si souvent observées par nous. Lorsqu'enfin le mois d'octobre amena des vents sur la côte, nous reconnûmes que les coquilles dont toutes les pierres sont perforées, étaient toutes mortes et remplies de sédiments vaseux,

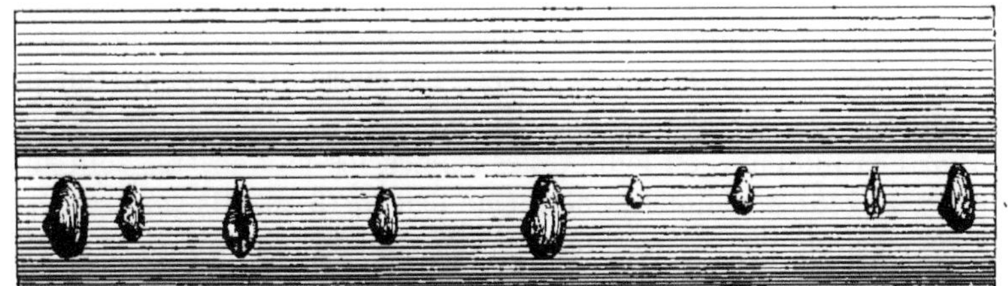

Fig. 41. Coquilles mortes dans leur position normale.

noirs et fétides. On peut distinguer ces coquilles enveloppées dans leur position normale, de sédiments apportés par une perturbation, par une cause fortuite, des coquilles mortes de vieillesse, en ce qu'elles sont, le plus souvent, sur un même niveau horizontal, au lieu d'être disséminées à toutes les hauteurs dans les couches (*fig.* 41).

§ 103. Les animaux non flottants sont souvent enlevés de leur habitation ordinaire par les perturbations naturelles, comme les coups de vent, les tempêtes. Les coquilles et les crustacés, blessés par le choc de la lame, sont alors enlevés des rochers et transportés au loin. Alors aussi, les coquilles enfoncées dans le sable, dans la vase, telles que les bivalves (*Venus*, *Tellina*, etc.), les *Natica* et autres gastéropodes des sables, sont ramenés à la surface et poussés avec violence sur la côte, ou forment des amas, entre les bancs de sable. Les animaux qui ne sont pas trop blessés tâchent, lorsque le mouvement cesse, de regagner leur élément naturel; mais le plus grand nombre des corps sous-marins enlevés de cette manière, périssent et subissent, en raison de leur pesanteur, les mêmes lois de distribution que les sédiments.

Les coquilles lourdes, les coraux, qu'ils soient entraînés par les courants, ou poussés par la vague, suivent la même répartition que les cailloux (§ 82); ils sont rarement transportés au large, et restent plus particulièrement soit près des rivages, soit sur le lieu où ils ont vécu. Lorsqu'ils sont jetés à la côte, ils subissent la même usure que les cailloux, et se trouvent pêle-mêle, avec les cailloux et les ossements, sans former de lits horizontaux bien marqués.

§ 104. Les coquilles plus légères, les coraux de petite dimension, suivent les sédiments de même pesanteur, et vont généralement former des bancs avec les sables ou sont jetés sur la côte (§ 83). Ils se conservent d'autant mieux qu'ils sont moins roulés, ou qu'ils sont plus promptement soustraits à l'action désorganisatrice de l'air et de l'eau. Les coquilles exposées à l'air sur le rivage se décomposent assez promptement; leur couleur, leur épiderme disparaissent; elles perdent ensuite des couches de leur test, et finissent par se détruire entièrement, dans un laps de temps assez court. Celles qui restent exposées à l'action de l'eau, s'anéantissent encore, même sans subir de frottement. Il n'y a que les coquilles enveloppées de sédiments qui se conservent actuellement, comme se sont conservés, dans les temps passés, les êtres de toutes les époques géologiques.

§ 105. Les animaux, ou leurs restes solides les plus légers, sont aussi transportés avec les sédiments de même densité (§ 86). Ils vont se déposer dans les profondeurs des mers, sur les fonds tranquilles et sur les côtes des golfes. Dans les profondeurs des mers, ils seront à l'abri des causes naturelles fortuites; sur les fonds tranquilles, ils pourront, quelle que soit leur fragilité, se conserver intacts pour l'avenir, comme nous l'avons vu pour les animaux flottants (§ 96), jetés dans un golfe couvert de sédiments.

§ 106. Comme les coquilles et les coraux sont, en général, un peu plus lourds que le sable, ou tout au moins d'un volume différent, transportés par les courants, ils forment, le plus souvent, ces bancs sous-marins, si connus des navigateurs et des ingénieurs hydrographes, et qui couvrent les côtes de presque tous les atterrages du monde. Les coquilles sont alors placées par les eaux dans la position la plus favorable à l'équilibre de l'ensemble, ce qui fait distinguer, dans les couches fossiles, ces bancs sous-marins des lits de coquilles jetés sur la côte, par la vague, où règne le plus grand désordre (*fig.* 42).

Les perturbations naturelles tendent également, comme nous l'avons vu (§ 91), à les séparer par assises, par lits horizontaux distincts, en les laissant au-dessous des sédiments plus légers; ainsi, toute espèce de mouvement sous-marin occasionné, soit par les courants, soit par les perturbations naturelles, tend toujours à séparer les corps suivant leur nature, comme on le voit si souvent dans les couches terrestres.

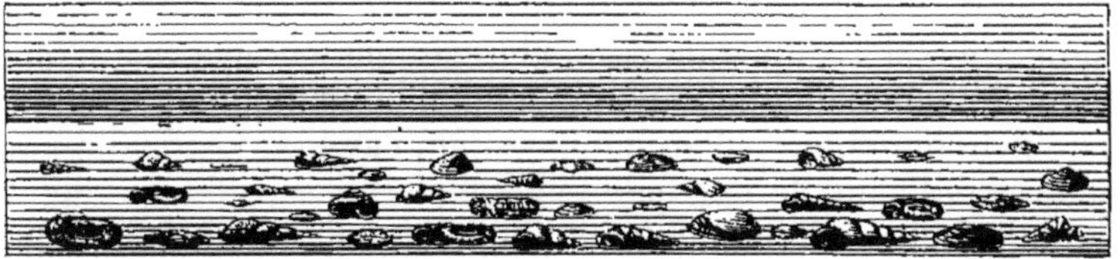

Fig. 42. Coquilles placées suivant leurs formes par les eaux

Il est cependant deux circonstances où les corps organisés et les coquilles de toute dimension pourront se trouver ensemble : l'une déterminée par le mouvement, l'autre produite par la tranquillité des eaux.

§ 107. Le **mouvement des eaux** amène à la fois, sur toutes les côtes, des animaux et leurs restes solides, quelles que soient d'ailleurs leurs dimensions. En effet, les ossements d'un mammifère se trouvent près des plus grosses coquilles, ou entourés des coquilles les plus légères, ainsi qu'on peut l'observer au niveau de la vague, sur les côtes de toutes les natures, de galets, de sable et même de sédiments vaseux. Aux parties usées et roulées par les eaux, et à l'espèce de désordre qui règne parmi cet assemblage, relativement à la position respective des corps, par rapport à leur forme, on peut, de suite, reconnaître qu'ils ont été poussés par une force active qui les a placés, souvent, dans une position contraire à l'équilibre des parties ; et ce caractère fera toujours distinguer une côte sous l'action de la vague, du fond d'une mer tranquille, où les êtres prennent invariablement la position que leur assigne rigoureusement l'équilibre de l'ensemble, à moins qu'ils ne restent dans leur position normale d'existence (§ 100).

§ 108. La **tranquillité des eaux**, avons-nous dit, peut également laisser, près les uns des autres, des restes organisés de grande dimension, et les parties les plus légères. Voici dans quelles circonstances. Quand une grosse coquille, d'un poids déterminé, vit sur des sédiments assez fins et y meurt, si l'action du courant, assez forte sur ce point, pour transporter des sédiments fins, ne l'est pas assez pour déplacer la coquille, elle restera, nécessairement, au milieu des corps organisés les plus petits. La réunion sera d'autant plus variée et d'autant plus disparate que la tranquillité est plus grande ; car alors, tous les animaux non susceptibles de flotter par la putréfaction, tels que les Crustacés, les Oursins, les Astéries même, demeureront sur la place où ils sont morts, et se conserveront intacts, comme on le voit, par exemple, dans la craie blanche de Paris ; mais en ce cas tous ces corps seront non roulés, et dans une position relative à l'équilibre de leurs formes respectives, ou dans leur position normale d'existence.

En nous résumant sur la manière dont les animaux entiers, ou les diverses parties d'un animal mort ont pu se soustraire à l'action désorganisatrice des agents extérieurs, nous verrons que leur conservation dépend essentiellement, et dans toutes les circonstances, des milieux qui les environnent, à l'instant où ils cessent d'exister. Les eaux servant de conducteur pour le transport des sédiments, sont les milieux les plus favorables; aussi trouve-t-on que la presque totalité des corps organisés fossiles se sont conservés sous l'action immédiate de cet important agent, et qu'ils sont renfermés au sein des couches géologiques, dans les roches sédimentaires. Nous verrons encore que, suivant leur nature flottante ou non flottante, suivant leur mode de conservation, ils peuvent, dans les couches géologiques, faire parfaitement reconnaître sous quelles influences ils ont dû se déposer sur le littoral au niveau et au-dessous des marées, ou dans les profondeurs des mers.

E. — De la répartition géographique et isotherme des êtres marins.

Après avoir étudié la répartition, dans les mers, des êtres inanimés, morts, qui, comme des corps inertes, vont où les poussent les divers agents, voyons ce que les habitudes, la manière de vivre des animaux marins pourront nous offrir de particulier et de spécial, d'après leur milieu d'existence, leurs nécessités vitales, etc.

L'étude de la distribution géographique des animaux est d'une immense importance en Paléontologie, puisque, procédant du connu à l'inconnu, elle est destinée à nous révéler, par les lois qui président, aujourd'hui, à la distribution géographique et isotherme des êtres vivants, ce qui s'est manifesté aux diverses époques de l'animalisation de notre globe. C'est, en effet, dans cette distribution géographique que la Paléontologie générale doit puiser des renseignements sur les conditions d'existence des espèces perdues. Sans cette connaissance préalable, toutes les comparaisons qu'on pourrait faire, toutes les déductions qu'on pourrait tirer, n'étant pas appuyées sur des faits positifs, incontestables, l'édifice pécherait par la base et croulerait infailliblement. Bien pénétré de ce principe, que des recherches positives à cet égard peuvent seules expliquer la formation surtout des couches des terrains tertiaires, nous nous sommes livré pendant longtemps à ce genre d'investigation. On a sans doute écrit beaucoup de théories sur les dépôts tertiaires les plus rapprochés de nous, et dès lors dans les conditions actuelles; mais si l'on veut arriver à des solutions réellement satisfaisantes, la marche positive de la science exige qu'on remplace des suppositions souvent hasardées par le résultat de l'observation immédiate.

Comme les animaux marins ont des habitudes très-différentes, qui influent sur leur mode de distribution, nous les diviserons en deux séries, selon qu'ils vivent seulement au milieu des mers, et sont *Pélagiens ;* ou qu'ils restent sur le littoral, et sont essentiellement *Côtiers.*

§ 109. Nous avons appelé **Animaux Pélagiens,** tous ceux que leurs habitudes retiennent constamment au large, dans les océans, et qui ne s'approchent des côtes que par des causes fortuites. De ce nombre sont beaucoup de poissons, de mollusques céphalopodes et ptéropodes. Les études spéciales que nous avons faites à leur égard (*Céphalopodes acétabulifères,* introduction, et *Mollusques de l'Amérique mérid.,* p. 68), nous ont démontré que, malgré le nombre des espèces qui passent indifféremment d'un océan à l'autre, plus des deux tiers du nombre des espèces de chaque océan lui sont spéciales. Ces nombres prouvent que des limites fixes d'habitation existent encore pour des animaux que leur puissance de locomotion, leurs mœurs pélagiennes devraient répartir à la fois au sein de toutes les mers, si le cap Horn d'un côté, le cap de Bonne-Espérance de l'autre, n'étaient pas dans une position méridionale tout à fait en dehors de la zone torride qu'habitent presque toutes les espèces, et ne leur opposaient des barrières infranchissables.

Pour arriver à reconnaître si la température influe sur la répartition des céphalopodes connus, nous les avons divisés en trois zones : nous avons eu pour la *zone chaude* 78 espèces, pour la *zone tempérée* 35, et pour la *zone froide* 7. Cette différence dans les résultats nous a prouvé que l'unité de température est, plus que les autres agents, la véritable base de la distribution géographique des animaux des hautes mers. On peut ajouter qu'on les trouve d'autant plus variés dans leurs formes, d'autant plus nombreux en espèces, qu'on s'approche davantage des régions chaudes.

Ce qui précède démontre que chaque mer et chaque région de température des mers peut avoir ses espèces particulières, et dès lors influer sur la nature actuelle des espèces qui s'y déposent. En effet, les céphalopodes, les ptéropodes qui meurent au sein des eaux, et dont les restes tombent dans la mer, doivent nécessairement, suivant cette répartition, donner en même temps, dans chaque mer, ou dans chaque région des mers, un ensemble d'espèces différentes et qu'on pourrait regarder, pour les faunes perdues de l'époque tertiaire, comme appartenant à une époque géologique distincte.

§ 110. Les **Animaux Côtiers** sont, pour nous, ceux qui vivent constamment sur le littoral, et que leurs habitudes attachent plus particulièrement au sol sous-marin, quelle qu'en soit la nature. Néanmoins les animaux côtiers ne vivent pas indifféremment partout; et les recherches que nous avons faites pour découvrir les lois qui président à leur distribution sur les côtes (*Mollusques de l'Amérique méridionale*, introduction), nous ont prouvé que quatre genres d'influences agissent simultanément ou séparément sur cette répartition : les *courants*, la *température*, la *configuration*, la *nature des côtes*, et le *niveau de profondeur spécial à l'habitation de chaque espèce*. Nous examinerons chacune de ces influences en particulier.

§ 111. Les **courants**. On a beaucoup exagéré l'importance des courants dans les causes géologiques, en leur attribuant des effets qu'ils n'ont pas, et qu'ils ne peuvent avoir. On a supposé, par exemple, que si l'isthme de Panama se rompait, des courants pourraient amener sur nos côtes des animaux marins de l'Amérique. Si l'isthme de Panama se rompait, qu'arriverait-il? Les animaux pélagiens et quelques animaux côtiers des deux mers se mélangeraient, sur le littoral voisin, sous l'action de ce nouvel agent et constitueraient une faune complexe; mais la grande quantité d'espèces identiques prouverait toujours leur contemporanéité, sans amener d'autre changement. En supposant même que ce courant portât directement de l'Amérique sur l'Europe, il ne pourrait, tout au plus, charrier que des restes flottants non décomposables dans l'eau, tels que les bois et les graines; car, pour qu'il pût entraîner des êtres sous-marins, tels que des coquilles non flottantes, il faudrait que toute la profondeur des mers comprise dans l'intervalle fût comblée et nivelée, sans cela les sédiments transportés resteraient en route et s'arrêteraient où la profondeur de l'action des courants cesse de se faire sentir. Comme on le voit sur nos côtes, les courants n'ont d'action que sur le littoral, et seulement dans leurs parties les moins profondes. Nos recherches nous ont encore prouvé que cette action ne peut, en aucune manière, avoir d'influence d'un continent à l'autre, lorsqu'une mer profonde les sépare.

§ 112. Dans les circonstances actuelles, quelle que soit la force des courants, la profondeur d'une mer est, pour les animaux côtiers, une barrière aussi infranchissable que les grandes lignes continentales. L'action passive de ces profondeurs est de séparer, de cantonner les êtres marins des côtes, et d'en former des faunes distinctes et pourtant contemporaines. La faune maritime tropicale des côtes d'Afrique diffère autant de la faune des côtes de l'Amérique, placée sous la même température, que les deux faunes côtières de l'Amérique méridionale propres au Grand Océan et à l'océan Atlantique, que sépare tout le continent américain. La faune des îles Gallopagos diffère entièrement de la faune du continent américain voisin. La faune des îles Sandwich et des autres îles océaniennes est égalemeut particulière.

On ne trouve généralement les mêmes êtres que lorsqu'il y a identité de température, et une côte non interrompue sur laquelle ils ont pu se propager au loin. Plus on avance dans les recherches géographiques comparées et positives, et plus cette loi vient se confirmer. Nous insistons sur ce fait qui peut recevoir une application importante en Paléontologie.

Il se passe, néanmoins, sur toutes les côtes très-étendues en latitude, des phénomènes déterminés par les courants : nous allons chercher à les définir.

§ 113. En retraçant ici les résultats obtenus sur une large échelle par nos recherches relatives aux mollusques côtiers de l'Amérique méridionale, nous dirons que, d'après la carte du *mouvement des eaux à la surface de la mer*, que M. Duperrey a publiée en 1831 (*fig.* 43), et d'après nos

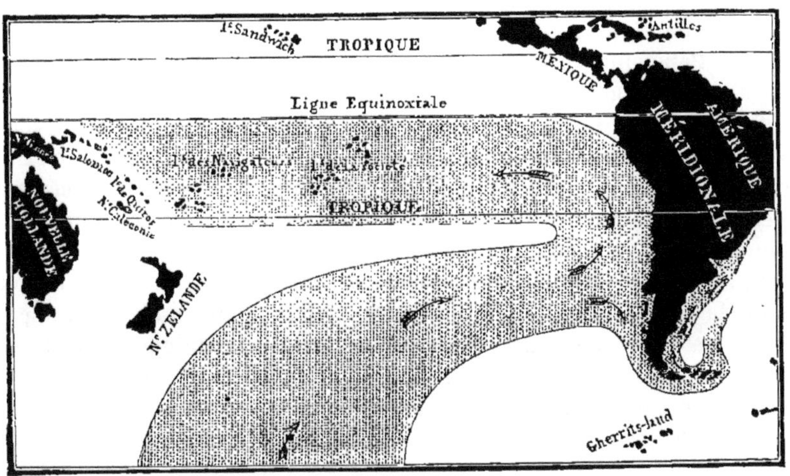

Fig. 43. Carte du mouvement des eaux à la surface de la mer.

propres observations, on reconnaît qu'un immense courant, parti des régions polaires du Grand Océan comprises entre le 135e et le 165e degré de longitude occidentale et se dirigeant au sud-est, vient se heurter contre le littoral de l'Amérique méridionale, à la hauteur de l'archipel de Chiloé, où il se sépare en deux bras. Le plus considérable suit, du sud au nord, le littoral de l'Amérique jusqu'à quelques degrés au sud de l'équateur, où il tourne à l'ouest, dans la direction des îles de la Société. Le second bras suit, au contraire, vers le sud ; une petite partie passe à l'est, par le détroit de Magellan ; l'autre bras, dirigé de l'ouest à l'est, va doubler le cap Horn, d'où il se divise encore. Un bras se rend aux îles Malouines, tandis que l'autre, en faisant des remous, rejoint les eaux qui ont passé par le détroit de Magellan, pour suivre au nord le littoral de la Patagonie, de la Plata et du Brésil. On voit donc que les courants généraux se heurtent et se séparent sur les régions froides de l'extrémité méridionale de l'Amérique, et longent parallèlement, en marchant vers le nord, les deux côtes de ce continent. Il serait trop long de retracer notre travail en entier. Nous nous contenterons d'en donner les résultats généraux les plus importants.

Par leur action continuelle dans une même direction, les courants généraux tendent à répandre, sur tous les points du littoral où ils passent, les animaux côtiers qui peuvent supporter une grande différence de température. Ils peuvent aussi, en transportant des eaux froides vers des points où la zone de latitude devait donner une température élevée, changer tout à fait la nature des faunes. Le *Siphonaria Lessonii*, qui suit, en effet, à la fois, les deux côtes de l'Amérique, depuis leur point de départ, sur toute l'extension des courants, en est une preuve. Dans l'océan Atlantique, huit espèces suivent les courants généraux des côtes de la Patagonie jusqu'aux Antilles ; où, sur l'immense étendue de soixante-dix degrés en latitude, neuf en parcourent seulement vingt, de la Patagonie aux limites tropicales. Dans le Grand Océan, dix-neuf espèces habitent, sous cette influence, vingt-deux degrés en latitude, en traversant plusieurs zones de chaleur différente, tandis qu'elles cessent d'exister aux dernières limites septentrionales de ces mêmes courants, comme on le voit pour la faune du Callao.

Une preuve incontestable de cette action des courants se trouve dans la limite d'habitation des êtres côtiers qu'ils transportent, par rapport à la latitude. Les courants de l'océan Atlantique perdent, au 34e degré, leur force continuelle; aussi la faune tropicale commence-t-elle à paraître au 23e degré, et la faune des régions tempérées ne montre plus, au delà, que quelques espèces plus indifférentes à la température.

Les courants du Grand Océan conservent, au contraire, la même force jusqu'au delà du 12e degré de latitude, en portant avec violence, du sud au nord, des eaux froides sur tout leur passage. Il en résulte que les espèces des mollusques côtiers des régions tempérées y sont transportées jusqu'à douze degrés en dedans du tropique du capricorne, comme on le voit au Callao, port de Lima. On doit donc attribuer aux courants généraux cette influence d'inégale valeur qui entraîne les mollusques côtiers des régions froides et tempérées d'un côté jusqu'à neuf degrés seulement en dedans des tropiques, et de l'autre jusqu'à la fin de la zone équatoriale, de l'hémisphère opposé.

Si l'action incessante des courants a, le plus souvent, pour effet d'étendre les limites des faunes côtières, il lui est, au contraire, quelquefois réservé de les limiter.

On doit, par exemple, à l'action combinée des courants et de la température, la séparation de toutes les espèces des deux faunes parallèles de l'Amérique méridionale, l'une propre au Grand Océan, l'autre à l'océan Atlantique. Ce sont évidemment ces courants glacés du Grand Océan, venant du pôle et contournant l'extrémité du cap Horn, qui, en passant dans l'océan Atlantique, séparent nettement les deux faunes américaines si distinctes.

Le fait le plus important est, sans contredit, celui que nous avons observé entre le Callao et Payta (Pérou). En effet, tant que les courants généraux suivent, du sud au nord, les côtes du Grand Océan, ils refroidissent tellement les eaux qui les baignent, que les mollusques des régions froides et tempérées sont portés jusqu'à neuf degrés en dedans du tropique du capricorne ; mais, dans les parages compris entre le Callao et Payta, à l'instant où les courants tournent brusquement à l'ouest et abandonnent les côtes américaines, la température reprend immédiatement son influence, et l'on trouve, tout de suite, une faune tout à fait différente, propre aux régions chaudes.

En résumant ces résultats opposés les uns aux autres, on voit que si, par la continuité de leur action, les courants tendent à répandre les mollusques côtiers en dehors de leurs limites naturelles de latitude, ainsi qu'on le voit sur les deux côtes de l'Amérique méridionale, lorsqu'ils doublent un cap avancé vers le pôle, comme le cap Horn, ou encore, lorsqu'ils abandonnent brusquement les côtes, dans des régions chaudes, comme ils le font au nord du Callao, on leur doit, au contraire, l'isolement et le cantonnement des faunes locales.

§ 114. **De la température**. Nos observations sur les mollusques côtiers de l'Amérique méridionale nous ont prouvé, de plus, que la pointe très-prononcée vers le pôle qui, sur ce continent, sépare nettement l'océan Atlantique du Grand Océan, sert de barrière naturelle de température entre les faunes de mollusques côtiers propres à chacun d'eux. On voit, par exemple, que sur *six cent vingt-huit* espèces de mollusques côtiers de l'Amérique méridionale, une seule est commune aux deux océans, tandis que toutes les autres sont, au contraire, spéciales soit au Grand Océan, soit à l'océan Atlantique. Néanmoins ces résultats inattendus se compliquent évidemment des influences dues aux courants généraux ; car la température n'aurait pas, à elle seule, une aussi puissante action. En effet, le plus ordinairement, ces deux causes se contrarient ; mais dans cette circonstance, par une exception remarquable, elles agissent simultanément aux régions les plus méridionales, en séparant plus nettement encore les faunes côtières des deux océans.

Si, dans quelques cas, les courants généraux tendent à répandre les êtres côtiers sur tout leur cours, la température, au contraire, cantonne

les espèces dans des limites plus ou moins restreintes, suivant les variations de température qu'elles peuvent supporter.

On en a la preuve par le nombre des mollusques propres aux différents points de la côte des deux océans soumis à l'action incessante des courants, et plus positivement encore par le nombre élevé des espèces propres aux deux points extrêmes de la distance baignée par les courants, puisque, dans le Grand Océan, les espèces propres aux régions tempérées sont le double, et que les espèces des régions chaudes sont près de la moitié des espèces voyageuses; que, dans l'océan Atlantique, les espèces propres aux régions tempérées et chaudes sont quatre fois plus nombreuses que les espèces communes aux deux régions à la fois.

La plus remarquable enfin, se trouve surtout dans la différence subite qu'on remarque entre la composition des faunes locales de Payta, et de celles des parties situées au sud En effet, dès que l'action incessante des courants ne se fait plus sentir, la température reprend aussitôt toute son influence, et l'on voit paraitre une faune différente et spéciale aux régions chaudes.

En nous résumant, les faits nombreux qui précèdent montrent que, malgré l'action directe des courants, l'action passive de la chaleur se manifeste partout d'une manière très-marquée, par le cantonnement des espèces entre des limites de latitudé plus ou moins restreintes, des deux côtés de l'Amérique méridionale.

§ 115. La **configuration** d'un littoral n'agit pas moins puissamment. Tout le monde a remarqué cette pointe étroite qui, s'avançant de la zone torride vers le pôle, jusqu'au 55e degré de latitude sud, sépare l'océan Atlantique du Grand Océan, en traçant, entre l'une et l'autre mer, une limite des mieux marquées. Tout le monde a pu remarquer encore cette chaîne imposante des Cordillères qui court, du sud au nord, parallèlement au littoral du Grand Océan, et présente, sur les côtes de son versant occidental, les pentes les plus abruptes, tandis que son versant oriental s'abaisse lentement vers l'océan Atlantique, et forme, sur toutes les régions méridionales, des côtes basses étendues au loin dans la mer.

On a déjà vu le résultat de la forme du continent, sur la séparation des deux faunes distinctes. Nous allons maintenant déduire les effets généraux de la seule configuration orographique.

Le rapport du nombre des genres spéciaux ou communs aux deux mers démontre cette influence, puisque la moitié de l'ensemble ne se trouve que dans l'un des océans.

Genres qui se trouvent des deux côtés de l'Amérique à la fois.	55	110
Genres qui se trouvent d'un seul côté.	55	

Sur ce nombre

Genres existant sur la côte américaine du Grand Océan.	89	110
Genres qui manquent dans le Grand Océan et qui se trouvent de l'autre côté.	21	
Genres existant sur la côte américaine de l'océan Atlantique.	76	110
Genres qui manquent dans l'océan Atlantique et se trouvent de l'autre côté.	34	

Il est facile de se convaincre, par l'étude des mœurs des mollusques, que les genres qui dominent dans le Grand Océan vivent principalement sur les rochers, tandis que ceux de l'océan Atlantique, qui manquent au versant occidental, habitent seulement les fonds de sable ou de sable vaseux. Il est, dès lors, certain que la différence de configuration orographique du littoral des deux océans qui baignent l'Amérique méridionale, exerce, par les conditions d'existence plus ou moins favorables qu'elle offre aux mollusques côtiers, suivant leurs genres, une immense influence sur la composition zoologique des faunes qui les habitent.

Résumé. Avant de terminer l'exposé des résultats généraux, nous dirons que, de l'ensemble des trois genres d'influences combinées, les courants, la température et la configuration des côtes, on peut conclure avec certitude, que tout en dépendant de ces trois ordres de faits, les lois qui président à la distribution géographique des mollusques côtiers, peuvent se réduire à deux actions contraires :

1° L'une, celle des courants qui, dans certaines circonstances, tendent à répandre partout où ils passent sur une même côte, les espèces indifférentes à la température ;

2° L'autre, plus générale, dépendant encore des courants, de la température et de la configuration orographique qui tendent, au contraire, à restreindre ou à cantonner les êtres entre des limites plus ou moins larges, bien que sur la côte d'un même continent.

L'étude de tous les faits généraux que nous venons de déduire de la distribution géographique des mollusques côtiers, nous amène naturellement aux conclusions suivantes, immédiatement applicables aux faunes paléontologiques des terrains tertiaires, mais des terrains tertiaires seulement ; car, dans les faunes antérieures, l'action du cantonnement, déterminée par la latitude, était plus ou moins neutralisée par la chaleur propre au globe terrestre :

1° Deux mers voisines, communiquant entre elles, mais séparées seulement par un cap avancé vers le pôle, peuvent avoir des faunes côtières distinctes.

2° Il peut exister, en même temps, par la seule action de la température, dans le même océan et sur le même continent, des faunes côtières distinctes, suivant les diverses zones de latitude.

3° Sous la même zone de température, sur des côtes voisines d'un même continent, les courants peuvent déterminer des faunes côtières particulières.

4° Une faune distincte de la faune côtière du continent le plus voisin, peut exister sur un archipel, lorsqu'il en est séparé par une mer profonde.

5° Des faunes côtières distinctes, ou du moins très-différentes entre elles, peuvent se montrer sur des côtes voisines, par la seule action de la configuration orographique.

6° Lorsqu'on trouve les mêmes espèces sur une immense étendue en latitude, dans un même bassin, les courants en seront la cause.

7° Les espèces identiques entre deux bassins voisins annoncent des communications directes entre eux.

§ 116. Maintenant si, prenant les choses sur une échelle plus restreinte et choisissant des lieux que tout le monde ici peut visiter, nous parcourons encore les côtes de France, sous le rapport de l'influence que peut exercer la nature du littoral sur la composition des faunes qui les habitent, nous serons frappés de ces différences, en comparant des points placés souvent à quelques kilomètres seulement les uns des autres.

Les *côtes* de France bordées de *rochers*, comme celles de beaucoup de points de la Seine-Inférieure, du Calvados, de la Bretagne, des départements de la Vendée et de la Charente-Inférieure, nous offrent, exclusivement parmi les mollusques, les genres : *Littorina*, *Purpura*, *Murex*, *Trochus*, *Aplysia*, *Patella*, *Pholas*, *Petricola*, *Saxicava;* des *Echinus*, des *Comatula;* des *Serpula;* des *Graps*, parmi les crustacés, etc., etc.

§ 117. Les **fonds** et les **baies de sable pur** des mêmes côtes, surtout de la Vendée, de la Gironde et des Landes, ne montrent pas un seul des genres cités, mais bien les genres *Nassa*, *Cassis*, *Fusus*, *Chenopus*, *Scalaria*, *Natica*, *Cardium*, *Tellina*, *Donax*, *Arcopagia* , *Pandora*, *Mactra*, *Solen*, etc., etc.

§ 118. Les **fonds vaseux** ou de sable vaseux de ces mêmes côtes, ou du golfe de l'Aiguillon (Vendée), par exemple, montrent des *Paludestrina*, des *Lavignons*, des *Lyonsia*, et quelques espèces particulières de *Tellina*, de *Mya*, de *Cardium*, etc.

La différence de composition des faunes locales, suivant la nature des lieux, est parfaitement tranchée. Tels genres se trouvent toujours sur les rochers, tels autres sur les plages sablonneuses ou sur les vases ; et chaque nature de côte montre ses animaux spéciaux, qui ne se voient ailleurs que lorsqu'ils y ont été poussés par la vague ou par les courants;

fait si connu des pêcheurs, qu'ils vont toujours sur des lieux différents, suivant la nature de pêche qu'ils désirent faire.

§ 119. Sur nos côtes et sur d'autres côtes chaudes, les *récifs de coraux*, les *îles madréporiques* ont également leur faune spéciale, souvent distincte, dans son ensemble, des faunes côtières voisines. Cette faune, comme celle de certaines parties des Antilles et des îles océaniennes, est caractérisée, non-seulement par ses nombreux polypiers, mais encore par des genres particuliers de mollusques fixes et d'échinodermes, tels que les *Chama*, les *Spondylus*, les *Cidaris*, etc.

Niveau d'habitation des mollusques côtiers. Il est encore une cause qui peut influer sur la composition d'un ensemble de faune locale : la zone d'habitation spéciale à chaque espèce en particulier, sur chaque nature de côte. En parcourant le littoral de la France, on s'en convaincra, au premier coup d'œil qu'on jettera autour de soi sur les êtres qui s'y trouvent.

§ 120. Au niveau des fortes marées de syzygies, c'est-à-dire à une hauteur baignée seulement par les fortes marées, on trouvera, sur les côtes rocailleuses, les *Littorina rudis* et *Lamarckii*, des *Patelles*, parmi les mollusques, les Graps, les Ligies parmi les crustacés ; sur les côtes vaseuses, les diverses espèces de *Paludestrina* et des *Lavignons*.

§ 121. Au niveau du balancement des marées ordinaires, c'est-à-dire de manière à être baignés par toutes les marées et mis à sec assez souvent, se voient, sur les côtes rocailleuses, les *Littorina littorea* et *Neritoïdes*, des *Trochus*, des *Murex*, des *Purpura*, des *Aplysia*, le *Mitylus edulis*, des *Petricola*, le *Pecten varius*, des *Saxicava*, des *Pholas*, des *Venus*, des *Serpula*, des *Echinus*, une foule de crustacés. Sur les côtes sablonneuses vivent des *Nassa*, des *Scalaria*, des *Natica*, le *Cardium edule*, l'*Ostrea edulis*, des *Tellina*, des *Donax*, des *Pandora*, des *Mactra*, des *Solen*, des *Lutraria*, etc. Sur des côtes vaseuses, se trouvent en abondance, certaines Tellines, des *Lyonsia*, la *Mya arenaria*, etc.

§ 122. **Au-dessous du balancement des marées** à des niveaux différents de profondeur, vivent encore des êtres particuliers, les uns peu au-dessous des autres jusqu'à de grandes profondeurs, et tous divisés suivant la nature du sol.

Sur un sol rocailleux on trouve, surtout à de grandes profondeurs, des mollusques brachiopodes, tels que des *Terebratula*, des *Megatheris*, des *Terebratulina*, des *Crania*, des *Thecidea*, beaucoup de *Comatula*, d'*Echinus*, de *Bryozoaires* pierreux et des polypiers flexibles, appartenant aux animaux rayonnés. C'est surtout dans cette zone que les êtres cités prennent un plus grand développement et sont plus abondants.

Sur les côtes sablonneuses, ou de sable vaseux, vivent des *Nassa* particuliers, quelques *Trochus*, l'*Acteon fasciatus*, le *Venus Dionæ*, des *Pecten*, le *Janira gigantea*, le *Nucula margaritacea*, etc., etc.

En nous résumant sur l'action passive de la nature des côtes maritimes et des zones différentes de profondeurs, suivant ces côtes, où vivent les animaux, on voit que, de ces deux causes combinées ou séparées, naissent des différences constantes très-marquées dans la composition de faunes locales souvent très-voisines les unes des autres. Nous ferons remarquer que ces deux genres d'influences ont dû avoir la même importance à toutes les époques de l'animalisation du globe, et qu'il convient de la faire entrer dans l'étude comparative des étages, afin de ne pas prendre pour des époques distinctes dans les couches, des différences de faunes qui ne sont dues qu'à la zone de profondeur, à la nature du sol où l'on trouve les espèces qu'elles renferment. Dans ce cas, on trouvera toujours quelques espèces identiques qui résoudront la question ; car nous avons vu (§ 103) que le moindre mouvement, qu'il soit déterminé par la vague ou par les courants, tend, au contraire, à tout mêler, suivant la densité ; et, dès lors, il paraît impossible que quelques individus de chaque zone, de chaque nature de côte, ne soient pas mélangés, sur quelques points des couches sédimentaires d'un même parage.

†† *DES SÉDIMENTS TERRESTRES ET FLUVIO-TERRESTRES.*

§ 123. Nous désignons ainsi les particules terreuses et autres, de toutes natures et de toutes dimensions, qui, séparées des couches ou des roches, se trouvent actuellement répandues à la surface terrestre des continents. La terre végétale qui recouvre le sol sur une grande étendue, les tourbes, les vases des marais fangeux, les parties désagrégées des roches de toute composition qui comblent les lacs, les vallées, sont pour nous des sédiments aussi bien que les cailloux, les galets roulés par les torrents et par les fleuves. Une simple promenade dans la campagne suffira souvent pour convaincre l'observateur le moins exercé que des sédiments de nature très-variée couvrent à la fois les diverses régions d'un continent.

A. — Formation des sédiments terrestres.

Ils se forment, comme une partie des sédiments marins (§ 75), par l'usure des couches ou des roches de toute nature, qui composent l'écorce terrestre. Les agents sont : dans les régions boréales et australes du globe, la gelée et les pluies ; dans les régions chaudes, les pluies seulement.

§ 124. Les **gelées** ont une très-forte action désorganisatrice sur les différentes roches, action d'autant plus puissante que la roche est plus poreuse et qu'elle laisse plus facilement pénétrer l'eau. Cet effet de la gelée est si connu, qu'il n'est pas un carrier des environs de

Paris qui ne cherche à s'en garantir, en couvrant de paille, durant l'hiver, les blocs extraits des carrières. La gelée fendille la surface de manière à en désagréger les différentes parties qui se divisent alors, soit en feuillets parallèles pour les roches sédimentaires, soit en calottes de diverses épaisseurs, pour les roches granitiques ; et cette épaisseur est toujours déterminée par l'intensité de la gelée, par la dureté des roches et par leur nature minéralogique. Quelques roches sédimentaires, par exemple les calcaires grossiers des environs de Paris, certains calcaires marneux des terrains jurassiques et crétacés, donnent, tous les ans, une quantité assez considérable de sédiments. D'autres roches en fournissent très-peu ; néanmoins on peut dire que, malgré leur dureté, toutes les roches donnent toujours, par quelques parties exposées à l'air, prise à l'action désorganisatrice de la gelée, lorsqu'il s'y mêle des pluies alternatives. Dans le cas où, comme sur le versant occidental des Andes boliviennes comprises entre les 12e et 25e degrés de latitude sud, il ne pleut jamais, les gelées n'ont aucune action de désorganisation ; aussi les roches restent-elles intactes ou en fragments anguleux produits par les tremblements de terre.

§ 125. Les **pluies** sont donc indispensables pour que la gelée ait une action désorganisatrice sur les roches. Elles sont encore les moyens mécaniques propres à transporter les sédiments désagrégés ; et, dans quelques cas, leur action seule peut produire des sédiments. L'action de la pluie sur les parties désagrégées, facile à concevoir, humecte d'abord, délaye ensuite et entraîne avec elle les parties plus ténues de ces détritus. A mesure que la masse d'eau s'augmente sur les pentes, elle acquiert de la puissance, de la force. La goutte d'eau qui, au sommet d'une montagne, n'entraîne que la plus mince particule terreuse, emporte sur son passage, lorsqu'elle est réunie à beaucoup d'autres, d'abord des graviers, puis des cailloux ; et, bientôt accrue, devient torrent et balaye, devant elle, tout ce qui s'oppose à sa marche impétueuse. L'action combinée de la pluie et de la gelée tend au nivellement. Désagrégées par cet agent, les particules de toute dimension sont transportées par la pluie des parties élevées vers les vallées et vers les plaines.

La seule action des eaux produit souvent le même effet de désagrégation des roches, suivant la *nature des roches* mêmes, et la *disposition des lieux.*

§ 126. La **nature de la roche** donne plus ou moins de prise à l'action des eaux. Telle roche argileuse, ou argilo-calcaire, comme les marnes du lias des coteaux de Semur (Côte-d'Or), d'Avallon (Yonne), de Saint-Amand (Cher), des Hautes et des Basses-Alpes, absorbe d'abord la pluie jusqu'à une assez grande profondeur ; puis se ramollit, se délaye même; et les particules en sont entraînées par les eaux vers les points placés à un niveau inférieur.

§ 127. La **disposition des lieux** influe sur la quantité des sédiments enlevés; car on conçoit que des terrains presque horizontaux peuvent s'humecter et se délayer comme les coteaux; mais, tandis que sur une surface plane, ces parties délayées restent, pour ainsi dire, en place, elles sont transportées au loin sur un penchant de montagne. Les torrents creusent partout de profonds ravins et entraînent d'autant plus de matériaux que la pente est plus rapide, que les couches sont plus meubles. Dans les coudes où l'eau vient battre avec force, il se forme des escarpements qui, minés par les eaux, s'abîment les uns après les autres. En certains cas, lorsque les courants des torrents ou des rivières viennent battre le pied des coteaux et y former des falaises, ils produisent des effets analogues aux eaux de la mer (§ 76) dans les mêmes circonstances, ainsi qu'on le voit aux Roches-Noires, sur les bords de la Marne, près de Saint-Dizier (Haute-Marne), sur la rive droite de la Garonne, au-dessus et au-dessous de Bordeaux, et sur des points isolés et restreints des bords de presque toutes les rivières du monde. On conçoit facilement que les causes qui, comme les orages et les trombes, concourent à augmenter momentanément le volume et la violence des eaux, doivent également enlever une plus grande quantité de sédiments sur tous les points où leur action se fait sentir.

Dans une comparaison rigoureuse des faits actuels avec les faits qui se sont passés aux différentes époques géologiques, il ne serait pas juste de faire entrer, par exemple, la France ou les autres pays très-peuplés du monde; car là, une cause qui tient essentiellement à l'homme vient augmenter considérablement la somme des sédiments enlevés, ou susceptibles d'être enlevés par les eaux pluviales. Pour qu'on puisse comparer deux choses, il faut qu'elles soient absolument dans les mêmes conditions; et ce n'est pas ici le cas. En effet, la comparaison de la nature actuelle avec la nature passée, n'est admissible qu'à condition de prendre le sol vierge et non le sol cultivé.

§ 128. **Sur un sol vierge,** où la main de l'homme n'a rien changé, on voit que la terre est couverte d'une végétation active. Le sommet des montagnes, lès coteaux, les plaines, tout est revêtu de plantes. L'arbre dont les rameaux s'élèvent vers les cieux, l'humble fougère, la graminée ou la mousse en tapissent toutes les parties et les garantissent de l'action immédiate de la pluie. La goutte d'eau qui tombe est reçue par les feuilles, et ne touche la terre qu'après avoir pénétré lentement à travers un réseau serré de branches ou de feuillages. Son action n'a plus de force; elle n'entraîne rien; et, dans les pays les plus escarpés du monde, on s'est étonné de trouver, pendant la pluie, les eaux des torrents à peine souillées de quelques particules terreuses. Ce que nous avons observé si souvent dans les forêts vierges du Brésil, sur les plaines du centre de l'Amérique méridionale et sur les montagnes abruptes du versant oriental des Andes boliviennes, nous ne l'avons pas retrouvé, sans quelque plaisir sur de petits points isolés des Pyrénées et des Alpes; au Pont d'Espagne, près de Cauterets (Hautes-Pyrénées), par exemple, et sur les coteaux du lac de Brientz, dans l'Oberland, où l'homme a respecté quelques lambeaux de la nature terrestre.

§ 129. **Sur un sol cultivé comme celui de France**, où l'homme a tout fait pour enlever les plantes et les arbres naturels au sol, et pour le couvrir de guérets, la terre est partout dans les conditions les plus favorables à l'enlèvement des sédiments, puisqu'elle n'est pas seulement dépourvue de plantes préservatrices, mais que le labour la rend encore meuble à sa surface. Les eaux y ont une prise immense, pour le transport des molécules terreuses; et l'agriculteur, qui n'est pas assez prévoyant pour se garantir par des moyens artificiels de l'action destructive de la pluie, voit l'*humus* diminuer tous les ans et son sol se dénuder peu à peu. En parcourant les montagnes des environs de Tuchant (Aude), dans les Corbières, les sommités des montagnes et des collines de la Provence, toutes les montagnes des Hautes et des Basses-Alpes, etc., on s'étonne de trouver, à la place des antiques forêts de chênes dont ces montagnes jadis étaient couvertes, des rochers nus où les chèvres trouvent à peine à brouter, çà et là, quelques plantes rabougries. Il est donc certain que le défrichement a laissé emporter, depuis quelques années, par les eaux pluviales, des terres qui nourrissaient de belles forêts respectées durant une longue suite de siècles.

Cette rapide comparaison d'un sol vierge avec un sol cultivé, nous montre que si le premier peut nous donner la valeur réelle des faits passés relativement aux sédiments terrestres, il n'en est pas ainsi du dernier, dont les conditions du moment tiennent évidemment à l'influence des travaux de l'homme. Il ne serait donc pas juste de prendre le dernier pour exemple, pas plus qu'il n'est rationnel de demander aux sédiments transportés par les fleuves actuels de France, l'explication des phénomènes antérieurs à notre époque. Toutes les déductions qu'on tirerait aussi des alluvions du Mississipi, ou des autres rivières de l'Amérique septentrionale seraient nécessairement exagérées. A l'instant où tous les affluents de ces fleuves se couvrent d'agriculteurs qui commencent par abattre les arbres, mettre le feu à la campagne et défricher, sans s'occuper beaucoup de se ménager des ressources à venir, il est tout simple qu'une surface considérable de terrains jadis préservés soit exposée à l'action immédiate des eaux pluviales. Nous resterons peut-être encore au-dessous de la vérité, en calculant à dix pour un la somme des sédiments que ces fleuves doivent transporter aujourd'hui, comparée à ce qu'ils donnaient avant que l'homme agriculteur eût remué la surface du sol.

B. — De la répartition des sédiments terrestres.

§ 130. L'action générale des eaux pluviales sur les sédiments terrestres est la même que l'action déterminée par les eaux de la mer (§ 78); elle tend à tout niveler.

On désigne ordinairement, sous le nom propre d'*alluvion*, tous les dépôts de sédiments terrestres, afin de spécifier leur mode de formation, et de les distinguer des sédiments marins particulièrement formés des couches sous-marines, plus nettement stratifiées.

Les *alluvions terrestres* se déposent en différents lieux, suivant leur nature et suivant la configuration du sol. Comme elles tendent toujours à niveler le sol, elles sont naturellement transportées des parties élevées vers les vallées, vers les plaines.

§ 131. Si les **alluvions** tombent dans une dépression sans issue, dans un lac circonscrit de montagnes, par exemple, elles s'y déposent comme dans une mer tranquille ; les sédiments pesants, les cailloux, restent près de l'embouchure des torrents qui les ont transportés, et en général, ils se divisent suivant leur densité, la configuration du sol et les limites de mouvement des eaux. Les graviers restent sur les plages inclinées ; les anses, les golfes peuvent encore recevoir des sédiments fins; mais la plus grande partie de ceux-ci se rendent au fond du lac, au-dessous de l'action des vagues, et forment des couches horizontales qui pourront être de diverses natures et plus ou moins épaisses, suivant la valeur des agents qui les ont transportés. Il est évident qu'une pluie ordinaire n'en produira pas une aussi grande quantité qu'un violent orage, qui aura dévasté toutes les campagnes environnantes. Il en résultera des couches de diverses épaisseurs, formées toujours, aux parties inférieures, des molécules les plus pesantes et, dès lors, les premières précipitées au fond des eaux, tandis que les molécules les plus légères seront en dessus. Ces couches, formées dans les lacs, portent généralement le nom de *couches lacustres*.

§ 132. Lorsque les sédiments destinés à former des alluvions ne sont pas retenus dans les lacs sans issue, et qu'ils sont transportés dans les vallées, ils suivent une répartition différente, d'après leur densité, leur volume et la force d'impulsion qu'ils reçoivent. Un torrent impétueux roule de gros blocs de roches. Un courant plus faible, mais encore très-rapide, transporte des cailloux ; mais, dès qu'une différence de pente vient momentanément en ralentir la rapidité, les blocs, les cailloux s'arrêtent, et, suivant la force qui reste, des particules plus ou moins pesantes sont transportées. Nous avons été à portée de vérifier ce fait sur les affluents qui descendent du versant oriental des Andes, et nous l'avons vu se reproduire, sur une moindre échelle, pour toutes les rivières qui, descendant rapidement des Alpes, des Pyrénées, ralentissent ensuite leur cours dans les basses vallées et dans les plaines. Lorsqu'une vallée montre divers étages en gradins, ce même phénomène se présente à chaque fois; et les sédiments, alors répandus avec les eaux troubles, sur une grande surface trouvent, d'un ou des deux côtés du lit du courant, des anses tranquilles, des remous, où les molécules, après chaque inondation, se déposent par couches et forment des alluvions fluviales, comme nous l'avons vu pour les lacs (§ 131). La Saône, entre Châlons et Trévoux, est dans ce cas, ainsi que tous les coudes des rivières, où le courant se fait peu sentir et permet aux molécules de se déposer et de former ces atterrissements nombreux de toutes nos rivières.

§ 133. Certains fleuves, comme le Rhône, dont le courant est très-fort, roulent des cailloux jusque près de leur embouchure, tandis que presque tous les autres, dont les eaux plus tranquilles sillonnent les plaines, n'y apportent que des sédiments fins, qui se déposent sur les anses et forment ces sortes d'*alluvions fluviales* qu'on nomme *atterrissements*. Il faut bien se garder de confondre les alluvions lacustres ou fluviales actuelles avec les cailloux roulés répartis sur le sol et dans les vallées. Ceux-ci y ont été amenés par des mouvements plus considérables appartenant aux causes purement géologiques, comme nous chercherons à le prouver plus tard.

Les sédiments terrestres partis des points élevés, s'arrêtent, dans toutes les dépressions du sol, avec ou sans issue, sur tous les points des ravins, des torrents, des rivières et des fleuves où l'inégalité des pentes permet au courant de se ralentir. Ils se déposent encore sur toutes les plaines, dans les coudes, dans les anses tranquilles des rivières, de sorte qu'une très-petite portion arrive jusqu'à l'embouchure des fleuves. Presque toutes les rivières, comme la Gironde, la Loire, la Seine, parcourent une grande surface de plaines avant d'arriver à la mer; il en résulte que des sédiments fins sont souvent les seuls que ces fleuves y apportent; aussi croyons-nous ne pas pouvoir évaluer leur part d'apport dans les sédiments marins à plus d'un quart de l'ensemble (§ 77). On a considérablement exagéré la somme des sédiments fluvio-terrestres, en se basant sans doute sur l'état présent tout exceptionnel de la France (§ 129). Si, comme on l'a cru, les rivières devaient former tous les sédiments marins, comment y en aurait-il en abondance sur les côtes dépourvues d'affluents, et où il ne pleut jamais, ainsi qu'on peut le voir sur le littoral du Chili, de la Bolivia et du Pérou, depuis le 5e jusqu'au 28e degré de latitude sud? Ce fait seul prouve que, sans le concours des fleuves, il peut se former des amas considérables de sédiments sur les côtes maritimes, par la seule action de l'usure des côtes.

§ 134. Dès que les sédiments fluvio-terrestres arrivent à la mer, à moins qu'ils ne se trouvent dans des cas exceptionnels, comme le Pô, le Rhône, le Nil et le Mississipi, qui débouchent dans des golfes ou des mers en dehors des faits généraux, les courants marins s'en emparent bientôt ; ils se mêlent promptement avec les autres sédiments, et suivent alors les mêmes lois de répartition (§ 78). On a également cru que les affluents terrestres avaient une immense influence sur la nature et le mode de dépôts des mers ; mais là encore, l'étude des faits vient prouver le contraire. Si, dans une mer méditerranée très-restreinte et dépourvue de courants et de marée, les affluents portent leurs sédiments à une certaine distance au large, et apportent quelques modifications côtières analogues à ce que nous voyons dans les lacs (§ 131), il n'en est pas ainsi sur une côte maritime où la marée et les courants exercent leur puissante action. Tous ceux qui ont visité l'embouchure de la Loire, de la Seine et de la Gironde, ont pu s'assurer que la différence de niveau des eaux, suivant l'état de la marée, change entièrement la direction des courants. Si, en effet, pendant le reflux, le cours des fleuves continue à descendre jusqu'à une certaine distance dans la mer, il est de suite refoulé dès que le flux commence à se faire sentir; et la mer monte dans le lit même du fleuve, à une distance variable, suivant la pente. Le fleuve alors, loin de verser des sédiments dans la mer, peut, au contraire, en recevoir de l'Océan, surtout si le vent vient augmenter la force du flux. Il résulte de l'action seule de la marée que la moitié de l'année seulement les sédiments fluvio-terrestres peuvent être portés à l'Océan, tandis que, pendant l'autre moitié, ils sont complétement neutralisés. Une autre cause vient également arrêter tout à fait ou, tout au moins, considérablement diminuer la somme d'apport des sédiments terrestres ; c'est la saison des basses eaux, dans les fleuves. La Seine, la Loire, la Gironde qui, à l'instant des crues périodiques, charriaient des sédiments, ne transportent plus rien alors, et reçoivent, au contraire, à leur embouchure, des sédiments fins non plus apportés par le fleuve, mais déposés par la mer, comme elle le fait dans toutes les anfractuosités de la côte. C'est dans cette saison que les environs d'Honfleur (Calvados) et de Saint-Nazaire (Loire-Inférieure) se couvrent d'une couche épaisse de boue, déterminée par la tranquillité des eaux. En ôtant la moitié de l'année pour l'action des marées, et un quart pour la saison des sécheresses, il reste seulement le quart de l'année aux fleuves pour verser leurs sédiments dans la mer.

Les curieuses recherches faites par M. Élie de Beaumont sur le Pô, le Rhône, le Nil et le Mississipi, prouvent l'importance des sédiments amoncelés à l'embouchure de ces fleuves, mais ne sont applicables qu'à des rivières placées exceptionnellement en dehors des faits généraux. Celles-ci sont, sur une plus vaste échelle, comparables à ce qui arrive dans un lac, tandis que les fleuves qui débouchent dans un océan, comme la Plata, les rivières du Sénégal, la Loire, la Seine et la Gironde, qui débouchent directement dans les océans, ne montrent jamais ces amas de sédiments.

§ 135. Il est une expérience facile à faire pour avoir la limite d'extension du courant fluvial dans la mer, afin d'en évaluer l'importance réelle. Il suffit de s'embarquer à l'embouchure de la Seine, ou des autres fleuves, et de suivre, à mer basse, l'extension de l'eau trouble apportée par l'affluent terrestre, au milieu de l'eau plus claire de l'Océan. On reconnaît alors, par exemple, que la Seine, lorsque le vent n'en neutralise pas l'effet, porte son influence ordinaire à trois ou quatre kilomètres de la côte. On se demande ensuite quelle est l'importance de cette petite surface comparée à l'extension des côtes, à la largeur de la Manche, et, à plus forte raison, à l'immensité de l'océan Atlantique. On voit, dès lors, qu'en réduisant la question à sa valeur réelle, les affluents terrestres seront, par rapport aux mers, comme un point dans l'espace, et que leur influence est peu de chose, eu égard à l'ensemble des faits généraux.

§ 136. En nous résumant sur la manière dont se forment actuellement les alluvions terrestres, on voit qu'il se dépose, en même temps, des cailloux et des galets au pied des torrents et des falaises en butte au courant ; que du gros sable s'arrête au-dessous des cailloux, sur les pentes moins rapides ; que le sable fin et les sédiments les plus légers vont combler les vallées disposées en étages, ou les lieux tranquilles des coudes formés dans la plaine par ces nombreux méandres des rivières ; et qu'enfin une partie des sédiments terrestres s'unit aux sédiments marins, pour niveler le fond des mers. Dans quelques cas (dans la Loire surtout) les sédiments que transportent les fleuves forment, par l'action des courants, des bancs de sable mobile disposés par couches inclinées, comme nous l'avons vu pour les bancs sous-marins (§ 83), tandis que, dans toutes les autres circonstances, les sédiments se déposent par couches presque horizontales, suivant la pente des parties sur lesquelles ils s'arrêtent. L'épaisseur de ces couches, leur nature même, dépend de l'importance des perturbations terrestres qui les produisent. Une pluie ordinaire n'apporte pas une couche aussi épaisse qu'une de ces crues subites, qu'un de ces débordements qui surviennent par suite d'une tempête prolongée ; il en résulte des couches d'une épaisseur inégale et formées de sédiments différents.

C. — De la distribution des animaux dans les couches sédimentaires fluvio-terrestres.

Comparativement à ce que nous avons dit pour les animaux marins, les animaux terrestres sont également susceptibles de se diviser en animaux flottants et non flottants.

§ 137. Les **animaux flottants** peuvent appartenir aux animaux vertébrés (mammifères, oiseaux, reptiles et poissons) en putréfaction, et aux coquilles terrestres et fluviatiles accidentellement remplies d'air.

Pour les animaux vertébrés, ils surnagent à la surface des eaux, lorsqu'ils sont en putréfaction (§ 94); ce n'est qu'alors qu'ils deviennent flottants et peuvent être transportés par les courants terrestres. En généralisant beaucoup trop cette idée ou en lui donnant un caractère d'importance qu'elle est loin d'avoir, on a cherché à expliquer les amas d'ossements fossiles de certains points, par l'accumulation des êtres que les eaux des fleuves transportent et déposent dans les estuaires. Dans cette circonstance ainsi que pour la valeur des sédiments terrestres (§ 128) on a regardé comme un fait général, une circonstance exceptionnelle qui tient essentiellement à l'homme, à ses habitudes, et n'existe pas sur les lieux encore sauvages. On a supposé que, dans les inondations, les animaux terrestres étaient entraînés par les rivières, et qu'alors ils étaient aussi nombreux que les chiens, les chats et autres animaux domestiques le sont aujourd'hui dans la Seine et dans la Tamise, au-dessous de Paris et de Londres. C'est une fausse idée. Les animaux sauvages, ainsi que nous l'avons observé au centre de l'Amérique méridionale, ne se jettent pas dans les fleuves, et sont très-rarement emportés par les inondations ; car alors ils fuient loin des courants, et se réfugient dans les bois des parties élevées, où ils restent en cas de mort. Nous avons vu, dans nos voyages, d'immenses cours d'eau, tels que la Plata, le Parana, l'Uruguay, et tous les affluents boliviens de l'Amazone; et nous pouvons assurer que, pendant huit années de voyages, nous n'avons jamais rencontré un seul animal flottant au sein des vastes solitudes du nouveau monde. En vérité, cette pensée ne pouvait naître qu'en Europe, sur les rives de ses fleuves couvertes de villes, de bourgs et de villages. Pour se débarrasser de l'animal vivant qu'il ne veut pas conserver, ou de l'animal mort dont il ne sait que faire, l'homme le jette dans la rivière qui l'entraîne ; c'est seulement ainsi que les rivières européennes transportent accidentellement des animaux flottants.

En supposant même que quelques animaux soient entraînés par les torrents, à la source d'une rivière, il est difficile de croire qu'ils puissent, sans s'arrêter, atteindre la mer. Pour cela, il faudrait supposer que le cours d'eau, dans l'extension parcourue, est dépourvu de vallées étagées, de coudes où les remous se font sentir, et que les vents surtout n'ont aucune action sur les animaux flottants à la surface des eaux. Dans le cas contraire, il arrivera, pour l'animal transporté, ce qui arrive pour les sédiments (§ 134) : il s'arrêtera certainement sur les rives, par la seule impulsion des remous et des vents qui le pousseront sur la plage ; sur cent, un seul peut-être aura la chance d'arriver à l'embouchure. Pour se convaincre du fait, il suffira de parcourir les bords de la Seine, de Paris à Saint-Denis, par exemple, à l'effet de s'assurer qu'un nombre considérable de chiens et de chats qui ont été jetés à Paris, n'ont pas été plus loin sans atterrir. Du reste, un séjour prolongé des deux côtés de l'embouchure de la Seine, nous a prouvé qu'il n'y arrivait pas le vingtième du nombre des animaux domestiques morts qu'on peut trouver à la fois, seulement dans l'intervalle compris entre Grenelle et Neuilly, au-dessous de Paris.

En résumé, comme nous n'avons jamais vu, à l'embouchure de la Plata, un seul animal apporté par les courants, nous devons croire qu'il convient de renoncer à expliquer les amas d'ossements de mammifères fossiles, par le transport naturel des animaux flottants, sur les fleuves de l'époque actuelle, et qu'il faut pour s'en rendre compte, recourir aux faits géologiques.

§ 138. Les **animaux flottants entiers**, déposés sur les bords d'un lac, ou sur les rivages des cours d'eau, pourront être conservés avec toutes leurs parties osseuses réunies, s'ils s'arrêtent sur une plage tranquille et sont promptement recouverts de sédiments fins, qui les préservent de l'action désorganisatrice des agents extérieurs. Si, au contraire, ils sont, soit par la houle, soit par les courants, jetés sur une côte agitée, leurs parties se désagrégeront; et les os disséminés prendront leur rang, suivant leur densité, leur volume, parmi les sédiments fluvio-terrestres.

§ 139. Les **coquilles terrestres** sont accidentellement flottantes, comme les limaçons (*Helix*, *Bulimus*, *Cyclostoma*), et les coquilles fluviatiles (*Planorbis*, *Lymnea*, *Physa* et *Paludina*) (Voyez *fig.* 16, 17, 18 et 19), lorsque, mortes et restées sur le sol ou sur les rivages à la saison sèche, elles sont saisies par les pluies torrentielles et transportées, avant que puisse s'échapper l'air resté dans les tours supérieurs de leur spire. Alors, elles se mêlent aux petits débris de végétaux et flottent à la surface des eaux. Tant que le mouvement des eaux ne les a pas fait couler au fond, elles voyagent avec l'élément aqueux, et suivent toutes les chances de dépôt des animaux vertébrés flottants. Elles peuvent, de même, se déposer dans les lieux tranquilles, être jetées par les vents sur toute espèce de côte, ou transportées jusqu'à la mer. Dans toutes les circonstances, leur conservation dépendra toujours, comme pour les animaux marins, des milieux où elles se déposeront (§ 95).

§ 140. Les animaux vertébrés, morts sur le sol, sont promptement anéantis. Ils se putréfient, se désagrégent, et leurs parties osseuses, exposées à l'action de l'air, se détruisent infailliblement dans un laps de temps souvent fort court. Les coquilles terrestres, placées dans les mêmes cas, se décomposent plus promptement en raison de leur peu de résistance. Les os et les coquilles cachés dans l'*humus*, suivant sa nature, se détruisent encore à la longue, comme on le voit pour les ossements humains des cimetières.

Pour que les ossements et les restes organisés terrestres puissent se conserver, ils doivent être enveloppés de sédiments de certaine nature, qui se forment dans les eaux. Il devient donc indispensable qu'ils soient soustraits à l'action désorganisatrice des agents extérieurs, par les fines molécules dont les eaux les entourent, soit en les transportant dans les lacs, soit en les déposant sur les sédiments fins des vallées et des atterrissements riverains. Dans tous les cas, ces restes terrestres, ainsi que les coquilles fluviatiles mortes, devenus des corps inertes, suivent, dans leur transport et dans leur répartition par les eaux, la même impulsion que les autres sédiments terrestres répandus sur le sol (§ 128). Suivant leur volume, leur pesanteur, ils se trouveront avec les cailloux, le gros sable, ou avec les sédiments fins des plages tranquilles des lacs, des rivières et des fleuves. Ils seront encore, quelquefois, entraînés par les eaux pluviales dans les fentes de rochers, dans les cavernes ou les grandes cavités souterraines, comme nous l'avons vu entre Tuchant et Rivesalte (Aude). Là, mélangés avec l'*humus*, ils seront encore préservés de la destruction, et formeront des brèches osseuses ou ces amas d'ossements contenus dans les bourses que MM. Constant-Prévost et Desnoyers ont découverts dans les couches de gypse des environs de Paris.

††† Limites du mélange des sédiments et des animaux marins et terrestres.

§ 141. Après avoir expliqué comment se forment les sédiments marins et terrestres, comment s'y déposent les animaux propres aux mers et aux continents, il nous reste à chercher quels sont les points où les mélanges des deux faunes peuvent avoir lieu, quelles en sont les limites dans les causes actuelles, et quels sont les moyens de les reconnaître.

Les fleuves et une multitude de petits affluents de moindre valeur débouchent dans la mer; et, bien qu'ils n'apportent pas toujours des sédiments, ils y versent au moins leurs eaux. Ces eaux peuvent, dans quelques cas, entraîner quelques coquilles terrestres flottantes (§ 139), qui se déposent sur la côte et se mêlent aux coquilles marines. Comme elles sont en petit nombre, et généralement plus fragiles que celles-ci, elles se brisent plus facilement et disparaissent presque partout. Elles ne sauraient se conserver que sur une plage tranquille ou vaseuse. Les grands affluents, vu leur volume plus considérable, transportent encore quoique rarement, à la surface des eaux, quelques animaux vertébrés flottants et des coquilles. Il s'agit, maintenant, de s'assurer, par des faits, des limites extrêmes où ces mélanges peuvent avoir lieu. Les animaux, en petit nombre, que le hasard aura préservés de l'échouage (§ 137), surtout aux courants contraires apportés par la marée montante (§ 134), et qui arrivent jusqu'à la dernière limite du courant, de la Seine, par exemple, rentreront de suite sous l'influence des mers. Ils ne sont pas transportés au large, mais ils sont immédiatement ramenés sur la côte par la marée, par les courants, et s'éloignent rarement de quelques kilomètres à droite ou à gauche de l'embouchure, suivant les courants et la direction des vents qui soufflent.

Les personnes qui ont habité Paris ont pu remarquer le nombre considérable de bouchons de liége qu'y transportent les eaux de la Seine. Prenons-les un instant comme des corps flottants par excellence, susceptibles de résister à tous les chocs sans s'altérer; et suivons-les dans leur marche jusqu'à la mer. On les trouve d'abord jetés en grande quantité, sur les rives de la Seine au-dessous de Paris, et de moins en moins nombreux, en s'éloignant de la capitale. Quoiqu'à Rouen on en jette également à la Seine, lorsqu'on cherche de chaque côté de son embouchure le très-petit nombre arrivé jusqu'à la mer, on les voit de plus en plus rares à mesure qu'on s'en éloigne, et ne pas dépasser un rayon de deux ou trois myriamètres. La résistance des bouchons est, on le sait, cent fois plus grande que celle des coquilles et autres corps flottants. On voit, néanmoins, que leur maximum d'éloignement de l'embouchure de la Seine n'est encore rien, comparé à l'étendue des côtes de la Manche, et à plus forte raison, du littoral des océans.

Pour les restes de corps organisés plus pesants, tels que les ossements et les grosses coquilles d'eau douce, ils arriveront plus rarement encore jusqu'à la mer; car, neutralisé, sur un grand nombre de points, par la diminution des pentes, le courant les laissera partout avec les cailloux et les galets (§ 132). Il n'y aura donc que les coquilles légères qui pourront être mélangées sur quelques points, mais seulement un peu en dedans de l'embouchure des rivières, par la seule action des courants. Dans les limites du mélange alternatif des eaux douces et des eaux salées, déterminées par les marées, à l'embouchure des fleuves, il ne vit réellement aucune coquille d'eau douce, pas plus que des coquilles marines. Il en résulte que les coquilles d'eau douce ont le temps de s'altérer, avant d'avoir atteint cette embouchure, et que les coquilles marines sont plus rarement encore refoulées dans les rivières, par l'action de la tempête. Les mélanges que nous ne connaissons pas dans les grands fleuves, pourront être plus fréquents dans une mer restreinte, sans marées et sans courants, comme le sont quelques parties de la Méditerranée, encore ces mélanges sont-ils rares et de peu d'importance.

La trop grande extension qu'on a donnée à ces mélanges dans les couches fossilifères tient, le plus souvent, au manque de connaissances positives sur la manière d'être, sur les habitudes des coquilles. Parce qu'on trouvait dans la Seine une néritine (le *Neritina fluviatilis*), on a cru que toutes les néritines étaient fluviatiles; ce qui est entièrement faux. Il en est de même des cyrènes, des soi-disant mélanies du bassin de Paris, et d'une foule d'autres coquilles qu'on a prises pour terrestres et fluviatiles, tandis qu'elles sont bien certainement marines.

On distingue souvent une couche fluviatile d'une couche marine, à sa contexture ordinairement plus poreuse, mais bien plus certainement encore à la composition des êtres qu'on y rencontre. On sait que la terre nourrit des limaçons (*Helix*), des *Cyclostoma*, des *Pupa*, des *Clausilia*, respirant l'air en nature ; que les eaux douces sont remplies de *Lymnea*, de *Physa*, de *Planorbis* (Voyez *fig.* 44, 45, 46 et 47). C'est donc

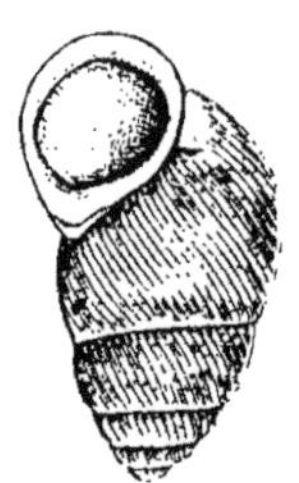

Fig. 44. Cyclostoma Arnoudii.

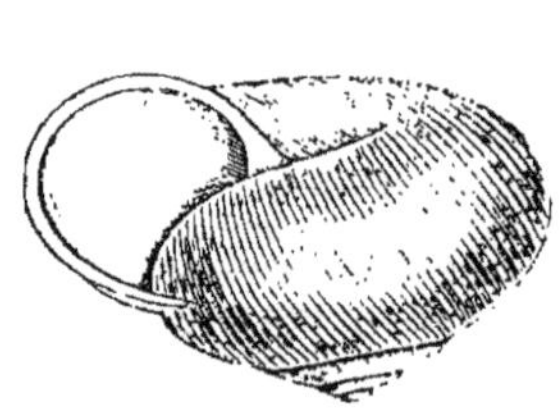

Fig. 45. Helix hemisphærica.

Fig. 47. Lymnea pyramidalis.

Fig. 46. Physa columnaris.

par la comparaison des coquilles aujourd'hui propres aux continents et aux fleuves qu'on arrive à déterminer la nature terrestre, fluviatile ou marine des espèces perdues. C'est encore avec cette connaissance préliminaire qu'on reconnaît, sur nos plages maritimes actuelles, le limaçon que les affluents terrestres y ont porté. On conçoit, dès lors, qu'à moins d'une étude spéciale, approfondie, on puisse facilement se méprendre et admettre des mélanges qui n'existent pas toujours.

§ 142. On a pensé que quelques espèces pouvaient passer, avec facilité, à l'état de vie, ou par les œufs, de l'eau douce à l'eau salée, ou de l'eau salée à l'eau douce. Les expériences que nous avons faites à cet égard, nous ont donné des résultats négatifs. Ces prétendus passages tiennent essentiellement encore à de fausses déterminations. Chaque espèce est propre à son élément, dont elle ne peut sortir, ce qui n'empêche pas certaines Néritines d'être marines (*Neritina meleagris* et *viridis*), tandis que quelques autres sont fluviatiles ; et tels *Cerithium* d'être fluviatiles, quoique les autres espèces du genre soient marines.

Quelques auteurs, par système préconçu, ont prétendu que si les mollusques fluviatiles ne peuvent pas vivre dans l'eau salée, par suite d'un passage brusque, il peut en être autrement de leurs œufs, et qu'ainsi les espèces sont susceptibles de se modifier, en passant graduellement de l'eau douce à l'eau salée, et de donner des coquilles striées de lisses qu'elles étaient. Ces suppositions, qui ne sont pas le fruit de l'expérience, mais qu'ont fait établir des observations géologiques peut-être trop superficielles, se trouvent en contradiction complète avec la nature. Nous avons dit que, dans le golfe de Luçon (§ 86), il s'opérait, tous les ans, des atterrissements considérables sur le littoral maritime. On peut y voir, en effet, renfermés par des digues qui ne laissent plus pénétrer les eaux de la mer, une largeur souvent de dix à douze kilomètres pris sur les limites anciennes de l'Océan. Si les œufs des mollusques fluviatiles avaient pu vivre dans un mélange d'eau douce et d'eau salée; ils avaient sur ce point tous les éléments de propagation; car ils sont, par gradation insensible, transportés depuis les eaux les plus douces, jusqu'à l'eau saumâtre, au moyen de ces milliers de petits canaux pratiqués pour l'écoulement très-lent des eaux vers les écluses des digues. Eh bien! non-seulement les coquilles d'eau douce ne se mêlent pas, mais encore, entre la digue la plus rapprochée de la mer et le premier point où les coquilles fluviatiles commencent à vivre, il y a une bande de trois à quatre kilomètres de largeur, où n'existe aucune coquille. Pourtant, même au goût, on ne trouve aucune saveur saline aux eaux remplies de plantes aquatiques, n'ayant pas communiqué avec la mer depuis presque un siècle, et ne pouvant avoir d'autre salure que celle transmise par le sol. Il est même remarquable de voir dans ces eaux, où les mollusques fluviatiles ne sauraient pas encore vivre, des grenouilles, et jusqu'à quelques poissons d'eau douce, qui probablement sont moins sensibles au mélange presque nul des eaux. Il faut donc encore renoncer à ce beau système de mélange, sur lequel ont, tout de suite, été établies plusieurs théories directement opposées aux faits. Nous avons cité le golfe de Luçon, où tout le monde peut aller vérifier notre assertion; mais nous pourrions encore citer cent autres points d'Europe et d'ailleurs, où nous avons pu, sur une vaste échelle, observer les limites tranchées qui existent partout entre les coquilles fluviatiles et les coquilles marines.

Dans les fleuves, suivant la pente et la valeur des marées locales, il y a une surface plus ou moins grande où il n'existe aucune coquille fluviatile ni marine. Dans la Seine, cette limite est comprise entre Rouen et le Havre, ou sur près de cent kilomètres de circuit; dans la Loire, c'est depuis le Pellerin jusqu'à la pointe Saint-Gildas, ou sur près de trente kilomètres. Dans la Plata, c'est depuis Punta la Lara, près de Buenos-Ayres, jusqu'à Montevideo, ou sur près de deux degrés de longueur.

Indépendamment des coquilles purement terrestres et purement marines, il en est de propres aux eaux *saumâtres* qui peuvent, jusqu'à certaines limites, s'avancer dans les eaux plus ou moins douces, plus ou moins salées; mais elles ne vivent longtemps, ni dans les unes, ni dans les autres. Dans tous les cas, il faut se garder de confondre ces coquilles, du reste en très-petit nombre, avec les coquilles purement marines, que les tempêtes amènent rarement à quelque distance en dedans de l'embouchure des fleuves.

CHAPITRE IV.

ÉTAT DES COUCHES GÉOLOGIQUES, COMPARÉ AUX CIRCONSTANCES NATURELLES ACTUELLES.

Maintenant que nous avons étudié les diverses circonstances dans lesquelles se forment et se déposent les sédiments actuels sur les continents et dans les mers, la manière dont les êtres, suivant leur nature, ont pu se conserver dans les couches terrestres, parcourons rapidement l'état passé des étages géologiques de l'écorce terrestre, pour retrouver, par des résultats identiques, des preuves que les mêmes circonstances agissaient alors.

§ 143. La présence de restes nombreux d'animaux marins et de plantes fossiles au sein de tous les étages géologiques, prouve qu'il existait toujours simultanément, comme à présent, des continents et des mers. Ce fait établi, tout porte à croire qu'à chacune de ces époques des causes physiques analogues aux causes physiques actuelles pouvaient produire des résultats semblables.

§ 144. Les mers anciennes recevaient, de même, des sédiments terrestres, des sédiments produits par l'usure des côtes et par la décomposition des restes organisés. Les nombreux morceaux de bois fossiles qu'on trouve dans les couches marines du lias supérieur de Thouars (Deux-Sèvres), dans l'étage Bajocien de Port-en-Bessin (Calvados), de l'étage Kimméridgien de Châtelaillon (Charente-Inférieure), de l'étage parisien supérieur de Vaugirard, etc., démontrent, qu'à ces diverses époques, comme à présent, des affluents terrestres apportaient leur tribut à la mer. D'un autre côté, les *Productus* de l'étage carbonifère, rencontrés dans les couches contemporaines, en Russie, par MM. de Verneuil et Murchison, les restes organisés de tous genres, et les fragments de roche transportés à l'état fossile, de l'étage albien dans les couches tertiaires de Clansayes (Drôme), ceux de Machéroménil (Ardennes), et jusqu'aux fragments de calcaire grossier pétris de ses fossiles remaniés dans les grès siliceux d'Auvers (Seine-et-Oise), montrent que les mers enlevaient, comme à présent, des sédiments, par l'usure des couches consolidées de leur littoral. Comme il existait à toutes ces époques des animaux variés, ils étaient, sans aucun doute, soumis aux mêmes lois de désorganisation qu'aujourd'hui, et donnaient aussi leurs sédiments.

§ 145. Les sédiments anciens, ainsi que les sédiments actuels, étaient suivant leur provenance (§ 75), de différentes natures. Ils se composaient également de cailloux roulés ou anguleux, de gros sable, de sable fin, de sable vaseux, de vase calcaire ou siliceuse ; mais ces premiers, dans l'immensité de temps écoulé depuis leur dépôt, se sont, en se consolidant plus ou moins, modifiés de diverses manières selon leur composition, les infiltrations qui les ont pénétrés, la pression qu'ils ont subie, et le voisinage des cheminées du globe.

Les *cailloux* roulés ou arrondis (§ 82), entremêlés de sable ou de molécules plus fines, ont par leur consolidation, formé ces roches que les minéralogistes nomment *poudingues*, où ces mêmes cailloux se distinguent parfaitement, comme à Carry, près des Martigues (Bouches-du-Rhône), comme à Gévaudan (Basses-Alpes), etc., etc. Les fragments anguleux, en s'unissant de différentes manières, ont constitué les *brèches*, qui montrent toujours les éléments de composition, par la différence de nature des fragments empâtés et de la matière qui les unit.

Le gros sable (§ 83) est souvent resté à l'état de désagrégation ; état dans lequel on le trouve au cap la Hève, près du Havre, et sur beaucoup d'autres points ; ou bien il a formé des roches dures, des grès à gros grains très-durs, comme ceux de Saint-Calais (Sarthe), de Noirmoutiers (Vendée), etc.

Les sables quartzeux fins (§ 84), bien plus communs, sont aussi souvent restés dans l'état pulvérulent, à Vandeuvre (Aube), aux environs de Morte-Fontaine (Oise); mais ils représentent aussi plus fréquemment encore, dans les couches terrestres, ces grès à paver de Fontainebleau, d'Étampes, aux environs de Paris, ces grès blancs du lias, près de Semur (Côte-d'Or), de Metz (Moselle), ces grès siluriens de May (Calvados), ou ces *quartzites* de beaucoup d'autres lieux.

Les molécules siliceuses (§ 86) plus fines ont, suivant leur nature et suivant les modifications qu'elles ont subies, servi à former les roches phylladiennes, les grauwackes, les schistes, les schistes micacés de l'étage silurien d'Angers (Maine-et-Loire) et des environs de Rennes (Ille-et-Vilaine), etc., etc.

Les sédiments, plus ou moins mélangés de silice et de chaux, ont donné lieu, en se modifiant, à la formation des calcaires proprement dits, des roches marno-calcaires, des argiles et de la craie de tous les pays.

§ 146. Si, aux diverses époques géologiques, les choses se sont passées comme à présent, on doit trouver, à chacune de ces époques, la nature des roches sédimentaires excessivement variable suivant les lieux (§ 87); car il est probable que les courants des mers agissaient de la même manière sur la répartition des sédiments, suivant leur nature et leur densité; c'est, en effet, ce que nous voyons, en étudiant les étages. On pourrait même dire que c'est cette variabilité de composition minéralogique du même étage, selon les lieux, qui a souvent induit en erreur ceux qui voulaient la trouver partout identique de caractères minéralogiques au même niveau géologique. Pour s'en convaincre, on n'aura qu'à parcourir, par exemple, ce qui a rapport à la composition minéralogique des étages de notre quatrième partie. On verra qu'il se déposait simultanément, sur différents points, des sables, des sables vaseux, de la vase siliceuse et calcaire, qui ont formé des grès, des calcaires, des calcaires marneux, des argiles et de la craie.

§ 147. Si, comme on en a la preuve, les sédiments marins étaient de natures variées aux diverses époques géologiques, ils doivent avoir subi le même mode de répartition que dans les mers actuelles, suivant la pente du littoral, suivant sa configuration et la force des courants (§ 79 à 86).

L'étude des couches terrestres le démontre de toutes les manières. La grande uniformité des dépôts argileux de quelques points, et leur manque presque complet de restes organisés, donne la certitude qu'ils se déposaient au fond des mers. L'étage conchylien des environs de Toulon (Var), ainsi que les étages oxfordien et callovien de beaucoup de points des Hautes et Basses-Alpes, sont dans ce cas. On reconnaît ailleurs, par les petites couches bien séparées, comme dans les étages sinémurien, callovien et néocomien des environs de Castellane (Basses-Alpes), par les restes organisés complétement conservés, que ce devaient être des dépôts tranquilles et riverains. Enfin, par les lits obliques des couches horizontales, on reconnait que les bancs de l'étage bathonien de Luc, de Ranville (Calvados) (*fig.* 4·), que ceux de l'étage parisien d'Auvers (Seine-et-Oise) (*fig.* 49), se sont formés sous la même influence des courants que les bancs de sable de notre littoral, et ceux qu'on voit dans le lit de la Loire (§ 83).

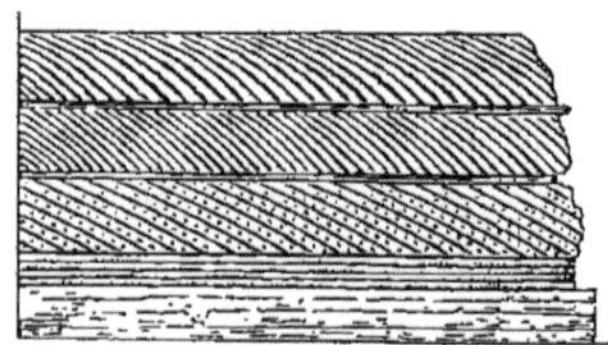

Fig. 48. Coupe prise à Ranville (Calvados).

§ 148. On expliquerait difficilement, en géologie, sans faire intervenir l'action que nous avons appelée *perturbations naturelles* (§ 82 à 93); la formation très-remarquable des alternances souvent répétées, sur un seul point, de couches parallèles de diverses natures, composant un même étage. Avec des courants dans une direction identique, avec des agents charrieurs invariables, il se formerait des amas considérables de matière dont l'ensemble serait à peine stratifié ; et jamais, sur le même point, des couches de sable ne viendraient recouvrir des couches de sédiments vaseux, pas plus que des bancs horizontaux ne pourraient se trouver au milieu des lits inclinés. Les perturbations naturelles de l'époque actuelle nous expliquent à la fois toutes ces apparentes anomalies qui ont souvent embarrassé les géologues.

Ces perturbations nous donnent, par suite des tempêtes annuelles périodiques (§ 92), le mode de formation des couches alternes, comme celles de l'étage corallien du ravin des Tournelles, près de Sauce-aux-Bois (Ardennes), où les couches sont formées de calcaire compacte blanc, empâtant un amas de coquilles, tandis que les autres couches intermédiaires, sans coquilles, sont plus marneuses et moins dures.

Des perturbations plus variées peuvent seules, et sans le secours des révolutions géologiques, nous expliquer cette alternance singulière de bancs de sable fin en couches horizontales, et de lits de sable et de coquilles, inclinés tantôt à l'est et tantôt à l'ouest, qu'on remarque à Au-

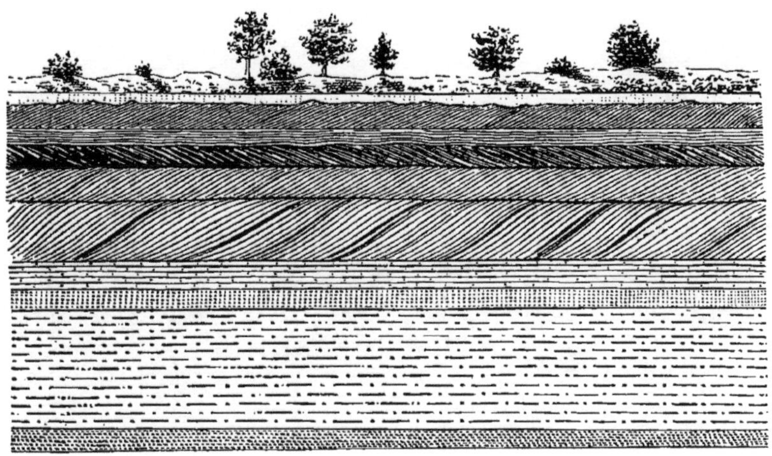

Fig. 49. Coupe prise à Auvers (Seine-et-Oise).

vers (Seine-et-Oise) (voyez *fig.* 49), dans la zone supérieure de l'étage parisien.

Sans les phénomènes périodiques actuels des changements de courants apportés par les coups de vent, il nous serait difficile d'expliquer encore comment l'immense puissance d'un étage peut être divisée en petites couches d'une égale épaisseur, et cela d'une manière si constante, que, dans certains cas, les bancs se succèdent régulièrement comme dans une bâtisse. Chaque lit, plus dur, est séparé par une très-légère couche argileuse, ainsi qu'on le voit dans l'étage sinémurien de Castellane, de Dignes, dans l'étage callovien de Chaudon, dans l'étage néocomien de Cheiron, de Barrême (Basses-Alpes), dans l'étage oxfordien de Vermanton (Yonne), etc., etc.

Ces quelques cas isolés, que nous avons pris au hasard, suffiront, nous le pensons, pour prouver qu'aux diverses époques passées, la nature était soumise aux mêmes actions passives et fortuites qui existent aujourd'hui.

§ 149. Si la nature et la disposition seule des couches sédimentaires du globe nous ont donné la preuve que des causes identiques aux causes actuelles présidaient à leur formation, la distribution des êtres dans ces couches, et toutes les circonstances de leur anéantissement nous le prouveront d'une manière bien plus certaine. Passons successivement en revue, sous ce rapport, les diverses conditions de dépôts, avec les restes organisés contenus dans les couches terrestres.

§ 150. Nous avons dit que les animaux vertébrés entiers flottants ne

Fig. 50. Oiseau fossile de Montmartre.

pouvaient être jetés que sur le littoral (§ 95), et que là ils pouvaient se conserver, principalement sur les golfes tranquilles, où se déposent les sédiments fins. C'est, en effet, ce que nous trouvons pour les animaux terrestres et marins : les mammifères et les oiseaux (voyez *fig.* 50) entiers de Montmartre, près Paris, les poissons d'Aix (Bouches-du-Rhône), se sont déposés sur des sédiments très-fins d'un lac terrestre (*fig.* 51) ; les grands sauriens de Lyme-Regis (Angleterre), sont avec des sédiments marins fins. Il en est de même des nombreux poissons du

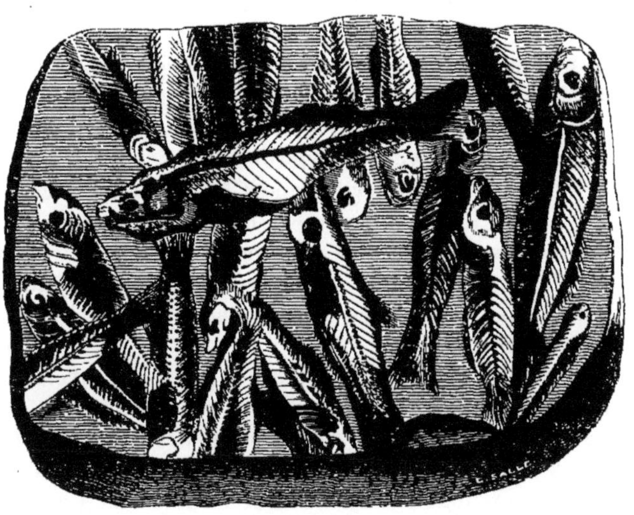

Fig. 51. Lebias cephalotes, d'Aix.

Monte-Bolca, des Acanthoteuthes de l'étage oxfordien de Solenhoffen et de la Bélemnite entière de l'étage callovien d'Angleterre, où, avec les restes d'animaux vertébrés flottants, sont toujours des coquilles qui flottaient, telles que ces ammonites si remarquables par la belle conservation de toutes leurs parties (*fig.* 52). C'est encore et seulement sur le littoral des golfes maritimes tranquilles que pourront se conserver, pour l'avenir, les traces les plus fugaces des animaux eux-mêmes, ou ces empreintes physiologiques et physiques qu'on trouve répandues à la surface du globe, comme les empreintes physiologiques de pas d'oiseaux et de reptiles (§ 30), comme les empreintes physiques de gouttes de pluie (§ 32), et les sillons marins laissés par la mer sur le sable, que nous avons vus sur les grès tertiaires de la Patagonie, sur les grès portlandiens des environs de Boulogne (Pas-de-Calais), et qui montrent, près les uns des autres, des sillons tracés par la mer actuelle, avec ceux qui se sont formés à l'époque portlandienne.

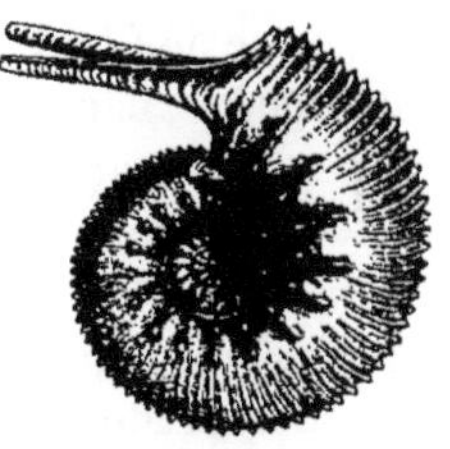

Fig. 52. Ammonites Jason.

§ 151. Nous avons dit que les coquilles flottantes (§ 97) devaient nécessairement être déposées sur le littoral des mers. C'est aussi sur le bord des antiques bassins marins qu'on les trouve en plus grande abondance. Il suffira de suivre le pourtour des roches granitiques des départements des Deux-Sèvres et de la Vendée, ou des roches paléozoïques des départements de la Sarthe et du Calvados, pour reconnaître que, sur tous les points, les différents étages geologiques qui s'y adossent sont remplis d'un nombre considérable de coquilles flottantes, de Nautiles et d'Ammonites. On trouve souvent, dans les étages toarcien, bajocien, bathonien, callovien et oxfordien de ces anciens rivages, de même qu'à Saint-Julien de Cray (Saône-et-Loire), etc., des couches exclusivement formées d'ammonites et de nautiles, tandis que les autres points de ces mêmes étages, placés au centre des anciens bassins, ou les couches déposées par les courants sous-marins, comme à Luc, à Langrune, à Ranville (Calvados), ne contiennent point de coquilles flottantes, ou elles y sont très-rares.

§ 152. En parlant des animaux non flottants, nous avons dit (§ 99) qu'ils pouvaient mourir de vieillesse dans les couches sédimentaires en repos, et rester dans leur position normale d'existence (*fig.* 40). Nous en avons observé à cet état dans les couches coralliennes du canal de Niort et dans tous les environs de La Rochelle (Charente-Inférieure), près de Cirey-le-Château (Haute-Marne), et sur une foule d'autres points de tous les âges géologiques.

Des coquilles bivalves peuvent encore, dans leur position normale, être enveloppées de sédiments, par suite d'une perturbation naturelle (§ 101), et montrer alors sur le même niveau (*fig.* 41) des coquilles bivalves de tous les âges, comme nous en avons observé sur les bancs calcaires de l'étage kimméridgien qui découvrent à mer basse, à la pointe de Châtelaillon (Charente-Inférieure), où elles sont à côté de gastéropodes dans leur position normale, la bouche en bas, ou de groupes de *Mitylus* et de *Pinna*, tels qu'ils ont vécu, c'est-à-dire encore réunis en famille.

§ 153. Le plus souvent, les restes d'animaux vertébrés, ainsi que les coquilles et les polypiers, sont dans les anciennes mers, comme dans les mers actuelles, déposés sur la côte, ou charriés par les courants sous-marins. Les côtes, nous l'avons dit, se reconnaissent toujours au désordre des coquilles (§ 107), et à la grande quantité de coquilles flottantes mélangées aux autres. Les couches de l'étage bajocien, ou de l'oolite inférieure des Moutiers, des environs de Bayeux (Calvados), de Niort (Deux-Sèvres), sont dans ce cas, ainsi que l'étage oxfordien de Launoy (Ardennes), le lias supérieur de la Verpillère (Isère), et une multitude d'autres points de la France.

Quand les coquilles et les autres corps organisés sous-marins y sont transportés, ils y forment, sous l'action des courants violents (§ 83), ces lits inclinés que nous avons décrits (§ 148), si marqués à Luc, à Lyon, à Ranville (Calvados) et à Auvers (Seine-et-Oise); ou ces bancs alternatifs de poudingues, de gros grès, de sable et d'argile, de l'étage falunien de Carry (Bouches-du-Rhône), de Gévaudan (Basses-Alpes). Lorsque, au contraire, les courants ont agi, mais sans violence, ils ont formé ces bancs, ces lits de coquilles si fréquents dans les couches de tous les âges géologiques, où ils sont mélangés avec des sédiments, comme aux environs de La Rochelle, de Sauce-aux-Bois (Ardennes), ou seuls, comme à Luc, à Langrune (Calvados), à Saint-Mihiel (Meuse), à Tonnerre (Yonne), à Damery, à Montmirail (Marne), à Chaumont (Oise), à Grignon (Seine-et-Oise), etc.

§ 154. Cherchons-nous encore, dans les mers anciennes, des exemples de ces dépôts sous-marins, formés dans le repos déterminé, soit par la profondeur, soit par la tranquillité d'un point du littoral moins profond, mais situé en dehors de l'action du courant (§ 107)? nous les trouverons souvent des mieux marqués. L'étage sénonien ou la craie blanche du bassin parisien, où tous les êtres n'ont subi aucune usure, est certainement dans ce cas. Les couches à milioles, formées seulement de foraminifères des carrières de Gentilly et de Vaugirard, près de Paris, se sont également déposées dans le repos, ainsi qu'une multitude de couches plus anciennes.

§ 155. La présence des *Conularia* dans les mers très-anciennes, des *Hyalea*, des *Cleodora*, dans l'étage falunien de Bordeaux, des *Carinaria* et de quelques ptéropodes dans les couches des environs de Turin, nous prouve qu'aux époques géologiques il existait, comme dans les mers d'aujourd'hui, des animaux pélagiens (§ 166). Les animaux côtiers (§ 110) étaient également les plus nombreux, dans tous les étages qui se sont succédé jusqu'à nos jours; ainsi tout porte à croire, que leur répartition devait subir les influences de la température, de la configuration, de la nature des côtes, et avoir des niveaux spéciaux d'habitation, surtout dans les étages tertiaires, qui approchent le plus des conditions actuelles. La faune tertiaire de l'étage parisien annonce en effet qu'elle a vécu sous une température plus élevée que la température actuelle de Paris.

§ 156. L'influence du niveau d'habitation, de la configuration et de la nature des côtes sur la répartition des êtres (§ 116), est très-marquée dans les couches fossilifères de tous les âges géologiques. Elle explique pourquoi les *Pholadomia* et d'autres coquilles, ayant le même genre de vie, se trouvent toujours dans les calcaires marneux qui jadis étaient à l'état de vase, tandis qu'elles manquent dans les grès grossiers du même étage. Elle explique l'abondance de coquilles des rochers sur quelques localités, comme les bancs d'hippurites et de radiolites des Corbières (Aude), des Martigues (Bouches-du-Rhône), du Beausset (Var); et donne la clef de toutes ces anomalies qu'on remarque dans la distribution locale des êtres marins, au sein des couches sédimentaires. Cette influence est surtout très-remarquable sur les bancs de coraux de l'étage silurien de Dudley (Angleterre), de l'étage dévonien de Bensberg et sur les récifs des mers jurassiques, comparés aux récifs actuels (§ 119). En effet, la faune propre aux récifs anciens de l'étage oxfordien des chailles du Jura, aux récifs de l'étage corallien de Saint-Mihiel (Meuse), d'Oyonnax (Ain), de Tonnerre, de Châtel-Censoir (Yonne), de la pointe du Ché (Charente-Inférieure), est tout à fait distincte des faunes voisines, déposées sur des côtes différentes de la même époque. Comme les bancs de coraux des Antilles et des îles océaniennes, ces bancs de coraux anciens offrent une série d'êtres propres, dans laquelle dominent surtout les coquilles parasites, les térébratules et les échinodermes de certains genres.

§ 157. Les dépôts terrestres et fluviatiles, rencontrés dans les couches fluvio-terrestres, nous démontrent que les mêmes circonstances d'habitation existaient sur les continents anciens, et sur les continents actuels. Les *Unio* du Wild-Clay de l'ile de Wight, le prouvent pour l'étage néocomien. Les couches à *physa*, et à *helix* de Rilly-la-Montagne, du mont Bernon (Marne), d'Orgon, de Vitrolle (Bouches-du-Rhône) les présentent dans l'étage suessonien, les couches d'eau douce de Paris les offrent dans l'étage parisien ; on les voit aux environs de Montpellier (Hérault), dans le bassin bordelais, dans les environs de Mayence, aux bords du Rhin, etc., etc.

§ 158. **Conclusions**. Ces quelques exemples des divers genres d'influence, que nous empruntons par anticipation aux résultats géologiques généraux de notre quatrième partie, où seront du reste relatés tous les faits de ce genre, suffiront, quant à présent, pour prouver, qu'à toutes les époques géologiques, des conditions identiques aux conditions actuelles influaient sur la formation des sédiments, sur leur répartition, sur la distribution des restes organisés, suivant leur nature vivante, ou suivant leur état de corps bruts, inertes, soumis alors aux agents charrieurs.

CHAPITRE V.

CIRCONSTANCES GÉOLOGIQUES FORTUITES QUI ONT INTERROMPU OU SUIVI LA FORMATION DES COUCHES FOSSILIFÈRES ET LE DÉPÔT DES FOSSILES.

§ 159. Si les causes naturelles actuelles avaient seules agi sur la formation de la croûte terrestre, on trouverait une succession non interrompue de couches parallèles, se suivant des parties les plus anciennes jusqu'aux plus modernes, et contenant des espèces animales identiques, reproduites des premiers temps de l'animalisation jusqu'à nos jours. La circonscription des mers et des continents serait toujours restée la même, en supposant, que ces premiers grands traits de la nature eussent pu exister sous ces seules influences; mais la plus légère inspection prouve, au contraire, que de nombreux changements ont eu lieu à la surface de la terre, à différentes époques. Des chaînes de montagnes se sont élevées les unes après les autres ; les mers ont changé plusieurs fois de lit; des couches consolidées se sont disloquées de diverses manières, et l'ensemble des êtres s'est renouvelé plusieurs fois, de telle sorte que les premiers ne ressemblent en rien à ceux de l'époque moyenne, et que les derniers parus sur le globe, diffèrent complétement des uns et des autres. La nature actuelle ne peut expliquer tous ces grands faits, tous ces changements successifs ; et il devient indispensable de recourir à des agents plus puissants, à des causes plus actives, que la géologie seule peut nous fournir, et que nous révèle l'étude des catastrophes successives que notre planète a subies.

† Causes des perturbations géologiques.

§ 160. Pour arriver à décrire les effets de ces grandes révolutions géologiques, il convient d'abord d'en chercher les causes. M. Élie de Beaumont, à qui les sciences sont redevables de si précieux travaux, a conçu l'ingénieuse pensée que toutes les dislocations du globe provenaient du retrait des matières produit par le refroidissement du globe terrestre ; et il attribue, avec juste raison, la fin de chaque époque géologique à des perturbations de ce genre.

Cherchons, en effet, l'influence possible du refroidissement sur un corps sphérique. Une balle de plomb, par exemple, coupée en deux, montre toujours un vide au centre. Ce vide intérieur est certainement la conséquence du retrait. Il est le résultat du refroidissement qui s'est opéré graduellement de l'extérieur à l'intérieur, et qui a placé les molécules de plomb les unes sur les autres, au fur et à mesure qu'elles cessaient d'être en fusion, jusqu'à laisser vide, au centre, la surface produite par la différence de volume du métal fondu, à son état parfait de consolidation. En appliquant cette expérience très-simple au globe terrestre, nous verrons aussi que le refroidissement peut amener des perturbations d'une puissance incalculable.

La terre forme, non une sphère régulière, mais un sphéroïde isolé de toutes parts dans l'espace. Les mesures directes des méridiens terrestres ont eu pour résultat de constater que la terre est sensiblement aplatie vers les pôles Cette forme cette plus grande convexité de la zone équatoriale, placée dans le sens de l'axe de rotation du globe terrestre, est très-importante à constater; car elle annonce, qu'ainsi que la balle de plomb, la terre n'a pas toujours été solide, et que cette disposition a été produite par l'action combinée de la rotation, et de la force centrifuge, lorsque les matières qui la composent étaient à l'état pâteux, ou mieux, en fusion par suite de la chaleur.

Tout paraît donc prouver que la terre était d'abord en incandescence. Pour arriver de ce premier état pâteux à la consolidation que nous lui connaissons aujourd'hui, il a fallu nécessairement qu'elle subit l'effet du rayonnement vers l'espace céleste, et qu'elle se refroidit extérieurement, comme nous l'avons vu pour la balle de plomb ; mais ici, vu la différence de volume, et la concentration du foyer de chaleur dans l'intérieur du globe terrestre, la comparaison avec la balle de plomb ne montre plus des résultats identiques ; et le vide, au lieu d'être au centre, reste entre la partie extérieure consolidée, et la masse intérieure incandescente et toujours à l'état pâteux En effet, le refroidissement par la surface extérieure, à la suite de ruptures sans nombre, a dû, après un laps de temps considérable, former une espèce de croûte consolidée. Dès l'instant que cette croûte compacte s'est trouvée assez épaisse pour former une partie résistante, le retrait des matières, déterminé par leur différence de volume à l'état de fusion ou à l'état pâteux, a dû laisser des vides entre la pellicule extérieure durcie et la masse centrale. Cette croûte extérieure dure, n'étant plus soutenue dans toutes ses parties par la pâte intérieure, s'est affaissée sur elle-même, en se disloquant de toutes les manières, et a produit les reliefs et les cavités de la surface de notre globe, qui, bien qu'ils aient peu de saillie relativement au diamètre de la terre, n'en sont pas moins d'une haute importance dans les grands faits géologiques. Ce sont des révolutions de cette nature, se succédant à diverses reprises, depuis la première consolidation terrestre jusqu'à présent, qui, de plus en plus considérables, puisque la croûte terrestre devenait de plus en plus épaisse, ont sillonné successivement la terre de ses chaînes de montagnes et de ses larges dépressions.

§ 161. Si la terre n'avait à sa surface extérieure, ni atmosphère, ni eau, les dislocations dont nous venons de parler n'auraient eu qu'une conséquence purement locale, en changeant seulement la surface du sol sur le lieu des dislocations et en lui faisant prendre successivement des formes diverses; mais, comme il est, au contraire, recouvert d'une masse considérable d'eau, leurs effets ont été généraux, et ont, à chaque époque, causé des perturbations extérieures sur tous les points du globe à la fois, lors même que ceux-ci subissaient seulement des dislocations partielles. Voici de quelle manière nous nous expliquons ces effets.

Supposons, un instant, que la terre soit, sur quelques parties de son périmètre, refroidie de manière à montrer (*fig.* 53), en *a*, la matière incandescente du centre du globe terrestre, en *b* la croûte extérieure con-

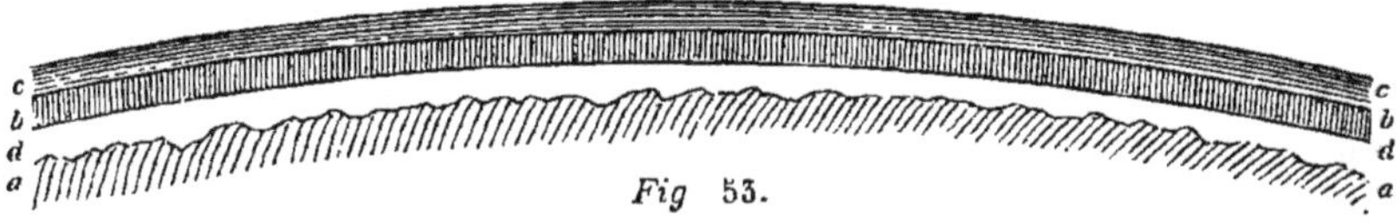

Fig 53.

solidée supportant en *c* les eaux des mers également réparties à sa surface, et en *d* le vide compris entre la partie refroidie, et la partie à l'état de pâte, subissant aussi un retrait par le refroidissement. Lorsque cette croûte consolidée s'affaissera dans le vide, qu'en résultera-t-il? Alors (*fig.* 54) les couches solides se disloqueront en se divisant plus ou

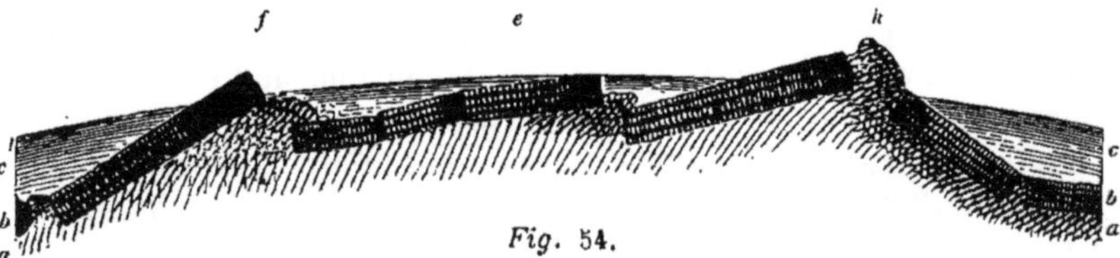

Fig. 54.

moins. Des fragments *f*, subissant l'effet de bascule, s'abîmeront d'un côté dans les mers, tandis que, de l'autre, ils se soulèveront et viendront surgir en dehors des eaux et former des chaînes de montagnes en pente douce d'un côté et abruptes de l'autre, comme les Pyrénées et les Andes. D'autres fois, *h*, les deux parois de la rupture se soulèveront et les matières incandescentes, pressées par les parties latérales affaissées, viendront sortir par l'ouverture béante qui la sépare. Enfin quelques surfaces *e*, intermédiaires entre ces axes de soulèvement, se plisseront ou s'affaisseront en grande masse, et resteront sur les parties incandescentes centrales, dans une position presque horizontale.

Voici ce qui arrive pour les parties solides de la croûte terrestre, comme on peut s'en assurer en parcourant les Pyrénées, les Alpes, les

Andes ; mais que deviennent les eaux pendant cette rupture, pendant cette dislocation de toutes les parties solides qui les supportaient? Mises en mouvement par suite du déplacement subit des matières, mues avec violence, les eaux ont dû envahir les continents et tout ravager à leur surface, tandis qu'elles apportaient des sédiments considérables vers les nouveaux bassins des mers que venaient de tracer ces dislocations.

§ 162. Pour nous familiariser avec ces phénomènes destructeurs dont les gigantesques effets effrayent, au premier abord, notre esprit, et dont nous trouvons à chaque pas des preuves non équivoques dans la nature géologique, voyons ce que peut produire le déplacement des matières dans les eaux. Tout le monde a remarqué, qu'une pierre, jetée dans un lac tranquille, y forme à la surface des eaux, des ondulations qui couvrent une étendue considérable, de plus de cent mille fois son diamètre ; ce qui est le moindre déplacement que nous puissions choisir ; car, si nous parcourons en bateaux à vapeur le cours de la Seine, de la Gironde, du Rhône, de la Tamise ou du Rhin, nous voyons se produire partout, sur notre passage, des lames de projection qui s'élèvent à une assez grande hauteur, et durent longtemps après le passage du corps étranger qui les a produites. Lorsqu'on voit, par exemple, que la seule impulsion du vent, à la surface des mers, cause ces affreuses tempêtes dont les lames renversent les constructions les plus solides, on sera forcé de convenir que, sans sortir des causes naturelles, on aura déjà une légère idée de ce que peut produire la force des eaux mises en mouvement ; mais, lorsque nous recourrons aux causes géologiques, ces effets changeront encore de proportion.

M. Vincendon-Dumoulin nous a assuré que le tremblement de terre éprouvé au Chili, en 1838, bien qu'il n'eût modifié qu'à peine la surface du sol, s'était fait sentir, à 75 degrés ou à l'énorme distance de 6,000 kilomètres, jusqu'aux îles de l'Océanie. D'un autre côté, sur les côtes du Pérou, les grands tremblements de terre ont ravagé toutes les villes du littoral. A l'instant même des secousses, la mer, balancée avec force, envahit la côte, entraînant avec elle une immense quantité de sable et de galets, sur les marais du Rimac, près de Lima ; alors les eaux, poussées alternativement avec une extrême violence, transportèrent de gros navires à près de quatre kilomètres dans l'intérieur des terres.

Lorsqu'on voit que de semblables mouvements ont eu lieu dans les eaux, sans que le sol ait subi d'autres changements que des exhaussements partiels de quelques mètres, on peut se demander ce qui devait arriver lorsque les Alpes, les Pyrénées ont pris leurs reliefs actuels, ou bien lorsque la chaîne des Andes, dans la partie qui représente notre système orographique chilien (Voy. *Géol. de l'Amér. mérid.*), a formé une dislocation uniforme de 50 degrés, ou de 4,000 kilomètres de longueur; car nous ne pouvons juger que l'extension de la partie qui a surgi au-dessus des mers, sans pouvoir apprécier l'étendue des parties, bien plus considérables encore, qui se sont affaissées dans les eaux.

Si nous avons vu la petite pierre de quelques centimètres jetée dans un lac tranquille, produire, à la surface des eaux, des ondulations proportionnées à son volume, mais dont on peut suivre les effets à une distance évaluée à plus de cent mille fois son diamètre, on se figure ce qu'il adviendra quand des dislocations comme celle de la chaîne des Andes occuperont, en longueur, 50 degrés d'extension, ou la *septième* partie de la circonférence du globe terrestre; la terre tout entière, malgré son grand volume mesuré sur notre taille, n'ayant que 360 degrés de périmètre. Il ne sera plus permis, alors, de douter des conséquences universelles d'une révolution semblable, et même de beaucoup d'autres d'une moins grande extension; et l'on pourra se faire une juste idée des ravages extraordinaires que ces épouvantables déluges ont dû occasionner à la surface de la terre, surtout à l'instant où tous les niveaux terrestres et marins étaient changés, par suite des dislocations qui en sont la cause, et où des masses considérables de sédiments encore à l'état meuble pouvaient être transportées par le mouvement des eaux. On ne trouvera plus extraordinaire, que toute la faune terrestre soit détruite à la fois, par l'action immédiate des eaux, tandis que la faune marine l'est, en même temps, par le transport des molécules terrestres et par la prolongation du mouvement des eaux.

M. Élie de Beaumont a reconnu, avec sa sagacité ordinaire, que les mouvements de dislocation terrestre n'ont pas été partiels, mais qu'ils se sont manifestés sur de grandes lignes affectant une direction donnée, comme on peut le voir dans la chaine des Pyrénées, dans certaines parties des Alpes, et, sur une plus grande échelle, dans les Andes, et dans l'Himalaya. En effet, lors même que les points culminants ne sont pas très-étendus, on reconnaît que les ruptures voisines ont souvent eu lieu dans un même sens, parallèle à ces points culminants. Il résulterait de cette ingénieuse conclusion, en rapport avec les faits, que chaque dislocation terrestre aurait eu beaucoup d'extension. Si, pour à présent, nous n'en voyons que les effets, nous aurons au moins la preuve que chacune des révolutions auxquelles on doit le soulèvement d'un système de montagnes, a dû produire une perturbation générale sur les sédiments et les animaux qui se déposaient, et sur les couches de l'écorce terrestre déjà consolidées.

†† Effets des perturbations géologiques sur les couches sédimentaires en état de formation et sur les faunes terrestres et marines qu'elles renferment.

Prenons la terre dans un de ces longs intervalles de repos qui se sont succédé, à plusieurs reprises, depuis la première animalisation du globe. Laissons-la subissant encore lentement les effets de toutes les circonstances naturelles passives, décrites dans le troisième chapitre de cette seconde partie, et qui, aujourd'hui, sont en pleine activité sur nos continents, dans nos mers. Voyons ce qu'une dislocation comme celle des Pyrénées ou des Andes pourra produire sur l'ensemble de la nature.

§ 163. Nous avons dit que, mises en mouvement par suite du déplacement des matières et poussées avec violence sur les continents, les eaux ont dû les couvrir entièrement et détruire, à la fois, tous les animaux terrestres. C'est, en effet, ce que nos études sur l'Amérique nous ont permis de croire, en observant, à côté de l'immense chaîne des Andes, cet ossuaire non moins considérable des Pampas de Buenos-Ayres (*Géologie de l'Am. mérid.*, p. 72, 81), formé seulement, sur une surface d'environ *quatre-vingt-quinze mille kilomètres carrés de superficie*, de limon rougeâtre enveloppant des squelettes entiers et des os séparés de mammifères. On conçoit que ces proportions gigantesques des dépôts à ossements de mammifères excluent toute idée d'un charriage dû à la seule action des affluents terrestres qui, comme on l'a vu (§ 137), ne transportent que rarement des animaux, et ne pourraient, en aucune manière, produire des résultats semblables.

Nous croyons donc pouvoir attribuer aux seules perturbations géologiques, l'anéantissement complet des races d'animaux terrestres, qui couvraient le globe aux dernières époques antérieures à la nôtre, et leur dépôt dans les limons rougeâtres, à tous les niveaux terrestres, depuis le bord de la mer jusqu'à 4,000 mètres au-dessus, sur les plateaux des Andes, où nous les avons retrouvés. C'est ainsi que se sont formés les grands dépôts à ossements des Pampas, ceux des plateaux des Andes, et probablement, ceux de Sansan, dans le département du Gers. C'est encore à des mouvements semblables que nous croyons devoir attribuer le dépôt des ossements de mammifères dans les cavernes.

§ 164. La manière dont ces ossements y sont déposés par lits (*voy. fig.* 55), peut prouver, comme M. Constant Prévost l'a également pensé, qu'ils y ont été portés par les eaux, qui les ont presque partout enveloppés du même limon rougeâtre, et disposés en couches horizontales. En effet, on doit supposer que, lorsqu'ils n'étaient pas enlevés par les eaux et transportés au loin, les mammifères pouvaient être jetés dans les fissures produites par les dislocations récentes ou an-

Fig. 55. Coupe verticale de la caverne de Gailenreuth, en Franconie.

ciennes du sol, ou dans les cavités de même nature créées par la nouvelle dislocation, auxquelles on a donné le nom de *cavernes à ossements*. La présence des mêmes espèces dans le limon rouge des cavernes du Brésil, si bien explorées par MM. Lund et Clauzen, et dans le limon de même couleur des Pampas, démontrent que la même catastrophe les a portées où elles se trouvent aujourd'hui.

§ 165. Tant que les cavernes n'ont pas été comblées, et qu'elles ont donné accès aux eaux, elles ont pu recevoir des animaux et des sédiments. Il en résulte que les dépôts d'une même caverne peuvent appartenir à des âges géologiques très-différents, et être, par exemple, composés de couches distinctes, contenant des animaux de faunes successives. C'est, en effet, ce que M. Lund a déjà observé dans les cavernes du Brésil, et ce qu'on a également reconnu sur quelques autres points de l'Europe, où les cavernes ont été étudiées avec plus de soin, comme les poches à ossements de Montmorency, bien observées par MM. Constant Prévost et Desnoyers; la caverne d'Ash-Hole, étudiée par M. Lyte, etc., etc.

§ 166. En résumé, à chaque grande dislocation du globe, les animaux terrestres ont été détruits, à la surface de la terre, par l'envahissement subit des eaux de la mer, qui ont noyé et entraîné les mammifères, et les reptiles plus propres au sol, tandis que les animaux fluviatiles et lacustres étaient anéantis par la seule apparition de l'eau salée, qui asphyxie immédiatement les êtres organisés pour vivre seulement dans les eaux douces. Nous avons été témoin, dans le golfe de Luçon (Vendée et Charente-Inférieure), d'un fait qui, indépendamment de nos expériences partielles, prouve ce que nous venons d'avancer. Pour nettoyer les grands canaux d'écoulement, il est d'usage de couper périodiquement les plantes aquatiques et de lâcher ensuite les écluses à marée basse, afin que le courant entraîne le tout vers la mer. Nous nous trouvions sur le bord du canal, au point où le courant d'eau douce fut atteint par le flux de la marée montante. A l'instant où les poissons d'eau douce, comme les brochets, les perches et les tanches, entraînés avec les plantes, touchaient l'eau salée, ils s'agitaient beaucoup, sautaient hors de l'eau, ou s'élançaient à terre avec violence, pour se soustraire à l'élément envahisseur qui, pour eux, était un poison subit, et ils mouraient asphyxiés après quelques minutes de cette extrême agitation.

§ 167. Si l'exhaussement des grands systèmes de montagnes a pu produire l'anéantissement subit des faunes terrestres, nous allons chercher ce qui a dû avoir lieu sur les sédiments marins meubles et sur les faunes marines. Par la nature même de ces révolutions géologiques, nous pouvons juger qu'il s'est opéré partout des changements de niveaux. Des terres depuis longtemps émergées ont été englouties sous les eaux, tandis qu'au contraire, certains points du fond des océans ont surgi à sa surface et viennent former de nouveaux continents (*fig.* 54). On peut se faire une idée du chaos qui devait exister, lorsque les eaux balayaient, d'un côté, les anciennes terres en enlevant les particules terrestres, et battaient en brèche, de l'autre, les nouvelles couches soulevées qui, souvent formées à leur surface de sédiments non encore consolidés, se délayaient dans les eaux et formaient comme une espèce de boue. Supposons encore, pour compléter le tableau, que ces eaux recevaient, de plus, l'action immédiate des gaz, des acides sulfureux et autres, que pouvaient y amener du foyer incandescent les nouvelles fissures de l'écorce terrestre. On doit donc croire qu'une masse considérable de sédiments s'est trouvée en mouvement avec les eaux, et que cette masse, même au milieu de cette instabilité des choses, a dû commencer, par les lois de l'équilibre, à niveler les nouvelles inégalités de la surface terrestre. Les gros cailloux ont, sans doute, été les premiers en place; et, à mesure que la tranquillité renaissait, les autres sédiments, comprenant des restes d'animaux terrestres et marins, sont venus former le fond des nouvelles mers.

Quant aux animaux marins, qu'ont-ils pu devenir dans cette catastrophe? Supposons-les un instant sur le lieu même de la dislocation. Pour les animaux côtiers, nous avons vu (§ 116 à 118) qu'ils ont presque tous des zones d'habitation propres qu'ils ne franchissent pas; qu'ils sont spéciaux, dans ces zones de profondeur, à des natures distinctes de sol; que les uns ne vivent que dans le sable, les autres sur les rochers, ou dans la boue. On conçoit que tous les niveaux étant changés, ceux de ces animaux qui sont fixes se trouveront, sur les parties disloquées, poussés au sommet d'une nouvelle montagne, dans les vallées que celle-ci vient de creuser, ou placés au fond des nouveaux océans. Enfin, sur les points qui ont souffert de grandes perturbations, les animaux côtiers fixes seront placés à tous les niveaux, et, dès lors, très-rarement dans la zone propre à leur existence. Pour les animaux côtiers libres, transportés subitement avec tous les sédiments alors en mouvement, ils iront à des profondeurs diverses, dans les grandes cavités, niveler le fond de ces nouvelles mers, et se trouveront presque toujours à des niveaux où ils ne peuvent vivre, dussent-ils résister à l'action prolongée du mouvement des eaux. Les points des continents qui n'ont pas été immédiatement disloqués, ont au moins dû subir l'action du changement de niveaux dans les eaux qu'apportent les nouvelles dislocations. Alors les animaux côtiers seront émergés, placés au-dessus des eaux, ou se trouveront bien au-dessous de leur zone d'habitation. D'ailleurs, en supposant même qu'ils puissent résister à l'action du mouvement, rarement se trouveront-ils, par suite du transport des sédiments, et des changements de niveaux, dans des conditions favorables de vitalité. En voyant une simple tempête suffire pour enlever les animaux marins des côtes (§ 103) et en détruire un grand nombre, soit en remplissant de sable, de sédiments, leurs branchies et leurs coquilles, soit en les blessant par le choc, nous sommes porté à croire qu'après des mouvements semblables, il ne pouvait pas rester d'animaux côtiers vivants, et que tous, comme les animaux terrestres, devaient être anéantis. C'est, en effet, le résultat que nous donne, sur tous les points du globe, l'étude comparative des étages géologiques et des faunes qu'ils renferment.

§ 168. Les animaux pélagiens, libres dans les océans, comme les poissons, les céphalopodes, n'ont pas eu plus de chances d'existence que les animaux terrestres et côtiers; car, plus sensibles que les autres au mélange de l'eau, il suffit, pour les étouffer, qu'une quantité très-minime de sédiments terreux y soit répandue. Nous avons fait, à cet égard, des expériences sur des sèches, sur des calmars, ainsi que sur des poissons, et nous avons toujours vu ces animaux périr après quelques instants. Les céphalopodes même laissés dans la teinture noire qu'ils jettent ordinairement derrière eux en s'enfuyant, meurent asphyxiés. Nous devons donc croire, que, mélangées de sédiments et peut-être encore de liquides sulfureux sortis des fissures terrestres, et mises en mouvement par suite des dislocations, les eaux ont dû certainement, à la fin de chaque grande période géologique, anéantir les animaux pélagiens.

§ 169. Ajoutons que les animaux terrestres et marins d'une faune géologique ont dû être anéantis à la fois, et que tous les restes qui se trouvaient dans les couches meubles de la surface des continents et des mers ont pu, dans ces instants de perturbation, être mélangés et portés sur des points différents de ceux où ils ont vécu. On pourrait ainsi se rendre compte de ces étages entiers qui manquent sur un point, tandis qu'on les voit en lambeaux sur d'autres, plus ou moins éloignés, et de ces mélanges singuliers, mais rares, de restes d'animaux terrestres et marins. Comme le mouvement s'exerçait simultanément sur beaucoup de points de l'étage qui venait d'être interrompu, on doit lui attribuer ces mélanges moins importants de coquilles et d'animaux qui ont vécu sur des lieux voisins, mais de nature différente, comme ceux des rochers, des plages vaseuses et des plages de sédiments plus fins, et même les mélanges de coquilles terrestres et marines qui ne pouvaient vivre ensemble.

§ 170. La question de savoir si ces mouvements des eaux ont été prolongés, et si, entre la fin de chaque époque géologique, et l'instant où de nouveaux êtres ont été créés, dans l'étage suivant, il s'est écoulé un laps de temps considérable, nous paraît résolue assez affirmativement par beaucoup de faits. Si le mouvement avait été instantané, et si une nouvelle faune était venue immédiatement remplacer l'ancienne, un grand nombre des restes de cette ancienne faune pourraient se trouver mêlés aux êtres de la nouvelle; mais l'observation directe prouvant généralement le contraire, puisque les mélanges sont des exceptions très-rares, on en doit conclure, que le mouvement a été assez prolongé, et l'espace de temps assez éloigné pour détruire, par l'usure ou autrement, les restes organisés qui, après une grande révolution géologique, se trouvaient à la surface.

Nombre d'autres faits géologiques viennent le prouver également : les cailloux formant poudingues et ne contenant aucuns fossiles, de la base de l'étage falunien de Carry (Bouches-du-Rhône); ceux de la base de l'étage parisien, situé entre Barrême et Gévaudan (Basses-Alpes), les cailloux quartzeux de la base de l'étage toarcien ou du lias supérieur de Thouars (Deux-Sèvres), ainsi que toute la surface de sédiments qu'on rencontre souvent sans fossiles à la base d'un étage. Il en est de même des dénudations profondes exercées par les eaux, entre les dernières couches d'un étage et les premières du suivant et même de l'enlèvement complet, sur quelques points de l'étage entier. A ces preuves ajoutons l'usure, ou le polissage de l'étage inférieur, avant que celui qui lui succède immédiatement ait déposé des restes de corps organisés. Nous citerons, entre autres, deux exemples de ce genre : l'un à Lion (Calvados), où, sur le bord de la mer, on voit que les dernières couches de l'étage bathonien, composées d'un calcaire arénacé, blanc, ont été usées et polies par les eaux, avant que les premières couches de l'étage kellovien, composées d'argile bleu, se soient déposées; l'autre, très-remarquable, près d'Entrages (Basses-Alpes). On reconnaît que les couches de l'étage toarcien ont été usées, corrodées par les eaux, en même temps que les fossiles qu'elles contenaient, comme l'*Ammonites bifrons*, avant le dépôt des couches de l'étage bajocien, alors de calcaire marneux noir, et ce phénomène se manifeste sur une grande surface de terrain. Nous pourrions encore citer beaucoup d'autres faits; mais ils se trouveront dans notre quatrième partie, à l'étude spéciale des étages où nous les avons observés.

§ 171. En résumé, chaque fois qu'un système de montagnes a surgi au-dessus des océans, la faune existante a été anéantie par le mouvement prolongé des eaux, sur les points disloqués, et même sur ceux qui ne le sont pas; et une nouvelle période d'existence ne s'est manifestée que longtemps après le repos de la nature. La séparation par faunes distinctes successives qu'on trouve dans chaque terrain, dans chaque étage géologique, ne serait donc que la conséquence visible des soulèvements et des affaissements de diverses valeurs qu'a dû subir dans toutes ses parties la croûte consolidée de l'écorce terrestre.

††† Effets des perturbations géologiques sur les couches sédimentaires consolidées et sur les restes organisés qu'elles renferment à l'état fossile.

§ 172. Nous avons eu, jusqu'à présent, à signaler dans ce chapitre, les grandes causes géologiques, auxquelles on doit attribuer les résultats généraux connus. Il nous reste à retracer une série nombreuse de faits non moins importants, mais dont tous les détails peuvent, pour ainsi dire, se toucher du doigt, ou du moins se vérifier à chaque pas, dans l'étude de la nature. Par le relief que forment maintenant les Alpes, les Pyrénées, par les inclinaisons diverses que présentent les parties disloquées de leurs deux versants, ces montagnes nous prouvent que des roches sédimentaires, jadis déposées horizontalement par les eaux, sont aujourd'hui dans toutes les positions; les unes verticales, ou plus ou moins inclinées, et quelques autres dans une position qui approche de l'horizontalité. Une dislocation a donc pour effet de changer presque tous les niveaux des couches consolidées, des eaux des nouvelles mers, et d'amener de grands lavages à la surface des continents.

Le changement de niveau, d'horizontalité, dans les couches consolidées, déterminé par une dislocation géologique (*fig.* 54), amène les cas tout différents que nous avons déjà signalés (§ 161). Des couches restent quelquefois presque *horizontales*, comme on le voit souvent en étudiant les falaises maritimes qui bordent les pays de plaines. On en trouve des exemples dans les étages corallien, kimméridgien, turonien et sénonien de la Charente-Inférieure, dans les mêmes étages du Calvados, et dans les grandes falaises crétacées des côtes de Normandie, depuis le Havre jusqu'à Abbeville, où pour s'apercevoir que ces couches plongent d'un côté ou de l'autre, il faut parcourir une grande surface. Elles sont, pour ainsi dire, déposées comme elles l'étaient au sein des anciennes mers.

Dans les montagnes, les couches jadis horizontales sont plus ou moins *inclinées*, ou *plongent* au nord, au sud, à l'est ou à l'ouest, ainsi qu'on peut le voir en parcourant les Alpes et les Pyrénées.

§ 173. En d'autres circonstances plus rares, les couches, par suite d'un effet de bascule, sont *redressées verticalement*. On les voit, en cet état, dans les montagnes aussi bien que dans les plaines. Les couches de l'étage sinémurien, sur lesquelles est bâti le bourg de Gévaudan (Basses-Alpes), et les couches qu'on remarque sur la rive opposée du torrent, sont tout à fait verticales (*fig.* 56). Il en est de même des couches tertiaires qu'on remarque sur la rive droite du torrent, entre Gévaudan et Barrême (Basses-Alpes) (*fig.* 57). Celles-ci, composées d'alternances de lits de gros galets formés avec des débris néocomiens, de graviers et d'argiles, sont maintenant tout à fait verticales. Les schistes ardoisiers de l'étage silurien inférieur d'Angers sont également verticaux. Lorsqu'on étudie les fossiles contenus dans ces étages, et la manière dont les coquilles et les galets s'y sont déposés, on reconnaît

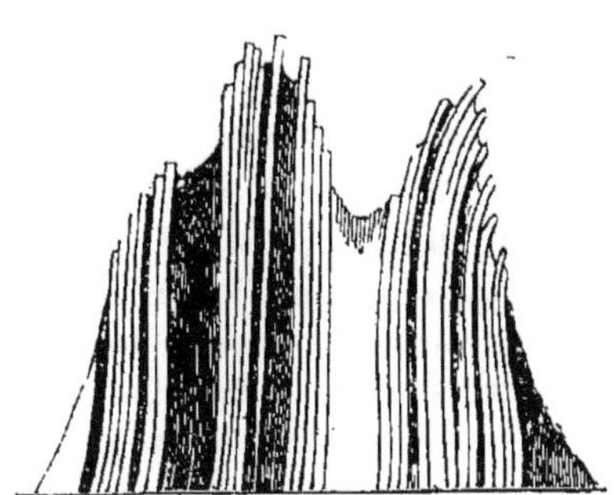

Fig. 56. Couches redressées à Gévaudan (Basses-Alpes).

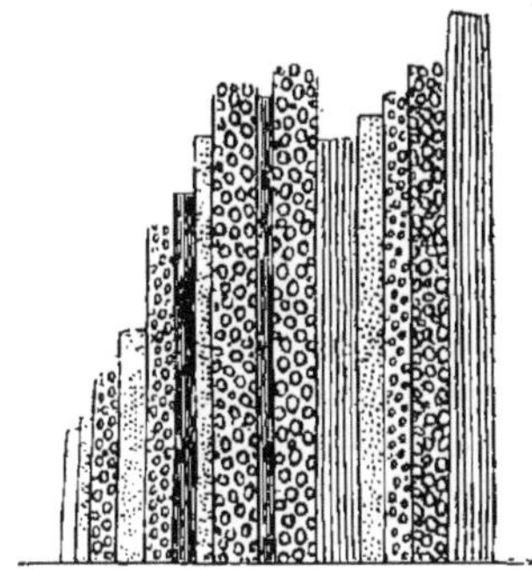

Fig. 57. Couches redressées près de Barrême (Basses-Alpes).

qu'ils y ont été enveloppés, les couches étant horizontales, et que ces couches ont été redressées postérieurement à leur parfaite consolidation.

§ 174. On a quelquefois parlé de *renversements de couches*, c'est-à-dire, que les parties de ces couches qui étaient dessus, se trouveraient dessous, par suite du redressement et du renversement. Bien que nous n'ayons jamais vu ces renversements, qui paraissent extrêmement rares, il nous est facile de nous les expliquer ; car il est certain que, pour imprimer à une couche un mouvement de bascule qui la relève de 45 degrés à l'horizon, il faut une force plus énergique que celle qui deviendra nécessaire pour la retourner tout à fait, et mettre en dessus ce qui était en dessous.

§ 175. Lorsque les dislocations ont eu lieu sur des couches encore en un état imparfait de consolidation, il s'est formé des glissements de molécules dans toutes leurs parties composantes. Quelquefois ces effets de glissements ne sont sensibles dans les couches que par la déformation de tous les fossiles qu'elles renferment, comme nous le voyons dans les couches oxfordiennes de Crué, près de Saint-Mihiel (Meuse), dans les couches cénomaniennes de la Malle (Var), dans les étages callovien et néocomien de Chaudon et de Barrême (Basses-Alpes).

Le plus souvent ces couches ont subi des *plissements* en divers sens. Elles se sont reployées sur elles mêmes, comme les couches des étages corallien et néocomien (*fig.* 58) comprises entre le Cheiron et Castillon près de Castellane (Basses-Alpes), qui montrent, d'un côté, le *redres-*

sement des couches coralliennes 14 (*fig.* 58), et de l'autre le *reploiement* des couches néocomiennes 17 (*fig.* 58).

Fig. 58. Coupe prise entre le Cheiron et Castillon (Basses-Alpes).

On voit, sur quelques points, des couches formées, dans le principe, de lits horizontaux, parallèles, représenter, par suite de pressions d'inégales valeurs, ou de plissement, le *reploiement* d'une partie sur l'autre, comme dans l'étage néocomien, des deux côtés du torrent du pont d'Hyèges, entre Mouries et Gévaudan (Basses-Alpes) (*fig.* 59). D'autres *ondulations de couches* sont inclinées, comme dans l'étage néoco-

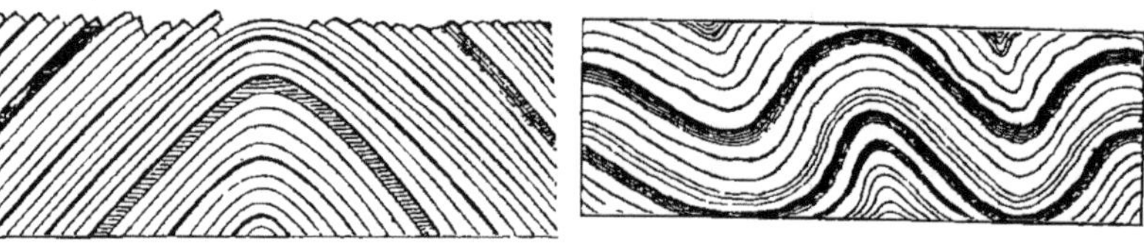

Fig. 59. *Fig.* 60.

mien de Saint-André-de-Meouilles, et dans les couches coralliennes de Chaudon (Basses-Alpes). Lorsque les ondulations des couches sont sur un plan horizontal, comme dans le lias inférieur de Dignes (Basses-Alpes), sur la route de Chaudon (*fig.* 60), ou dans l'étage kimméridgien de l'île d'Oléron, entre Saint-Denis et la tour de Chassiron, et sur une foule d'autres points, dans les schistes siluriens des départements d'Ille-et-Vilaine, de la Loire-Inférieure, de Maine-et-Loire, en France, et dans les couches de l'étage carbonifère de Belgique, on pourrait croire qu'elles proviennent d'une pression latérale déterminée par deux axes de soulèvement, ou de la différence de pression due à la nature du sol sous-jacent, qui a cédé plus sur un point que sur un autre, en obligeant les couches à se reployer inégalement, pour en suivre les inégalités. Quoi qu'il en soit, il n'entre pas dans notre cadre de discuter les causes. Nous n'avons besoin, quant à présent, que du fait qui peut amener des déformations sans nombre dans les fossiles qui y sont contenus, ou détruire le parallélisme des couches et alors induire en erreur sur l'âge des terrains.

§ 176. On a donné le nom de **faille** à un autre genre de dislocation très-important à constater en géologie et en paléontologie. La faille consiste en une rupture, verticale ou oblique sur la tranche, d'un ensemble de couches, qui place une portion à un niveau, tandis que l'autre glissera sur sa tranche, et se trouvera ou plus élevée, ou plus basse (*fig.* 61). Il en résultera que des couches, ou même des étages géologiques d'âges différents, pourront être mis sur la même ligne, et

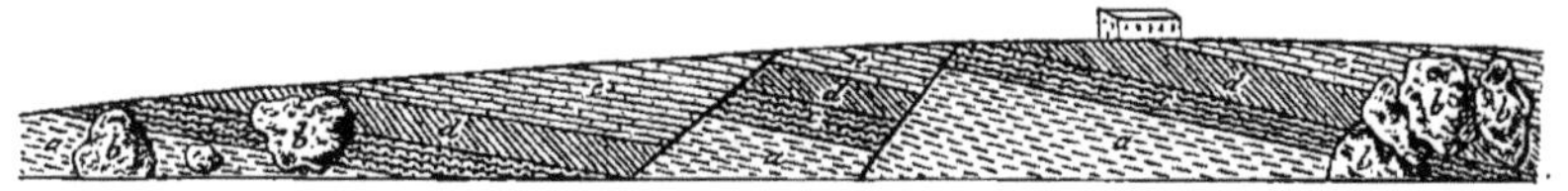

Fig. 61. Failles simples de la pointe du Ché, près de La Rochelle.

souvent tromper l'observateur peu expérimenté. Les failles étant beaucoup plus fréquentes qu'on ne le croit généralement, puisqu'elles se trouvent, à chaque pas dans les montagnes, et même sur le sol en apparence moins tourmenté des plaines, exigent une attention toute particulière, afin de les retrouver dans toutes les circonstances. Quand la faille met en contact des couches de nature minéralogique tout à fait distincte, on la reconnait de suite ; mais il n'en est pas ainsi, lorsque la nature minéralogique diffère peu, comme il arrive très-souvent dans les montagnes et dans les plaines, par exemple à Boulogne (Pas-de-Calais), où des couches bleues de l'étage kimméridgien et du porlantdien sont placées sur le même niveau horizontal. Alors les fossiles seuls pourront la faire reconnaître, en montrant des faunes distinctes dans les couches que la faille a mises accidentellement sur le même plan horizontal. Si le sol extérieur avait toujours conservé la différence de niveau que les couches ont subies dans l'intérieur, on aurait encore un moyen de les retrouver ; mais les allures du sol, au contraire, montrent quelquefois, extérieurement, une horizontalité parfaite, due au nivellement apporté par les dénudations successives, quand les fouilles dans l'intérieur de la terre, ou les falaises des bords de la mer, montrent un grand nombre de failles. Nous en avons eu beaucoup d'exemples dans les falaises de l'étage corallien, de la pointe du Ché, près de La Rochelle (*voy. fig.* 61), dans les falaises de l'étage kimméridgien du Ro-

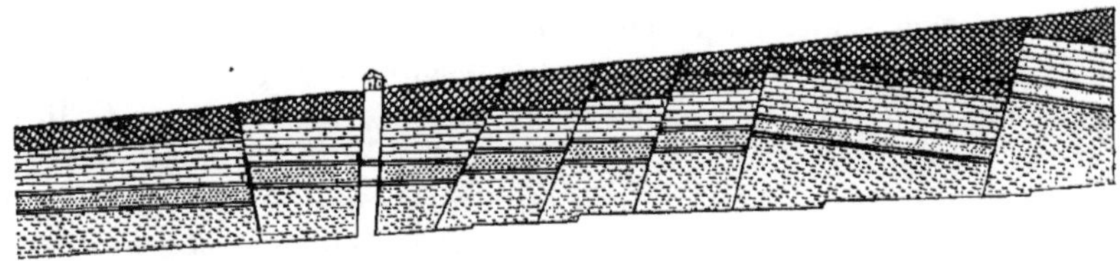

Fig. 62. Failles simples de la Belle-Croix.

cher, entre cette ville et Rochefort, et surtout dans le creusement du canal de Niort à la Belle-Croix, située à huit kilomètres de La Rochelle (*fig.* 62).

§ 177. Des failles ont souvent produit des vallées au milieu des montagnes, comme on le remarque dans les Alpes, ou quelquefois un torrent franchit une chaîne par une fente de cette nature. Nous avons également reconnu, que beaucoup de vallées, dans les plaines, étaient le produit d'une faille. En parcourant la côte des départements de la Somme et de la Seine-Inférieure, où des falaises de craie blanche paraissent offrir une grande uniformité de couches, nous n'avons pas été peu surpris de reconnaître, par les niveaux qu'occupent les fossiles, dans les falaises, des deux côtés des vallées qui s'y jettent à la mer, qu'elles étaient produites par des failles. En effet, les vallées d'Étretat, de Criqueport, de Fécamp,

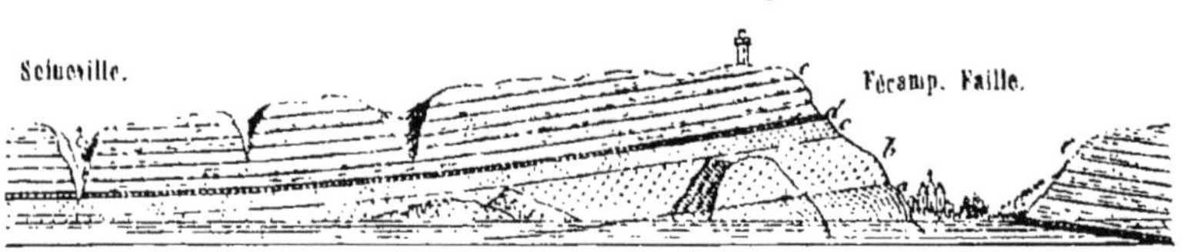

Fig. 63. Coupe prise à Fécamp (Seine-Inférieure).

de Saint-Valery en Caux, etc., sont toutes dues à des dislocations de cette nature. Au milieu d'une masse de couches de craie de même nature minéralogique, la différence dans les niveaux qu'occupent des couches à *Micraster cor anguinum*, fait reconnaître qu'une faille considérable a formé la vallée, comme on peut en juger par la figure prise à Fécamp (*fig.* 63).

Nous pourrions multiplier à l'infini les exemples, mais nous nous contenterons de donner (*fig.* 64) celui d'une des failles les plus curieuses que nous connaissions. Elle existe dans le ravin de Saint-Martin, commune d'Escragnolles (Var). On y voit d'abord, sur un plan incliné, cinq failles successives. La première A montre que les couches de l'étage oxfordien 13 ont été disloquées avant d'être recouvertes par les dépôts supérieurs; car cette faille, que nous appellerons *faille partielle*, a dérangé seulement les couches de l'étage oxfordien, sans se prolonger dans l'étage néocomien 17, qui le recouvre, ce qui prouve qu'elle préexistait au dépôt des couches néocomiennes. Les failles B, C, D, E sont, au contraire, des *failles générales*, puisqu'elles ont aussi bien disloqué l'étage oxfordien 13, que les étages néocomien 17, albien 19 et cénomanien 20, qui y sont superposés. Ces cinq failles, comprises dans un espace de deux kilomètres de longueur, mettent en contact, au même niveau horizontal, des couches d'âges géologiques très-différents. Elles démontrent combien les ruptures de ce genre peuvent amener d'irrégularités dans la position relative actuelle des étages, et combien, lorsqu'on recueille les fossiles qu'ils renferment, il faut se tenir en garde contre

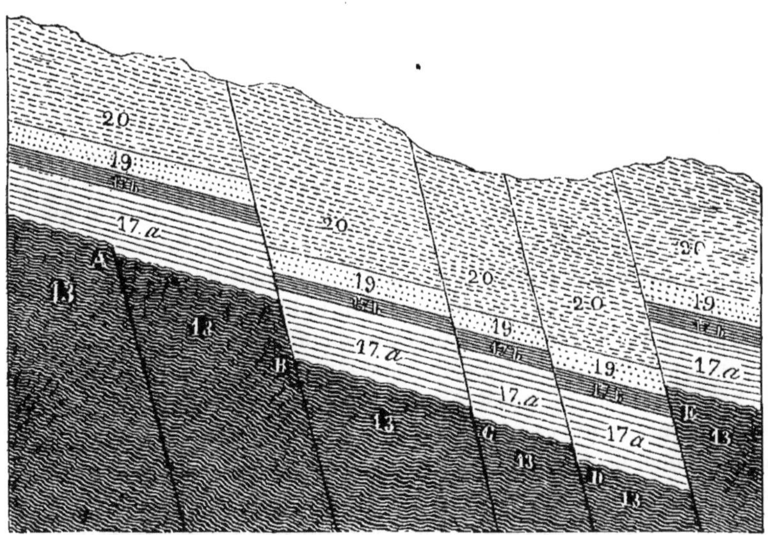

Fig. 64. Faille compliquée du ravin de Saint-Martin d'Escragnolles (Var).

l'erreur qui consisterait à prendre pour des mélanges naturels des accidents mal appréciés par l'inexpérience du collecteur.

§ 178. Une des grandes perturbations occasionnées par les dislocations sur les couches consolidées, est celle qu'on désigne sous le nom de *dénudation*. C'est l'action de lavage et d'enlèvement d'une certaine partie des couches par l'action prolongée des eaux. On doit à ces dénudations la séparation et l'isolement de la butte Montmartre, de la butte de Ménilmontant, et des buttes du mont Valérien, aux environs de Paris

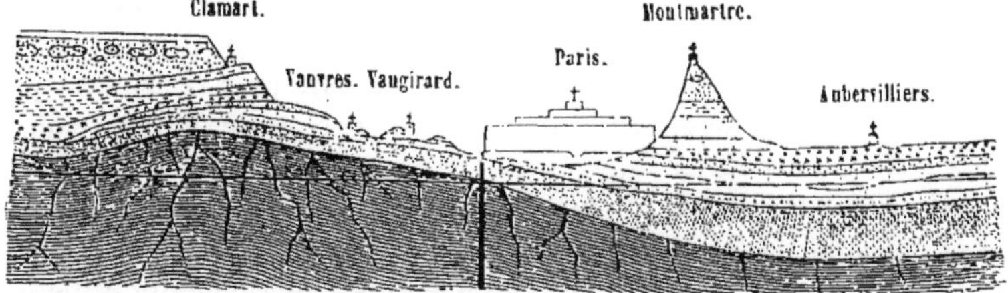

Fig. 65. Coupe de Montmartre à Clamart, près de Paris.

par exemple; toutes ces buttes étant, d'après l'étude géologique, autant de lambeaux qui formaient un grand ensemble de couches de même nature (*fig.* 65), dont la continuité est à Clamart.

Ces grandes dénudations partout remarquées au pourtour du bassin tertiaire de Paris, ne peuvent s'attribuer à des causes actuelles, qui, dans aucun cas, ne seraient assez puissantes ; et tout prouve qu'elles sont encore le résultat des grandes dislocations terrestres.

On voit des traces de dénudations de cette nature sur tous les points du globe, soit par l'isolement des parties formant jadis un tout, soit par l'enlèvement des couches dans les montagnes. C'est bien certainement à des actions puissantes de nivellement qu'il faut attribuer, dans les Alpes, le morcellement des étages cénomanien et sénonien des terrains crétacés, et surtout les petits lambeaux existant encore aujourd'hui des étages suessonien et parisien de l'époque tertiaire. Il est évident que ces étages formaient d'immenses surfaces ; que les dislocations ont dû les conserver dans les anfractuosités qu'elles laissaient sur tous les lieux où la dénudation ne pouvait avoir qu'un faible accès. La manière dont se montrent seulement ces lambeaux d'étages, depuis Grasse jusqu'à Grenoble, sur le versant français des Alpes, amène au moins à cette conclusion. Ce sont des restes des lambeaux échappés à la destruction générale, qui viennent seuls témoigner que ces étages existaient sur l'emplacement occupé par les Alpes, avant que cette chaîne eût pris son relief actuel.

On doit aussi à ces grandes dénudations générales, le creusement, l'élargissement extraordinaire des vallées qu'une faille avait, sans doute, primitivement tracées dans une dislocation antérieure ; car lorsqu'on étudie la puissance de ces dénudations, l'immense étendue des parties enlevées, et la masse des matériaux charriés, il devient impossible de les rattacher aux causes actuelles, dont l'action est si limitée.

§ 179. Les effets géologiques des dislocations sur les restes organisés fossiles contenus dans les couches consolidées, se sont montrés de différentes manières ; et l'un de ces effets se rattache encore aux dénudations. Nous voulons parler des *fossiles remaniés.* Lorsqu'une couche consolidée a été en butte aux grands efforts des eaux et que les parties qui la composent ont été désagrégées par leur action, il arrive qu'enlevés de cette couche, les fossiles, ordinairement plus résistants, peuvent être transportés, soit en des couches postérieures, soit en d'autres sédiments du même étage. On appelle ordinairement, *fossiles remaniés sur place* l'effet du mouvement des eaux assez fort pour détacher et isoler les fossiles de la roche, pour les transporter par lits au milieu des sables, des argiles d'une composition minéralogique différente, mais de la même époque géologique. Nous avons vu des remaniements de ce genre, principalement dans l'étage albien ou le Gault, à Wissant (Pas-de-Calais), à Sauce-aux-Bois, à Novion (Ardennes), à Varennes (Meuse), à Clar (Var), à la montagne des Fis (Savoie). On les reconnaît à la forme anguleuse des fragments remaniés et déposés par lits horizontaux, aux fossiles toujours remplis de matière différente des couches qui les renferment aujourd'hui, comme à Sauce-aux-Bois, à Wissant et à la montagne des Fis, par exemple, où ils sont formés de matière noire, quand les sédiments qui les entourent actuellement sont des sables verts très-fins, ou de l'argile grisâtre. Une preuve sans réplique de remaniement s'y montre souvent. Lorsqu'une valve isolée d'une coquille acéphale se trouve déposée dans une couche quelconque, elle ne peut que se remplir des matières qui l'environnent. Si elle reste dans cette couche, cette matière est naturellement toujours identique de composition minéralogique à la masse générale de la couche. Dès lors, les valves isolées dans les couches de grès verts devraient être remplis de ces mêmes grès, tandis qu'elles le sont toutes de matière noire d'une nature très-distincte.

Nous avons de fréquents exemples de remaniement de fossiles, dans des étages bien différents de ceux qui les contenaient primitivement. Nous avons déjà cité ces *Productus* de l'étage carboniférien, que MM. Murchison et de Verneuil ont trouvés avec les coquilles fossiles de l'étage contemporain, en Russie. Les fossiles albiens de Clansayes (Drôme), composés d'une roche chloritée très-compacte, sont remaniés dans un sable rouge appartenant à l'étage tertiaire falunien, ou dans un étage infiniment plus récent que celui qui les renfermait primitivement. Nous trouvons encore des remaniements de cette nature à la montagne Sainte-Catherine, à Rouen, où des fossiles de l'étage cénomanien forment un banc au milieu de l'étage turonien, et un autre à Fécamp (Seine-Inférieure), où les mêmes fossiles que ceux de la montagne Sainte-Catherine sont remaniés dans l'étage sénonien ou dans la craie blanche. Les bélemnites et les ammonites de l'étage toarcien sont, d'après M. de Munster, remaniés dans les couches tertiaires d'Osnabruck et de Cassel; l'*Ostrea Columba* de l'étage cénomanien est remaniée dans les faluns d'Angers ; les fossiles du lias le sont, avec les coquilles de l'époque actuelle, à Banff, en Ecosse, d'après M. Prestwich, etc.

§ 180. Pour nous résumer, relativement aux fossiles zoologiques, on voit que durant les périodes de repos, ils peuvent être renfermés soit au sein des couches, soit dans leur position normale d'existence, y être déposés entiers, par parties séparées ; y former des bancs sous-marins, ou être roulés sur les côtes. Dans les périodes d'agitation, ils peuvent être remaniés sur place dans le même étage, ou transportés dans des étages d'âge différent de celui où ils ont vécu, par suite de simples remaniements. Les dislocations placent aussi les couches qui les renferment dans les circonstances les plus disparates, par suite des soulèvements et des affaissements de diverses valeurs. Les failles mettent quelquefois sur le même horizon des étages de deux âges distincts. On conçoit que toutes ces causes, qui tendent à intervertir l'ordre naturel des choses, sont autant de difficultés dont il faut tenir le plus grand compte dans l'étude paléontologique. Les plus petites irrégularités géologiques devront être étudiées avec détail avant de recueillir les restes organisés contenus dans les couches. Il faudra ensuite s'assurer d'où proviennent réellement les fossiles qu'on rencontre libres dans les ravins surmontés d'étages divers, d'où ils peuvent tomber ; ou ceux qu'on recueille au pied d'un coteau ; car ils peuvent rouler des couches les plus supérieures, ou des plus inférieures de ces coteaux, et, dès lors, provenir d'étages d'âge très-différent. Lorsqu'on n'est pas assez exercé pour reconnaître la provenance réelle de ces échantillons libres qu'on trouve à la surface du sol, il convient de ne recueillir que ceux qui sont encore dans la couche où ils se sont déposés, et sur lesquels on ne peut avoir de doutes. Sans ces précautions, on s'expose à placer, dans un étage, des êtres qui ne s'y sont jamais rencontrés, et à faire des anachronismes qui tendront à intervertir l'ordre naturel des choses.

§ 181. **Des déformations dans les fossiles.** Nous avons dit que les différentes inclinaisons des couches non entièrement consolidées, avaient permis aux molécules composantes de subir un effet de glissement qui, dans beaucoup de cas, n'était sensible que par la *déformation* des nombreux fossiles qu'elles renferment (§ 175).

Nous appelons *déformations* toutes les altérations, tous les changements de forme que les restes de corps organisés ont pu subir dans les couches terrestres, par suite de la pression ou de toute autre cause géologique. Ces déformations sont de telle nature qu'elles changent entièrement les caractères spécifiques des êtres, et qu'elles ont servi à certains auteurs à former des genres et des espèces distincts.

Les animaux, comme nous l'avons dit (§ 94 et suivants), ne se sont pas déposés dans les couches terrestres, d'après leur pesanteur spécifique, comme l'ont cru certains auteurs, mais bien comme elles se déposent encore aujourd'hui sur les rivages maritimes. Les êtres soudainement enveloppés de sédiments sont restés dans leur position normale, sur le point où ils vivaient. Les autres, morts dans les eaux, ont été transportés par les courants ; leurs parties se sont dispersées, ont formé des bancs sous-marins, ont été jetées sur des rivages tranquilles, ou sur des rivages battus de la vague. Les restes organisés, aussi déposés et recouverts par les dépôts sédimentaires, sont devenus fossiles, avec leurs parties plus ou moins altérées, ou sont passés à l'état de moules, d'empreintes et de modèles (§ 24). Si postérieurement à leur dépôt les couches à l'état pâteux se sont affaissées dans leur position horizontale, par suite de la pression de l'ensemble, tous les corps organisés qu'elles renferment subissent des déformations dans le sens vertical. Si ces mêmes couches ont été disloquées à l'état pâteux, et qu'elles se soient trouvées inclinées antérieurement à la pression de l'ensemble, cette pression produira un glissement oblique des molécules, par rapport à leur premier dépôt horizontal; et les corps organisés que ces couches renferment prendront des formes plus extraordinaires encore.

§ 182. La pression verticale des couches détermine, sur les corps placés dans la position horizontale, suivant leur compression naturelle, un aplatissement de toutes les parties. Les nautiles, les ammonites, de convexes qu'ils étaient, s'aplatiront et deviendront souvent aussi minces qu'une feuille de papier. L'*Ammonites serpentinus* des couches feuilletées de l'étage toarcien ou du lias supérieur offre souvent cette déformation (voy. *fig.* 66, la coquille dans son état normal, et 67, la même déprimée par la pression verticale).

Fig. 66. Ammonites serpentinus.

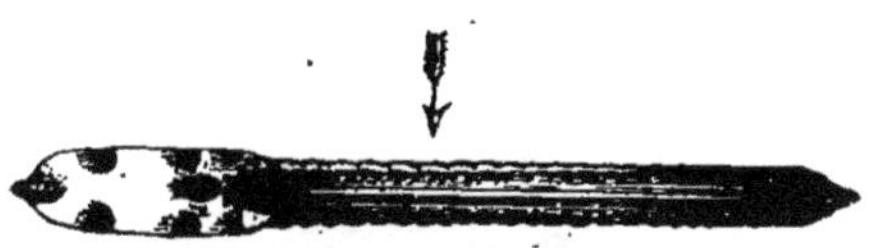

Fig. 67. La même, déprimée par la pression verticale.

Les bivalves placées sur le côté perdront la moitié de leur convexité, ou (voy. *fig.* 68, 69), de convexes qu'elles étaient, seront même tout à fait aplaties. Cette déformation très-commune, que nous appellerons *déformation latérale*, ne change en aucune manière la forme symétrique des coquilles, et même en cela peut facilement induire en erreur, si, dans la détermination des espèces, l'on n'en tient pas un compte rigoureux.

Fig. 68. Cardium Hillanum.

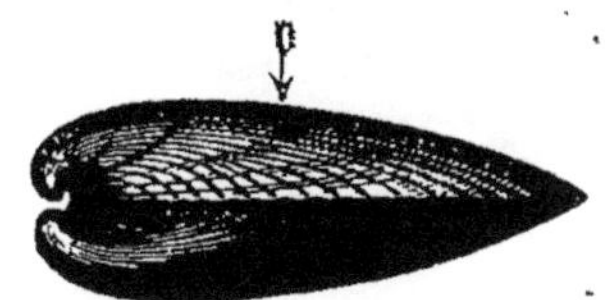

Fig. 69. Le même, déformé par la pression verticale.

§ 183. La pression verticale des couches produit encore les déformations toutes différentes que nous nommerons *déformations verticales*. Celle-ci a lieu principalement lorsque les coquilles spirales ou bivalves sont dans leur position normale, qu'elles sont placées verticalement dans le sens de leur longueur. Des coquilles de gastéropodes coniques deviendront entièrement plates, ou leur spire, de très-élevée qu'elle était, rentre sur elle-même et reste très-obtuse, comme on peut le voir par les figures comparatives que nous donnons du *Pleurotomaria santonensis*, déformé par la pression et dans son état normal (*fig.* 70, 71). La même déformation a lieu pour les crustacés et pour les oursins.

Quant aux coquilles bivalves, la déformation verticale s'exerce généralement lorsque celle-ci est restée dans sa position normale d'existence, et elle en change entièrement la forme, comme on le trouve à La Malle (Var), etc. Telle coquille, naturellement ronde, le *Cardium hillanum*, deviendra oblongue transversalement, ainsi que le prouveront les figures comparatives, prises sur des échantillons en nature. Lorsqu'au contraire cette pression s'est exercée dans le sens transversal, c'est-à-dire des crochets au bord palléal d'une bivalve, elle deviendra oblongue de ronde qu'elle était (*fig.* 72, 73, 74).

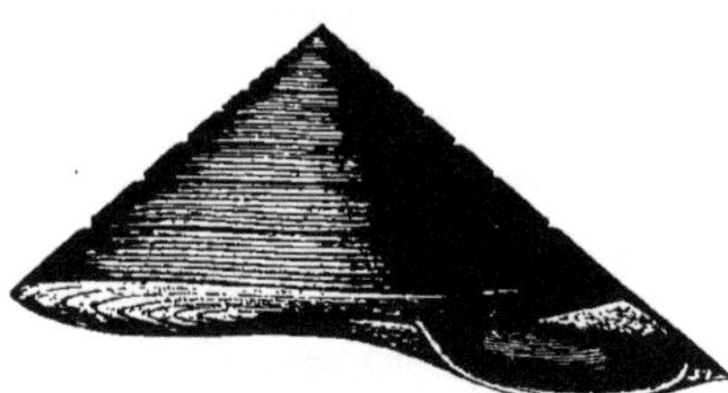

Fig. 70. Pleurotomaria santonensis.

Fig. 71. Le même, déformé par la pression verticale.

La pression oblique des couches disloquées et inclinées produit, sur les corps organisés fossiles, ce que nous désignerons sous le nom de *déformation oblique*, et ces déformations sont de presque tous les étages géologiques. Chez les coquilles composées de parties paires et enroulées sur le même plan, elle rend la spire elliptique, de régulière qu'elle était; beaucoup d'ammonites se trouvent dans ce cas, comme on le verra par les figures comparatives (*fig.* 75, 76), ainsi que des bellérophons. Les premières ont servi à former le genre *Ellipsolithes*; les autres à déterminer des espèces purement imaginaires.

Fig. 72. Cardium hillanum.

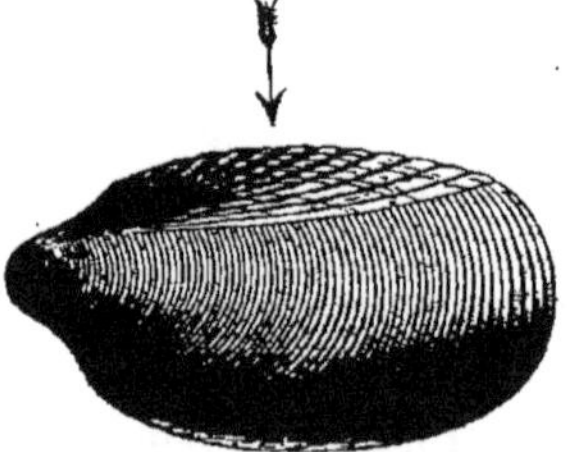

Fig. 73. Le même, déformé par la pression verticale.

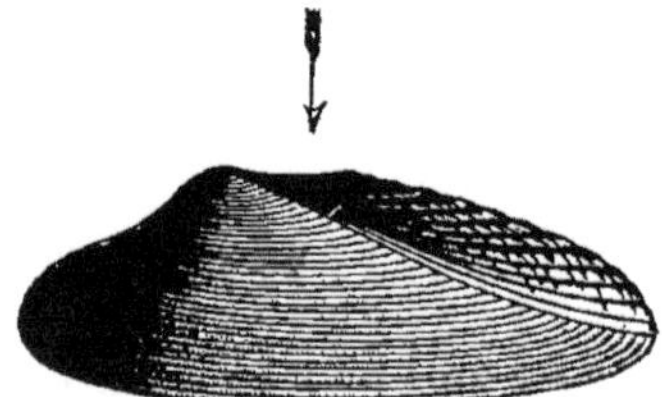

Fig. 74. Le même, autrement déformé.

Cette déformation oblique rend l'enroulement spiral elliptique chez les gastéropodes, en jetant le sommet latéralement, tantôt d'un côté,

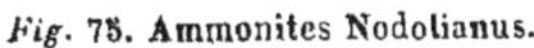

Fig. 75. Ammonites Nodolianus.

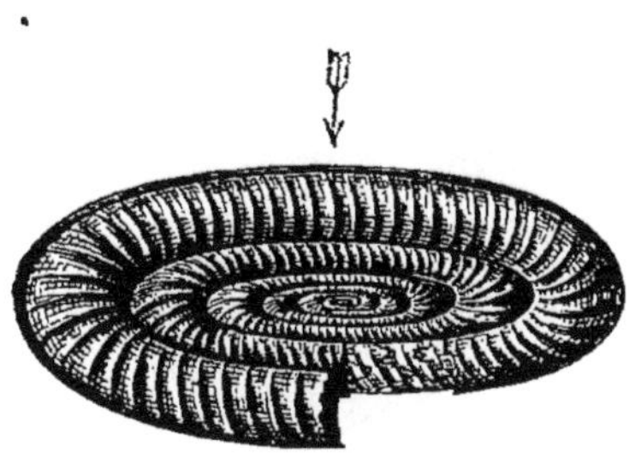

Fig. 76. La même, déformée par la pression oblique.

tantôt de l'autre, ainsi qu'on le voit (*fig.* 77, 78) dans le ***Pleurotomaria Fleuriausa***.

Si, pour des yeux exercés, ces déformations se reconnaissent facilement, il n'en est pas de même des déformations obliques des coquilles bivalves. Ici la pression peut rendre une coquille irrégulière de symétrique qu'elle était, en faisant jouer une valve

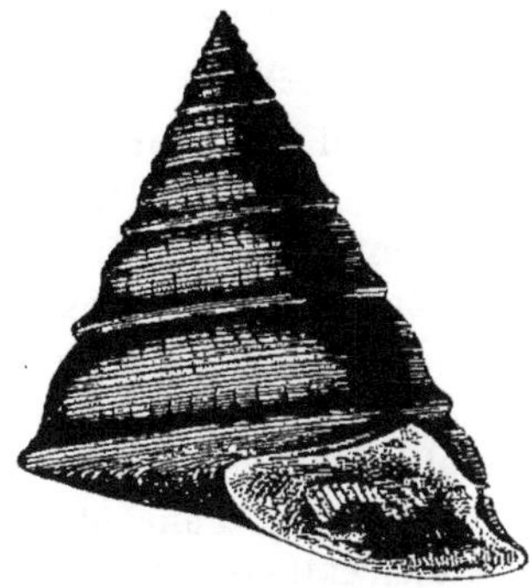

Fig. 77. Pleurotomaria Fleuriausa.

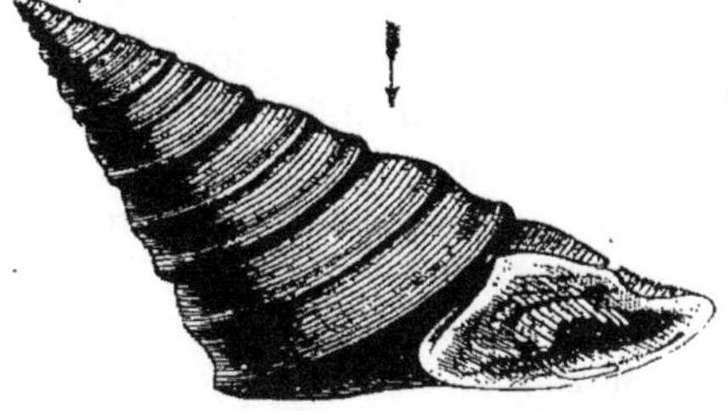

Fig. 78. Le même, déformé par la pression oblique.

sur l'autre; elle peut alors la faire ressembler à l'état naturel de coquilles bien distinctes, en rendant les valves inégales, comme on le voit pour le ***Cardium hillanum*** (*fig.* 79).

Fig. 79. Cardium hillanum, déformé par la pression oblique.

Lorsque cette pression a lieu dans le sens d'une verticale qui passe entre les deux valves et qu'elle l'incline, soit d'un côté, soit de l'autre, elle en change totalement la forme, sans en changer la symétrie, ce qui rend cette déformation difficile à reconnaître. On peut en voir un exemple pris au milieu d'un grand nombre (*fig.* 80, 81).

Il est à remarquer que ces déformations sont souvent en rapport avec la valeur des dislocations qu'ont subies les couches consolidées terres-

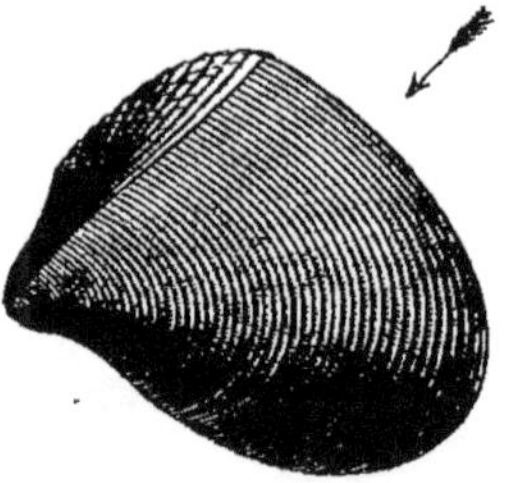

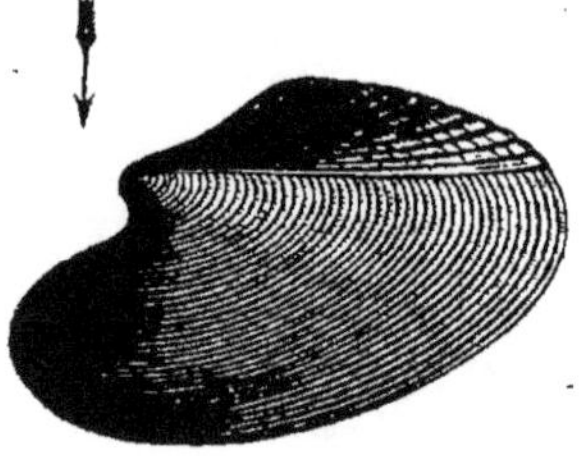

Fig. 80. Cardium Hillanum déformé.

Fig. 81. Autre déformation produite par la pression oblique.

tres. Elles sont rares sur les points où la stratification est presque horizontale, dans les plaines, par exemple ; elles se multiplient outre mesure dans les montagnes, où toutes les couches ont subi des dislocations sans nombre. En tous cas, il convient d'en tenir un compte rigoureux dans la détermination des espèces, pour ne pas les multiplier à l'infini.

†††† Conclusions relatives à la séparation des étages géologiques, et des faunes spéciales qu'ils renferment.

§ 184. Nous voyons, d'après ce qui précède, 1° qu'il s'est manifesté à la surface de la terre, de longs intervalles de repos, pendant lesquels les couches sédimentaires se sont déposées lentement avec les nombreux restes des animaux qui vivaient alors sur les continents et dans les mers ; 2° que, par suite du refroidissement du centre et de la croûte extérieure du globe terrestre, le retrait des matières a produit, sur cette croûte consolidée, des reliefs et des affaissements, auxquels on croit devoir, en raison du mouvement des eaux, attribuer l'anéantissement complet de la faune existante ; 3° que ces dislocations ont amené, à chaque époque, des changements de niveau dans les couches consolidées et dans les mers ; 4° qu'à la suite d'un laps de temps d'agitation, plus ou moins prolongé, après chacune de ces révolutions géologiques, des êtres différents ont été créés et sont venus, de nouveau, couvrir et animer la surface de la terre. Il nous reste maintenant à définir comment on reconnaît aujourd'hui, sur les couches consolidées de l'écorce terrestre, les limites de ces instants alternatifs de repos et d'agitation, et les différentes époques géologiques qui en sont le résultat.

On a vu que les sédiments déposés dans un instant de repos, forment des couches *parallèles*, *concordantes*, qui se succèdent les unes aux autres, sans interruption. On a reconnu que le premier grand effet des dislocations terrestres est de changer les niveaux, et, dès lors, de placer sur le lieu de la dislocation, dans toutes les positions, les parties des couches solides qui ont été dérangées, par suite de cette révolution géologique. Comme les mers prennent toujours leur horizontalité, ce nouvel horizon, par rapport à l'inclinaison diverse des couches disloquées, n'est plus parallèle; au contraire, il est, le plus souvent, fort différent. On dit alors que les couches sont en *discordance de stratification* (*fig.* 82). La discordance est donc le manque complet de parallélisme

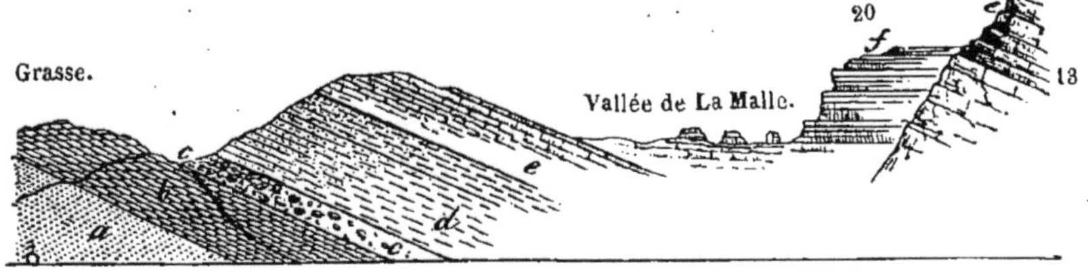

Fig. 82. Coupe géologique, prise entre Grasse et La Malle (Var).

entre deux couches qui se succèdent, dont l'une *e* 13 inférieure, jadis horizontale, a été dérangée avant que la nouvelle couche *f* 20 se soit déposée parallèlement à la ligne du nouvel horizon des eaux. Il en résulte que la *discordance* annonce certainement, partout où elle se trouve, qu'une dislocation, qu'une révolution géologique est survenue entre le dépôt respectif des deux couches, et qu'elles sont, dès lors, d'âge relatif différent. On doit donc admettre, avec tous les géologues, et sans aucune restriction, que la discordance dans les couches qui se succèdent, est un moyen certain de reconnaître la fin d'un étage et le commencement d'un autre.

La faille A du ravin de Saint-Martin (*fig.* 64), qui n'atteint que les couches de l'étage oxfordien 13, sans rien déranger aux couches supérieures, bien que l'inclinaison générale de tout l'ensemble soit pour ainsi dire parallèle, est encore une discordance d'une autre nature, qui, dans deux étages qui se suivraient, annoncerait une différence d'époque géologique.

§ 185. Quelques personnes ont pensé que la discordance était indispensable pour séparer deux âges de terrain. La série des observations, aussi bien que le raisonnement, portent à croire le contraire. Pour qu'il y ait discordance sur tous les points à la fois, entre les dernières couches d'un étage et les premières de l'étage suivant, il faudrait supposer que la dislocation de la fin d'une époque s'est manifestée avec la même intensité sur toutes les parties du globe à la fois; ce qui n'est pas probable. C'est assez de voir les révolutions qui se sont opérées atteindre, dans leurs dislocations, une portion considérable de la sphère, de l'étendue, par exemple, de la chaîne des Andes et des Pyrénées. Lorsqu'on étudie la géologie des plaines et des montagnes, on reconnaît, au contraire, que des couches parallèles, appartenant à des étages très-différents, se sont succédé pendant un laps de temps plus ou moins considérable. Il faut donc croire que si, bien certainement, des points de chaque étage ont été disloqués par suite des révolutions géologiques, d'autres sont restés dans une position plus ou moins concordante avec les étages supérieurs et inférieurs.

Voici comment nous avons trouvé marquée la séparation des étages, dans l'étude toute spéciale que nous en avons faite, comme on pourra le voir dans notre quatrième partie, où tous les faits partiels seront établis.

§ 186. La *dénudation d'un étage, marquée par les lignes irrégulières d'érosion*, à son point de contact avec celui qui le recouvre immédiatement, équivaut à une discordance ; car elle est le signe certain d'un mouvement géologique. On voit, partout, des exemples de ces lignes de séparation.

Le *polissage*, l'*usure*, la *surface corrodée* d'une roche, avant que celle qui lui succède se dépose, comme nous avons déjà signalé quelques exemples (§ 170), sont d'aussi bonnes limites que la discordance entre deux étages géologiques, puisqu'elles sont encore produites par des mouvements puissants de dislocation, et du mouvement des eaux, qui en sont le résultat immédiat.

Il en est de même du manque, dans quelques points, d'un étage intermédiaire, reconnu partout ailleurs, comme on le trouve si souvent dans la nature. Le manque de l'étage albien, qu'on remarque dans les Alpes, depuis Castellane jusqu'à Gap, entre l'étage aptien et l'étage cénomanien, et le manque, au contraire, de l'étage aptien, entre les étages néocomien et albien, depuis Castellane jusqu'à Grasse, quand, d'un autre côté, ces quatre étages se succèdent régulièrement dans les départements de la Meuse, de la Haute-Marne, de l'Aube et de l'Yonne, et en Angleterre, à l'île de Wight, sont, pour nous, l'équivalent d'une discordance; car ces manques d'étages prouvent un mouvement de soulèvement, d'affaissement, ou une grande dénudation sur les points où ils ne se trouvent pas dans leur ordre ordinaire de succession au milieu des couches.

§ 187. Lorsqu'on voit les dépôts des cavernes, celui des pampas, ainsi que ceux de presque toutes les *brèches à ossements*, comme celles de Sicile, de Nice, de l'Algérie, être d'une même couleur ferrugineuse rougeâtre produite, évidemment, par le lavage des parties terreuses de la surface des continents, on doit croire que cette couleur ferrugineuse peut, en certains cas, indiquer la fin d'une époque géologique ou le commencement d'une autre. C'est, en effet, ce que nous avons remarqué dans une foule de circonstances. Les dépôts de fer limoneux de Bettancourt-la-Ferrée (Haute-Marne), qui sont entre la base de l'étage néocomien et les dépôts jurassiques; les couches ferrugineuses de Vassy, même département, qu'on remarque à la partie inférieure de l'étage aptien; la couche moins épaisse du ravin de Saint-Martin, près d'Escragnolles (Var), qui marque la fin de l'étage néocomien; la couche ferrugineuse de la base de l'étage bajocien de Bayeux, de Moutiers et de Sainte-Honorine se trouvent dans ce cas, ainsi qu'une multitude d'autres points de notre France. En Amérique, nous l'avons encore retrouvé, sur une grande échelle, à la base de l'étage falunien des terrains tertiaires, dans notre couche guaranienne et dans le limon des Pampas (Voy. *Géologie de l'Amér. mérid.*). On conçoit, néanmoins, que les dépôts de ce genre ne puissent se faire que dans les cavités terrestres laissées par suite du changement de niveau déterminé par la perturbation géologique ; aussi, ne doivent-ils être que locaux ; mais, dans quelques cas, ils sont encore des signes bien marqués, auxquels on peut reconnaître la fin d'un étage ou le commencement d'un autre.

§ 188. Les grands dépôts de galets, ou de gros sédiments, tels que les petits cailloux qu'on rencontre souvent à la base d'un étage, comme à Thouars (Deux-Sèvres), dans l'étage toarcien, à Carry (Bouches-du-Rhône), dans l'étage falunien, marquent aussi fréquemment la fin d'un étage et peuvent servir à les faire distinguer ; car ils y ont été amenés par suite d'un mouvement prolongé dans les eaux, au commencement d'un nouvel horizon.

Les couches épaisses sans fossiles, qu'on rencontre quelquefois à la base d'un étage, en marquent aussi le commencement, avant qu'il eût contenu des animaux.

§ 189. Les **allures** extérieures, les inégalités du sol, dans les plaines, lorsqu'elles forment de longues ondulations, ne sont, le plus souvent, que le signe extérieur d'un changement d'étage, comme nous l'avons vu dans les départements des Deux-Sèvres, de la Haute-Marne, des Ardennes, de la Meuse, etc. Des inégalités bien plus grandes, produites par les dénudations sur des couches de densités différentes, signalent partout, dans les Hautes et Basses-Alpes, les limites, pour ainsi dire rigoureuses, des étages ; à tel point, que chaque chaîne de montagnes, de collines, placée dans le sens des grandes dislocations, montre presque partout les grandes lignes de séparation des terrains et des étages.

§ 190. Ce que nous venons de dire de la différence de dureté et de composition minéralogique des étages, à leur point de contact, est un fait général qui sert toujours, sur une localité restreinte, à les faire reconnaître. Dans certains cas, cette différence est minéralogiquement trèstranchée, par exemple, du grès au calcaire, du calcaire à l'argile, ou se montre par des changements prononcés dans la couleur respective des roches. Il est aussi des circonstances où, comme dans les Alpes, près de Digne, les étages, depuis le lias inférieur jusqu'à l'étage néocomien, sont tous composés de calcaires argileux noirâtres. Dans les départements de l'Yonne et de la Côte-d'Or, les trois étages du lias sont formés de calcaire marneux bleu. Près de Niort, les étages callovien et bathonien sont d'un calcaire blanc jaunâtre. Il faudra, dans ces circonstances, une plus grande attention pour les distinguer; mais de légères nuances de dureté, de couleur, acquerront alors une plus grande valeur qu'ailleurs, et seront encore les signes certains des lignes de séparation, parfaitement en rapport avec les faunes zoologiques qu'ils contiennent. D'ailleurs, à de petites couches plus dures, contenant un plus grand nombre de restes organisés, l'habitude pratique fait reconnaître les limites, tout aussi bien que si elles étaient marquées par des roches de natures différentes.

§ 191. La ligne de séparation entre deux étages est, disons-nous, marquée par une discordance de stratification dans les couches, par des dénudations, par le polissage, l'usure de la superficie de l'étage le plus ancien des deux, par des dépôts ferrugineux, par des lits de galets, par les inégalités extérieures du sol, enfin, par la différence de couleur et de composition minéralogique des roches qui se succèdent. Il reste à savoir si ces différents signes, auxquels on reconnaît la fin d'un étage ou le commencement d'un autre, suffisent toujours pour les faire distinguer bien certainement, et pour donner leur âge relatif. La discordance, avons-nous dit, est un moyen positif de distinguer deux époques géologiques qui se succèdent sur un point quelconque; mais cette discordance, qui indique bien certainement qu'il n'y a pas identité d'âge géologique entre ces deux étages, reste muette sur la question de savoir si, placés sur ce point l'un au-dessus de l'autre, ces deux étages sont bien ceux que la nature a fait se succéder dans l'ordre général de l'ensemble géologique. On voit, en effet, sur quelques points de notre globe, et surtout en France, se suivre, régulièrement les uns les autres, dans leur âge relatif et dans leur véritable ordre de superposition, de nombreux étages, comme dans les terrains jurassiques des départements des Deux-Sèvres, de la Charente-Inférieure (*fig.* 83) et du Calvados (*fig.* 84); ou comme dans les étages triasiques, jurassiques, crétacés et tertiaires des départements de la Haute-Marne et de la Marne, où rien ne manque dans la succession naturelle; mais on trouve aussi, sur plus de points encore, l'ordre naturel interverti, par suite de dénudations ou de différences de niveaux. Il manque, par exemple (§ 186), à Escragnolles (Var), l'étage aptien entre l'étage néocomien 17, et albien 19 (*fig.* 64) ; à Honfleur (Calvados) (*fig.* 84), entre l'étage kimméridgien 15, et l'étage cénomanien 20, quatre étages intermédiaires, les étages portlandien, néocomien, aptien et albien ; à Fontaine-Étoupe-Four (Calvados) (*fig.* 85), six étages intermédiaires, les étages dévonien, carboniférien, permien, conchilien, saliférien et sinémurien, entre l'étage silurien 1, et les couches liasiennes 8, qui les recouvrent sur ce point. Quelquefois, comme sur l'Oca, gouvernement de Moscou, à Yelatma, gouvernement de Tambof, on trouve l'étage oxfordien 13, en contact avec l'étage carboniférien 3, laissant, dès lors, neuf étages de moins dans cet intervalle, tandis que, sur l'étage oxfordien, se trouvera l'étage sénonien 21, avec un nouvel intervalle de huit étages. D'autres fois, enfin, comme dans les Alpes, il ne se présente que des lambeaux isolés des étages crétacés et tertiaires, placés diversement sur les étages jurassiques.

Que la discordance sépare deux étages qui doivent se succéder natu-

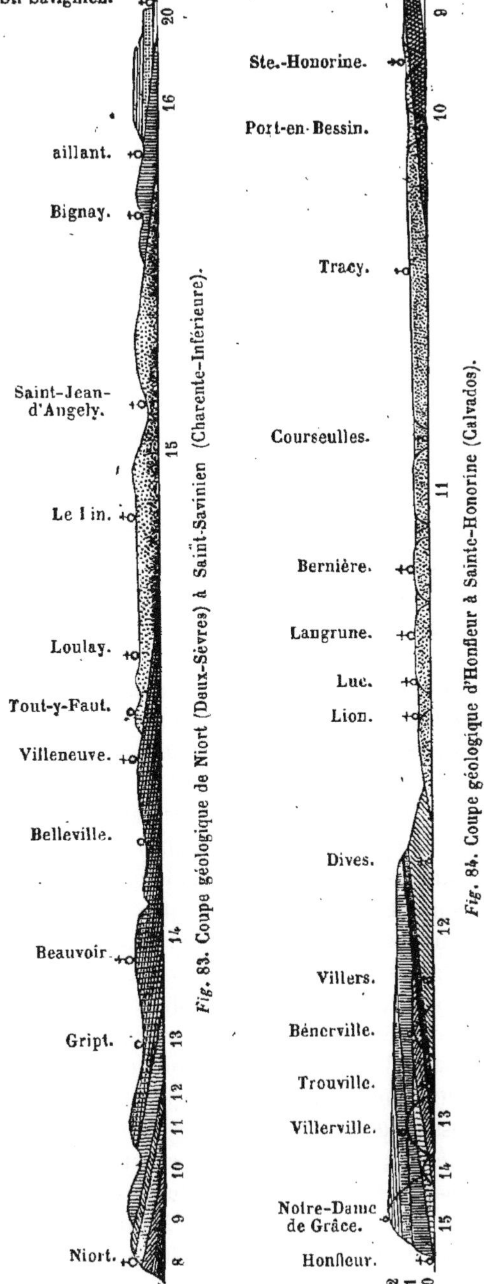

Fig. 83. Coupe géologique de Niort (Deux-Sèvres) à Saint-Savinien (Charente-Inférieure).

Fig. 84. Coupe géologique d'Honfleur à Sainte-Honorine (Calvados).

rellement, ou qu'elle sépare des étages qui laissent entre eux soit des terrains, soit un grand nombre d'étages de moins, comme sur les points que nous venons de citer, elle ne dénote toujours qu'une simple différence d'époque, sans rien enseigner sur l'âge relatif réciproque de ces époques. Il est donc certain qu'ici cesse *le domaine de la géologie non paléontologique*, pour céder la place *au domaine exclusif de la Paléontologie stratigraphique*.

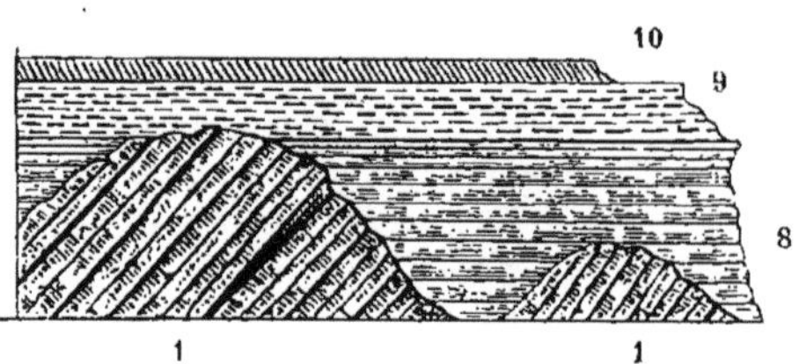

Fig. 85. Coupe prise à Fontaine-Etoupe-Four (Calvados).

Si, en effet, dans ces cas, on ne se sert que de la géologie, on pourra supposer que les étages sont dans leur ordre naturel de superposition. On ne tiendra, dès lors, aucun compte des lacunes qui existent entre eux; et, prenant l'étage qui recouvre l'autre, comme celui qui doit lui succéder, on commettra une erreur qui pourra s'étendre, ensuite, sur tous les autres étages supérieurs qu'on placera plus bas qu'ils ne doivent être, comme nous pourrions en citer de fréquents exemples dans les travaux de quelques auteurs. La géologie n'a, effectivement, sans la paléontologie, aucun moyen certain de reconnaître l'âge des étages, quand l'ordre naturel est interrompu; car les caractères minéralogiques sont insuffisants, et peuvent, au contraire, entraîner à de graves erreurs, puisque les circonstances actuelles et l'étude des étages terrestres nous ont fait reconnaître (§ 87) le synchronisme des couches de natures très-différentes. Lorsque les géologues non paléontologistes ont constaté ces lacunes, ils y ont toujours été amenés par les caractères paléontologiques des étages, les seuls qu'on puisse alors invoquer avec certitude. Cela est si vrai que lorsqu'ils n'ont pu se guider par les fossiles, comme pour les *Macignos* des Alpes, ils les ont classés successivement dans les terrains triasiques, crétacés ou tertiaires.

§ 192. Nous avons établi (§ 163) que la fin de chaque grande période géologique avait été marquée par l'anéantissement des êtres composant la faune de chacune de ces périodes; et qu'une faune nouvelle s'était ensuite manifestée à la surface du globe. Il en est résulté une succession de faunes distinctes caractéristiques de chaque terrain, de chaque étage, comme le prouveront les considérations spéciales de notre troisième partie. En effet, qu'une faune propre à un étage soit prise dans l'Inde, en Amérique ou en France; qu'elle soit en contact avec la faune qui l'a précédée, qu'elle soit, au contraire, séparée par une lacune plus ou moins grande, qu'elle soit enfin contenue dans un grès, dans une argile, ou dans un calcaire, elle n'en montre pas moins, partout, les mêmes caractères zoologiques d'ensemble et les espèces identiques des plus caractéristiques Ainsi, dans toutes les circonstances géologiques, la paléontologie stratigraphique donnera toujours, pour les couches de sédiments, à l'aide des caractères généraux de formes animales, et de quelques espèces communes, comparativement à ce qu'on a observé préalablement au sein des étages superposés dans leur ordre naturel, un moyen certain de reconnaître l'âge relatif d'une couche.

§ 193. Dans un paragraphe de ce chapitre (§ 190), nous avons dit que des différences de composition minéralogique des étages concordants annonçaient les limites respectives de ces étages. D'un autre côté, le synchronisme des dépôts actuels (§ 87) nous a montré que des sédiments de natures diverses se déposent, en même temps, dans les mers actuelles, comme ils se sont déposés dans les divers étages géologiques (§ 144). Il en résulte que cette différence dans la nature minéralogique ne peut recevoir qu'une application locale très-restreinte, et que les caractères qui ont servi, par exemple, à distinguer deux étages en Normandie, sont tout à fait insuffisants dans les Deux-Sèvres, ou dans les Ardennes.

Nous avons vu également que des perturbations naturelles fortuites (§ 88 et suivants) pouvaient amener un changement de nature dans les dépôts actuels et placer des argiles sur des sables, ou des sables sur des argiles, comme nous en avons rencontré dans les différentes couches d'un même étage géologique. Il reste donc démontré que le changement de nature minéralogique, s'il indique souvent la fin d'une période, d'un étage, peut aussi n'en montrer qu'un accident partiel, qu'un effet de ces perturbations naturelles. On entrevoit déjà que ce caractère minéralogique échappe à la géologie spéciale, puisqu'il ne peut donner les moyens de reconnaître si ce changement est dû à la fin d'une période, ou à des couches locales plusieurs fois renouvelées dans cette période. Ici encore, comme dans les discordances et dans tous les autres cas que nous avons cités, la paléontologie stratigraphique seule peut servir à distinguer, par la fin d'une faune et par le commencement de l'autre, la véritable limite de toutes deux.

§ 194. En résumé, toutes les considérations partielles de notre *troisième partie*, où nous donnons le résultat de la discussion sévère de la paléontologie du globe, relative aux animaux vertébrés et annelés, et à plus de DIX-HUIT MILLE espèces d'animaux mollusques et rayonnés (1);

(1) Cet ensemble d'espèces, discutées, quant à leur âge géologique et à leurs caractères zoologiques partiels et généraux sur la stratigraphie paléontologique, terminé en 1847, s'imprime, en ce moment, sous le titre de *Prodrome de paléontologie stratigraphique universelle des animaux mollusques et rayonnés*. — Deux volumes de plus de 500 pages chacun, fruit d'un travail de cinq années.

tous les résultats géologiques de notre *quatrième partie* où nous examinons les caractères stratigraphiques et paléontologiques des étages, nous amènent aux conclusions suivantes :

Les animaux ne montrant dans leurs formes spécifiques, aucune transition, se sont succédé à la surface du globe, non par passage, mais par extinction des races existantes et par la création successive des espèces à chaque époque géologique.

Les animaux sont répartis par étages, suivant les époques géologiques. Chacune de ces époques présente, en effet, à la surface du globe, une faune distincte, caractérisée par des formes spéciales, et par des espèces identiquement les mêmes partout; aussi, les étages silurien, dévonien, carboniférien, permien, jurassiques, crétacés, et même les étages inférieurs de terrains tertiaires de toutes les couches géologiques du globe, sur lesquelles nous avons des données certaines, présentent-ils des caractères paléontologiques identiques ; c'est-à-dire le même *facies* d'ensemble, les mêmes formes génériques et un nombre plus ou moins grand d'espèces identiques, communes partout, qui prouvent leur complète contemporanéité.

Cette contemporanéité d'existence, qu'on remarque à d'immenses distances aux premiers temps de l'animalisation et jusqu'à l'époque où se déposent les terrains tertiaires, semble dépendre d'une température uniforme et du peu de profondeur des mers. Néanmoins, cet état de chose ne pouvait se maintenir, dès que l'influence de la latitude et conséquemment l'inégalité de température déterminée par le refroidissement de la terre, d'un côté, les systèmes de montagnes, de l'autre, ainsi que les grandes profondeurs des océans, apportaient autant de barrières infranchissables à la zoologie terrestre et marine. On doit donc croire que l'uniformité de répartition des êtres sur le globe tient, pour les uns à l'égalité de température déterminée par la chaleur centrale, et pour les autres, à cette même cause, combinée avec le peu de profondeur des mers ; tandis que le morcellement des faunes tertiaires récentes, par bassins de plus en plus restreints, provient, en approchant de l'époque actuelle, du refroidissement de la terre, des limites de latitude, des barrières terrestres et marines, qui ont mis obstacle à l'extension des faunes.

Avant de passer à la troisième partie, entièrement consacrée aux éléments de zoologie, nous croyons devoir anticiper encore sur les résultats géologiques de notre quatrième partie, en donnant, dans leur ordre de succession, la suite des terrains et des étages, que la *superposition rigoureuse* et les points de séparation qui résultent des *limites des faunes*, nous ont forcé d'admettre dans l'étude chronologique de l'animalisation du globe.

La répartition géologique des êtres, suivant leurs classes, permettra de reconnaître le rôle que les espèces ont successivement joué à la surface de la terre, pendant ces longues périodes de repos, et ce que nous connaissons aujourd'hui de ces restes organisés, que les grandes perturbations terrestres n'ont pas empêchés d'arriver jusqu'à nous, comme les *médailles positives* de l'histoire des révolutions de notre planète.

TABLEAU.

DES TERRAINS ET DES ÉTAGES, DONNÉS PAR LA SUPERPOSITION GÉOLOGIQUE ET PAR LES LIMITES DES FAUNES FOSSILES QU'ILS RENFERMENT.

Terrains.	Étages.	
CONTEMPORAINS. .	28 (1) Contemporain, ou époque actuelle.	
TERTIAIRES	27. Subapennin.	
	26. Falunien.	
	25. Parisien.	
	24. Suessonien.	
CRÉTACÉS.	23. Danien.	
	22. Sénonien.	
	21. Turonien.	
	20. Cénomanien.	
	19. Albien.	
	18. Aptien.	
	17. Néocomien.	
JURASSIQUES. . . .	16. Portlandien.	
	15. Kimméridgien.	
	14. Corallien.	
	13. Oxfordien.	
	12. Callovien.	
	11. Bathonien.	
	10. Bajocien.	
	9. Toarcien.	
	8. Liasien.	
	7. Sinémurien.	
TRIASIQUES.	6. Saliférien.	
	5. Conchylien.	
PALÉOZOIQUES. . .	4. Permien.	
	3. Carboniférien.	
	2. Dévonien.	
	1. Silurien.	**B**. Silurien supérieur ou *Murchisonien*.
		A. *Silurien* inférieur ou proprement dit.

(1) Les numéros que nous avons donnés aux étages se reproduiront dans toutes les coupes, dans toutes les descriptions, et serviront, dans tous les cas, à les faire reconnaître. A la quatrième partie, nous donnerons la synonymie complète des terrains et des étages.

TROISIÈME PARTIE.

ÉLÉMENTS ZOOLOGIQUES.

CHAPITRE VI.

ANIMAUX VERTÉBRÉS.

Tous les zoologistes s'accordent, depuis Cuvier, à diviser les animaux en quatre embranchements : les *Animaux Vertébrés*, *Annelés*, *Mollusques* et *Rayonnés*. Nous traiterons successivement ces quatre grandes divisions, en marchant du composé au simple.

PREMIER EMBRANCHEMENT : ANIMAUX VERTÉBRÉS.

§ 195. En nous servant seulement des caractères que la fossilisation ne fait pas disparaître (1), nous trouvons que les animaux vertébrés se distinguent nettement des autres embranchements, par la présence d'un *squelette intérieur* symétrique, eu égard à une ligne médiane droite. Destiné à protéger les divers organes essentiels à la vie et à servir de point d'appui aux organes spéciaux du mouvement, ce squelette ou charpente osseuse se divise en trois parties distinctes : la tête, le tronc et les membres (*fig*. 86).

La *tête* est composée, en avant, d'une *face* formée de deux *mâchoires*, dont l'une inférieure mobile ; de *cavités orbitaires* propres à contenir les yeux ; et en arrière, du *crâne*, espèce de boîte osseuse contenant le cerveau.

Le *tronc* est soutenu par l'épine dorsale, composée de vertèbres mobiles les unes sur les autres, pourvues d'une partie creusée pour contenir la moelle épinière, dont la première porte la tête, et dont les dernières se prolongent souvent en une queue au delà du tronc. Aux côtés de

(1) Voyez *Introduction*, p. 9.

quelques vertèbres, s'attachent, par une de leurs extrémités, des *côtes* qui s'arrondissent en demi-cercle pour envelopper les viscères, et vont

Squelette intérieur d'un animal vertébré.

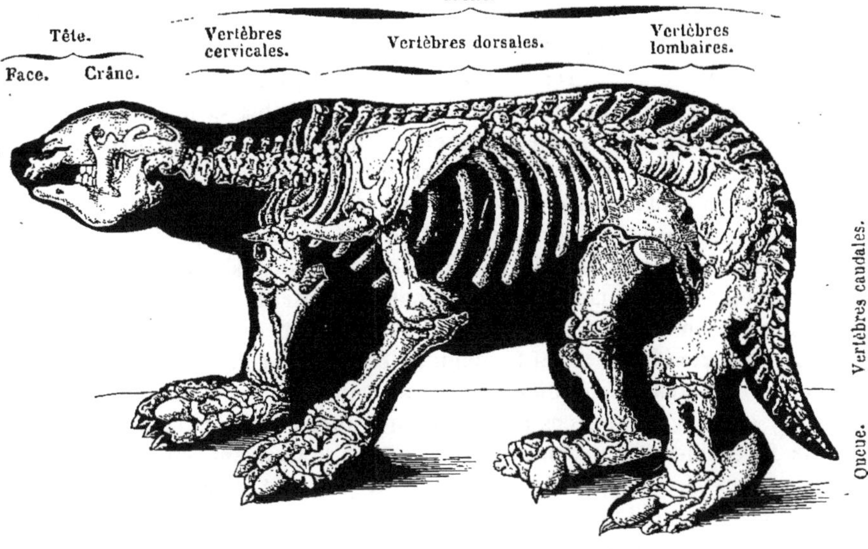

Fig. 86. Megatherium Cuvieri.

souvent se réunir au sternum, placé à la partie médiane opposée aux vertèbres.

Les *membres*, lorsqu'ils existent, ne forment jamais plus de deux paires ; mais l'une ou l'autre manque, et quelquefois toutes les deux.

Les animaux vertébrés peuvent se subdiviser en deux grandes sections : les *Vertébrés à mamelles*, aussi nommés *Vivipares*, et les *Vertébrés ovipares*. La première section comprend les *Mammifères* seulement. La seconde renferme les *Oiseaux*, les *Reptiles* et les *Poissons*.

ORDRE DES MAMMIFÈRES.

§ 196. Cette division, qui comprend l'homme, le plus parfait des êtres, et qui renferme tous les autres mammifères, plus ou moins rapprochés de nous par leurs formes et par leurs caractères, se trouve surtout caractérisée, dans le squelette, par la mâchoire inférieure articulée directement avec le crâne, au moyen d'un condyle saillant de l'os temporal.

Le crâne se compose de trois ceintures d'os : la première, d'un ou de deux *frontaux*, et de l'*ethmoïde*; la seconde, de *pariétaux* et du *sphénoïde*;

la troisième, de l'*occipital*. La face est formée de deux *maxillaires* ou *mâchoires ;* de deux *intermaxillaires*, de deux *palatins*, de deux os propres du nez, etc., etc. (1). Le col est généralement formé de sept vertèbres; les côtes antérieures sont attachées en avant, à un sternum formé de pièces en file. Les extrémités ou les membres antérieurs commencent par une *omoplate* suspendue dans les chairs, souvent unie au sternum par une *clavicule*. De l'omoplate part un bras ou l'*humerus*, un avant-bras composé de deux os, le *cubitus* et le *radius ;* une main, formée de deux rangées d'osselets, du *carpe* et du *métacarpe*, et de doigts, munis chacun de deux ou de trois *phalanges*. Les extrémités postérieures sont, excepté chez les Cétacés, fixées à l'épine dorsale par une ceinture, ou bassin formé de chaque côté de trois os : l'*iléon*, le *pubis* et l'*ischion*. Au point de réunion de ces trois os, s'articule la cuisse, formée du *fémur*, la jambe soutenue par le *tibia* et le *péroné*, et un pied composé d'un *tarse*, d'un *métatarse* et de phalanges.

Les **Mammifères** offrant, comme charpente solide, comme point d'appui des organes du mouvement, un squelette composé d'os et de dents, on conçoit que ces parties se présentent dans les conditions les plus favorables à leur conservation. Les os se trouvent, en effet, complets dans les couches sédimentaires du globe et dans les cavernes. On rencontre quelquefois toutes les parties d'un squelette rapprochées les unes des autres dans la même couche; ce qui arrive dans les argiles limoneuses des Pampas, de Buenos-Ayres et de la Bande orientale ; dans les gypses de Montmartre, etc. D'autres fois, et c'est le cas le plus fréquent, on voit seulement des os isolés dans les couches, ou des os amoncelés et pêle-mêle dans les cavernes.

De toutes les parties du squelette des mammifères, les dents sont, sans contredit, celles qui résistent le mieux aux agents destructeurs ; aussi se trouvent-elles dans un état parfait de conservation, lors même que les os sont presque décomposés, ou roulés, comme dans les faluns de la Touraine.

Un fait exceptionnel très-remarquable est le fameux squelette de rhinocéros rencontré en Sibérie, et qui paraissait complétement conservé au milieu des glaces. Il était, en effet, couvert de sa peau ; et l'on voyait, sur quelques points, des parties considérables de muscles, de tendons, encore attachés aux os.

On trouve quelquefois les parties cornées des mammifères encore intactes, telles que les ongles de *Megalonyx* rencontrés dans les cavernes du Brésil.

Quelques auteurs ont cru reconnaître des empreintes physiologiques

(1) L'exiguïté de la place que nous pouvons consacrer ici aux caractères ostéologiques, nous oblige à ne signaler que les principaux traits caractéristiques des grandes coupes.

de pas de mammifères et surtout des pas d'hommes ; mais il paraît certain que ces soi-disant traces humaines étaient le produit de l'art. Pour les autres traces au sein des couches anciennes, qui ne renferment aucun reste d'os appartenant aux mammifères, on doit supposer qu'elles étaient les traces de certains reptiles dépendant d'une classe moins élevée.

Il paraît qu'on a rencontré dans les cavernes à ossements de Lunel-Vieil, province de Liége (Belgique), des coprolites, ou *fœces* fossiles, qu'on a cru devoir rapporter aux mammifères.

On divise généralement les mammifères en deux grandes divisions, les *Monodelphiens*, et les *Didelphiens*.

Les premiers, les plus parfaits, sont principalement caractérisés par leur mode de développement : ils naissent déjà pourvus de tous leurs organes ; mais les caractères ostéologiques qui les distinguent nettement consistent en l'absence des os *marsupiaux*, destinés, chez les didelphiens, à soutenir les parois de la cavité viscérale en avant du bassin.

Mammifères monodelphiens.

En prenant pour base l'organe du toucher ou de la locomotion, on a divisé les mammifères monodelphiens en ordres, qui ont des représentants à l'état fossile.

§ 197. 1er Ordre. Bimanes. Les *Bimanes* ne renferment qu'un seul genre, le genre *Homo*, et ce genre ne contient qu'une seule espèce, l'*homme* (1), qui, indépendamment de ses facultés intellectuelles si développées, se distingue des autres mammifères, par la station normale verticale, et par ses membres ayant des fonctions distinctes. En effet, tandis que les autres mammifères marchent le corps dans une position horizontale, et emploient leurs membres à la marche, l'homme reste sur une ligne verticale. Il résulte, de cette disposition, deux caractères faciles à distinguer, même dans le squelette. Le premier se montre dans la position toute latérale de la face par rapport à la ligne que forment les vertèbres, et au trou occipital du crâne, au lieu d'être sur une même ligne ; le second consiste dans les extrémités. En effet, les inférieures sont seules destinées à soutenir et à mouvoir le corps ; elles forment des pieds des mieux conformés, tandis qu'inutiles pour la locomotion, les membres supérieurs deviennent des instruments spéciaux de préhension et de tact, et se terminent par la main la plus complète. Cette main est formée de doigts longs, flexibles, et le pouce est disposé de manière à pouvoir s'opposer aux autres doigts et à former un puis-

(1) Voyez nos recherches sur l'*Homme américain*, considéré sous ses rapports physiologiques et moraux.

sant moyen de préhension (1). Les bimanes ont trois sortes de dents à chaque mâchoire : quatre incisives, deux canines et dix molaires, en tout trente-deux dents.

L'homme existe-t-il à l'état fossile? telle est la question que beaucoup d'écrivains ont souvent adressée aux zoologistes et aux géologues. En consultant les faits bien constatés, il n'y a, pour nous, aucun doute pour l'affirmative, surtout dans l'acception que nous donnons au mot fossile (§ 5). En effet, bien qu'ils ne soient qu'exceptionnels, on a rencontré des ossements humains, ou des objets fabriqués par l'homme, sur l'ancien et le nouveau continent, dans les conditions des autres fossiles.

En Europe on les a observés dans les cavernes, les brèches osseuses et le terrain meuble diluvien. Les premiers en ont offert à Kœstriz, en Saxe, à Kuhloch et à Zalmloch, en Franconie, à Mendipp, à Burrington, etc., en Angleterre, à Gibraltar, en Dalmatie, à Mialet, à Bize, à Pondres et à Sauvignargues, en France, dans la province de Liége, en Belgique, etc. Les alluvions plus ou moins anciennes en renferment quelquefois dans le *Lehm* des bords du Rhin, dans les alluvions de Krems (Basse-Autriche) et de Canstadt (Wurtemberg), etc. Ces débris humains ont été également découverts en Amérique. On a parfois trouvé dans les cavernes de Withe (Kentucky), dans celles de la province de Minas-Geraës, au Brésil, que les recherches de M. Lund ont rendues célèbres. On a signalé des ossements humains non loin de la mer, au lieu dit *le Moule*, à la Guadeloupe (Antilles), dans une roche solide, mais renfermant seulement des coquilles identiques aux coquilles qui vivent encore sur la même côte. Enfin, nous avons observé, dans les plaines du centre de l'Amérique méridionale (2), sur les rives du Rio-Securi, affluent supérieur de l'Amazone, sous six mètres d'alternats de sable fin mélangé d'argile, des morceaux de poterie et beaucoup de rouleaux de terre cuite fabriqués par l'homme.

Maintenant que nous avons admis l'homme à l'état fossile, il reste à chercher à quelle époque appartiennent les restes observés. Les derniers étages géologiques falunien et subapennin, qui ont précédé l'époque actuelle, ont-ils montré, sur quelques points du globe, des traces humaines dans les couches marines ou terrestres qui y correspondent? Nous croyons pouvoir répondre par la négative; car aucun fait bien constaté ne viendrait appuyer cette assertion. Les restes humains sont donc spéciaux aux cavernes, aux brèches osseuses ou aux alluvions.

Nous avons vu (§ 165) que, tant qu'elles ont donné accès aux eaux,

(1) Voyez, pour les caractères ostéologiques de l'homme, la figure 77, donnée par M. Milne-Edwards, dans son *Cours élémentaire de Zoologie*.

(2) Voyez *Géologie de l'Amérique méridionale*, p. 205.

les cavernes ont pu recevoir de nouveaux sédiments avec des restes d'animaux terrestres, et qu'elles renferment, dès lors, des faunes d'âges différents. Nous avons fait remarquer (§ 140), qu'aujourd'hui même, les grandes cavités souterraines reçoivent encore des sédiments et les ossements que peuvent entraîner les eaux pluviales. Il est donc d'autant plus certain que les restes humains y ont été portés depuis l'époque actuelle, qu'ils se trouvent toujours mélangés avec d'autres ossements de mammifères appartenant à la faune contemporaine. Les brèches osseuses n'étant, le plus souvent, qu'un amas formé dans les cavernes et dénudé ensuite, rentrent dans les mêmes circonstances. Pour les restes humains rencontrés dans le Lehm des bords du Rhin, ou dans les alluvions, leur âge géologique est plus facile à constater, par la présence des coquilles terrestres et fluviatiles qui les accompagnent. En effet, toutes ces coquilles sont identiques aux espèces qui vivent aujourd'hui sur les berges ou sur les coteaux voisins. Nous avons dit, de plus, que les ossements humains des roches solides de la Guadeloupe sont également mélangés avec les coquilles marines des mers actuelles des Antilles. Il resterait, dès lors, démontré que les restes humains fossiles, lorsqu'ils ont été bien observés, se sont rencontrés partout avec d'autres êtres dépendant de l'époque actuelle, et qu'ils sont fossiles dans les dépôts contemporains, comme le sont les huitres de Saint-Michel-en-l'Herm (Vendée) (§ 5), les dépôts littoraux de beaucoup de points de la Méditerranée, de l'Amérique méridionale (1), des Antilles (2), etc., etc. Ce *fait positif* aurait d'autant plus de valeur, qu'il serait corroboré par le *fait négatif* du manque complet d'ossements humains dans les couches stratifiées terrestres ou marines des deux derniers étages qui nous ont précédés à la surface de notre planète.

§ 198. 2e Ordre. QUADRUMANES. Cette division des mammifères est surtout caractérisée par ses membres antérieurs et postérieurs que terminent des mains, c'est-à-dire des organes destinés à grimper et à saisir; aussi le pouce est-il opposable aux autres doigts, aux deux extrémités. Leur appareil dentaire se compose, comme chez l'homme, d'incisives, de canines et de molaires. On rencontre à l'état fossile, des quadrumanes appartenant à trois divisions : des singes dits de l'*ancien continent*, des singes dits du *nouveau continent* et des *Jacchus*.

§ 199. **Singes de l'ancien continent** (*Catarrhinæ*). Ils ont à chaque mâchoire quatre dents incisives verticales, deux canines et huit molaires. L'espèce la plus ancienne dans les couches terrestres a été trouvée en Angleterre, dans l'étage parisien, à Kyson, dans le Suffolk ; c'est une dent bien conservée qu'on peut rapporter avec certitude au genre ***Macacus*** ;

(1) Voyez *Géologie de l'Amérique méridionale*, p. 53.

(2) M. de la Sagra nous a donné une nombreuse collection de ces coquilles fossiles identiques.

Owen lui a donné le nom de ***Macacus eocenus***. La plupart des macaques actuels habitent les Indes ; mais il en existe aussi en Afrique. M. de Blainville a décrit, sous le nom de *Pithecus antiquus*, une mâchoire entière de singe, rencontrée dans le célèbre gisement de Sansan (Gers), que nous rapportons avec certitude à notre étage falunien (*fig*. 87). MM. Falconer et Cautley ont découvert une espèce du genre *Semnopithecus*, dans le même étage à Sutly (Indes anglaises).

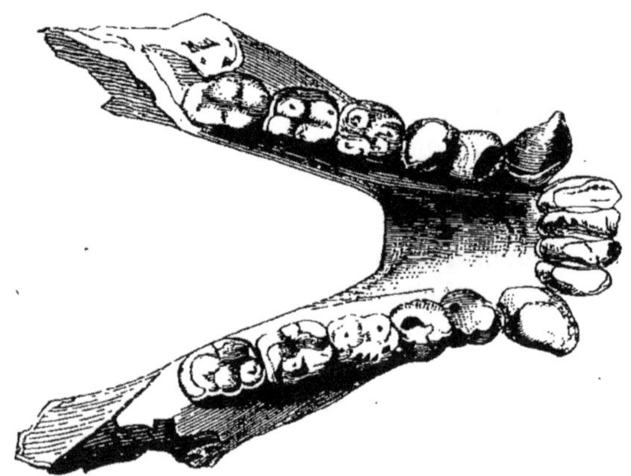

Fig. 87. Pithecus antiquus.

§ 200. **Singes du nouveau continent**, famille des *Platyrrhinæ*. Ils diffèrent des premiers par douze molaires à chaque mâchoire, au lieu de huit. M. Lund en a découvert dans les cavernes de la province de Minas-Geraës au Brésil. Les espèces qu'il indique sont les *Cebus macrognathus*, *Callithrix primævus* et *Protopithecus brasiliensis* (genre nouveau); il indique aussi le *Jacchus grandis*. Ces espèces paraissent appartenir à l'étage falunien. Il est curieux de trouver, aux dernières époques géologiques tertiaires, les singes déjà répartis, comme ils le sont aujourd'hui, suivant leurs caractères.

§ 201. 3e ordre. CARNASSIERS. Dans cette série des mammifères, et dans toutes celles qui suivent, la station normale est horizontale ; il en résulte que la colonne vertébrale suit cette direction. La tête porte la face à l'extrémité de cette ligne, au lieu d'être latérale comme chez l'homme. Chez les carnassiers, les quatre extrémités sont spéciales à la marche. Le squelette s'éloigne de plus en plus de celui des bimanes et quadrumanes ; le crâne est rétréci ; l'angle facial très-aigu (30 à 40 degrés) ; orbites non séparées des fosses temporales ; arcades zygomatiques écartées et très-relevées ; trois sortes de dents : incisives, canines et molaires ; mâchoires en général très-courtes, puissantes ; articulation condyloïdienne dirigée en travers ; apophyses des vertèbres longues et fortes, les transverses de l'atlas énormes ; côtes arrondies ; omoplates très-fortes et ne s'appuyant que rarement sur la clavicule ; doigts séparés ; phalanges onguéales fortes et solidement unies. Les caractères de la dentition distinguent spécialement cette tribu. Les molaires sont en général tranchantes, au lieu de porter, comme celles des insectivores, des pointes coniques. Nous disons *en général* tranchantes; car, chez certains carnivores, quelques-unes de ces dents sont tuberculeuses, et même elles le sont toutes chez l'ours, qui peut se nourrir de végétaux seulement. Pour cette raison, on a distingué les molaires des carnivores en fausses molaires, carnassières et tuberculeuses. Les *fausses molaires* suivent la canine ; elles sont petites, tranchantes ou pointues. La *carnassière* plus grosse que les autres et ordinairement pourvue d'un talon tuberculeux, est placée après les fausses molaires. Enfin les *tuberculeuses* sont presque entièrement plates, petites et placées derrière la carnassière. Les incisives, régulièrement au nombre de six, sont toujours petites, comparativement aux précédentes et aux canines qui sont grandes et à crochets, au nombre de quatre, deux pour chaque mâchoire.

§ 202. Parmi les carnassiers que Cuvier sépare sous le nom de **Plantigrades,** on rencontre, à l'état fossile, les genres suivants :

Le genre *Ursus* renferme plusieurs espèces dont aucune n'a son analogue vivant. On cite l'*U. cultridens*, dans l'étage falunien de Sansan, et à Georgen-Gmünd, en Bavière Dans l'étage subapennin, les couches meubles supérieures du val d'Arno ont fourni l'*Ursus cultridens*. Des dépôts du même âge ont offert, aux environs de Montpellier et au Puy-de-Dôme, l'*Ursus arvernensis* et *cultridens*. Les cavernes et le diluvien, peut-être du même âge, de la France, de l'Allemagne, de l'Angleterre, de la Belgique, et quelques brèches osseuses en ont offert des débris. Ces débris se rapportent généralement à l'*Ursus spelæus* de Blumenbach, que Cuvier appelait l'*ours des cavernes, ours à front bombé* (*fig.* 88). Cette espèce est

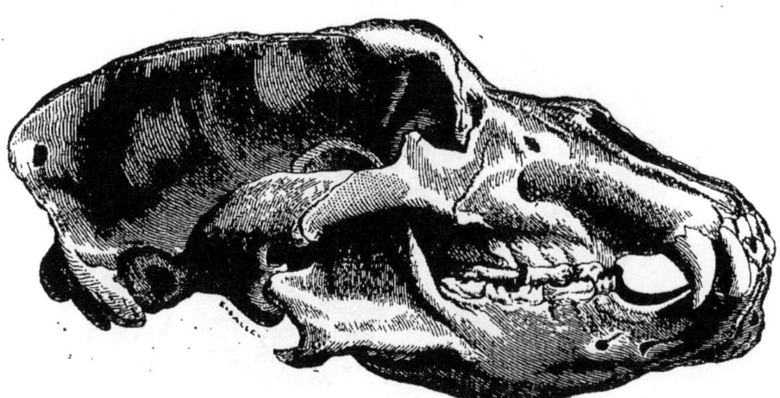

Fig. 88. Ursus spelæus.

effectivement caractérisée en ce que chaque os frontal forme une protubérance arrondie, de telle sorte que, relevée sur la partie postérieure du front, la ligne du profil tombe, par une pente très-inclinée, sur la base du nez. L'ours des cavernes avait une taille au moins d'un quart en sus des plus grands ours bruns actuels. On rencontre encore, mais plus rarement, dans les cavernes du midi de la France, l'*U. Arctoideus*, *Pittorii*, et *Metopolcianus*. L'*Ursus giganteus* et *Leodiensis* existent dans les cavernes de Liége avec quelques ossements de l'*U. priscus*, qu'on a trouvé plus spécialement dans la caverne de Gailenreuth. M. Milne Edwards a cité un fragment de crâne d'ours, dans une brèche osseuse d'Oran, en Algérie. Enfin M. Lund a trouvé les débris de son *Ursus brasiliensis* dans les cavernes du Brésil.

§ 203. Les genres perdus suivants sont connus à l'état fossile :

Le G. *Agnotherium* Kaup., a été trouvé dans les cavernes d'Eppelsheim.

Le G. *Amphicyon*, Lartet, dans l'étage falunien de Sansans.

Le G. *Tænotherium*, Blainville, dans les gypses de l'étage parisien.

Le G. *Amphyarctos*, Blainv., dans les collines subhimalayennes de l'étage probablement falunien.

Les genres encore existants ont montré le G. *Meles* (*Meles antediluvianus*, Schm.) dans les cavernes de Belgique, de France, d'Angleterre et d'Allemagne.

§ 204. Parmi les carnassiers que Cuvier sépare sous le nom de **Digitigrades**, les uns ont, en arrière de la carnassière d'en haut et d'en bas, une seule dent tuberculeuse ; leurs pattes sont brèves et leur corps long et effilé : on les a nommés, pour cette raison, *Vermiformes*. Tels sont les Putois, les Martres, les Loutres, les Mouffettes. Les autres ont deux dents tuberculeuses plates derrière la carnassière supérieure, qui elle-même a

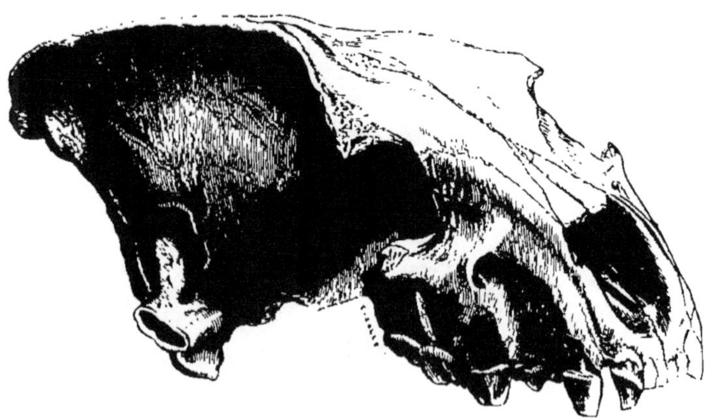

Fig. 89. Hyæna spelæa.

un talon assez large : tels sont les Chiens et les Civettes ; enfin, les autres n'ont point de dents derrière la carnassière d'en bas : tels sont les Chats et les Hyènes.

Parmi les genres encore existants de cette série, le G. *Hyæna* est le plus intéressant. Les diverses espèces d'hyènes vivantes habitent actuellement les parties chaudes de l'ancien continent (Perse, Arabie, Abyssinie, Cap); or, le même genre se trouve abondamment répandu en espèces et en individus, à l'état fossile, sur tous les points de l'Europe. On connaît plusieurs espèces fossiles d'hyènes, qui toutes sont perdues pour la nature actuelle. L'une des plus remarquables est l'*Hyæna spelæa*, Goldf., dont les restes se rencontrent dans la plupart des cavernes osseuses du continent (Voy. *fig.* 89).

Les quatre genres qui ont laissé des débris encore assez nombreux dans les couches terrestres, sont : Le genre *Lutra*, dont on compte quatre à cinq espèces dans l'étage falunien ;

Le G. *Canis* (chien, renard, loup), qui ont montré plus de vingt espèces, depuis l'étage parisien ;

Le G. *Felis* (chats, tigres, lions, lynx), dont on connait vingt espèces dans les étages supérieurs ;

Le G. *Viverra* se montre depuis l'étage parisien ;

Le G. *Mustela*, depuis l'étage falunien. Ces espèces se trouvent à Eppelsheim, à Altstadt, près de Mœsskirch (Allemagne), au Puy-de-Dôme, en Auvergne ; à Saint-Gérans (Allier) ; dans l'Himalaya.

§ 205. Les genres qui n'ont pas de représentants actuels sont les suivants : Le G. *Pterodon*, Blainville, de l'étage falunien ;

Le G. *Machairodus*, Kaup., de l'étage falunien d'Altstadt, près de Mœsskirch ;

Le G. *Amyxodon*, Cault. et Falc., de l'étage falunien de l'Himalaya.

Le G. *Hyænodon* de Layser, d'Auvergne.

Enfin les genres *Speothos*, *Smilodon*, et *Icticyon*, Lund, des cavernes du Brésil, probablement de l'étage subapennin, comme les ossements des Pampas.

§ 206. 4e Ordre. Amphibies. Les extrémités ne sont plus disposées spécialement pour la marche, mais, au contraire, pour la natation ; aussi les os des membres sont-ils courts et munis d'articulations anguleuses, en rapport avec le peu de mouvements qu'ils exécutent : ils ont le bassin étroit, les apophyses des vertèbres grêles et écartées, la dentition des vrais carnassiers, etc. On les divise en deux tribus : les phoques et les morses. Les phoques (*Phoca*) ont quatre ou six incisives en haut, quatre en bas; leurs canines sont pointues et leurs mâchelières, au nombre de vingt, vingt-deux ou vingt-quatre, sont toutes tranchantes ou coniques, sans aucune partie tuberculeuse, et ne peuvent être distinguées en fausses et vraies molaires, comme celles des carnassiers. Les morses (*Trichechus*) ont à la mâchoire supérieure deux énormes canines, qui se dirigent en bas et atteignent souvent jusqu'à deux pieds de long. Entre ces défenses sont placées deux incisives semblables aux molaires, qui, au nombre de quatre de chaque côté, en haut et en bas, ont toutes la forme de cylindres courts et tronqués. La mâchoire inférieure manque d'incisives et de canines On connaît quelques débris de ces genres, dans les étages faluniens, de la Touraine, d'Angers, de Dax, en France; du Suffolk, en Angleterre; dans les couches de l'étage subapennin de Baltrigen (Souabe); dans la Virginie, etc.

§ 207. 5e Ordre. Cheiroptères. Ici les caractères changent encore. Les membres antérieurs disposés pour le vol, sont transformés en ailes par des replis de la peau, qui enveloppent les doigts et s'attachent au corps. Il va sans dire que les caractères ostéologiques sont aussi très-modifiés. Les doigts de la main acquièrent une longueur extrême, excepté le pouce, qui reste court et grêle; l'os métacarpien de ces doigts ressemble à une première phalange. Les doigts des extrémités postérieures n'offrent qu'un développement ordinaire; les jambes sont petites et dirigées en arrière, ce qui donne au bassin une forme spéciale. Le

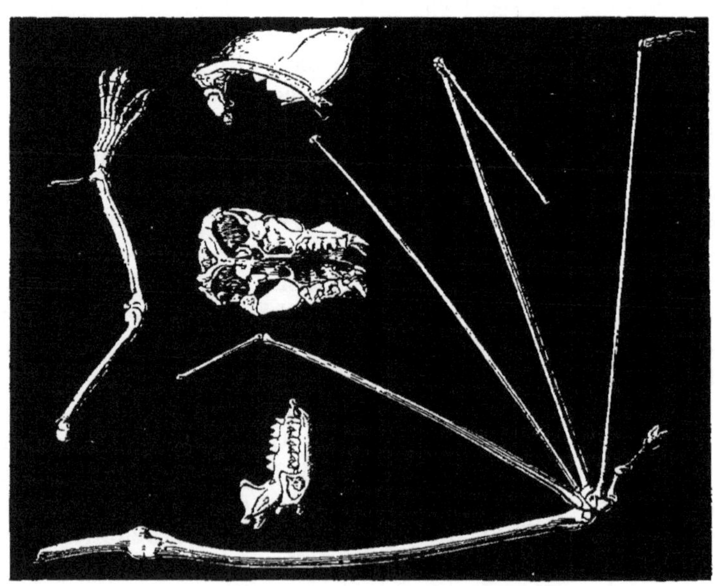

Fig. 90. Vespertilio parisiensis.

sternum porte, dans son milieu, une arête saillante analogue au bréchet des oiseaux. Les clavicules sont très-fortes, les omoplates larges. La tête présente des caractères intermédiaires entre celle des quadrumanes et celle des carnassiers proprement dits. Les molaires sont généralement hérissées de pointes coniques ; dans un seul genre, les *Roussettes*, elles s'approprient à un régime frugivore. Les canines sont fortes ; les incisives, variables en nombre, sont fréquemment au-dessous de six. Tous les genres fossiles appartiennent aux genres actuellement existants. Le G. *Vespertilio* a montré des représentants (V. *parisiensis*, Cuv.) dans les gypses de l'étage parisien (*fig.* 90), dans les étages supérieurs de Weisenau, d'Œningen ; dans les cavernes de Liége, du Kent, et au Brésil.

Le G. *Molossus* a montré des espèces dans l'étage parisien de Kyson (Suffolk), et dans les cavernes du Brésil.

Les genres *Rhinolophus*, Geoffroy, et *Phyllostoma*, Cuvier, aujourd'hui propres à l'Amérique, ont aussi montré leurs espèces fossiles dans les cavernes du Brésil.

§ 208. 6e Ordre. Insectivores. Voisins des carnassiers par leurs pieds disposés pour la marche, et, jusqu'à certain degré, par les dents, ils en diffèrent néanmoins par les molaires hérissées de pointes coniques, au lieu d'être tranchantes. Le squelette est grêle, les pieds sont courts, les apophyses des os sont plus faibles que dans les carnassiers. Nous avons déjà indiqué les caractères particuliers de leurs dents molaires ; leurs incisives et leurs canines varient dans leur position et dans leurs proportions relatives : chez les uns, il y a de longues incisives en avant, suivies d'autres incisives et canines, moins hautes même que les molaires ; chez d'autres, il y a de grandes canines écartées, et entre celles-ci, de petites incisives, etc. Les genres éteints sont au nombre de quatre :

Le G. *Palæospalax*, Owen, des cavernes d'Angleterre.

Le G. *Oxygomphius*, Meyer, de l'étage falunien d'Allemagne.

Le G. *Dimylus*, Meyer, de l'étage falunien.

Le G. *Spalacodon*, Charl., de l'étage subapennin d'Angleterre.

Les genres encore existants sont : les *Erinaceus*, Linné, dont l'E. *arvernensis*, Croizet, dépassait des deux tiers la taille de notre hérisson, et se trouve dans l'étage falunien d'Auvergne, et une autre à Sansan.

Le G. *Centenes*, Illiger, a offert une espèce en Auvergne, dans l'étage peut-être subapennin.

§ 209. 7e Ordre. Rongeurs. Les rongeurs manquent de canines, et se distinguent, en outre, par un grand espace vide de chaque côté de la bouche, entre les incisives et les molaires. Les incisives sont fortes, longues, arquées, profondément enfoncées dans les alvéoles, mais sans racines, taillées en biseau à leur extrémité, et fournies d'un émail plus épais antérieurement que postérieurement ; elles sont ordinairement au nombre de deux à chaque mâchoire. Les molaires sont à couronne large et plate, pourvues de racines chez les omnivores, dépourvues de racines chez les herbivores, offrant des replis plus ou moins profonds et nombreux de l'émail dans la substance de l'ivoire (*fig.* 91). La mâchoire inférieure est articulée au crâne par un condyle longitudinal qui ne permet de mouvements que d'avant en arrière. Le corps est généralement petit ; souvent il existe une grande disproportion entre les membres thoraciques et les membres abdominaux, ceux-ci étant ordinairement plus longs ; les os de l'avant-bras sont souvent complétement unis, etc., etc. On rencontre un grand nombre de genres éteints, et d'autres qui ont encore des représentants dans la nature actuelle. Les premiers sont : Le G. *Megamy*, d'Orb., de l'étage falunien de la Patagonie (Amérique méridionale).

Le G. *Archæomys*, de Layse et de Parieu. L'A. *arvernensis* s'est montré dans l'étage peut-être falunien de l'Auvergne ;

Le G. *Lonchophorus*, Lund, des cavernes du Brésil ;

Le G. *Trogontherium* (*fig.* 91), Fischer, qui représente une portion de mâchoire inférieure du *Trogontherium Cuvieri*, Owen (*Castor gigantesque* de Cuvier), trouvée à Bacton, côte de Norfolk, dans l'étage parisien ;

Fig. 91. Trogontherium Cuvieri.

Le G. *Steneofiber*, Geoffroy, de l'étage falunien de France ;

Le G. *Palæomys*, Kaup., de l'étage falunien d'Eppelsheim ;

Le G. *Chalichomys*, Kaup., une espèce du même lieu ;

Le G. *Chelodus*, Kaup., une espèce du même lieu ;

Le G. *Theridomys*, Jourdan, de l'étage subapennin de France, et quelques autres mal déterminés.

Les genres encore existants sont les suivants :

G. *Sciurus*, Linné, dont une espèce est de l'étage parisien ;

G. *Arctomys*, Gmelin, de l'étage falunien des environs de Mayenne, à Eppelsheim, Weisenau.

G. *Myoxus*, Gmelin, de l'étage parisien de Montmartre.

G. *Mus*, Linné, des étages falunien et subapennin, dans les cavernes et dans les brèches osseuses des deux continents ; on en connaît plus de vingt espèces.

G. *Cricetus*, Cuvier, de l'étage falunien et des cavernes d'Europe.

G. *Dipus*, Gmelin, dans les cavernes d'Allemagne.

G. *Arvicola*, Lacépède, de l'étage falunien et subapennin, de l'Himalaya, du Puy-de-Dôme et à Œningen.

G. *Dasyprocta*, Illiger, dans les cavernes du Brésil, mais aussi dans les sables supérieurs et les cavernes de Liége, et du Puy-de-Dôme, en Auvergne. Ce fait est d'autant plus curieux, que les *Dasy-procta* sont aujourd'hui spéciaux à l'Amérique méridionale.

G. *Aulacodon*, Swind, des cavernes du Brésil.

G. *Echimys*, Geoffroy, des étages subapennins d'Auvergne ; c'est un fait curieux, car les *Echimys* sont de l'Inde et de l'Amérique.

G. *Ctenomys*, Blainville, deux espèces sont de l'étage subapennin des Pampas de Buenos-Ayres et des cavernes du Brésil.

G. *Castor*, Linné, de l'étage falunien et subapennin, de Russie, d'Allemagne et de France.

G. *Myopotamus*, Commerson, des cavernes du Brésil.

G. *Spermophylus*, Cuvier. On connaît deux espèces de l'étage falunien de Mayence. Du reste, beaucoup des espèces du genre *Mus*, surtout, ont besoin d'être revues avec beaucoup de soin, pour savoir si elles diffèrent des espèces vivantes. Or, ne se pourrait-il pas que le plus grand nombre d'entre elles eussent appartenu à des individus plus ou moins récents, qui auraient habité les cavernes postérieurement à leur remplissage par les ossements des autres mammifères qu'on y rencontre? Leur habitude de vivre dans les trous et de se fabriquer des habitations souterraines porterait à le croire.

A l'exception des genres *Dasyprocta* et *Echimys*, rencontrés fossiles en Europe, tandis qu'ils n'habitent plus aujourd'hui que l'Amérique méridionale, tous les autres genres se rencontrent aujourd'hui fossiles sur les mêmes lieux qu'ils habitent encore ; mais ces deux exceptions, jointes à quelques autres, chez les *Cheiroptères* et chez les Pachydermes, suffisent pour démontrer qu'il en est des mammifères comme des autres séries animales, qui ne subissent nullement, dans les temps passés, la répartition géographique actuelle.

§ 210. 8e Ordre. ÉDENTÉS. Les mammifères qui composent cet ordre, ont pour caractère principal l'absence de dents sur le devant de la bouche; les doigts sont garnis d'ongles très-forts, arqués et solides, qui se rapprochent, plus ou moins, de la nature de la corne, et enveloppent le doigt, un peu comme dans les ordres qui vont suivre. On les divise en familles, dont deux ont des représentants à l'état fossile.

§ 211. 1re Famille. *Lipodonta*, qui se rapprochent le plus des fourmiliers, toujours dépourvus de mâchelières et, dès lors, de toute dent. On compte, dans cette famille, trois genres perdus et un seul genre existant encore. Genres perdus : G. *Glossotherium*, Owen, des Pampas de Buenos-Ayres et des cavernes du Brésil.

G. *Macrotherium*, Lartet. L'un des deux seuls édentés fossiles que l'on ait trouvés jusqu'aujourd'hui en Europe, a été créé d'après quelques ossements et quelques débris de dents molaires découverts dans l'étage falunien du dépôt de Sansan. Le *Macrotherium* avait les phalanges unguéales des Pangolins et des dents semblables à celles des Paresseux. Certains auteurs ont pensé qu'une espèce de Pangolin, qu'on cite également à Eppelsheim, et qu'on a caractérisée par une seule phalange unguéale, découverte dans le dépôt de cette localité, appartiendrait au *Macrotherium*.

Deux genres existants ont des représentants actuels, le *Myrmecophaga*, dont M. Lund a découvert deux espèces dans les cavernes du Brésil.

Le G. *Orycteropus*, Desmarets, dont on connaît des espèces dans l'étage subapennin des Pampas.

§ 212. 2e famille des DASYPIDÆ. Cette famille renferme le *Dasypus*, caractérisé par le manque de dents canines. Leurs dents molaires sont cylindriques, mais leur caractère particulier et le plus remarquable est le test écailleux et dur, composé de compartiments semblables à de petits pavés, recouvrant leur tête, leur corps et souvent leur queue. Cette substance forme un bouclier sur le front, un second très-grand et très-convexe sur les épaules, un troisième semblable au précédent, sur la croupe, et entre ces deux derniers, plusieurs bandes parallèles mobiles, qui donnent au corps la faculté de se ployer. La queue est tantôt garnie d'anneaux successifs, tantôt seulement comme les jambes, de divers tubercules.

Parmi les genres perdus qui se groupent autour des *Dasypus*, on peut citer le G. *Glyptodon*, Owen. On n'en connaît encore qu'une seule espèce, c'est le G. *clavipes*, Owen (décrit en 1838 sous le nom de *Dasypus giganteus*, par MM. Vilardebo et Isabelle), dont la taille égalait le tiers environ de celle du megatherium. Ses formes le rapprochent essentiellement des tatous. Ses dents, au nombre de seize à

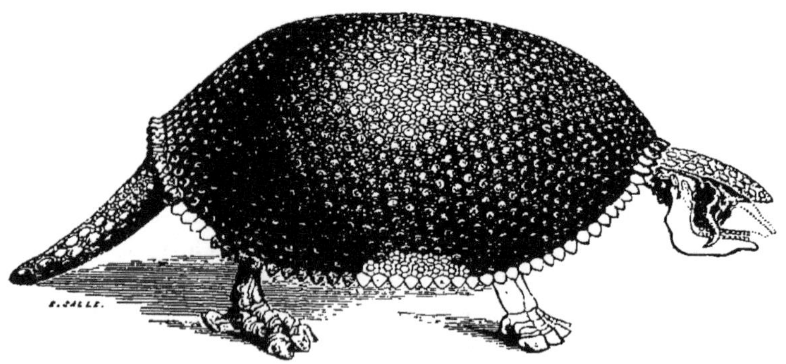

Fig. 92. Glyptodon clavipes.

chaque mâchoire, sont creusées latéralement de deux larges et profonds sillons qui en divisent la surface molaire en trois portions; de là le nom de *Glyptodon*. Le pied de derrière a une forme très-remarquable : il est massif, et ses phalanges unguéales sont courtes et déprimées. L'animal était protégé à l'extérieur par une carapace solide, composée de plaques qui, vues en dessous, paraissent hexagonales et sont unies par des sutures dentées ; et qui, au contraire, forment en dessus des sortes de doubles rosettes. C'était un animal de taille gigantesque, propre à l'étage subapennin des Pampas de Buenos-Ayres (*fig.* 92).

G. *Chlamydotherium*, Lund, deux espèces des cavernes du Brésil.

G. *Hoplophorus*, Lund, trois espèces des cavernes du Brésil.

G. *Pachytherium*, Lund, des mêmes lieux.

G. *Euryodon*, Lund, des mêmes lieux.

G. *Xenurus*, Lund, encore des mêmes lieux.

Le seul genre existant aujourd'hui, qui a montré de nombreux restes fossiles, est le genre *Dasypus*, Linné, dont on connait des espèces fossiles dans les couches de l'étage subapennin de France (*D. fossilis*), dans les cavernes du Brésil et dans l'Amérique du Nord.

§ 213. 3e famille des MEGATHERIDÆ. Cette division est exclusivement composée de genres perdus pour l'époque actuelle. G. *Megatherium*, Cuvier. Celui-ci est l'un des plus extraordinaires que l'on connaisse (*fig.* 86). Les proportions du squelette étaient énormes : elles dépassaient quatre mètres en longueur, et en avaient presque trois de hauteur; les hanches avaient un mètre soixante-sept centimètres de large, ce qui excède de beaucoup le diamètre de la même partie du squelette, dans les plus grands éléphants. Le fémur était énorme, et du reste excédait presque en largeur la moitié de la longueur; on ne trouve pas dans la nature vivante un autre exemple d'un élargissement pareil. La tête ressemble beaucoup à celle du paresseux : elle est petite, comparativement au reste du corps. Ses dents étaient au nombre de $\frac{5.5}{4.4}$ prismatiques, à couronne sillonnée en travers, de forme rectangulaire, avec les angles un peu émoussés. Sa queue était formée de vertèbres nombreuses. D'après l'ensemble de ces traits ostéographiques, est-il permis de préjuger avec le savant Buckland, à qui ces détails sont empruntés, quelques-unes des habitudes de cet animal si remarquable? La nature de ses dents porte à croire qu'il ne pouvait être ni herbivore, ni carnivore. La bouche était une machine d'une prodigieuse puissance. Il est probable que, comme les *Dasypus*, le *Megatherium* se servait de sa queue énorme et puissante, pour supporter dans certaines positions le poids de son corps; il est probable aussi qu'elle jouait un rôle formidable comme instrument de défense, ainsi que cela a lieu chez les Pangolins et chez les crocodiles ; le mouvement rotatoire du bras, qui était très-facile, favorisait son emploi comme instrument constamment employé à fouiller le sol pour en arracher sa nourriture. Les pattes antérieures posaient sur le sol, dans toute leur étendue; cette circonstance permettait que l'un des membres antérieurs agît simultanément avec les deux postérieurs et la queue, pour supporter tout le poids du corps, tandis que l'autre, devenu libre, s'employait exclusivement à creuser la terre, pour arriver jusqu'aux racines succulentes dont l'animal se nourrissait. Enfin, le volume énorme du bassin s'éxplique par l'habitude probable où était le mégathérium de se tenir sur trois de ses pieds, tandis que l'autre fouillait la terre. Le *Megatherium* est propre à l'étage subapennin des Pampas de Buenos-Ayres, de la Banda orientale et des cavernes du Brésil.

G. *Megalonyx*, Jefferson. Il avait de grands rapports avec le paresseux : les membres antérieurs, en effet, étaient beaucoup plus longs que les postérieurs, et l'articulation du pied était très-oblique sur la jambe. La queue de cet animal était forte et solide; ses formes, en général, étaient toutefois moins lourdes que celles du mégathérium. Il est propre aux cavernes du Brésil, où il a montré quatre espèces.

G. *Mylodon*, Owen. De même que les deux genres précédents, celui-ci est allié de très-près aux paresseux ; il a été trouvé, du reste, dans les mêmes gisements. Ses dimensions n'étaient pas, à beaucoup près, aussi considérables que celles du mégathérium; mais l'animal ne différait guère de celui-ci que par les caractères des dents : celles-ci, au nombre de dix-huit, quatre molaires de chaque côté à la mâchoire inférieure, et cinq de chaque côté à la mâchoire supérieure, comme chez le mégathérium, n'étaient plus similaires comme celles du dernier animal ; mais à la mâchoire supérieure, la première était subelliptique, la seconde elliptique, et les autres triangulaires à surface interne creusée d'un sillon; à la mâchoire inférieure, la première était elliptique, la pénultième tétragone, et la dernière grande et bilobée. Toutes ces dents sont à surface usée, plane; forme indiquant naturellement, que l'animal se nourrissait de végétaux, et dans ceux-ci choisissait probablement les feuilles et les tendres bourgeons. Suivant M. Owen, le mylodon formerait un lien entre les animaux onguiculés et les animaux ongulés; et effectivement, il présente à la fois des sabots et des griffes à chaque pied (Voy. *fig.* 93). Les trois espèces connues sont propres à l'étage subapennin des Pampas de Buenos-Ayres.

G. *Sœlidotherium*, Owen, une espèce propre à l'étage subapennin des Pampas.

G. *Platyonyx*, Lund. On en connaît six espèces propres à l'étage subapennin des cavernes du Brésil.

G. *Cœlodon*, Lund, de la même époque des cavernes du Brésil.

G. *Sphenodon*, Lund, de la même époque et des mêmes lieux.

Les Édentés, représentés par quelques genres seulement à l'époque actuelle, avaient leur maximum de développement de formes génériques à l'époque de l'étage subapennin, c'est-à-dire à l'époque qui nous a précédés à la surface du globe.

§ 214. 9e Ordre. PACHYDERMES. Ce sont des mammifères dont les doigts ne sont plus libres, mais bien enveloppés d'un sabot corné. Presque tous sont herbivores. On les divise en plusieurs familles.

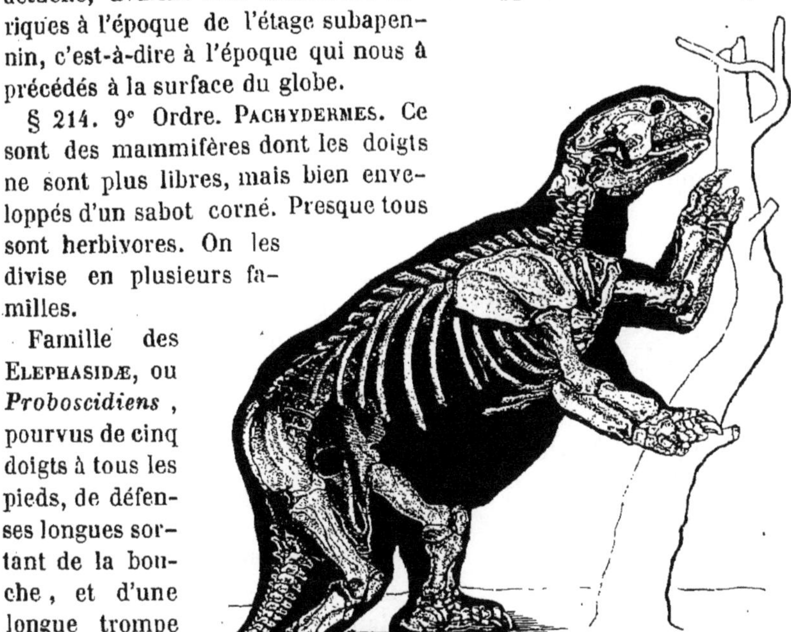

Fig. 93. Mylodon robustus.

Famille des ELEPHASIDÆ, ou *Proboscidiens*, pourvus de cinq doigts à tous les pieds, de défenses longues sortant de la bouche, et d'une longue trompe servant à la préhension, dont le type est l'éléphant, *Elephas*, Linné. Il y a des genres perdus et d'autres encore existants. Parmi les premiers se remarquent les genres suivants : G. *Mastodon*, Cuvier. Cet animal présentait en général les formes extérieures de l'éléphant ; mais il en différait essentiellement par ses molaires : celles-ci étaient surmontées de mamelons coniques, du moins dans le jeune âge de la dent, au lieu de présenter une couronne plane, comme celle des éléphants ; de plus, la mâchoire inférieure était munie, dans le jeune âge, de deux petites défenses. A part ces différences, le système osseux du mastodonte était, à peu de chose près, celui des éléphants. Si l'on en croit les descriptions données, jusqu'à ce jour, de différents débris de mastodontes, ce genre compterait au moins quinze à vingt espèces parmi lesquelles deux ou trois beaucoup plus distinctes et plus répandues que toutes les autres, ou plus caractéristiques des terrains. Le *M. giganteus*, Cuv., de l'étage subapennin des États-Unis, en Europe, en Asie et à la Nouvelle-Hollande. Le *M. angustidens*, Cuv., de l'étage falunien, à Eppelsheim, à Georgens-Gmünd (Allemagne), à Sansan (Gers), d'Amérique et d'Asie. Le *M. longirostris*, Kaup., de l'étage falunien d'Allemagne et de France. Les autres sont d'Amérique, d'Asie, d'Europe.

§ 215. G. *Dinotherium,* Kaup. Peut-être devons-nous décrire ici, avant la famille des Pachydermes ordinaires, le Dinotherium, genre éteint, dont on ne connait pas encore bien la véritable affinité zoologique, mais que quelques auteurs ont cru devoir rapprocher des Proboscidiens. On n'a encore découvert qu'une tête complète (*fig.* 94) de cet animal à caractères mixtes. Cette tête colossale ne mesure pas moins de 1,105 millimètres, depuis l'extrémité de l'os de la trompe jusqu'aux condyles. Les fosses nasales sont larges et ouvertes en dessus; on observe de grands trous sous-orbitaires qui, joints à la forme du nez, peuvent faire conjecturer l'existence d'une trompe. La mâchoire inférieure est terminée par deux énormes défenses dirigées en bas. Les molaires, au nombre de $\frac{5}{5}$, diffèrent un peu entre elles pour la forme : la première est tranchante à sa partie antérieure, la troisième a trois collines, les autres deux. Kaup. et Owen croient que le Dinotherium était un pachyderme voisin des Mastodontes et des Tapirs; et ils se fondent principalement sur ses dents molaires qui sont, en effet, une sorte de transition entre ces deux genres. M. de Blainville pense, au contraire, que ce genre est voisin des Lamentins. Les deux espèces, le *Dinotherium giganteum* et *Kœnigii* sont de l'étage falunien; on les rencontre en France, en Allemagne, en Suisse; mais surtout à Eppelsheim, où a été recueillie la tête complète.

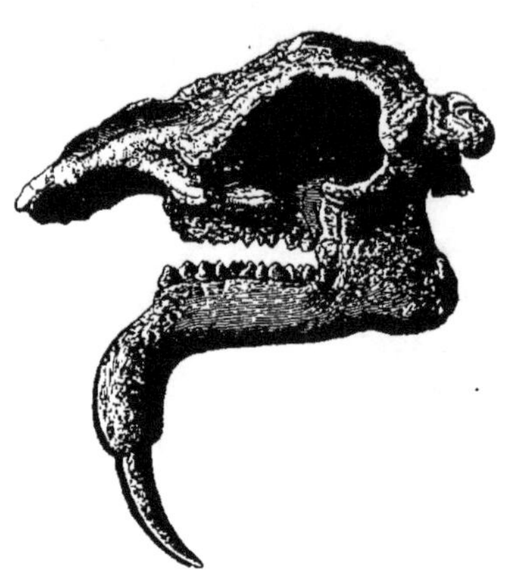

Fig. 94. Dinotherium giganteum.

§ 216. Le G. *Elephas* montre des espèces perdues et des espèces encore vivantes. Ce genre est caractérisé, à la mâchoire supérieure, par deux énormes défenses : celles-ci ne sont autre chose que des incisives qui ont pris un accroissement extrême et se sont recourbées en bas et en avant. Avec les défenses, on remarque, à chaque mâchoire, de chaque côté, une ou deux molaires composées de lames de substance osseuse enveloppées d'émail et liées ensemble par de la substance corticale, comme il arrive chez beaucoup de rongeurs; la couronne offre une surface sensiblement plane. Au lieu de se remplacer verticalement, ainsi que chez les autres mammifères, les molaires se remplacent d'arrière en avant, de façon qu'à mesure qu'une mâchelière s'use, elle est. en même temps, poussée en avant par celle qui vient après. Il en résulte que l'animal a tantôt une, tantôt deux mâchelières de chaque côté, suivant les époques.

Fig. 95. Elephas primigenius (Mammouth).

On a cité jusqu'à présent huit ou dix espèces fossiles. La plus connue est l'*E. primigenius*, Blumenbach, ou Mammouth (Voy. *fig.* 95), caractérisé par les lames plus rapprochées de ses molaires. On l'a rencontré fossile en Europe, dans l'Amérique septentrionale, dans l'Asie septentrionale, vers les régions polaires, principalement en Sibérie. On sait que le premier individu complet a été trouvé sur les bords de la mer Glaciale, récemment détaché de la glace où il était enveloppé avec ses chairs et sa peau, couverte de crins noirs ayant jusqu'à quarante-deux centimètres de longueur, et d'une espèce de laine rougeâtre très-abondante. Transportée par les courants vers le pôle, à la fin de la dernière période géologique, ou anéantie sur les lieux mêmes, cette espèce n'en est pas moins perdue pour l'époque actuelle. Les autres espèces paraissent être de la même époque, en France, en Italie, en Belgique, en Allemagne, et dans l'Himalaya.

§ 217. Les PACHYDERMES ORDINAIRES, sans trompe préhensible, manquent encore de défense développée, et ont quatre, trois ou deux doigts aux pieds. Les genres perdus de cette division sont les suivants : G. *Chæropotamus*, Cuvier. Dents $\frac{7-7}{6-6}$ molaires intermédiaires entre celles des pécaris et des hippopotames; canines courtes et aplaties à la mâchoire inférieure. Les deux premières espèces sont de l'étage parisien à Montmartre, et de l'île de Wight, et trois autres de l'étage subapennin de France et d'Asie.

§ 218. G. *Hyracotherium*, Owen (ainsi nommé à cause de la grandeur de ses orbites). Il rappelle le *Chæropotamus* pour sa dentition, avec la différence que les molaires antérieures sont plus grandes à proportion et plus compliquées ; les canines sont celles des pécaris. Les deux espèces connues sont de l'étage parisien d'Angleterre.

§ 219. G. *Anthracotherium*, Cuvier. Il ressemble aux cochons par les molaires de la mâchoire inférieure ; il présente aussi de l'analogie avec les *Anoplotherium*, par ses molaires supérieures. Ces molaires sont au nombre de $\frac{7}{7}$; les canines ressemblent à celles des tapirs ; les incisives inférieures, au nombre de quatre, sont couchées en avant comme celles des cochons. Le nom d'Anthracotherium a été donné à ce genre très-remarquable, parce que, dans l'une des premières localités où l'on en ait trouvé des débris (Cadibona, près de Savone, Piémont), ces débris, renfermés dans les lignites, sont fortement noircis par du charbon. On en connaît cinq espèces, dont trois paraissent être de l'étage parisien, les autres de l'étage falunien d'Eppelsheim, de Sansan.

§ 220. G. *Lophiodon*, Cuvier. Voisin des *Tapirs*, ce genre en diffère par les premières molaires supérieures qui ne présentent qu'une seule colline, par les molaires postérieures pourvues de trois collines au lieu de deux ; et parce que toutes ces dents ont des collines plus obliques. Ce genre a fourni de nombreuses espèces, et ses débris dans l'étage falunien sont, en quelque sorte, caractéristiques. On en connaît onze espèces fossiles : deux paraissent être de l'étage suessonien, les autres de l'étage falunien, de France et d'Allemagne, à Eppelsheim, à Argentan, à Boutonnet.

§ 221. G. *Palæotherium*, Cuvier. Il a quarante-quatre dents, savoir $\frac{6}{6}$ incisives et $\frac{1}{1}$ canines aigües et un peu plus longues que les incisives, et $\frac{7}{7}$ molaires dont les supérieures sont carrées et dont les inférieures sont formées de deux croissants. Leurs os nasaux, relevés comme dans les tapirs, montrent qu'ils ont eu une petite trompe flexible. Leurs pieds antérieurs et postérieurs ont trois doigts. Leurs formes extérieures rappelaient celles des tapirs. On en connait déjà onze à douze espèces. Le maximum de développement du genre a eu lieu avec l'étage parisien de Montmartre et de Londres, où l'on en compte neuf espèces ; les autres sont de l'étage falunien de Sansan.

§ 222. G. *Anoplotherium*. Cuvier considérait ce genre comme ayant à la fois des affinités avec les rhinocéros, les chevaux, les hippopotames, les cochons, les chameaux. Ses caractères principaux sont les suivants (*fig.* 96) : quarante-quatre dents disposées en une série con-

Fig. 96. Anoplotherium commune.

tinue et sans interruption, caractère que l'on ne retrouve que dans l'homme et dans les singes. On compte $\frac{6}{6}$ incisives, $\frac{1-1}{1-1}$ canines qui ne dépassent pas les incisives et qui leur ressemblent pour leur forme, et $\frac{7-7}{7-7}$ molaires, dont les antérieures sont comprimées et dont les postérieures sont carrées à la mâchoire supérieure et à deux croissants à la mâchoire inférieure. Les pieds antérieurs et postérieurs n'ont que deux doigts développés comme chez les ruminants, et, dans quelques espèces, portent de petits doigts accessoires ; mais les os du métacarpe et du métatarse ne forment point de canons, et comme dans les autres pachydermes restent toujours séparés. Des trois espèces connues, deux sont de l'étage parisien de Montmartre, de l'île de Wight en Angleterre, et de Egerkingen (Soleure), la troisième de l'étage subapennin d'Asie.

§ 223. Les autres genres perdus sont les suivants : Genre ***Potamohippus***, Jæger, de l'étage subapennin de Souabe.

G. *Chœrotherium*, Cautley et Falconer, voisin du *Sus*, de l'étage subapennin de l'Himalaya.

G. *Xiphodon*, Cuvier ; une seule espèce de l'étage parisien de France.

G. *Adapis*, Cuvier ; la seule espèce de l'étage parisien de Montmartre.

G. *Hyotherium*, Meyer. Des quatre espèces connues : l'une est de l'étage parisien de Londres, une de l'étage falunien de Weisenau ; les autres sont de l'étage subapennin.

G. *Macrauchenia*, Owen ; une espèce de l'étage falunien de la Patagonie.

G. *Toxodon*, Owen. Des deux espèces connues de la république Argentine, l'une est de l'étage falunien (*T. Paranensis*), l'autre de l'étage subapennin des Pampas (*T. Platensis*).

G. *Elasmotherium*, Fischer ; deux espèces de l'étage subapennin de Russie.

G. *Chalicotherium*, Kaup. ; les deux espèces connues sont de l'étage falunien d'Eppelsheim.

G. *Oplotherium*, de Layser et Parieu ; les trois espèces connues sont de l'étage falunien de Weisenau, d'Auvergne, et une d'Asie.

§ 224. Les genres de Pachydermes fossiles encore vivants sont les suivants : G. *Hippopotamus*, Linné. Les pieds sont fourchus, les doigts en nombre pair. Les espèces fossiles trouvées en Europe ont $\frac{4}{4}$ incisives, tandis que les espèces fossiles de l'Inde paraissent en avoir eu $\frac{6}{6}$. On rencontre les espèces fossiles dans l'étage subapennin d'Europe, de l'Amérique septentrionale, de la Nouvelle-Hollande, et de l'Himalaya.

G *Dicotyles*, Cuvier. Les espèces sont le double plus nombreuses que les espèces vivantes. On en connait cinq dans les cavernes du Brésil.

G. *Sus*, Linné. Les molaires sont au nombre de vingt-quatre ou de vingt-huit, à couronne tuberculeuse au fond de la bouche, mais plus ou moins comprimées et tranchantes en avant. Trois espèces ont paru dans l'étage falunien d'Eppelsheim, de Sansan ; les autres sont de l'étage subapennin des cavernes et des brèches d'Europe.

§ 225. Les autres genres, qui ont les doigts impairs, n'ont plus les pieds fourchus : G. *Rhinoceros*, Linné. Une des espèces fossiles, le *R. tichorinus*, Cuvier, devait avoir deux cornes. On en connaît, en tout, une dizaine d'espèces fossiles, dont quatre de l'étage falunien d'Eppelsheim, de Sansan ; parmi celles de l'étage subapennin, le *R. tichorinus*, Cuvier, se rencontre partout, et jusque dans les glaces du pôle nord.

G. *Tapirus*, Linné. Ils ont, à chaque mâchoire, six incisives et deux canines séparées par un intervalle vide des molaires qui sont au nombre de quatorze en haut et de douze en bas. On en connaît six espèces fossiles, les unes de l'étage falunien d'Eppelsheim, les autres de l'étage subapennin d'Auvergne et du Brésil.

§ 226. Famille des Solipèdes, *Solidungula*, caractérisés par l'existence d'un doigt unique ou du moins un seul sabot à chaque pied. On rapporte à cette famille le genre éteint *Hippotherium*, Kaup. Cet animal, s'il appartient bien réellement à la famille des Solipèdes, était caractérisé par la structure de ses molaires, dont la lame d'émail forme, dans l'intérieur de la dent, des plis nombreux en zigzag, et par la nature du pied antérieur, qui présentait des rudiments d'un quatrième doigt. L'hippotherium a été trouvé à Eppelsheim, étage falunien.

Le type encore vivant de la famille est le genre Cheval, *Equus*, Linné, dont la tête est allongée, un peu comprimée latéralement. Chaque mâchoire porte six incisives, suivies, de chaque côté, d'une canine qui manque souvent chez les femelles, à la mâchoire inférieure surtout, et d'une série de six molaires à couronne carrée, marquée de cinq croissants, deux extérieurs et trois intérieurs, formés par des lames d'émail qui s'y enfoncent ; entre les canines et les molaires se trouve un grand espace vide. Les espèces fossiles sont de l'étage subapennin d'Europe, d'Asie, des Pampas et des cavernes de l'Amérique méridionale, où le genre n'existait pas vivant, avant la conquête.

§ 227. 10e ordre. Ruminants. Leurs principaux caractères sont, le manque d'incisives à la mâchoire supérieure ; les pieds pourvus de sabots, et, souvent, le front armé de cornes soutenues par un axe osseux. Ils ont, de plus, six ou huit incisives à la mâchoire inférieure. Entre les incisives et les molaires, il existe, généralement, un espace vide ; chez quelques genres seulement, des canines. Les molaires sont presque toujours au nombre de $\frac{6-6}{6-6}$ à couronne large et marquée de deux doubles croissants dont la convexité est tournée en dedans dans les supérieures et en dehors dans les inférieures. Les pieds sont terminés par deux doigts dont les os métacarpiens et métatarsiens sont réunis en un seul os nommé *canon ;* quelquefois, il existe, en outre, à la partie postérieure du pied, deux petits ergots, vestiges de doigts latéraux. Chez tous ces animaux, excepté chez les chameaux et chez les lamas, le pied est fourchu. Les jambes sont sèches, fines et longues, mais le fémur et l'humérus sont courts.

§ 228. 1re famille. Camelidæ. Ils ont six incisives à la mâchoire inférieure, et le pied n'est plus fourchu. Ces incisives sont au nombre de deux en haut ; il existe des canines à chaque mâchoire, et les molaires sont au nombre de vingt ou vingt-deux, au lieu de vingt-quatre. On connaît, dans cette série, un seul genre perdu, le G. *Mericotherium*, Bojanus, des régions glacées de la Sibérie, étage subapennin.

Deux des genres vivants ont laissé des traces dans les couches géologiques, le G. *Auchenia*, Illiger, dont deux espèces fossiles se sont rencontrées dans les cavernes du Brésil. On sait que les espèces vivantes sont spéciales à l'Amérique méridionale.

G. *Camelus*, Linné. On en connaît quatre espèces fossiles de l'étage subapennin, trois d'Asie et de France, et une de l'Amérique méridionale.

§ 229. 2e famille. CERVIDÆ. Indépendamment des caractères également propres à la troisième famille, tels que les huit incisives à la mâchoire inférieure, le pied fourchu, ils ont des cornes caduques, non recouvertes d'un étui extérieur corné. On connaît de cette famille des genres perdus et d'autres encore représentés. Les genres perdus sont les suivants : G. *Sivatherium*, Cautley et Falconer. Ce genre forme un passage assez naturel entre les grands pachydermes et les ruminants; en effet, tout en présentant les cornes qui caractérisent la plupart des animaux de ce dernier ordre, la tête était probablement munie d'une trompe, comme celle des proboscidiens, si l'on en juge, du moins, par la forme des os du nez, ceux-ci se relevant et se prolongeant en une voûte pointue, au-dessus des narines externes. Les cornes étaient au nombre de quatre, deux naissant du sourcil entre les orbites et s'écartant l'une de l'autre, et deux autres probables, plus courtes et plus massives, qui ont dû être posées sur des protubérances très-saillantes que présente le crâne dans sa partie supéro-postérieure. Cette portion du crâne offre, du reste, de l'analogie avec celle qui, chez l'éléphant, occupe une place semblable. La tête du sivatherium égalait à peu près en volume celle de l'éléphant; le cou de cet animal bizarre devait donc être bien plus fort et, par conséquent, plus court que celui de la girafe. A l'opposé de la tête, qui offrait un allongement remarquable dans un sens antéro-postérieur et inféro-supérieur, la face était courte; ce qui, joint à la forme des os du nez et à la direction même très-inclinée de la face et du front, contribuait à donner à cette tête une des formes assurément les plus singulières qu'il soit possible de rencontrer. Les molaires supérieures, les seules connues, sont au nombre de six, et présentent tout à fait les caractères de celles des ruminants. La seule espèce connue paraît être de l'étage falunien de l'Himalaya.

G. *Dremotherium*, Geoffroy, qui présente deux especes dans l'étage subapennin d'Auvergne en France.

§ 280. Parmi les genres encore existants, le G. *Cervus*, Linné, offre un très-grand nombre d'espèces fossiles, dont dix-huit dans l'étage falunien d'Eppelsheim, de Sansan, les autres dans l'étage subapennin qui a précédé la faune actuelle. L'une des plus remarquables a été le *Cervus megaceros*, Hart., ou *Cerf à bois gigantesque* de Cuvier, dont les bois ne mesuraient pas moins de trois mètres d'envergure; les perches de ces bois étaient palmées et dirigées horizontalement vers leur extrémité.

Fig. 97. Cervus megaceros, Cuv.

Nous en donnons ici la figure. (Voy. *fig.* 97); des tourbières d'Irlande, et d'une grande partie de l'Europe.

G. *Moschus*, Linné. On en connait deux espèces fossiles des étages falunien d'Allemagne, et subapennin du Bengale.

G. *Camelopardalis*, Linné, dont trois espèces d'Asie et de France, étage subapennin.

§ 231. 3e famille. Bovidæ. Leur caractère principal est d'avoir des cornes persistantes, osseuses, revêtues de cornes. Un seul genre de cette division n'existe plus, le genre *Leptotherium*, Lund, des cavernes du Brésil.

§ 232. Parmi les genres encore existants, le G. Bœuf, *Bos*, Linné, offre toutes ses espèces dans l'étage subapennin d'Europe, d'Asie et de l'Amérique septentrionale.

G. *Antilope*, Linné. On en connaît trois espèces de l'étage falunien d'Eppelsheim, de Sansan, et quelques-unes de l'étage subapennin.

G. *Capra*, Linné. On en connait quelques espèces dans l'étage qui a précédé l'époque actuelle.

§ 233. 11e ordre. Cétacés, *Cetacea*. Leur forme générale se rapproche de celle des poissons. Ils manquent complétement de membres postérieurs; les membres antérieurs existent et se composent des mêmes os que ceux des ordres supérieurs des mammifères; mais seulement l'humérus et les os de l'avant-bras sont raccourcis, ceux de la main aplatis. Quelquefois les phalanges sont en plus grand nombre que chez les autres mammifères. On trouve, à la partie postérieure de l'abdomen, deux ou trois osselets rudimentaires suspendus dans les chairs et qui sont les vestiges d'un bassin. Au-dessous des vertèbres caudales, on remarque des os en forme de V, dont la fonction, à l'état vivant, est de donner insertion aux muscles fléchisseurs de la queue. Les vertèbres cervicales, au nombre de sept, sont très-courtes, et en général, presque toutes soudées ensemble. Enfin le rocher, portion du crâne qui contient l'oreille interne, au lieu d'être confondu avec les autres pièces du temporal, est séparé du reste de la tête et n'y adhère que par les ligaments, etc., etc.

§ 234. Famille des Manatidæ. Ils ont des dents molaires à couronne plate. Les uns comme les *Manatus*, n'ont, à l'âge adulte, ni incisives ni canines, et leurs molaires à couronne carrée, sont au nombre de huit partout, les autres, comme les *Halicore*, ont des défenses pointues qui sortent de la mâchoire supérieure. On connait de cette famille plusieurs genres éteints. G. *Metaxytherium*, Cristol. Il avait le squelette et les défenses des dugongs, les molaires des lamentins. On connait le squelette entier de cet animal. Le genre est propre à l'étage falunien de la Touraine et de Maine-et-Loire, et à l'étage subapennin.

G. *Zeuglodon*, Owen. Ses molaires sont étranglées au milieu, au point qu'on les dirait formées de deux parties réunies par un mince pédicelle. La mâchoire inférieure est creusée en dedans comme celle des cachalots; des membres courts et déprimés prouvent que cet animal avait la forme des cétacés et que la queue était son principal instrument de progression. L'espèce connue est de l'étage parisien d'Alabama, aux États-Unis.

Les deux genres encore existants, sont : Le G. *Halicore*, Illiger, dont on connaît une espèce de l'étage falunien à Rodersdorf, en Suisse.

Le G. *Manatus*, Cuvier, dont on cite une espèce dans l'étage falunien, une autre dans l'étage subapennin de l'Amérique septentrionale.

§ 235. Famille des DELPHINIDÆ, dont la tête est généralement petite, proportionnée avec le corps, et dont les mâchoires sont pourvues de dents. On connaît deux genres éteints. Le G. *Ziphius*, Cuvier. La tête diffère de celle des *Hyperoodons*, en ce que les maxillaires ne se redressent point sur les côtés du museau en cloisons verticales, et en ce que l'espèce de mur situé derrière les narines forme un demi-dôme au-dessus de ces cavités. On les trouve dans l'étage parisien de Provence, dans l'étage falunien d'Anvers.

G. *Balænodon*, Owen, de l'étage parisien de Felixtow, en Angleterre, où l'on en cite quatre espèces.

Les genres encore existants qu'on a pu reconnaître, d'après quelques os isolés, sont les suivants : G. *Delphinus*, Linné, dont les deux mâchoires ont des dents simples nombreuses. On en connaît une espèce de l'étage parisien de l'Orne ; les autres sont de l'étage falunien de Dax (Landes), de Maryland (États-Unis), et de l'étage subapennin.

G. *Monodon*, Linné, dont les mâchoires ont, pour toutes dents, de longues défenses droites implantées dans l'os maxillaire. On en a trouvé des débris dans le diluvium d'Angleterre et de Sibérie.

G. *Physeter*, Linné. Il a, avec le grand développement de tête des baleines, des dents coniques à la mâchoire inférieure. Une espèce est de l'étage falunien de Suffolk en Angleterre, et d'autres débris appartiennent à l'Amérique septentrionale.

Famille des BALÆNIDÆ. Leur tête occupe au moins le tiers de la longueur totale, et leurs mâchoires sont toujours dépourvues de dents, et munies seulement de fanons cornés. Les genres suivants fossiles ont leur maximum de développement spécifique à l'époque actuelle. G. *Balænoptera*, Lacépède. Les trois espèces citées sont de l'étage subapennin de l'Italie.

G. *Balæna*, Linné, dans l'étage falunien de la haute Souabe, dans l'étage subapennin du Piémont et des États-Unis.

Mammifères didelphiens.

§ 236. Les petits naissent généralement dans l'état imparfait. Leurs caractères ostéologiques consistent, comme nous l'avons dit, dans la présence des *os marsupiaux* (§ 196). Ces os partent de l'arcade du pubis, s'avancent de là, entre les muscles de l'abdomen, sous forme de V, destinés à soutenir la région mammaire et une sorte de poche ventrale où la mère loge ses petits. Les didelphes forment, en quelque sorte, une série parallèle à celle des monodelphes ; en effet, ils se partagent en une série de groupes, tout à fait comparables, pour certains caractères, à la plupart de ceux des monodelphes onguiculés. Parmi les marsupiaux par exemple, les uns, les Phalangers, ont le pouce plus ou moins opposable aux autres doigts; et, pourvus d'incisives, de canines et de molaires, représentent bien la division des quadrumanes; d'autres, comme les sarigues, ressemblent, par leur système dentaire, aux insectivores à longues canines. Il en est qui, par le défaut de dents canines, par leurs longues incisives et leurs molaires à collines transversales, correspondent aux rongeurs, par exemple les Phascolomes; enfin par par la disposition du système dentaire, ou par l'absence de dents, la division des Monotrèmes se rapproche de l'ordre des édentés.

§ 237. Devons-nous ranger dans la division des didelphes les fameux ossements fossiles trouvés à Stonsfield en Angleterre, dans les couches jurassiques? On croit aujourdhui que ces ossements appartiennent à des mammifères; mais il n'est pas tout à fait aussi certain qu'ils aient été des didelphes. Trois opinions ont été successivement émises sur leurs affinités : quelques auteurs les considèrent comme des insectivores monodelphes; d'autres les rapprochent des phoques à cause de leurs dents nettement tricuspides; d'autres, enfin, y voient des didelphes. M. Owen admet cette dernière opinion comme la plus probable. Si cette opinion se confirme, elle consacrera l'un des faits les plus extraordinaires que puisse offrir l'histoire des premiers âges géologiques de la terre. Ce fait constaterait l'existence à une époque géologique ancienne d'animaux appartenant à une classe dont la création, si l'on en juge par tous les faits géologiques recueillis jusqu'à ce jour, ne devrait dater que des premiers temps de la période tertiaire. Malgré l'autorité des savants justement célèbres qui rapportent les fossiles de Stonesfield à de véritables mammifères, nous ne pouvons nous empêcher d'émettre encore quelques doutes. En étudiant comparativement les formes animales de toutes les séries, nous avons reconnu que les exceptions étaient le plus souvent basées sur de fausses déterminations. Des caractères internes irrécusables nous ont fait reconnaître par exemple que les prétendus *Conus*, du lias de Normandie, quand le genre Cone ne reparaît qu'à la fin de l'époque crétacée, bien qu'ils aient tous les caractères extérieurs de ce genre, appartiennent à une tout autre famille, dont les espèces fossiles sont nombreuses à cette époque. Nos doutes ne se fondent pas seulement sur cette règle générale, mais encore sur la présence de mâchoires inférieures à Stonesfield. Pourquoi, si ce sont de véritables mammifères, n'a-t-on jamais décrit des têtes osseuses ou tous autres ossements qui, joints à la mâchoire, confirmeraient la détermination? Tout en décrivant ici les genres en question, nous pensons qu'ils pourraient appartenir aux reptiles, comme on l'a déjà pensé; ou bien que des mâchoires inférieures, comme la partie la plus étroite, seraient tombées des étages tertiaires dans des fentes des étages jurassiques, comme nous l'avons vu pour les coquilles de l'étage liasien de Fontaine-Étoupe four (Calvados), renfermées dans les fossiles de grès de l'étage silurien inférieur.

Les deux genres rencontrés dans ces conditions, sont : Le G. *Phascolotherium*, Broderip, qui se rapproche des didelphes par trois molaires fausses et quatre vraies. La seule espèce connue appartient aux terrains jurassiques de Stonesfield.

Le G. *Thylacotherium*, Owen, voisin des didelphes, s'en distinguait par des molaires plus petites et plus nombreuses. On connaît deux espèces du même lieu (*fig.* 98).

Fig. 98. Thylacotherium Prevostii.

§ 238. Les genres encore existants sont les suivants : G. *Didelphis*, Linné. Quand toutes les espèces vivantes sont propres à l'Amérique, il est curieux d'en rencontrer deux dans l'étage parisien de Montmartre près de Paris, à Provins et à Kyson (Suffolk) ; les autres sont des cavernes du Brésil.

G. *Dasyurus*, Geoffroy. Une espèce des cavernes de la Nouvelle-Hollande.

G. *Thylacinus*, Temminck. Une espèce est des mêmes lieux.

G. *Halmaturus*, Illiger. Quelques espèces sont fossiles des cavernes de la Nouvelle-Hollande.

G. *Hypsiprinnus*, Illiger. Une espèce est des mêmes lieux.

Résumé Paléontologique sur les Mammifères.

§ 239. **Comparaison générale.** En jetant un coup d'œil sur notre tableau n° 1 de la répartition chronologique des genres et des espèces de mammifères à la surface du globe terrestre, depuis le commencement de l'animalisation jusqu'à l'époque actuelle, on est, tout de suite, frappé de ces faits généraux, qu'à l'exception de deux formes encore douteuses, l'ensemble des mammifères manque dans les quatre premiers âges géologiques du monde, mais qu'ils se sont montrés très-nombreux avec les terrains tertiaires, et qu'ils ont toujours marché en progression croissante depuis leur première apparition jusqu'à la dernière époque qui nous a précédés sur la terre. On voit encore que les formes génériques qui, à chacun des étages, ont cessé d'exister, sont souvent en nombre supérieur aux genres qui se sont conservés jusqu'à nos jours. Ainsi, d'un côté, progression croissante de l'ensemble, et, de l'autre, des formes animales éteintes dans les âges géologiques et complétement inconnues dans la faune actuelle.

§ 240. **Comparaison des ordres entre eux.** Avant de pousser plus loin les comparaisons générales, nous allons comparer les ordres entre eux, pour reconnaître si les diverses séries connues aujourd'hui à l'état fossile ont été réparties d'une manière uniforme, suivant leur instant d'apparition à la surface du globe.

Les *Didelphes.* Si, tout en doutant du classement des fameux didelphes de Stonesfield (§ 236), parmi les mammifères, nous les y plaçons provisoirement, nous verrons qu'ils ont paru à l'époque jurassique de l'étage bathonien ; c'est-à-dire *treize étages* avant tous les autres mammifères, à une époque où les grands reptiles sauriens purement marins atteignaient leur maximum de développement, et où l'on ne connaissait pas encore d'animaux purement terrestres. Après ces animaux exceptionnels et douteux, les vrais didelphes se sont montrés, pour la première fois, avec les autres mammifères, dans les terrains tertiaires de l'étage parisien ; de cette époque où ils étaient représentés par *un seul* genre, ils ont encore laissé quelques traces dans l'étage subapennin, tandis qu'ils sont aujourd'hui représentés par plus de *quatorze* formes génériques différentes. En résumé, le maximum des genres se trouvant à l'époque actuelle, leur développement zoologique est en progression croissante.

Les *Carnivores* se sont montrés, d'abord, à la surface du globe sous *trois* formes génériques (Voy. le tableau n. 1), avec l'étage suessonien, le premier des terrains tertiaires ; l'étage parisien n'en a pas offert davantage ; l'étage falunien en contient *treize*, l'étage subapennin, *onze;* tandis que le maximum est dans la faune actuelle, où l'on en connaît plus de *vingt-cinq;* ainsi le développement zoologique des carnivores serait, de nos jours, en progression croissante.

Les *Rongeurs* présentent leur *premier* genre dans le plus ancien des étages tertiaires, l'étage suessonien. *Trois* genres sont connus dans l'étage parisien ; *dix*, dans l'étage falunien, et *sept*, dans l'étage subapennin. La faune actuelle étant représentée par un maximum d'au moins *cinquante* formes zoologiques, on voit que l'ordre des rongeurs est encore en progression croissante.

Les *Pachydermes* offrent leurs deux premiers genres avec l'étage suessonien, qui est, des terrains tertiaires, le plus anciennement déposé. L'étage parisien en renferme *huit.* Leur maximum de développement zoologique a eu lieu durant les étages falunien et subapennin, qui montrent chacun *quinze* genres, tandis que la faune actuelle n'en contient que *neuf.* Contrairement aux trois ordres qui précèdent, les pachydermes seraient actuellement dans une période décroissante, puisque leur maximum a eu lieu à une époque passée.

Les *Quadrumanes* manquent, jusqu'à présent, dans le premier étage tertiaire; ils sont représentés par une seule dent au sein de l'étage parisien; par *deux* genres dans l'étage falunien, et par *quatre* seulement dans l'étage subapennin ; tandis que la faune actuelle montre un maximum d'au moins *trente* genres. Les quadrumanes sont donc en progression croissante dans la faune contemporaine.

Les *Cheiroptères* manquent dans l'étage suessonien ; ils offrent à peine *un* genre avec l'étage parisien, *deux* avec l'étage falunien, *trois* avec l'étage subapennin, quand la faune actuelle en a plus de *trente-trois*. Les cheiroptères sont, aujourd'hui, en progression croissante de formes.

Les *Cétacés*, inconnus dans le premier étage tertiaire, ont montré *quatre* genres dans l'étage parisien, *sept* dans l'étage falunien, *cinq* dans l'étage subapennin; mais la faune actuelle contient le maximum de *quinze* genres. Ils sont en progression croissante dans la faune actuelle.

Les *Amphibies* manquent dans les deux premiers étages ; ils ont *deux* genres dans chacun des étages falunien et subapennin, et leur maximum de développement se manifeste à l'époque actuelle par plus de *dix* genres. Ils sont, dès lors, en progression croissante.

Les *Insectivores* manquent dans les deux premiers étages tertiaires ; ils montrent *trois* genres dans l'étage falunien, *quatre* dans l'étage subapennin ; mais leur maximum, formé de *neuf* genres, existe aujourd'hui. Ils se trouvent donc en voie croissante de développement.

Les *Édentés* manquent aussi dans les deux étages inférieurs des terrains tertiaires ; ils offrent *un* genre dans l'étage falunien, et *seize*, ou le maximum de développement, dans l'étage subapennin qui nous a précédés à la surface du globe; car la faune existante n'a plus que *neuf* genres connus. Il en résulte que les édentés, comme les pachydermes, sont dans une période décroissante avec la faune contemporaine.

Les *Ruminants*, qui, comme les amphibies, les insectivores et les édentés, manquent dans les deux premiers étages tertiaires, montraient *trois* genres dans l'étage falunien, *huit* dans l'étage subapennin ; tandis que le faible maximum de *dix* existe avec la faune actuelle. Les ruminants sont, néanmoins, dans une période croissante de développement zoologique.

La comparaison de ces différentes séries de mammifères nous montre, dans une période décroissante de développement de formes zoologiques, les édentés et les pachydermes ; tandis que les autres ordres, ou le plus grand nombre, sont, au contraire, en voie croissante de développement générique. Nous insistons sur ce fait, en apparence peu important, mais qui nous conduit à trouver déjà, chez les mammifères, une grave exception à la loi sur la perfection successive des êtres en marchant des étages inférieurs aux supérieurs ; perfection qui disparaît souvent, quand on met en parallèle les différentes séries animales. Comparons encore l'instant d'apparition des ordres à la surface du globe, avec le développement des facultés chez les mammifères, pour chercher des raisons pour ou contre ce perfectionnement. Si l'on considère les ossements de Stonesfield comme appartenant à de véritables mammifères, cette loi de perfectionnement trouve un grand argument dans l'arrivée prématurée de mammifères didelphes, les moins parfaits dans leur organisation, à une époque relativement ancienne ; mais ce fait isolé, établi sur un des animaux peu connus, n'empêche pas les didelphes bien certains de manquer dans le premier étage tertiaire, et d'être, de toutes les séries, la plus en voie croissante de développement générique à l'époque actuelle, et sous ce rapport, presque en parallèle avec les quadrumanes; tandis que les cétacés, moins parfaits sous le rapport des organes de mouvement, se sont montrés sur la terre après les carnivores, les rongeurs et les pachydermes, en même temps que les quadrumanes. Il y aurait encore ici une sorte d'exception à la loi qu'on a regardée comme générale.

D'un autre côté, sans avoir égard aux exceptions citées, et adoptant l'hypothèse qui voit des didelphes dans les ossements de Stonesfield, on trouvera : que les plus anciens des mammifères appartiennent à la série la moins parfaite de cette classe d'êtres ; qu'ils ont été suivis, mais seulement dans les terrains tertiaires, des carnivores, des rongeurs, des pachydermes, avec le premier étage ; des quadrumanes, des cheiroptères, des cétacés, dans le second ; des amphibies, des insectivores, des édentés et des ruminants, dans le troisième. Que les carnassiers, les quadrumanes surtout, mieux conformés que ceux-ci, appartiennent à la série en voie croissante de développement de forme, et qu'enfin, l'homme, le plus parfait des êtres, n'a été créé qu'avec l'ensemble de la faune actuelle. On en conclura que, chez les mammifères, la série prise suivant les ordres, a néanmoins, marché vers sa perfection, dans la superposition chronologique des âges géologiques jusqu'à notre époque.

§ 241. **Déductions zoologiques générales.** (Voy. le tableau n° 1.) La comparaison des ordres nous apporte des exceptions à la marche croissante des formes zoologiques, en remontant dans les étages géologiques, mais toutes ces exceptions disparaissent si l'on prend l'ensemble des mammifères, sans tenir compte de ces différents ordres. En laissant de côté les deux genres de Stonesfield cités dans l'étage bathonien des terrains jurassiques, mais encore douteux, nous voyons, en effet, tous les autres apparaître dans les terrains tertiaires, et montrer la progression suivante du nombre des genres ou des formes zoologiques en observant l'ordre chronologique de succession des étages de la croûte terrestre. Dans l'étage suessonien, le premier des terrains tertiaires, *six* genres; dans l'étage parisien, *vingt-un;* dans l'étage falunien, *cinquante-sept;* dans l'étage subapennin *soixante-douze*. Comparés à l'ensemble de plus de 210 genres de la faune actuelle, ces nombres prouvent jusqu'à l'évidence que pris dans leur ensemble depuis leur première apparition sur le globe, les mammifères multiplient de plus en plus leurs formes zoologiques et qu'ils sont maintenant à leur maximum de développement, avec l'homme qui est, sans contredit, l'être le plus parfait de toutes les créations passées et actuelles.

§ 242. **Déductions climatologiques comparées**. Malgré l'exiguïté du cadre de cet ouvrage, nous ne croyons pas pouvoir nous dispenser de faire entrevoir l'importance de considérations basées sur la zone spéciale d'habitation de quelques formes animales. L'étude de la répartition des genres de mammifères actuels suivant les grandes lignes isothermes du globe, montre que tels ou tels genres sont, aujourd'hui, cantonnés dans la zone équatoriale qu'ils ne franchissent jamais ; tandis que tels autres, au contraire, se trouvent partout répartis à peu près également, et n'ont plus que leurs espèces cantonnées dans des limites de température propres. Prenons quelques exemples parmi les premiers pour arriver à quelques conclusions générales de climatologie. Personne n'ignore que tous les quadrumanes ou singes, les éléphants, les hippopotames, les rhinocéros, les tapirs, les girafes, etc., etc., sont aujourd'hui spécialement propres aux régions tropicales, ou aux contrées encore très-chaudes qui les avoisinent ; et c'est une conséquence indispensable de leurs conditions propres d'existence, déterminée par leur genre de nourriture. Voyons maintenant où se trouvent, soit les mêmes genres, soit les genres voisins, dans les étages géologiques. Les singes fossiles se sont montrés dans le Suffolk, par 52° de latitude nord, à l'époque de l'étage parisien, et à Sansan (Gers), par 43° de latitude à l'époque de l'étage falunien. Les éléphants fossiles et les autres genres voisins, tels que le *Mastodon*, ont été rencontrés partout, en Europe, en Amérique, dans les régions tempérées et froides, et jusqu'à la mer Glaciale ; les girafes, les hippopotames, les rhinocéros et les tapirs fossiles, avec les genres perdus qui s'en rapprochent, tels que les *Anoplotherium*, les *Palæotherium*, etc., etc., étaient surtout très-abondants en France, en Allemagne, dans les régions presque froides. On doit nécessairement conclure de ces faits, qu'à l'époque où les singes fossiles vivaient en Angleterre et en France, où les autres genres cités aujourd'hui comme propres aux régions tropicales, couvraient la France, l'Angleterre, la Suisse, l'Allemagne et jusqu'à la Russie, la température de ces régions était infiniment plus élevée qu'aujourd'hui, et qu'elle devait égaler la température des tropiques. De plus, on doit croire, que sous une telle température, ces pays étaient couverts de tout le luxe actuel de végétation propre à la zone torride; car, sans cela, ces animaux n'auraient pas pu exister. Le fait une fois constaté, que, dans les étages géologiques, les animaux fossiles des contrées boréales devaient alors être sous une température élevée, nous ne pousserons pas plus loin ces considérations nous attendrons à parcourir toutes les séries animales, pour arriver à des conclusions générales de climatologie.

§ 243. **Déductions géographiques comparées.** La répartition géographique des genres actuels de mammifères à la surface du globe, nous donne, par exemple, les Tatous (*Dasypus*), les *Dasyprocta*, les *Echimys*, les *Didelphes*, seulement en Amérique; les *Camelus*, les *Rhinoceros*, les *Hippopotamus*, seulement en Asie et en Afrique ; les *Orycteropus* au cap de Bonne-Espérance, et le genre cheval (*Equus*), seulement dans l'ancien continent. Quelques zoologistes ont, dès lors, été très-étonnés lorsqu'ils ont été obligés de signaler des *Dasypus*, des *Dasyprocta*, des *Echymis*, des *Didelphes* fossiles dans les étages parisien et falunien de France, des *Orycteropus*, des *Equus*, des *Camelus* fossiles dans l'Amérique du Sud, des *Hippopotamus* à la Nouvelle-Hollande, des *rhinocéros*, des *girafes*, en France, en Russie, etc., etc. Ils se sont récriés, le plus souvent, sur ces faits qu'ils regardaient comme une anomalie singulière et très-curieuse. Leur étonnement s'explique par cette seule raison qu'ils n'avaient étudié que les mammifères ; car en anticipant un instant sur les faits que nous donnent l'ensemble des êtres et leur répartition, nous reconnaîtrons dans cette anomalie supposée le fait général, que dans tous les âges géologiques, les êtres ont une distribution tout à fait indépendante de la répartition géographique d'aujourd'hui, et que leur espèce de cantonnement dans des zones isothermes, ou sur des régions continentales spéciales, n'a réellement commencé qu'avec l'époque actuelle. Nous sommes même heureux de trouver chez les mammifères, les animaux cantonnés, par excellence, dans les conditions actuelles, des faits assez nombreux pour prouver qu'ils suivent les lois générales qui président à la distribution uniforme des genres dans les mêmes âges géologiques sur tous les points du globe à la fois.

§ 244. **Déductions géologiques tirées des genres.** La forme zoologique nous donne, par la présence ou par l'absence des genres dans les étages géologiques, des caractères *stratigraphiques négatifs* ou *positifs*.

Les *Caractères stratigraphiques négatifs* donnés par les mammifères dans leur application à la stratification des terrains et des étages, sont faciles à déduire par des chiffres tirés du tableau n° 1. Sur 115 genres rencontrés fossiles, pas un ne traversant tous les étages, et tous étant, au contraire, cantonnés dans les étages dont ils n'occupent qu'une très-courte série, ils offrent, pour les terrains et pour les étages où ils manquent, autant de caractères négatifs ; ainsi ces *cent quinze genres*, dont aucun n'a montré de représentants dans les terrains paléozoïques, triasiques, crétacés, et dans neuf étages jurassiques sur dix, sont autant de faits qui prouvent la spécialisation des formes zoologiques dans les étages géologiques, et qui pourront servir à reconnaître ces étages partout où ils se rencontreront.

En comparant seulement entre eux, les différents étages des terrains tertiaires, nous arriverons encore à trouver, pour chacun en particulier, des caractères négatifs donnés par les faits actuellement connus ; car il en ressortira que les 107 genres qui manquent dans l'étage suessonien peuvent le caractériser encore mieux que les *six* genres qu'on y cite. Que les 90 genres qui manquent à l'étage parisien, que les 42 genres qui sont inconnus dans l'étage falunien, sont autant de faits négatifs qu'on peut invoquer pour reconnaître ces étages, lorsque la superposition laisse des doutes sur l'âge réel auquel on doit les rapporter.

§ 245. **Caractères stratigraphiques positifs.** Nous appelons *caractères positifs*, les formes animales, les genres, qui existent dans un terrain, dans un étage ; ainsi pour nous, les 115 genres connus fossiles (Voy. le tableau nº 1), sont autant de faits positifs propres à caractériser les étages où ils se trouvent. Les genres qui parcourent une série plus ou moins grande des étages peuvent servir, pour tous ces étages à la fois, comme les genres *Canis*, *Viverra, Sciurus*, etc., de notre tableau (où d'un seul coup d'œil ces faits pourront être compris), et ces genres qui traversent plusieurs étages sont au nombre de 40, tandis que ceux qui n'occupent encore aujourd'hui qu'un seul étage sont au nombre de 75. Dès lors, les genres caractéristiques de leurs étages spéciaux connus, comme les *sept* de l'étage parisien, les 23 genres spéciaux de l'étage falunien, et les 42 genres propres à l'étage subapennin, dont 25 sont ensevelis pour toujours dans l'époque qui nous a précédés sur la terre, seront autant de formes caractéristiques de ces différents étages qu'on pourra invoquer comme faits positifs, quand on aura des doutes sur un gisement géologique dont la stratification ne sera pas certaine.

§ 246. **Persistance des caractères positifs.** Nous ne terminerons pas ce qui a rapport aux caractères positifs, sans faire ressortir un fait que nous comparerons dans toute la série animale, et qui se voit, au premier aperçu, dans notre tableau nº 1. C'est que, lorsqu'une série animale commence à se montrer, elle se trouve généralement dans tous les étages intermédiaires jusqu'à ce qu'elle finisse, ou qu'elle arrive à l'époque actuelle. Les genres éteints pour la faune terrestre, comme ceux qui arrivent jusqu'à présenter des espèces encore vivantes, sont dans le même cas, comme on peut le voir pour les genres *Anthracotherium*, *Palæotherium*, *Canis*, *Ursus*, etc. Quand un genre manque dans un étage, tandis qu'il est représenté dans les étages inférieur et supérieur, comme on le voit pour les genres *Lutra*, *Sciurus*, *Halicore*, etc., etc., on doit croire que, s'il n'a pas encore été rencontré dans les étages intermédiaires, il doit sans doute exister sur des points encore inconnus à la science, et sa non-présence dans ces parties intermédiaires ne peut être regardée comme un fait réellement négatif.

§ 247. **Déductions géologiques tirées des espèces.** En comparant les travaux consciencieux des Cuvier, des Owen, des Meyer, des Kaup, et de tant d'autres savants qui ont écrit sur les mammifères fossiles, on reconnaît, que chaque fois qu'une espèce a été établie sur assez de matériaux rencontrés dans un étage géologique certain, elle se trouve propre à cet étage, qu'elle peut servir à caractériser. On peut voir la vérité de ce fait surtout dans le résumé que le docteur Giebel a fait des mammifères fossiles connus. Il en ressort évidemment que les espèces sont propres à des étages spéciaux ; car, bien que cet auteur ait séparé le *Diluvium* et les *Cavernes* de son tertiaire supérieur, qui est notre étage subapennin, on pourra voir aux considérations générales sur ce dernier étage, que nous regardons comme contemporains les cavernes et le diluvium qui contiennent des espèces perdues ; seulement les uns sont des dépôts marins, et les autres des dépôts terrestres d'une même époque géologique. En nous résumant, nous dirons que, partant de ce principe, nous pourrons regarder les *quatre cents espèces* fossiles de mammifères, comme étant presque toutes caractéristiques de leurs étages respectifs.

ANIMAUX VERTÉBRÉS OVIPARES.

Cette seconde série des animaux vertébrés, caractérisée dans le squelette, en outre des caractères zoologiques, par la mâchoire inférieure réunie au crâne, par un ou deux os intermédiaires, se divise en trois classes : les *Oiseaux*, les *Reptiles* et les *Poissons*.

CLASSE DES OISEAUX.

§ 248. Les oiseaux se reconnaissent facilement aux caractères de leur squelette. Les deux membres inférieurs sont conformés pour la marche ; les deux autres sont organisés pour le vol ; leurs os ont donc une forme appropriée à chacune de ces fonctions : le bassin est très-étendu en longueur ; les ischions et surtout le pubis se prolongent fortement en arrière. Les pieds ont un fémur, un tibia, un péroné. Le tarse et le métatarse y sont représentés par un seul os terminé, vers le bas, en trois poulies. Il y a, le plus souvent, trois doigts dirigés ordinairement en avant, et un pouce dirigé en arrière. Le nombre des articulations croît à chaque doigt, en commençant par le pouce qui en a deux et en finissant par le doigt externe qui en a cinq. L'omoplate est étroit, mais très-allongé dans un sens parallèle à l'épine, et s'appuie sur le sternum, non-seulement par l'intermédiaire de la clavicule ou *fourchette*, mais aussi à l'aide d'un autre os qui remplit les fonctions d'une autre clavicule et qui est appelé *os coracoïdien*. Les clavicules, des deux côtés, se soudent, presque toujours, par leur extrémité antérieure sous la forme d'un V, dont la pointe est dirigée en bas et attachée au bréchet. La conformation du bras et de l'avant-bras ne diffère que peu de celle de l'homme. Le carpe se compose de deux petits os placés sur le même rang et suivis du métacarpe qui présente deux branches soudées par leurs extrémités. Au côté radial de la base de cette partie de la main, s'insère un pouce rudimentaire ; enfin, à son extrémité se trouve un doigt médian, composé de deux phalanges et un petit stylet représentant un doigt externe. La tête est petite et se compose de plusieurs os qui ne tardent pas à se souder tous ensemble. La face est constituée en majeure partie par deux mâchoires très-allongées et dont la supérieure, formée principalement des os intermaxillaires, se prolonge en arrière en deux arcades dont l'interne se compose des os palatins et ptérygoïdiens, et l'externe des maxillaires et des jugaux, et qui s'appuient, l'une et l'autre, sur un os tympanique mobile, vulgairement dit *os carré*. Une substance cornée revêt les deux mandibules et constitue particulièrement le bec. Le col a de nombreuses vertèbres très-mobiles; les vertèbres dorsales sont, au contraire, peu mobiles et sont souvent même soudées ensemble ; les lombaires se réunissent toutes en un seul os ; les coccygiennes sont petites et mobiles. Le sternum est d'une grande étendue et présente, en avant, une lame saillante, une sorte de carène qu'on nomme *bréchet*. La portion sternale des côtes est ossifiée, comme la vertébrale ; chacune d'elles porte un petit prolongement osseux qui se dirige obliquement vers la côte suivante et qui concourt à donner plus de solidité au thorax. Enfin le tissu osseux est caractéristique dans toute cette grande classe de vertébrés, par sa dureté, par sa légèreté, par sa composition chimique.

§ 249. Les oiseaux se divisent en ordres ; mais ces ordres ne se distinguent guère entre eux que par des caractères empruntés à la forme du bec, des pattes, etc. Les caractères ostéologiques qui nous avaient été d'un si puissant secours pour diviser méthodiquement les mammifères, deviennent ici insuffisants; car ils n'offrent pas, dans chacun de ces ordres, des différences assez tranchées pour les séparer convenablement. De là, de grandes difficultés dans la détermination des débris fossiles d'oiseaux, d'autant plus que la partie cornée du bec, et les pattes n'offrent généralement pas des conditions favorables à la fossilisation et que, conséquemment, ces organes sont très-rarement conservés avec les os à l'état fossile. Ajoutons que dans une classe dont les limites extrêmes sont aussi peu éloignées que dans celle des oiseaux, les zoologistes ont établi plus de cinq mille espèces vivantes. On concevra, dès lors, facilement que les caractères du squelette déjà insuffisants pour la détermination des ordres, le seront bien plus encore pour celle des genres, et qu'enfin il sera impossible, dans la plupart des cas, de distinguer par ces caractères les espèces à l'état fossile. Du reste, les débris fossiles d'oiseaux sont rares, ce qui tient, peut-être, à l'habitude de ces animaux de vivre généralement sur le sol exondé, ou à la faculté dont ils jouissent de pouvoir fuir les inondations et d'échapper ainsi à l'envahissement brusque des eaux, peut-être aussi à la rareté même de la race aux anciennes époques géologiques, ou enfin à la nature poreuse des ossements qui les porte à surnager pendant longtemps, avant que les sédiments s'en emparent.

Les os ne sont pas les seuls débris de la classe des oiseaux qu'on rencontre à l'état fossile. Nous avons dit qu'on y rencontrait très-rarement les ongles, le bec, les plumes, etc. ; on y trouve même des œufs parfaitement conservés dans leur forme. Les gypses de Montmartre présentent de beaux exemples d'oiseaux conservés avec le bec et les ongles (*fig.* 99). On possède au Muséum de Paris deux portions de plumes très-reconnaissables, qui proviennent d'un terrain tertiaire d'Auvergne, un autre échantillon provenant du gypse d'Aix, un troisième, de Monte-

Fig. 99 Oiseau fossile de Montmartre.

Bolca. Quant aux œufs fossiles d'oiseaux, on dit qu'il n'est pas rare d'en rencontrer dans les terrains d'eau douce d'Auvergne ; on en cite également dans les gypses d'Aix.

§ 250. L'histoire que nous venons de tracer des débris fossiles de la classe des oiseaux demeurerait incomplète, si nous ne disions encore quelques mots des traces que ces animaux ont laissées sur certaines couches géologiques anciennes, dont nous avons déjà fait mention, en traitant des empreintes physiologiques (§ 30). La véritable nature organique de ces empreintes ne saurait être aujourd'hui douteuse pour personne; M. Hitchcock, qui les a particulièrement étudiées, a prouvé, par de savantes recherches, qu'il n'était possible de les attribuer à aucune autre classe d'animaux marcheurs, qu'à celle des oiseaux. Rencontrées dans les grès de l'étage conchylien de Massachussets, aux États-Unis, ces empreintes sont généralement composées de trois doigts, le médian étant plus long que les deux autres (*fig.* 100). Quelques-unes portent des ongles; quelques-unes aussi offrent un pouce en arrière et toutes retracent bien la marche d'un bipède; car on ne trouve jamais plus de deux rangées parallèles, une de droite et une de gauche, pour chaque série de pas. Les empreintes se succèdent régulièrement, le pied droit et le pied gauche se montrant toujours à leur place respective. Quelques-unes d'entre elles mesurent des dimensions énormes; une entre autres semble prouver que le pied qui l'a produite n'avait pas moins de 15 pouces (anglais) de long et 10 pouces de large, sans compter l'ongle de derrière qui avait à lui seul 2 pouces. Quatre à cinq pieds au moins d'intervalle séparent la trace de chaque pas, c'est-à-dire, marquent chaque enjambée de l'animal. Ces intervalles indiquent des proportions si fort au-dessus de celles des espèces vivantes connues jusqu'à ce jour (les enjambées de l'autruche n'ont que 10 à 12 pouces de long, mesure

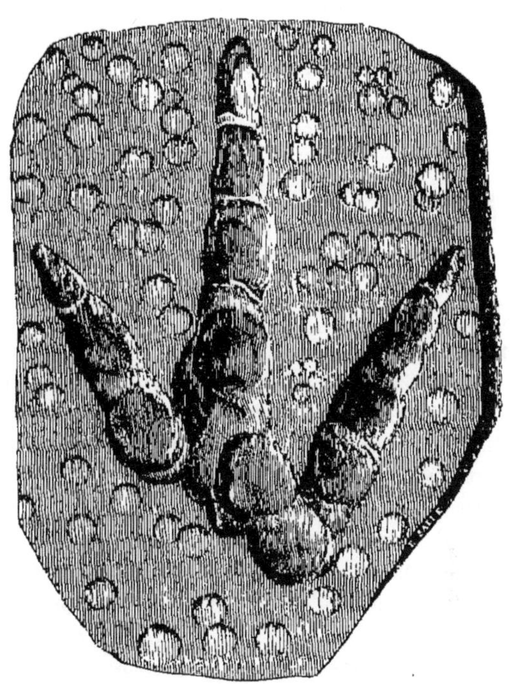

Fig. 100. Empreinte physiologique de pas d'oiseau.

anglaise), que le géologue est porté naturellement à se demander si ce sont bien là de véritables empreintes de pas d'oiseaux. Une circonstance assez remarquable, qui se rattache au gisement des empreintes physiologiques de pas d'oiseaux, c'est que, dans les couches où celles-ci se rencontrent, on n'a jamais trouvé le moindre débris osseux d'oiseaux. On y a découvert seulement, en ces derniers temps, des coprolites qui paraissent bien, d'après leur composition chimique, devoir être attribués à des animaux de cette classe.

Cuvier divise les Oiseaux en ordres qui ont presque tous des représentants à l'état fossile.

§ 251. 1er ordre. Oiseaux de proie (*Rapaces*). On rapporte à cette division un genre perdu : le G. *Lithornis*, Owen, voisin du vautour, mais plus petit qu'aucun des genres actuellement connus. Il s'est montré dans l'étage parisien de Sheppy. On connaît encore quelques représentants des G. *Haliætus*, *Buteo* et *Strix*, dans l'étage parisien de Montmartre ; du G. *Catarthes*, dans l'étage subapennin d'Auvergne ; des G. *Vultur*, *Aquila*, dans le diluvium.

§ 252. 2e ordre. Passereaux (*Passeres*). On cite comme genre éteint le G. *Protornis*, Meyer, rencontré dans l'étage suessonien de Glaris.

Parmi les genres existants qu'on a cru reconnaître, on indique les G. *Turdus*, *Fringilla* et *Corvus*, dans l'étage falunien de Weisenau, de Sansan ; et dans les cavernes ou le diluvium, les genres *Motacilla*, *Anabates*, *Alauda*, *Turdus*, *Corvus*, *Hirundo*, *Caprimulgus*, etc.

§ 253. 3e ordre. Grimpeurs. Un genre éteint, décrit par M. Owen sous le nom d'*Halcyornis*, a offert une espèce dans l'étage parisien de Sheppy (Angleterre). Les genres encore existants connus, tels que les *Coccyzus*, *Picus*, *Psittacus*, etc., sont des cavernes ou du diluvium d'Europe et du Brésil.

§ 254. 4e ordre. Gallinacés (*Gallinaceæ*). On a rapporté toutes les espèces fossiles à des genres connus à l'état vivant. Le G. *Perdix* a offert une espèce dans l'étage parisien de Montmartre, une autre dans l'étage falunien de Weisenau ; les quatre genres *Phasianus*, *Gallus*, *Numida*, *Crypturus*, cités à l'état fossile, sont des cavernes et du diluvium ; dès lors ils dépendent peut-être de l'époque actuelle.

§ 255. 5e ordre. Coureurs (*Currentes*). Un genre perdu de cette division, le G. *Dinornis*, Owen, dont on rencontre des restes abondants dans le diluvium de la Nouvelle-Zélande, était remarquable par ses dimensions et par sa forme. Sa découverte récente a vivement excité l'admiration des zoologistes. On en connaît déjà cinq espèces ; l'une d'elles n'avait pas moins de quatre mètres et plus de haut ; un tibia mesure 28 pouces et demi (anglais) de long ; un fémur, 14 pouces de long et 7 pouces et demi de circonférence. Le dinornis était intermédiaire, pour la forme, entre les casoars et les apteryx.

Le genre *Rhea* a montré des débris dans les cavernes du Brésil. On sait que ce genre vit encore sur le même continent.

§ 256. 6e ordre. ÉCHASSIERS (*Grallæ*), tous oiseaux de rivages. On a décrit, sous le nom de *Palæornis*, Mantell, des os d'oiseaux rencontrés dans l'étage néocomien de Tilgate. Les autres genres qu'on a cru reconnaître sont rapportés aux formes actuelles. On cite le G. *Scolopax*, dans l'étage crétacé sénonien de New-Jersey, aux États-Unis ; des traces des G. *Tantalus*, *Scolopax*, *Numenius* et *Fulua*, dans l'étage parisien de Montmartre et de Halten ; des traces des genres *Ciconia*, *Scolopax*, dans l'étage falunien de Wiesbaden et de Weisenau; des ossements de *Phœnicopterus*, en Auvergne; et dans les cavernes et le diluvium, avec les genres précédents, des *Otis*, des *Rallus* et des *Crex*.

§ 257. 7e ordre. PALMIPÈDES (*Natatores*). Un genre perdu de cette division est le *Cimoliornis*, Owen, de l'étage crétacé néocomien de Maidstone (Angleterre). Parmi les genres connus à l'état vivant, on a mentionné le G. *Carbo*, dans l'étage parisien de Montmartre; dans l'étage subapennin d'Auvergne et de Mombach, des *Mergus*, des *Anas* et des *Carbo ;* puis, dans les cavernes et dans les alluvions, où l'âge ne peut être rigoureusement déterminé, avec les genres cités des *Larus*, des *Anser* et des *Colymbus*.

Résumé paléontologique sur les Oiseaux.

§ 258. **Comparaison générale**. En comparant notre tableau n° 2 de la répartition chronologique des oiseaux à la surface du globe, à ce que nous avons dit des mammifères (§ 239), on s'apercevra, tout de suite, que les oiseaux fossiles ont suivi, en tout, la même loi de répartition géologique. En effet, on voit encore qu'à l'exception de quelques empreintes physiologiques dans les premiers âges géologiques et de quelques genres dans les terrains crétacés, l'ensemble des oiseaux s'est montré avec les terrains tertiaires et a marché progressivement jusqu'aux dernières couches géologiques. Nous insistons sur cette concordance de résultats, dans le but de faire remarquer que les oiseaux, comme les mammifères, sont essentiellement terrestres et qu'ils respirent l'air en nature, conditions que nous comparerons plus tard dans toute la série animale.

Après ce que nous avons dit (§ 249) de la difficulté de distinguer avec certitude les genres par les caractères ostéologiques, on concevra que nos généralités sur les oiseaux fossiles ne peuvent nous amener à des considérations aussi complètes que les mammifères. En effet, les oiseaux ne montrant aucune différence bien marquée dans l'instant d'apparition respective des ordres, nous pouvons croire qu'ils ont subi une même loi de répartition dans les couches terrestres.

§ 259. **Déductions zoologiques générales**. Si nous comparons, en remontant des époques anciennes vers l'état actuel, le nombre respectif des traces que les oiseaux ont laissées dans les couches terrestres, nous arriverons aux conclusions suivantes, qui ressortent de notre tableau nº 2, résumé fidèle de tous les faits. A quelle époque peut-on faire remonter avec quelque certitude la première apparition des oiseaux sur le globe? C'est la première question qui se présente naturellement à la pensée. Si l'on en croit les *empreintes physiologiques* dont nous avons parlé (§ 250), les premières traces d'oiseaux se seraient montrées avec l'étage conchylien, le premier des terrains triasiques (1). Malgré les savants travaux de M. Hitchcock, nous ne pouvons nous empêcher de conserver encore des doutes sur les véritables rapports de ces anciennes traces d'animaux. Rien, assurément, ne s'oppose à ce que les oiseaux ovipares à sang chaud, se soient montrés, pour la première fois, sur la terre, en même temps que les reptiles ovipares à sang froid. La difficulté, pour nous, ne se trouve pas là; mais bien dans une autre déduction générale d'une haute importance en paléontologie. C'est la persistance des formes zoologiques à la surface du globe, quand une fois elles ont commencé à paraître. Nous avons vu cette persistance marquée aux mammifères (§ 246); nous verrons aux reptiles (§ 279), qu'après leur première apparition, en même temps que les empreintes physiologiques en question les reptiles n'ont cessé de se montrer à tous les âges géologiques. Nous verrons encore, en parcourant les autres séries animales, que le fait est général. On pourrait alors se demander : Pourquoi ne trouve-t-on aucun ossement d'oiseaux, en même temps que ces empreintes, quand les reptiles y ont laissé leurs restes osseux? Pourquoi, si ce sont des oiseaux, ceux-ci sont-ils totalement inconnus, jusqu'à présent, dans le dernier étage triasique, et dans les dix étages jurassiques intermédiaires, qui séparent ces empreintes physiologiques des premiers restes certains d'oiseaux? On voit qu'il peut y avoir encore quelque incertitude sur la présence réelle des oiseaux à l'époque de l'étage conchylien.

Après ces traces douteuses, les premiers ossements d'oiseaux qu'on a rencontrés appartiennent aux couches terrestres de Wild-Clay, que nous croyons devoir rapporter à l'étage néocomien, le plus ancien des étages crétacés. On connait, à cette époque, deux genres perdus (*Palæornis* et *Cimoliornis*). Dans les terrains crétacés, on ne cite qu'une seule espèce propre à l'étage sénonien des États-Unis. Après cela, les oiseaux ne se montrent plus en nombre qu'avec les terrains tertiaires

(1) M. Élie de Beaumont pense que le nouveau grès rouge dépend des terrains triasiques inférieurs.

où les mammifères ont pris leur grand développement de formes. On compte, en effet, dans l'étage parisien *onze* formes zoologiques, quelques genres de plus dans l'étage falunien, tandis que, dans l'étage subapennin, on en compte *vingt-neuf*. Ces chiffres, comparés à celui de 300 environ, auxquels s'élèvent les genres existants, prouveront avec toute l'évidence possible, que les formes zoologiques des oiseaux ont constamment marché en progression croissante, depuis leur première apparition sur la terre, jusqu'à l'époque actuelle, et qu'elles sont, aujourd'hui, au maximum de leur développement générique.

§ 260. **Déductions géologiques**. Les *caractères stratigraphiques négatifs* donnés par les genres d'oiseaux, sont semblables à ceux que donnent les mammifères (§ 244). En effet (Voy. le tableau n° 2), sur les 44 genres, aucun ne parcourant tous les étages, et tous étant au contraire cantonnés dans des étages spéciaux, ils deviennent pour tous les terrains et pour tous les étages où ils manquent, autant de caractères négatifs, auxquels on pourra recourir pour l'âge géologique d'étages douteux. Les *caractères stratigraphiques positifs*, sont encore, par la même raison, au nombre de 44; ainsi l'on voit, malgré le peu de faits donnés par les oiseaux, comparés aux mammifères (§ 245), qu'ils offrent encore assez de formes spéciales dans les étages géologiques, pour donner des caractères positifs applicables à la reconnaissance des étages géologiques.

CLASSE DES REPTILES.

§ 261. Le nom de ces animaux leur vient de leur mode de locomotion, qui ressemble, le plus souvent, à une reptation. Les caractères ostéologiques sont les suivants : La tête est petite et le corps très-allongé; les membres manquent quelquefois complétement, ou bien ne se trouvent qu'à l'état de vestige; mais, le plus ordinairement, ils sont au nombre de quatre, disposés pour la marche ou la nage. De tous les os du squelette, les seuls qui existent toujours sont ceux de la tête et de la colonne vertébrale; les autres peuvent manquer tour à tour. La mâchoire inférieure est toujours composée de plusieurs os et s'articule avec le crâne par l'intermédiaire d'un os distinct du temporal (l'*os carré* ou *tympanique*); la tête s'articule à la colonne vertébrale par un seul condyle à plusieurs facettes; la colonne épinière est ordinairement très-longue; les côtes sont très-nombreuses, etc.

§ 262. Les **Reptiles** offrent, à l'état fossile, des restes nombreux. On peut citer ces squelettes complets, dont toutes les parties osseuses sont en rapport, et qu'on a rencontrés dans l'étage du lias à Lyme-Regis (Angleterre), où, quelquefois, avec les os en position, se montraient, pour ainsi dire, les tendons et jusqu'à certains points, des restes, des vestiges de fibres tendineuses ou musculaires. Quand on ne rencontre pas de squelette entier, on trouve des têtes complètes avec leurs dents ou des séries de vertèbres encore placées les unes près des autres. Les os dispersés et les dents de reptiles sont très-répandus dans les couches jurassiques, crétacées et tertiaires.

Les écailles de quelques espèces sont bien plus rares. Des œufs de tortue se sont montrés dans les calcaires faluniens de la Gironde. Les reptiles ont laissé des empreintes physiologiques. Il existe des empreintes de pas de tortues dans l'étage conchylien. Des empreintes de pas de sauriens ont été également recueillies dans le nouveau grès rouge de Grinsill près de Shrewsbury et sur beaucoup d'autres points : entre autres, le *Chirotherium*, reptile qu'on ne peut rapporter nettement à aucune série (Voy. *fig*. 32).

Les reptiles sont aussi les animaux qui ont laissé le plus de coprolites, ou de restes fossiles de digestions. Dans les étages jurassiques, crétacés et tertiaires d'Angleterre et de France, on en rencontre de remarquables par leur forme arrondie, souvent contournée.

On divise les reptiles en quatre ordres.

§ 263. 1er ordre. Chéloniens. Les animaux de cette division se distinguent très-facilement des autres reptiles par les caractères de leur squelette. Le corps est protégé par une sorte d'armure solide, nommée *carapace*, composée de deux pièces : l'une supérieure ou *bouclier* et l'autre inférieure ou *plastron*. Ces deux pièces sont, généralement, unies par une partie de leur contour et ne laissent d'ouverture que pour le cou, les pattes et la queue. En étudiant les mammifères, nous avons déjà vu des animaux porter une espèce d'armure, en apparence semblable, par exemple les tatous ; mais, chez ces animaux, cette armure est formée simplement de poils agglutinés, tandis que, chez les tortues, elle résulte de la dilatation osseuse et de la soudure des vertèbres et des côtes, en dessus du corps, et de la dilatation et soudure semblables du sternum, en dessous. La carapace des tortues se compose d'un nombre variable de pièces qui correspondent à autant d'os transformés ; à sa face interne supérieure, on distingue encore facilement les vertèbres de la colonne épinière. Les chéloniens se distinguent de plus, par d'autres caractères de squelette, mais moins tranchés au premier aspect que ceux de la carapace solide. Nous citerons, entre autres, la forme des vertèbres libres, dont les faces articulaires sont alternativement convexes et concaves, au lieu d'être planes comme chez les mammifères, l'absence de dents, les os des membres très-courts, l'épaule composée de trois os, etc.

Nous pensons qu'en suivant l'exemple de quelques auteurs, on peut diviser les chéloniens, en quatre familles qui offrent des restes fossiles.

§ 264. 1re famille : Testudinæ, ou tortues terrestres et palustres.

Elles ont les pattes en forme de moignons arrondis et la carapace très-bombée, quelquefois plus haute que large, recouverte de grandes plaques cornées, non imbriquées, dont le nombre est peu variable; on en compte toujours treize sur l'espèce de disque qui correspond aux vertèbres et aux côtes, et vingt-trois à vingt-cinq formant une bordure autour des premières. On connait, de cette division, un genre perdu, *Megalochelys*, Cautley et Falconer, remarquable par ses dimensions; quelques fragments conservés au Musée britannique indiquent une carapace qui a dû avoir plus de six mètres de longueur; rencontrés dans l'étage falunien de l'Himalaya.

On doit peut-être rapporter aux tortues terrestres, les empreintes physiologiques de pas trouvées, en particulier, dans l'étage conchylien de Corncockle-Muier, comté de Dumfries (Écosse) (Voy. *fig.* 33), et à Laposbanga, sur les frontières de la Transylvanie.

Des ossements de tortue, *Testudo*, ont été rencontrés à Stonesfield, dans l'étage bathonien, une espèce dans l'étage sénonien crétacé de l'Amérique septentrionale, deux dans l'étage falunien, et quelques autres dans l'étage subapennin de Montpellier, de Mie, du Brésil.

§ 265. 2e famille : Emysidæ ou *tortues palustres*. Elles ont les doigts distincts, palmés à leur base, et la carapace entièrement solide et ovalaire, mais ordinairement beaucoup plus déprimée que dans la famille précédente. On rapporte à cette division quelques genres perdus : Le G. *Idiochelys*, Meyer, dont on connaît deux espèces dans l'étage oxfordien de Kelheim.

Le G. *Eurysternum*, Meyer, de l'étage oxfordien de Solenhofen.

Le G. *Tretosternon*, Owen, une espèce de l'étage néocomien de Purbeck (Angleterre).

Le G. *Testudinites*, Weiss, des cavernes du Brésil.

Les genres encore existants qu'on cite à l'état fossile, sont : le G. *Emys*, Duméril, qui a montré deux espèces dans l'étage kimméridgien de Soleure ; deux autres dans l'étage néocomien d'Oberntirchen et de Maidstone (Angleterre); trois sont de l'étage tertiaire parisien, cinq de l'étage falunien, et quelques autres de l'étage subapennin ou des cavernes.

Le G. *Chelydra*, Schweiger On en cite une espèce dans l'étage falunien d'OEningen.

Le G. *Platemys*, Wagler, une espèce de l'étage jurassique kimméridgien d'Angleterre et de Suisse, et deux espèces de l'étage parisien de Sheppy et de Bruxelles.

Le G. *Clemmys*, Wagler, deux espèces sont de l'étage falunien.

§ 266. 3e famille : Trionyxidæ ou *tortues fluviatiles*. Elles ont les doigts palmés jusqu'aux ongles, et la carapace très-élargie, presque plate, dépourvue d'écailles, couverte seulement d'une peau molle, et complétement cartilagineuse dans tout son pourtour, disposition qui leur a valu le nom de tortues *molles*. La carapace manque de pièces marginales, et le sternum n'est pas ossifié au milieu. On connaît, de cette division, un genre perdu, *Aspidonectes*, Meyer, qui contient une espèce de l'étage falunien, et un genre encore vivant, *Trionyx*, Geoffroy, qui a montré trois espèces dans l'étage conchylien de Dorpat, une dans l'étage liasien des terrains jurassiques. Les terrains tertiaires en ont montré une dans l'étage suessonien, une autre dans l'étage parisien, trois dans l'étage falunien et quelques autres dans l'étage subapennin.

§ 267. 4ᵉ famille : CHELONIDÆ ou *tortues marines*. Elles ont les pattes en palettes, éminemment propres à la nage, les pattes antérieures plus longues du double que les postérieures, la carapace surbaissée et cordiforme, les côtes non élargies ni soudées près du bord du bouclier, et le sternum évidé au centre. On connaît de cette division, un genre perdu, *Aplax*, Meyer, dont une espèce est propre à l'étage jurassique oxfordien de Kelheim. Le genre encore existant est le G. *Chelonia*, Brongniart, qui a montré des traces dans l'étage triasique conchylien. Les terrains jurassiques en ont offert deux espèces dans l'étage portlandien; les terrains crétacés en renferment plusieurs dans l'étage néocomien de Tilgate, des traces dans l'étage cénomanien, plusieurs espèces dans l'étage sénonien de Maëstricht; les terrains tertiaires en montrent six espèces dans l'étage parisien, puis quelques autres dans les étages suivants (*fig.* 101).

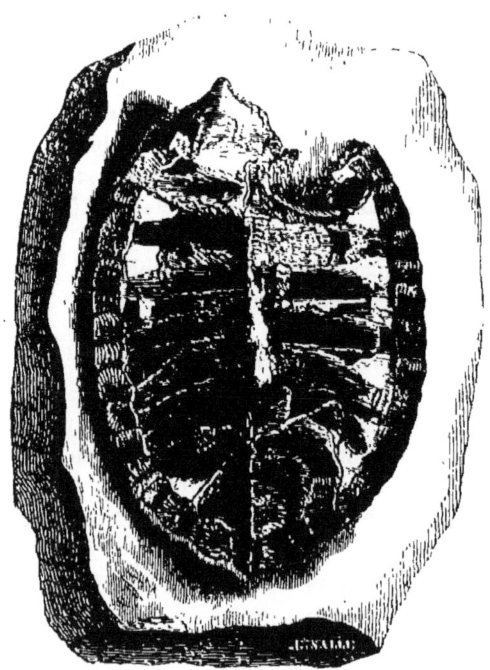

Fig. 101. Chelonia Bersteḍi.

§ 268. 2ᵉ ordre. SAURIENS, *Sauria*. Le corps est allongé, pourvu de membres dont le nombre, à quelques exceptions près, est de quatre. Ces membres sont dirigés en dehors, et terminés par des doigts bien distincts, ordinairement au nombre de cinq. Le nombre des vertèbres est très-variable ; leur face articulaire est concave en avant, convexe en arrière ; il existe toujours des côtes mobiles qui souvent protégent l'abdomen, aussi bien que le thorax ; le sternum ne manque jamais ; l'épaule est ordinairement formée de trois os, une omoplate, une clavicule, un os coracoïdien, réunis en ceinture, de manière à envelopper la partie antérieure de la poitrine et à concourir tous à la formation de la cavité destinée à loger la tête de l'humérus. Le bassin se compose également de trois pièces et se joint au sacrum formé par deux vertèbres, etc.

A l'exception de quelques genres, tels que les *Crocodilus* et les *Alligator*, tous les autres genres de sauriens fossiles ont complétement disparu de la surface de la terre ; et bien que leurs caractères, comme sauriens, soient tranchés dans le plus grand nombre, à peine oserait-on admettre, pour quelques-uns d'entre eux, des rapprochements avec les groupes actuels. Les formes de plusieurs de ces genres sont bizarres, extraordinaires ; il en est dont la structure semble sortir des types généraux d'organisation de la faune actuelle et même des faunes éteintes. Enfin, tandis que dans les autres classes, les genres éteints peu nombreux étaient, en quelque sorte, subordonnés aux genres vivants en nombre beaucoup plus considérable autour desquels ils pouvaient aisément se grouper, dans les sauriens, au contraire, les genres éteints sont infiniment plus nombreux que les genres vivants, et plusieurs de ces genres forment des groupes tout à fait distincts, qu'on ne peut, en aucune manière, rapprocher des groupes vivants. Du reste, les genres qui ont encore leurs analogues dans la nature actuelle ne se trouvent que dans les divisions supérieures des terrains stratifiés, c'est-à-dire dans les divisions dont tous les types organiques se rapprochent plus ou moins de ceux de la création actuelle.

§ 269. 1re famille : CROCODILIDÆ, dont le genre type est le crocodile du Nil. Autour de cette forme, et plus ou moins rapprochés, viennent se grouper de nombreux genres perdus. Parmi ceux-ci, les six premiers ont les vertèbres biconcaves, tandis que les *Crocodilus* les ont concaves en avant et convexes en arrière.

G. *Teleosaurus*, Geoffroy. Il avait le museau grêle comme les gavials actuels, la forme générale de la tête semblable à celle de ces animaux, l'ouverture nasale antérieure terminale, la mâchoire inférieure élargie vers son extrémité, les dents minces, coniques, aiguës et toutes égales ; mais le sternum était semblable à celui des crocodiles vivants. Une des espèces connues avait près de cinq mètres de long. Des deux espèces connues, l'une parait être de l'étage bathonien de Caen, l'autre de l'étage kimméridgien.

G. *Ælodon*, Meyer. L'espèce est de l'étage jurassique oxfordien.

G. *Mystriosaurus*, Kaup et Bronn, dont on cite quatorze espèces de l'étage jurassique toarcien, ou lias supérieur.

G. *Macrospondylus*, Meyer, une espèce de l'étage toarcien de Boll.

G. *Gnathosaurus*, Meyer, de l'étage oxfordien de Solenhofen.

G. *Rachœosaurus*, Meyer, du même étage, même lieu.

G. *Pleurosaurus*, Meyer, du même lieu.

G. *Steneosaurus*, Geoffroy, dont les narines sont supérieures, et dont une espèce est de l'étage kimméridgien d'Honfleur et du Havre.

G. *Pelagosaurus*, Bronn, de l'étage toarcien de Boll.

G. *Succhosaurus*, Owen. Il avait les dents grêles et aiguës, comprimées latéralement, légèrement recourbées, à rebord tranchant en avant et en arrière, marquées de quelques stries longitudinales. L'espèce connue est de l'étage crétacé néocomien de Tilgate (Angleterre).

G. *Goniopholis*, Owen, qui avait les dents cylindriques, lisses, en cônes très-surbaissés, analogues à celles du crocodile, mais s'en distinguant aisément par des raies profondes et étroites correspondant à autant de côtes très-saillantes disposées longitudinalement. Les vertèbres biconcaves présentent une cavité médullaire irrégulière à leur centre. Les écussons qui recouvraient le corps de l'animal présentaient jusqu'à six pouces (anglais) de longueur et deux et demi de largeur ; leur forme était anguleuse. L'espèce connue est de l'étage néocomien d'Angleterre.

G. *Phytosaurus*, Jæger, dont on connaît deux espèces de l'étage triasique saliférien, d'Altemburg, près de Tubingue.

G. *Pœcilopleuron*, Deslongchamps, de l'étage bathonien de Caen.

Les genres qui suivent ont les vertèbres convexes antérieurement et concaves en arrière, comme chez les *Crocodilus* actuels.

G. *Streptospondylus*, Meyer, une espèce de l'étage kimméridgien du Havre, l'autre de l'étage néocomien d'Angleterre.

G. *Cetiosaurus*, Owen. Caractérisés par leurs os spongieux, et l'absence de cavité médullaire dans les os longs. Des quatre espèces, l'une était de l'étage portlandien, les autres de l'étage crétacé néocomien. Ces reptiles égalaient en grosseur les plus grandes baleines actuelles.

Le seul genre encore vivant de cette série, le G. *Crocodilus*, Brongniart. En dehors de deux espèces indiquées seulement, l'une à Meudon, l'autre dans le New-Jersey, dans l'étage crétacé sénonien, les autres sont réparties dans les étages tertiaires, suessonien d'Auteuil et de Provence, parisien d'Angleterre, de France, Paris et Blaye, et l'étage falunien de l'Himalaya.

Nous connaissons encore une belle espèce d'*Alligator* de l'étage parisien de l'île Wight en Angleterre (*fig.* 102).

§ 270. 2e famille : MEGALOSAURINIDÆ. Elle ne se compose que de genres éteints gigantesques. Les os de leurs membres sont longs et pourvus d'un canal médullaire, et le sacrum formé de cinq vertèbres soudées. On y rapporte trois genres :

G. *Megalosaurus,* Buckland. La tête se termine en avant par un museau droit, mince et comprimé latéralement, comme celui du dau-

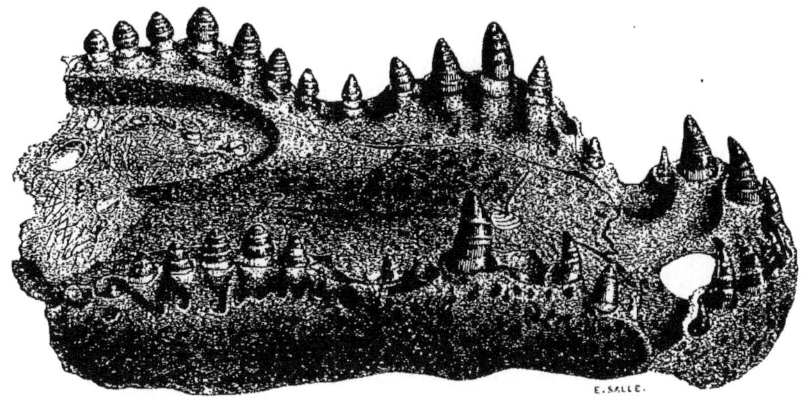

Fig. 102. Alligator (de l'île de Wight).

phin du Gange. Lesdents ont une couronne conique, comprimée latéralement, avec la pointe courbe et les bords tranchants et finement dentelés. Le mode d'implantation de ces dents est remarquable, et forme

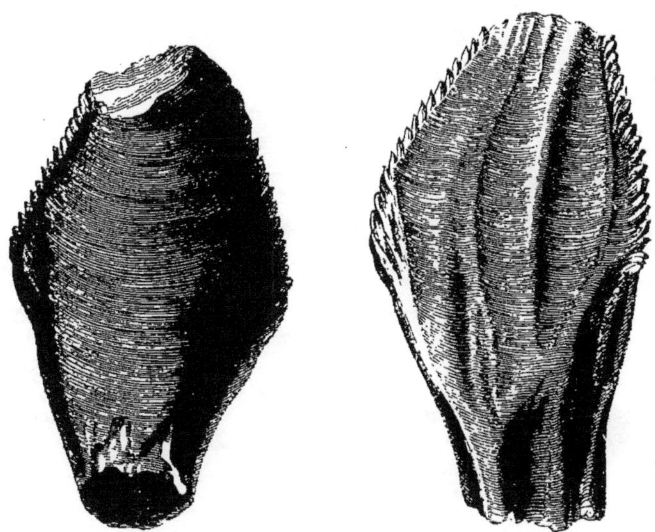

Fig. 103. Iguanodon Mantellii.

véritablement un passage de la dentition des crocodiles à celle des lacertiens. La mâchoire porte un parapet extérieur, comme dans les lézards, mais les dents sont fixées contre ce parapet dans des alvéoles séparées, formées par des cloisons transverses. Ces animaux étaient probablement riverains. On cite des *Megalosaurus* dans l'étage bathonien d'Angleterre et de Caen, et dans l'étage néocomien.

G. *Hylæosaurus*, Mantell, de l'étage néocomien d'Angleterre.

G. *Iguanodon*, Mantell. Les dents ne sont point implantées dans des alvéoles distincts, mais fixés à la face interne de l'os de la mâchoire, et soudés par un des côtés de leur racine; une corne osseuse surmonte le museau. Cet animal gigantesque, massif et lourd, paraît avoir été herbivore. L'espèce connue est de l'étage néocomien d'Angleterre (*fig.* 103).

§ 271. 3e famille : LACERTINIDÆ, plus ou moins voisine des lézards (*Lacerta*). On sait que, dans la nature vivante, les lacertiens sont de fort petite taille; or les genres fossiles que l'on a cru devoir rapporter à ce groupe ont, au contraire, la plupart des dimensions colossales. On connaît, dans cette famille, un grand nombre de genres perdus.

G. *Protorosaurus*, Meyer. Les deux espèces connues sont de l'étage permien de Tubingen.

G. *Thecodontosaurus*, Reley et Stuchbury, du nouveau grès rouge de Bristol (Angleterre).

G. *Palæosaurus*, Reley et Stuchbury, de Bristol, même étage.

G. *Cladyodon*, Owen, du même étage de Warwick (Angleterre).

G. *Mosasaurus*, Conybeare; caractérisé par les dents larges que sup-

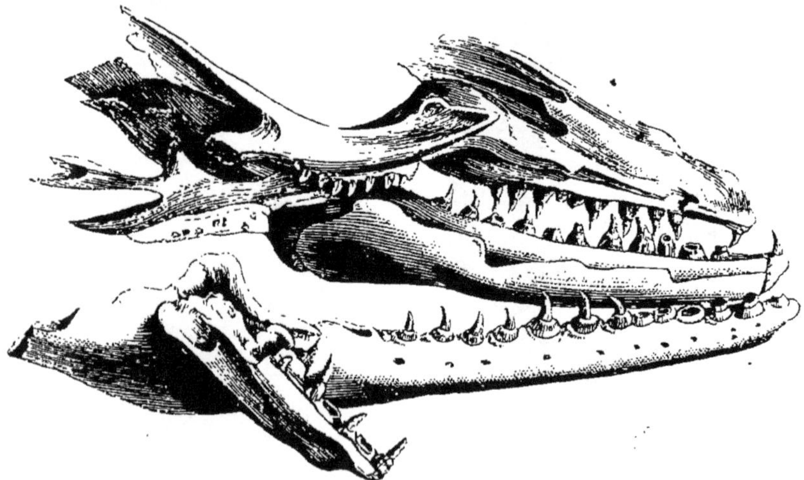

Fig. 104. Mosasaurus Camperi.

portent des espèces d'expansions ou prolongements coniques qui partent du bord de la mâchoire. La couronne de la dent est conique et recourbée, avec sa face extérieure presque plate ; et cette face est bordée, de chaque côté, par une côte longitudinale, ce qui donne à la dent quelque chose de la forme pyramidale. Il paraît avoir eu les pieds palmés. On conserve, au Muséum de Paris, un magnifique échantillon de tête recueilli à Maestricht, dans l'étage crétacé sénonien (*fig.* 104); cet échantillon a 1 mètre 30 centimètres de longueur. On en connaît d'autres traces dans le même âge géologique de Virginie aux États-Unis, et dans l'étage danien de Paris.

G. *Geosaurus*, Cuvier, de l'étage jurassique oxfordien de Solenhofen.

G. *Leiodon*, Owen, de l'étage sénonien de Norfolk.

G. *Raphiosaurus*, Owen. Peut-être de l'étage cénomanien.

G. *Rhynchosaurus*, Owen. Ce genre était petit, mais bien singulier. Le crâne offre l'apparence générale de celui des oiseaux ou des tortues, plutôt que celui des lézards ; en effet, les os intermaxillaires, très-longs, se recourbent en bas, donnant ainsi à la partie antérieure du crâne le profil d'un perroquet. Il n'y a pas de dents apparentes, mais seulement de faibles dentelures à la mâchoire supérieure ; rien de semblable ne s'observe à la mâchoire inférieure. Ce reptile aurait-il eu, comme le fait remarquer Owen, les mâchoires renfermées dans un fourreau osseux? L'espèce connue paraît être du nouveau grès rouge de Grinshill, Angleterre.

Les autres genres indiqués n'offrent pas toujours certitude, soit dans leurs caractères zoologiques, soit dans leur âge géologique. Nous nous abstiendrons d'en parler.

§ 272. 4e famille : Ichthyosauridæ. Cette famille singulière qui s'éloigne encore plus des autres, et qui semble faire le passage des reptiles aux cétacés, renferme les genres suivants :

G. *Ichthyosaurus*, Kœnig. Ces animaux ont le museau et l'aspect général d'un marsouin, la tête d'un lézard, les dents d'un crocodile, les vertèbres d'un poisson, le sternum d'un ornithorhynque et les nageoires d'une baleine (Voy. *fig.* 105). L'énorme volume de l'œil était une des particularités les plus remarquables de l'organisation des ichthyosaures. Les cavités orbitaires, dans une espèce particulière, l'*Icth. platyodon* ont présenté jusqu'à 38 centimètres de diamètre. La grande quantité de lumière que ces organes pouvaient admettre par suite de ce diamètre extraordinaire, devait leur donner une puissance de vision remarquable. D'un autre côté, l'œil était protégé par un cercle de plaques osseuses qui rappellent ce qu'on observe encore de nos jours dans les oiseaux, les tortues et quelques sauriens. L'office de ces plaques osseuses était, sans doute, comme pour ceux-ci, de repousser en avant la cornée transparente, ou de la ramener en arrière, de manière à diminuer ou à augmenter son rayon et ainsi, apercevoir les objets à de petites ou à de grandes distances. De plaques dermales couvraient le corps. D'après leur forme générale, les ichthyosaures étaient des reptiles essentiellement aquatiques, carnas-

Fig. 105. Ichthyosaurus communis.

siers. Le nombre et la force de leurs dents en faisaient des animaux d'autant plus redoutables, qu'à l'aide de leurs rames puissantes, ils étaient plus agiles. D'après la forme des coprolites qu'on rencontre abondamment dans la plupart des gisements d'ichthyosaures, il est à présumer que leur canal intestinal était contourné en spirale comme dans certains poissons.

On connaît une espèce des terrains triasiques, étage conchylien de Lunéville; dans les terrains jurassiques, il paraît que des espèces ont paru dans l'étage sinémurien de France. Le maximum de développement du genre a eu lieu dans l'étage liasien; quelques espèces sont encore de l'étage toarcien de Whitby et de Boll, et une de l'étage callovien d'Angleterre et de France.

G. *Plesiosaurus*, Conybeare. Il a la tête d'un lézard, les dents d'un crocodile, un cou d'une longueur énorme, qui ressemble au corps d'un serpent, un tronc et une queue dont les proportions sont celles d'un quadrupède ordinaire, les côtes d'un caméléon, les nageoires d'une baleine (Voy. *fig.* 106). Comme l'a dit un éloquent auteur, le plésiosaure pourrait être, en quelque sorte, comparé à un serpent caché dans la carapace d'une tortue; son col a jusqu'à trente-

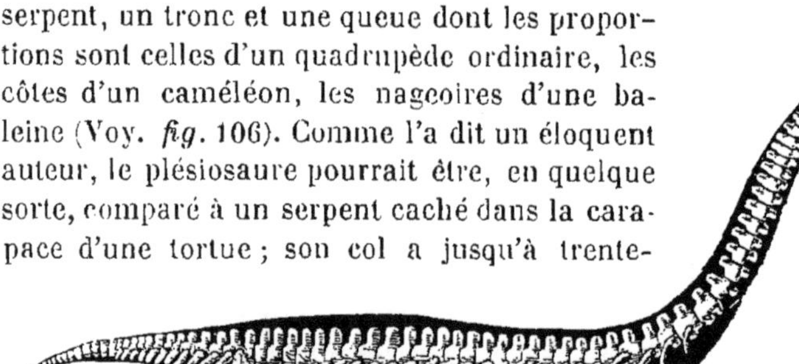

Fig. 106. Plesiosaurus dolichoderius

trois vertèbres, tandis que les autres reptiles n'en ont que de trois à huit. D'après l'ensemble des caractères du squelette, M. Conybeare arrive aux conclusions suivantes, relativement aux habitudes du plésiosaure. C'était un animal aquatique marin. La longueur de son col, qui était un obstacle à la rapidité de ses mouvements, lui servait admirablement pour saisir sa proie; car il n'avait, sans bouger de place, qu'à lancer sa tête sur le poisson imprudent qui s'approchait de lui. Les premières espèces de ce genre sont des terrains triasiques, étage conchylien; leur maximum de développement spécifique est dans les terrains jurassiques de l'étage liasien ; deux espèces paraissent être de l'étage toarcien, trois de l'étage callovien de Kelloway, deux de l'étage kimméridgien. Les espèces indiquées dans l'étage crétacé sénonien de New-Jersey de l'Amérique septentrionale, ne sont pas encore bien certaines.

On a encore indiqué plusieurs genres beaucoup moins connus, ce sont : G. *Pliosaurus*, Owen, intermédiaire entre les *Ichthyosaurus* et les *Plesiosaurus*. On en connaît deux espèces, l'une de l'étage oxfordien, l'autre de l'étage kimméridgien.

G. *Nothosaurus*, Munster. On compte sept espèces, peut-être une de l'étage dévonien, une autre de l'étage permien ; les dernières de l'étage conchylien de Bayreuth.

G. *Diacosaurus*, Munster. Une seule espèce de l'étage conchylien est connue.

G. *Conchiosaurus*, Meyer, de l'étage conchylien.

G. *Spondylosaurus*, Fischer, deux espèces de l'étage oxfordien de Moscou.

G. *Simosaurus*, Meyer, deux espèces de l'étage conchylien de Lunéville.

G. *Pistosaurus*, Meyer, de l'étage conchylien.

§ 273. 5e famille : PTERODACTYLIDÆ. Cette famille singulière offre à la fois des rapports de forme entre les reptiles et les chauves-souris. Elle renferme le seul genre *Pterodactylus*, Cuvier. La longueur du col et la forme de la tête de ce genre le font ressembler aux oiseaux ; le tronc et la queue sont ceux des mammifères ordinaires ; les dents nombreuses et pointues dont son bec est armé appartiennent aux reptiles; enfin, ses organes de locomotion sont conformés pour le vol et présentent les plus grands rapports par les proportions et la forme avec les ailes des chauves-souris ; ainsi, tandis que les reptiles actuels ne se meuvent pas ailleurs que sur terre ou dans les eaux, les ptérodactyles offrent un type unique de locomotion aérienne, de sorte que dans les premiers temps de la découverte de ces animaux si singuliers, les opinions des zoologistes furent pendant quelque temps partagées sur leurs véritables affinités vers telle ou telle classe. Il appartenait au génie de Cuvier de résoudre la question et de prouver que le ptérodactyle, quelles que fussent ses anomalies d'organisation, devait être rangé dans la classe des reptiles (Voy. *fig.* 107). Les espèces variaient, de la taille d'une bécassine à celle d'un cormoran. Suivant Cuvier, ils pouvaient ramper, s'accrocher, grimper; peut-être se tenaient-ils debout comme les oiseaux; ils paraissent avoir été insectivores et peut-être nocturnes. On connait de ce singulier genre, *dix-*

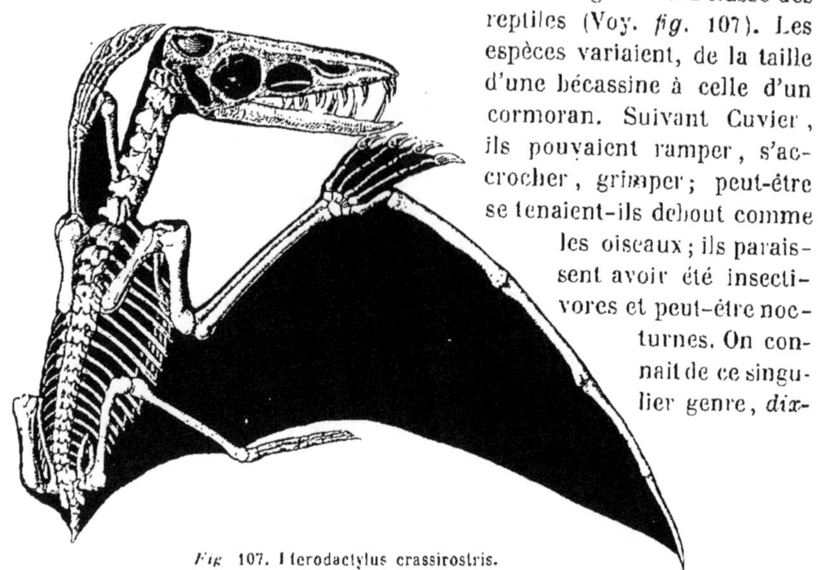

Fig. 107. Pterodactylus crassirostris.

sept espèces ainsi réparties dans les terrains jurassiques : *une* dans l'étage liasien de Lyme-Regis et de Banz, *une* dans l'étage bathonien de Stonesfield, *quatorze* dans l'étage oxfordien de Solenhofen, et une dans l'étage crétacé néocomien de Tilgate.

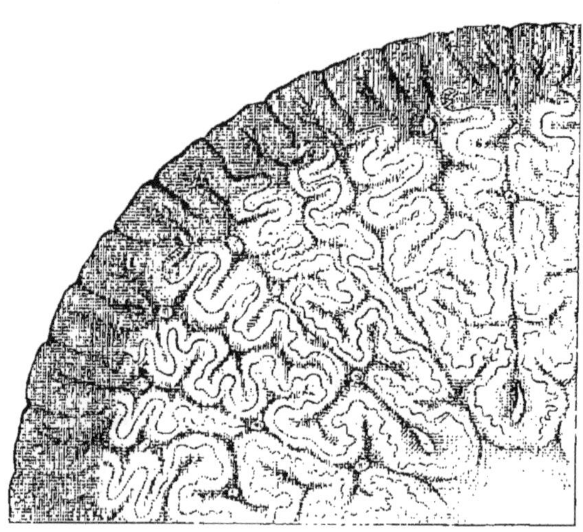

Fig. 108. Mastodonsaurus Jægeri.

§ 274. 6e famille : LABYRINTHODONTIDÆ, caractérisée par des plaques cornées à la surface, le crâne rugueux, de grandes dents coniques légèrement recourbées, implantées dans les alvéoles, comme chez les sauriens; par des condyles occipitaux, que portent des os occipitaux latéraux, comme chez les batraciens. La composition microscopique des dents est surtout remarquable par les lames osseuses compliquées et sinueuses longitudinales qui ont valu son nom à la famille. Tous les genres sont perdus; quelques-uns étaient d'une grande taille.

G. *Labyrinthodon*, Owen, dont on connait cinq espèces de l'étage conchylien, ou nouveau grès rouge d'Angleterre.

G. *Mastodonsaurus*, Meyer, dont une espèce est de l'étage conchylien, et deux de l'étage salifèrien ou keuper d'Allemagne (voy. *fig.* 108).

G. *Capitosaurus*, Meyer, de l'étage salifèrien d'Allemagne.

G. *Metopias*, Meyer, du même étage.

§ 275. 3e ordre : Ophidiens ou *Serpents*. Cet ordre est nettement caractérisé par la forme du squelette, extrêmement allongé, dépourvu d'os des membres, composé de vertèbres et de côtes nombreuses, etc. Nous n'insisterons pas sur les détails de ce squelette, d'autant plus que les débris d'ophidiens sont rares dans la nature fossile.

L'ordre n'est représenté à l'état fossile que par un genre perdu, le G. *Palæophis*, Owen, dont une espèce se trouve dans l'étage parisien de

Fig. 109. Palæopas tolibipicus.

Sheppy, une autre dans l'étage falunien de Suffolk; dès lors toutes deux des terrains tertiaires d'Angleterre (*fig.* 109).

Les genres encore existants ne sont pas plus nombreux. On a rapporté au genre *Crotalus* deux espèces de l'étage parisien de Belgique ; au genre *Coluber*, une espèce de l'étage falunien, et quatre de l'étage subapennin ; au genre *Ophis*, une espèce de l'étage subapennin.

§ 276. 4e ordre : Batraciens. Cette division que les caractères zoologiques séparent entièrement des autres reptiles par les métamorphoses que subit l'âge embryonnaire, se distingue encore par les caractères ostéologiques les plus tranchés. La tête est plate, les côtes manquent généralement ou sont rudimentaires, les membres antérieurs sont souvent plus courts que les postérieurs ; les dents, lorsqu'elles existent, sont petites, aiguës, similaires ; etc. La présence ou le manque de queue a fait diviser cet ordre en deux familles.

§ 277. 1re famille : Ranidæ, composée des batraciens sans queue à

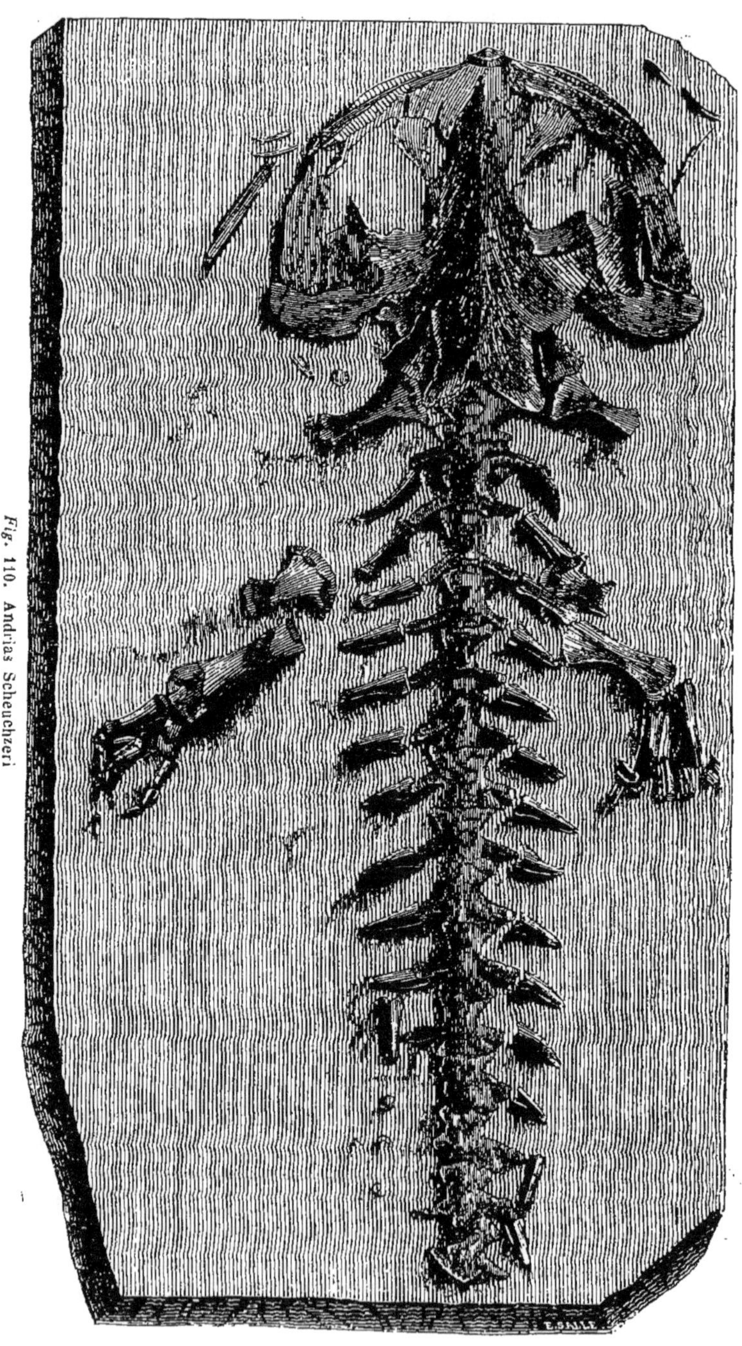

Fig. 110. Andrias Scheuchzeri

l'âge adulte, voisins des grenouilles. On rapporte à cette division les genres perdus *Palæobatrachus*, Tschudi, dont on connaît une espèce de l'étage subapennin du Siebengebirge.

G. *Palæophrynos*, Tschudi, de l'étage subapennin d'Œningen.

G. *Palæophilus*, Tschudi, du même étage.

On rapporte encore au genre actuellement vivant des *Rana*, des restes fossiles de l'étage falunien de Weisenau, de Sansan, et trois espèces de l'étage subapennin.

§ 278. 2e famille: SALAMANDRIDÆ, composée des genres toujours pourvus d'une queue, voisins de la salamandre. On a décrit comme genre éteint, le genre *Andrias*, Tschudi, fondé sur la fameuse *salamandre gigantesque* des schistes de l'étage subapennin d'OEningen, qu'un naturaliste allemand d'une grande réputation, Scheuchtzer, a décrit sous le nom de *Homo diluvii testis*, pensant reconnaître dans ce fossile un squelette humain. Depuis, Cuvier, le premier, démontra l'erreur dans laquelle était tombé Scheuchtzer. La taille de cette espèce est d'un mètre 50 centimètres de long (Voy. *fig.* 110).

Les genres encore existants rencontrés fossiles sont le G. *Salamandra*, dont on a trouvé des ossements dans les étages falunien et subapennin Le G. *Triton*, de l'étage falunien de Sansan et subapennin.

Résumé Paléontologique sur les Reptiles.

§ 279. **Comparaison générale.** Nos tableaux nos 1 et 2 qui contiennent les mammifères et les oiseaux, comparés à notre tableau no 3 (1) de la répartition chronologique des reptiles à la surface de la terre, montrent des résultats bien différents. Ici, depuis leur première apparition sur le globe à la fin des terrains paléozoïques, les reptiles occupent presque tous les étages géologiques, sans montrer néanmoins de progression croissante régulière de formes ; car les genres qui, à tous les étages, restent en arrière et s'éteignent dans les âges passés, sont trois fois plus nombreux que ceux qui arrivent à l'époque actuelle. Ainsi, chez ces derniers, c'est pour ainsi dire, un remplacement successif de formes animales dont les unes éphémères, les autres plus persistantes, durent plus ou moins, mais font place les unes aux autres, depuis les époques anciennes jusqu'à nos jours. Si, sans préjuger des généralités qui vont suivre, nous cherchons quelle peut être la cause de cette répartition différente, entre les mammifères, les oiseaux et les reptiles, nous croirons la trouver dans un seul

(1) En comparant les différents ouvrages, nous avons tâché de faire disparaître les doubles emplois de genres ; néanmoins, nous ne pouvons pas répondre de ceux qui pourraient résulter de l'ouvrage, très-bon d'ailleurs, du docteur Giebel, où nous avons dû puiser beaucoup de nos renseignements.

fait qui tient à l'organisation. En effet, comment vivent aujourd'hui tous les genres de reptiles fossiles que nous voyons arriver jusqu'à l'époque actuelle? D'après l'observation directe, nous savons qu'à l'exception des *Chelonia*, ils sont tous terrestres, ou des eaux douces, et qu'ils respirent l'air en nature, comme les oiseaux et les mammifères. Si nous nous posons la même question pour les genres de reptiles perdus antérieurs aux terrains tertiaires, nous verrons au contraire, par les gisements où ils ont été trouvés, qu'ils sont tous des mers, ou du littoral maritime. Nous insistons sur ce fait qui, nous le croyons, est la cause de la différence de répartition générale qui existe entre les reptiles et les vertébrés supérieurs, puisque nous la trouvons marquée dans toutes les séries animales qui contiennent à la fois des êtres marins, et des êtres terrestres ou fluviatiles.

§ 280. **Comparaison des ordres entre eux.** Pour nous assurer si les diverses séries des reptiles sont réparties d'une manière uniforme, nous allons les comparer entre elles, en commençant par les plus anciennes.

Les *Sauriens*, représentés aujourd'hui par les crocodiles et par les lézards, sont les premiers reptiles qui aient paru à la surface de la terre avec l'étage carbonifèrien des terrains paléozoïques; ils sont plus nombreux dans les terrains triasiques; ont eu leur maximum de développement dans les terrains jurassiques; ont diminué ensuite de nombre avec les terrains crétacés, pour ne plus montrer qu'un seul genre dans les terrains tertiaires. Nous pouvons donc dire que cette série est dans une période décroissante, depuis les terrains jurassiques jusqu'à l'époque actuelle; car on ne peut comparer les crocodiles, les iguanes, et les autres reptiles terrestres de notre époque à ces énormes sauriens, qui couvraient le littoral maritime des anciens continents, à ces géants aquatiques qui à l'époque des terrains jurassiques, pouvaient rivaliser, dans les mers, avec nos énormes cétacés. En descendant jusqu'aux familles si différentes les unes des autres dans cet ordre, nous trouverons encore des résultats plus curieux : puisque, sur six familles, quatre tout entières ont cessé d'exister et ne montrent plus aujourd'hui un seul représentant Nous verrons, par exemple, les *Megalosauridæ*, animaux riverains de grande taille, commencer avec les terrains jurassiques et s'éteindre avec les terrains crétacés inférieurs; les *Labyrinthidæ*, grands animaux également riverains, intermédiaires entre les sauriens et les batraciens, être spéciaux aux terrains triasiques; les *Ichthyosauridæ*, autres reptiles essentiellement nageurs et conformés pour vivre dans les mers, comme les cétacés avec lesquels ils pourraient rivaliser de taille, commencer avec l'étage conchylien et ne pas s'élever au-dessus des terrains jurassiques; enfin les *Pterodactylidæ*, plus étranges encore par leur conformation, puisque d'un côté ils étaient propres au vol, tandis que leur gisement les indique pourtant comme des animaux littoraux des mers, paraître avec les terrains jurassiques, sans franchir l'étage le plus inférieur des terrains crétacés.

Les *Chéloniens* ou *tortues* semblent avoir laissé des empreintes physiologiques de pas avec l'étage conchylien, et l'on peut dire que les genres ont suivi une progression croissante, en traversant tous les étages jusqu'à l'époque actuelle, où ils sont au maximum de leur développement de formes génériques. On doit encore faire remarquer ici, que les tortues antérieures aux terrains crétacés se trouvent dans des couches purement marines, ce qui porterait à croire qu'elles habitaient le littoral des mers anciennes, bien que souvent les genres auxquels on les rapporte aujourd'hui soient seulement des eaux douces.

Les *Ophidiens* ou *serpents* montrent une distribution tout à fait distincte des ordres précédents et analogue à la distribution générale des animaux purement terrestres, comme l'ensemble des mammifères et des oiseaux. En effet, ils se montrent, pour la première fois, avec les terrains tertiaires de l'étage parisien, et vont en augmentant de nombre jusqu'à l'époque actuelle où ils montrent le maximum de leurs genres. Ils sont, dès lors, en voie croissante de développement de formes.

Les *Batraciens* ou *grenouilles* suivent la même répartition que les ophidiens ; leurs premiers genres naissent avec l'étage falunien des terrains tertiaires, augmentent de nombre jusqu'à nos jours, où ils sont aujourd'hui à leur maximum. Ces animaux sont donc également en voie croissante de développement. Tous sont terrestres ou des eaux douces.

La comparaison que nous venons d'établir prouve que les sauriens sont dans une période décroissante de développement de forme zoologique ; tandis que les chéloniens, les ophidiens et les batraciens sont, au contraire, dans une voie croissante. Qu'en conclure relativement à la loi de perfectionnement des êtres ? c'est qu'il y a ici une grave exception ; car les sauriens que nous avons vu appartenir à ce grandiose de l'animalisation des terrains triasiques et jurassiques, ne peuvent être placés, dans l'ordre de perfection des êtres, après les trois séries qui sont encore en progression croissante. S'il pouvait, du reste, exister quelques doutes sur la non-généralité de cette prétendue perfection successive des êtres, en suivant l'ordre chronologique de leur apparition à la surface du globe, elle serait au moins prouvée par l'étude comparative de l'instant d'apparition des ordres des reptiles. Le plus ancien de tous est l'ordre des sauriens, qui apparaît avec la fin des terrains paléozoïques. L'ordre des chéloniens se montre, pour ainsi dire, en même temps, quand nous voyons les premiers ophidiens et batraciens ne se montrer que *vingt-un étages* plus tard, dans les terrains tertiaires. Personne assurément ne pourra, dans l'ordre de perfection croissante, placer avant les sauriens et les chéloniens les ophidiens, toujours sans membres pour la locomotion, ou les batraciens, qui subissent des métamorphoses dans le jeune âge. Il résultera de ce fait sans réplique que les reptiles, au lieu de marcher vers le perfectionnement en partant de leur époque contemporative d'apparition sur le globe, ont, au contraire, marché des plus complets aux plus incomplets dans cet ordre chronologique, et sont, dès lors, en opposition complète avec la loi du perfectionnement.

§ 281. **Déductions zoologiques générales.** (Voyez le tableau n° 3.) Comparés dans leur ensemble numérique, sans avoir égard aux ordres, les genres de reptiles mènent à des conclusions différentes. Nous les voyons, par exemple, pour la première fois, avec l'étage carboniférien des terrains paléozoïques, où ils montrent *une* forme générique. Ils en montrent *dix-huit* dans les terrains triasiques, *vingt-sept* dans les terrains jurassiques, *seize* dans les terrains crétacés et *vingt-trois* dans les terrains tertiaires. On voit, dès lors, que, n'ayant égard qu'aux genres fossiles, le maximum de développement serait à l'époque des terrains jurassiques ; mais, si nous y comparons le nombre assez considérable de genres admis dans les reptiles encore existants, nous serons obligé, comme pour les mammifères et les oiseaux, de trouver que les reptiles, considérés dans leur ensemble numérique de genre, depuis leur première apparition sur le globe jusqu'à nos jours, ont encore marché dans une progression croissante.

§ 282. **Déductions climatologiques comparées.** Ce que nous pouvons dire des reptiles est tout à fait en rapport avec ce que nous avons observé chez les mammifères (§ 242). Les crocodiles, les boas, les crotales, sont aujourd'hui des régions tropicales très-chaudes des continents actuels ; on doit donc croire, que lorsque les crocodiles, les *caïmans*, les *Palæopis*, si voisins des boas, vivaient dans les étages suessonien et parisien, à Paris et à Londres, jusqu'au 50° de latitude nord ; que, lorsque les crotales existaient en Belgique vers la même époque, ces régions, aujourd'hui tempérées, devaient avoir la même température que la zone torride.

§ 283. **Déductions géographiques.** Encore ici quelques données qui viennent prouver que la distribution géographique actuelle est spéciale à notre époque, et tout à fait en dehors de la répartition des êtres dans les étages géologiques (§ 243). Les crotales, les *alligators*, sont aujourd'hui spéciaux à l'Amérique, tandis qu'on en connait des espèces fossiles en Angleterre et en Belgique. Nous pourrions encore citer plusieurs autres faits semblables, même parmi les reptiles.

§ 284. **Déductions géologiques tirées des genres.** Les *caractères stratigraphiques négatifs* (§ 244) sont on ne peut plus tranchés pour les reptiles ; en effet, comme aucun des 67 genres fossiles de notre tableau n° 3 n'occupe tous les étages, et qu'ils sont, au contraire, tous limités dans une plus ou moins large série d'étages, ils peuvent être appliqués, comme caractères négatifs, pour les terrains et les étages, soit supérieurs, soit inférieurs, où ils ne se sont pas encore rencontrés, ainsi que l'indique le tableau. Les 67 genres peuvent servir de caractères négatifs pour les trois étages inférieurs, silurien, dévonien et carboniférien, des terrains paléozoïques, etc., etc.

Les *caractères stratigraphiques positifs* (§ 245) sont également marqués par tous les genres de reptiles, suivant l'extension qu'ils occupent dans les âges géologiques ; ils le sont d'autant plus que : sur les 67 genres, 54 n'arrivant pas à l'époque actuelle, sont perdus, relativement aux faunes postérieures et à la faune d'aujourd'hui ; et que l'on compte sur le total, 39 genres, ou plus de la moitié, qui jusqu'à présent sont circonscrits dans un seul étage géologique.

La *persistance des caractères positifs* (§ 246) est également très-marquée chez les reptiles, comme on peut le voir pour les genres *Ichthyosaurus*, *Plesiosaurus*, *Chelonia*, *Crocodilus*, etc., etc. Il en est de même des déductions géologiques tirées des espèces (§ 247) : c'est que les 276 espèces fossiles connues paraissent être propres à l'étage où elles ont vécu et qu'elles peuvent, dès lors, être considérées comme autant de formes caractéristiques.

CLASSE DES POISSONS.

§ 285. Les poissons vivant essentiellement dans l'eau, où ils respirent au moyen de branchies, comme les mammifères respirent l'air en nature au moyen de poumons, sont conformés de manière à y vivre avec autant de liberté que les animaux terrestres à la surface des continents. Ils n'ont plus de membres distincts, mais bien des organes de natation. Leur corps est tout d'une venue, afin d'offrir moins de résistance à l'élément aqueux. Leur tête, aussi épaisse que le tronc, n'en est pas séparée par un rétrécissement semblable à ce que l'on nomme le cou chez les autres vertébrés, et la queue, par sa grosseur à sa base, ne se distingue pas du reste du corps. Les poissons sont munis de *nageoires*, c'est-à-dire d'organes particuliers propres à imprimer et à diriger les mouvements dans l'eau ; ces nageoires sont placées, les unes sur le dos ou sur la ligne médiane abdominale ou à l'extrémité postérieure du corps, elles sont impaires : ce sont les nageoires dites *dorsales*, *anales*, *caudales* (Voy. *fig.* 111). Les autres sont disposées sur les côtés du corps et par paires ; elles représentent les membres des vertébrés supérieurs : ce sont les nageoires *pectorales* et *abdominales*. Les nageoires consistent presque toujours en un repli de la peau soutenu par des tiges osseuses ou cartilagineuses que l'on nomme *rayons* et qui s'articulent soit à la colonne vertébrale, soit aux os des extrémités antérieures et postérieures. Le

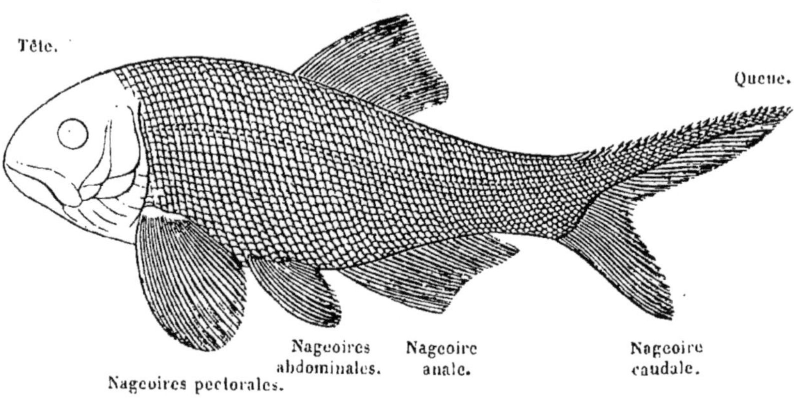

Fig. 111. Amblypterus macropterus.

corps est généralement couvert d'écailles; quelquefois ces écailles ont la forme de grains rudes; d'autres fois, ce sont des tubercules assez gros, ou des plaques d'une épaisseur considérable; mais, en général, elles prennent l'aspect de lamelles fort minces, se recouvrant les unes les autres comme des tuiles et enchâssées dans le derme. On peut les comparer aux ongles des autres animaux vertébrés; mais nous avons vu, au commencement de cet ouvrage, qu'elles contiennent beaucoup plus de sels calcaires. Le squelette des poissons est tantôt osseux, tantôt cartilagineux; il en est même où cette charpente est simplement membraneuse. Les os ne présentent jamais ce canal médullaire, qu'on trouve au contraire, chez la plupart des vertébrés terrestres. La tête des poissons se compose d'un grand nombre d'os d'une disposition très-compliquée et qu'il n'entre pas dans le cadre de cet ouvrage de décrire en détail. A la tête est joint un appareil hyoïdien également très-compliqué. La colonne vertébrale, qui fait suite à la tête, ne présente que deux portions distinctes, l'une dorsale et l'autre caudale; il n'y a ni cou, ni sacrum. Le corps des vertèbres a une forme particulière : il est creusé en avant et en arrière de deux cavités coniques, qui, quelquefois, se rejoignent pour constituer un tronc. Il n'y a pas de sternum. Les côtes manquent quelquefois; d'autres fois elles ceignent tout l'abdomen; souvent elles portent un ou deux stylets, qui se dirigent en dehors; souvent aussi des stylets semblables partent du corps des vertèbres : on les désigne vulgairement, les uns et les autres, sous le nom d'*arêtes*. Enfin, on trouve encore, sur la ligne médiane du corps, un certain nombre d'os pointus appelés *inter-épineux*, qui, en général, s'appuient d'un côté contre le bout des apophyses épineuses des vertèbres, et de l'autre s'articulent avec les rayons des nageoires médianes.

§ 286. Les *Poissons* fossiles sont à eux seuls infiniment plus nombreux que tous les autres animaux vertébrés réunis. Ils se rencontrent aussi dans presque tous les âges géologiques, depuis la première animalisation du globe jusqu'à nos jours ; mais, si les poissons osseux sont répandus partout, la nature moins favorable à la fossilisation de la charpente osseuse des poissons cartilagineux, rend ces derniers infiniment plus rares. Les poissons osseux montrent souvent des squelettes complets, dont les os ont conservé leurs rapports de position naturelle, et dont le corps est quelquefois revêtu de ses écailles. On rencontre encore des os séparés, des têtes osseuses ; mais les parties qui résistent le plus à la destruction chez les poissons fossiles, sont les dents et les osselets intérieurs de la tête, qui se montrent même dans les couches où les os ont disparu.

Les poissons cartilagineux laissent quelquefois des empreintes totales ; mais le plus souvent, on ne rencontre plus que leurs dents ou leurs plaques osseuses extérieures, pour démontrer leur passage dans les faunes perdues.

Les *empreintes physiologiques* des poissons paraissent représentées dans le comté de Glocester (Angleterre), par une sorte de sillon allongé, qu'a creusé ce poisson nageant, et par des traces de poissons fouillant la boue. On cite à Mostyn, dans le comté de Flint (Angleterre), des traces laissées par des poissons marcheurs voisins des siluroïdes. On a cité encore, plusieurs fois, la découverte de coprolites, appartenant à des poissons. Le plus souvent, ces restes fossiles sont marqués sur les couches composées de sédiments très-fins, par un amas de fragments à moitié dénaturés d'os de poissons, ou de débris de coquilles.

Cuvier, en partant de la composition du squelette, a divisé les poissons vivants en deux grandes séries, les *Chondroptérygiens* ou *poissons cartilagineux*, et les *Acanthoptérygiens* ou *poissons osseux*. Il subdivise encore cette dernière série en six ordres, basés sur la composition et sur la place qu'occupent les rayons des nageoires. Ces divisions des poissons vivants n'ont pas paru suffisantes, ou tout au moins applicables, dans tous les cas, aux poissons fossiles ; aussi différents auteurs ont-ils proposé des classifications particulières. M. Agassiz, entre autres, dont les savants travaux ont si puissamment contribué à faire avancer l'histoire des poissons fossiles, a imaginé une classification fondée principalement sur la nature des écailles, leur structure, leur forme et leur disposition. Bien que les écailles soient, en effet, de tous les organes des poissons ceux qu'on rencontre le plus communément à l'état fossile, ceux qui présentent le meilleur état de conservation, et ceux enfin dont les caractères distincts sont les plus faciles à saisir, nous n'aurions pu leur accorder une aussi grande valeur, s'il n'avait réellement existé une corrélation nécessaire entre la nature, la forme, la disposition des écailles et celles de tous les autres organes des poissons, de telle sorte que déterminer les premiers c'est reconnaître implicitement tous les autres. Nous adoptons donc les principes de la classification de M. Agassiz, tout en y apportant quelques modifications que l'ensemble comparatif des autres séries animales nous amène à faire. Ainsi nous aurons cinq ordres au lieu de quatre ; et nous donnerons aux familles une terminaison euphonique, uniforme avec les autres parties de la Paléontologie. Pour le reste, nous suivrons, presque en tous points, le savant paléontologiste suisse, dans ses divisions de familles.

Les quatre premiers ordres sont composés de poissons symétriques dans toutes leurs parties.

1er Ordre : CHONDROPTÉRYGIENS, Cuvier, ou PLACOIDES, Agassiz.

§ 287. D'après les importantes observations de M. Duvernoy, nous ne balançons pas à placer, comme les plus parfaits des poissons, et les plus rapprochés des reptiles, les *placoïdes* de M. Agassiz. En effet, cette division, tout en n'ayant pas le squelette osseux, n'en offre pas moins des caractères physiologiques bien plus élevés. Dussions-nous ne citer que celui de renfermer des animaux vivipares, c'en serait assez pour les séparer des autres poissons voisins des carpes et des brochets.

Les *Placoïdes* (larges plaques), ont la peau nue, tantôt recouverte irrégulièrement de plaques d'émail, d'une largeur quelquefois très-grande ; tantôt enfin incrustée de petits corps osseux qui la rendent dure et âpre au toucher, comme, par exemple, le *chagrin* des squales, les tubercules des raies (*fig.* 112), etc. On a rencontré à l'état fossile, les dents, les rayons, les vertèbres et les plaques tégumentaires des placoïdes, et l'on a formé des genres de ces diverses parties. Les dents observées dans les genres vivants sont variables, suivant qu'elles occupent le palais ou la mâchoire ; suivant qu'elles sont latérales ou médianes à cette mâchoire ; ainsi ces organes isolés n'offrent pas toujours des caractères génériques certains. Il est un autre doute qui peut exister encore sur les rapports qui lient les dents aux nageoires, aux vertèbres, et surtout aux plaques extérieures qui varient également de forme suivant la place qu'elles occupent sur le corps et les espèces d'un genre. Ainsi, aucune certitude ne pouvant exister pour ramener ces organes divers, qui ont servi séparément à établir des genres, aux êtres dont ils dépendent, on doit croire qu'un grand nombre des genres établis ne sont encore que provisoires, et forment, certainement, des doubles emplois les uns avec les autres. Cette circonstance, jointe au manque de place pour énumérer et pour caractériser con-

Fig. 112. Tubercule cutané d'une raie.

venablement le nombre considérable des genres établis par M. Agassiz, nous forcera à ne donner ici que l'indication des familles, et de la distribution géologique des genres qu'elles renferment.

M. Agassiz a décrit avec l'ordre des placoïdes des parties isolées de nageoires de poissons qui appartiennent généralement à des genres de cet ordre et qu'on rencontre, en grande abondance, dans certaines couches ; ce sont des rayons de nageoires dorsales, de ces rayons larges, forts, épineux, observés chez les poissons cartilagineux, surtout chez les requins et chez les raies, et qu'il est toujours facile de reconnaître, en ce qu'ils n'ont jamais à leur base de vraies facettes articulaires, comme chez les autres poissons. Ces débris fossiles ont reçu le nom d'*Ichthyodorulites* (rayons dorsaux fossiles de poissons) (Voy. *fig.* 113). Il n'est pas encore possible, dans l'état actuel de la science, de les rapporter d'une manière sûre à tel ou tel genre de placoïdes, et leur étude doit être faite à part, tout en rentrant dans celle des placoïdes en général.

§ 288. 1re famille : Les Rajacidæ, dont la raie est le type. Le corps est déprimé et en forme de disque ; on connaît à l'état fossile des dents en pavés, des empreintes et des épines dorsales. Les genres de cette famille sont ainsi distribués : le G. *Ptychacanthus*, Agassiz, dans l'étage dévonien ; le G. *Pleuracanthus*, dans l'étage carboniférien des terrains paléozoïques ; les G. *Squaloraya* et *Cyclarthrus*, dans l'étage liasien ; les G. *Asterodermus*, *Euryarthra*, dans l'étage oxfordien des terrains jurassiques ; deux genres dans l'étage suessonien, trois dans l'étage parisien et trois dans l'étage falunien des terrains tertiaires. De ces douze genres, sept sont restés dans les couches géologiques, et cinq sont encore vivants.

§ 289. 2e famille : Les Pristidæ, dont le type est la scie, caractérisée par le museau en lame, armé latéralement d'épines osseuses. On ne connaît à l'état fossile que le G. *Pristis*, de l'étage parisien.

§ 290. 3e famille : Les Cestracionidæ (*Cestracionites*, Agassiz) ont le corps allongé, mais les dents aplaties et en pavés, le museau allongé. On connaît de cette famille un seul genre vivant, et *quinze* genres fossiles ainsi répartis : Dans les terrains paléozoïques, *un* dans l'étage silurien, *un* dans l'étage dévonien et qui se rencontre encore dans l'étage carboniférien.

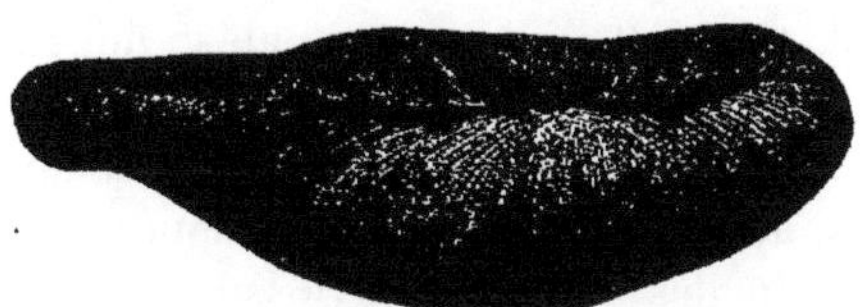

Fig. 113. Plaque de l'Acrodus nobilis.

Huit sont propres à ce dernier étage; *quatre* dans l'étage permien, dont *deux* remontent ensuite jusqu'à la fin des terrains crétacés. Dans les terrains triasiques le genre *Acrodus* (*fig.* 113) commence et s'étend dans les terrains jurassiques ; ce seul genre est spécial à l'étage sénonien des terrains crétacés.

§ 291. 4e famille : Les Hybodidæ, dont le type est le genre *Hybodus*, Agassiz, composée de genres éteints voisins des squales, mais dont les dents sont coniques et non comprimées. On connaît quatre genres perdus : *deux* spéciaux à l'étage carboniférien ; le G. *Hybodus* (*fig.* 114, 115), commence au maximum avec l'étage conchylien, et s'étend jusqu'à l'étage falunien des terrains tertiaires ; le quatrième paraît avec le lias, et s'étend jusqu'à l'étage néocomien.

§ 292. 5e famille : Les Squalidæ, qui ont pour type le genre *Squalus*, Linné, caractérisé par sa forme élancée,

Fig. 114. Dent d'Hybodus.

Fig. 115. Icthyodorulites d'Hybodus.

par des pectorales médiocres, par des dents tranchantes, triangulaires ou allongées. Nous connaissons vingt genres ainsi répartis : un dans l'étage murchisonien, deux dans l'étage carboniférien des terrains paléozoïques, cinq dans les terrains jurassiques ; puis le nombre va en croissant, à mesure qu'on approche de l'époque actuelle, où existe le maximum de développement générique. (Voy. *fig.* 116, 117, 118.)

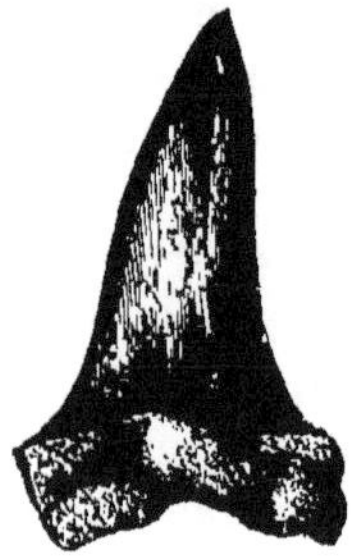

Fig. 116. Dent d'Oxyrhina.

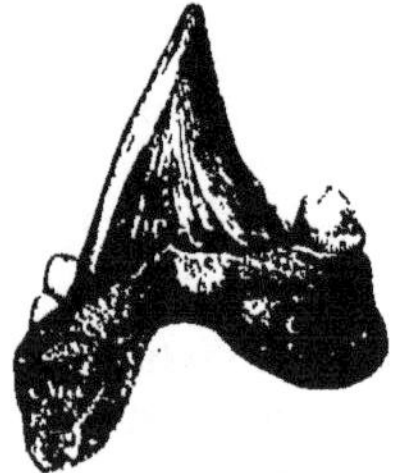

Fig. 117. Dent d'Otodus.

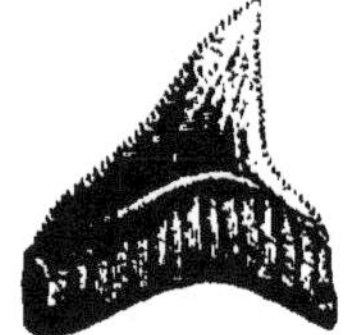

Fig. 118. Dent de Carcharias.

§ 293. 6e famille : Les Chimæridæ, qui se rapprochent plus ou moins du G. *Chimæra*, dont les branchies sont libres, ouvertes par un trou unique. Les mâchoires sont armées de plaques dures, formées de dents soudées, au nombre de quatre en haut et deux en bas, de forme oblongue ; aucun des sept genres fossiles n'arrive à l'époque actuelle. Les genres commencent avec les terrains jurassiques et sont plus nombreux dans les terrains tertiaires.

2e Ordre : GANOÏDES, Agassiz.

§ 294. Ils ont la surface des écailles brillantes ; celles-ci, de forme angulaire, généralement rhomboïdales (*fig.* 119), s'unissent par leurs bords d'une manière très-régulière et sont composées, à la fois, d'une couche cornée ou osseuse profonde, et d'une autre couche d'émail très-mince, superficielle. La structure de ces écailles est donc identique avec celle des dents. Le squelette est osseux, mais moins que dans les deux ordres suivants ; il est même encore cartilagineux dans l'esturgeon, qui appartient à cet ordre.

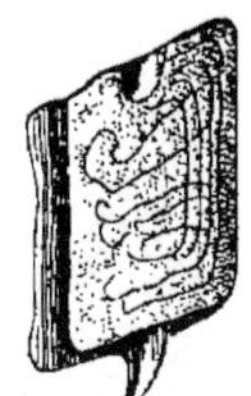

Fig. 119. Écaille de Ganoïde.

§ 295. 1re famille : Les ACIPENSERIDÆ, dont le type est l'*Esturgeon* (*Acipenser*, Linné). Leur corps est cuirassé d'écussons disposés par séries ; on en connaît deux genres, l'un encore vivant, rencontré fossile dans l'étage parisien (*Acipenser*); l'autre fossile du lias (*Chondrosteus*).

§ 296. 2e famille : Les SYNGNATHIDÆ (*Lophobranches*), dont le genre *Syngnathus* est un des types. Ils sont cuirassés partout de plaques qui rendent le corps anguleux. On en connaît beaucoup de genres vivants, mais seulement deux à l'état fossile au Monte-Bolca, à la base des terrains tertiaires.

§ 297. 3e famille : Les DIODONTIDÆ (*Gymnodontes*, Agassiz), voisins du genre *Diodon*, Linné, caractérisés par leurs mâchoires immobiles couvertes d'émail, et représentant chacune deux dents ; leurs écailles ont des pointes. On en connait beaucoup de genres vivants, et un seul fossile (*Diodon*), des terrains tertiaires.

§ 298. 4e famille : Les OSTRACIONIDÆ (*Sclérodermes*, Agassiz), voisins des *Coffres* (*Ostracion*, Linné). Ils ont les os maxillaires et inter-maxillaires soudés, le museau saillant, armé de petites dents distinctes. Les écailles sont larges, plates, polygones, et couvrent tout le corps. On en connaît beaucoup de genres vivants, et sept fossiles, parmi lesquels un seul existant aujourd'hui. Les genres fossiles sont ainsi répartis : un dans l'étage sénonien des terrains crétacés ; cinq dans l'étage suessonien, et un dans l'étage parisien des terrains tertiaires.

§ 299. 5e famille : Les CEPHALASPIDÆ. Ils ont la queue hétérocerque, ou pas de queue ; leur tête et la partie antérieure du tronc sont couvertes de plaques osseuses qui forment quelquefois une carapace compliquée et bizarre (*fig.* 120). La tête est plate et arrondie, la bouche terminale souvent sans dents, le corps aplati, les nageoires pectorales manquant fréquemment et les ventrales n'existant jamais ; presque jamais de caudales. Le squelette est très-simple et réduit presque aux parties périphériques. Peu de genres ont fait varier autant les explications qu'en ont données successivement les différents zoologistes ; on a été jusqu'à les rapporter à la famille des trilobites, à la classe des insectes. Les cinq genres connus ne franchissent pas l'étage dévonien des

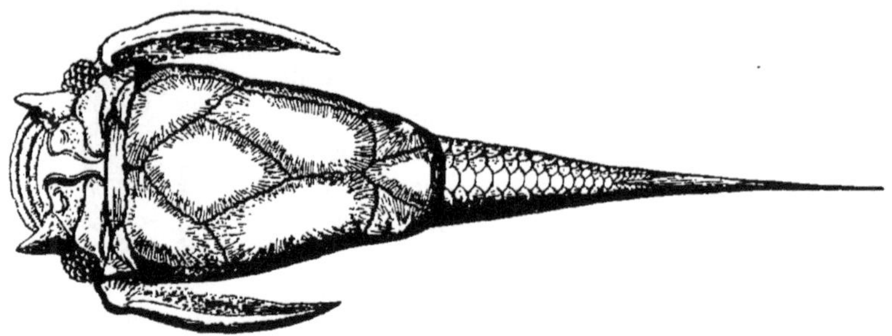

Fig. 120. Ptérichthys cornutus.

terrains paléozoïques où ils apparaissent pour la première fois, et disparaissent avec cette époque géologique.

§ 300. 6e famille : Les PYCNODONTIDÆ. Ils ont des dents à surface arrondie et disposées en pavé contre les mâchoires (*fig.* 121). Nous avons déjà vu les *Cestracionidæ* porter des dents analogues. Un moyen de distinguer ces dents les unes des autres sera de tenir compte de la structure intérieure de ces organes et de leur mode de fixation contre les parois qu'elles accompagnent. Celles des *Pycnodontidæ* ont une racine creuse et adhérente aux mâchoires, tandis que celles des *Cestracionidæ* ont la racine pleine et simplement suspendue dans les chairs. La famille qui ne contient que des genres perdus, au nombre de onze, a paru, pour la première fois, avec l'étage conchylien, où l'on connaît deux genres; deux autres commencent avec l'étage salifèrien, et se continuent jusque dans les terrains tertiaires. Le maximum de développement a lieu dans les terrains jurassiques; les terrains crétacés et tertiaires n'offrent, cependant, qu'un seul genre de moins, ce qui est d'autant plus extraordinaire qu'aucun n'existe aujourd'hui.

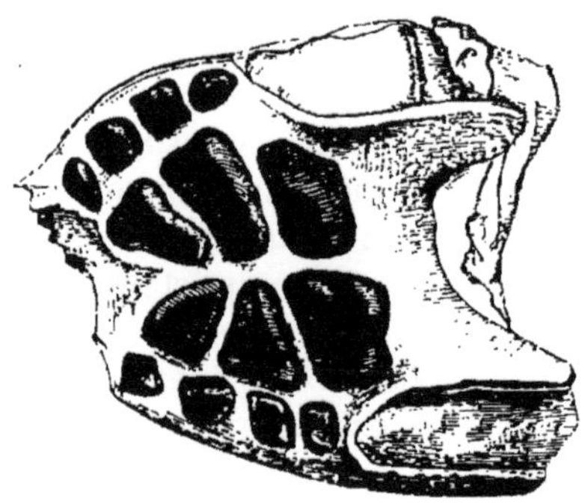

Fig. 121. Placodus gigas.

§ 301. 7e famille : Les CELACANTHIDÆ. Tous les os du squelette, tous les rayons sont creux à l'intérieur; l'extrémité caudale de la colonne épinière est prolongée dans le milieu de la nageoire caudale elle-même, en formant une sorte de pointe effilée; enfin les rayons sont portés sur des osselets inter-apophysaires. La dentition se rapproche de celle des

Pycnodontidæ. Les douze genres qu'on y rapporte sont éteints. On en connaît huit dans les étages dévoniens, les autres sont répartis dans les terrains triasiques et jurassiques ; car un seul genre atteint les terrains crétacés sans passer au-dessus.

§ 302. 8e famille : Les Acrolepisidæ (*Sauroïdes hétérocerques*, Agassiz). Ce sont des poissons de forme élancée qui ont des dents coniques, pointues, alternant avec de petites dents en brosse ; les écailles sont presque carrées. Tous ont la queue hétérocerque, c'est-à-dire que la colonne épinière se prolonge dans le lobe supérieur de la queue. Ainsi circonscrite, cette famille montre douze genres perdus, cinq communs avec l'étage dévonien, cinq aussi dans l'étage carboniférien, dont deux passent à l'étage permien des terrains paléozoïques ; un seul existe ensuite dans l'étage conchylien, la dernière époque où se trouve cette famille.

§ 303. 9e famille : Les Polypteridæ (*Sauroides homocerques*, Agassiz). Ce sont des poissons en tout semblables aux *Acrolepisidæ*, mais ayant la queue composée comme celle des poissons ordinaires, et non prolongée en dessus. On connaît aujourd'hui deux genres vivants de cette famille, et quatorze genres fossiles qui commencent dans les terrains jurassiques avec l'étage sinémurien, ont leur maximum de développement dans l'étage oxfordien, et ne montrent plus que deux formes génériques dans les terrains crétacés.

§ 304. 10e famille : Les Dipteridæ (*Diptériens*, Agassiz). Ce sont des poissons avec la queue des *Acrolepisidæ*, qui ont des écailles semblables, mais ont deux nageoires dorsales et deux anales. On n'en connaît que deux genres perdus, *Dipterus* et *Osteolepis*, le premier des étages dévonien et carboniférien, le second de l'étage dévonien.

§ 305. 11e famille : Les Acanthodidæ (*Acanthodiens*, Agassiz). Elle est caractérisée par des écailles presque microscopiques, par la queue des *Acrolepisidæ*, des dents inégales. Des quatre genres tous perdus et tous propres à l'étage dévonien, un seul passe à l'étage carboniférien sans sortir des terrains paléozoïques.

§ 306. 12e famille : Les Palæonsicidæ (*Lépidoides hétérocerques*, Agassiz). Ces poissons ont les dents en brosse, sur plusieurs rangées, leur queue comme chez les *Acrolepisidæ*, les écailles plates rhomboïdales parallèles au corps ; ils ont une dorsale et une anale. On en connaît six genres perdus (Voy. *fig.* 111) ; cinq commencent avec l'étage carboniférien, dont trois passent aux terrains triasiques, un seul est spécial à l'étage oxfordien, dernière apparition de la famille.

§ 307. 13e famille : les Lepidotidæ (*Lepidoïdes homocerques*, Agassiz). Nous conservons seulement dans ce groupe les genres pourvus de tous les caractères de la famille précédente, mais ayant la queue ordinaire, et non comme les *Acrolepisidæ* (*fig.* 122). Les dix genres connus sont perdus. Ils commencent avec l'étage liasien du terrain jurassique,

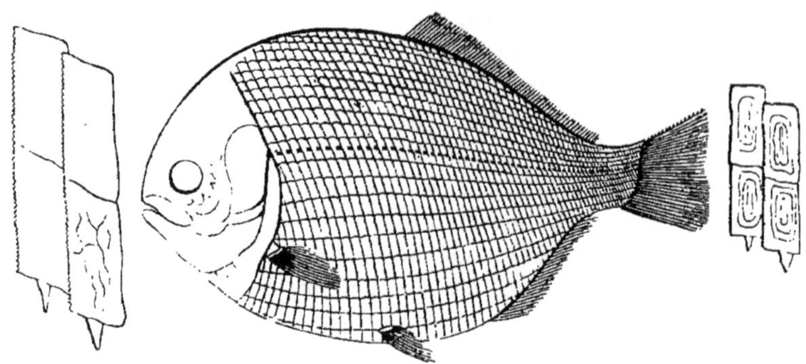

Fig. 122. Tetragonolepis (restauré).

par un maximum de sept genres, nombre qui existe encore dans l'étage oxfordien. Les terrains crétacés en ont quatre genres, dont un seul, le genre *Lepidotus*, s'étend jusqu'aux terrains tertiaires inférieurs.

3e Ordre : Les CYCLOIDES, Agassiz.

§ 308. Ces poissons ont les écailles composées de lames simples ou plaques, cornées ou osseuses, dépourvues d'émail et à bords postérieurs simples ou lisses, de forme plus ou moins circulaire (*fig.* 123); mais leur surface extérieure est souvent ornée de reliefs ou dessins divers. Les écailles de la ligne latérale consistent en des sortes d'entonnoirs emboîtés les uns dans les autres; leur partie contractée, s'appliquant contre le disque de l'écaille, constitue le tube par lequel coule le mucus qui enduit le corps de la plupart de ces animaux. Le squelette est encore osseux. A cet ordre appartiennent le saumon, la carpe, etc. Les cycloïdes n'ont pas de famille éteinte, mais bien des genres éteints dont le nombre est d'autant plus grand relativement aux genres vivants, et les rapports avec ceux-ci d'autant plus éloignés, qu'ils se rencontrent dans des couches plus anciennes.

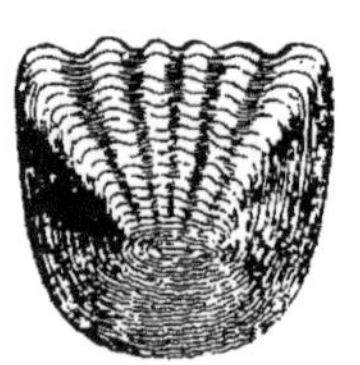

Fig. 123. Écaille de Cycloïde.

§ 309. 1re famille : ANGUILLIDÆ (*Anguilliformes*, Agassiz, *Apodes*, Cuvier). Ces poissons qui ont le corps allongé, manquent de nageoires ventrales et quelquefois de pectorales. On connaît beaucoup de genres vivants parmi lesquels quatre ont des représentants dans l'étage suessonien des terrains tertiaires, où l'on rencontre le genre perdu *Enchelyopus*, Agassiz.

§ 310. 2e famille : les CLUPEIDÆ (*Haléoïdes*, Agassiz), voisins des harengs et des saumons. Tous ont le maxillaire supérieur, dépendant de la mâchoire, armé de dents. Ils ont des ventrales abdominales. De cette famille nombreuse en espèces vivantes, on connaît six genres perdus, dont cinq (*Aulolepis*, *Acrognathus* et *Osmeroides*, *Osmerus*, *Alec*, Agassiz) sont propres à l'étage sénonien des terrains crétacés ; les deux autres, le *Platinx* et le *Notœus*, sont des terrains tertiaires inférieurs. On connaît encore cinq genres encore vivants qui ont des représentants fossiles dans les terrains tertiaires.

§ 311. 3e famille : Les ESOCIDÆ, voisins des brochets. Leur forme est élancée, leurs écailles sont grandes, leurs maxillaires supérieurs ont des dents, ainsi que les os palatins et le vomer. De cette famille nombreuse en genres vivants, on connaît trois genres marins, l'*Isticus*, Ag., de l'étage sénonien des terrains crétacés ; les genres *Holosteus*, du Monte-Bolca, et le *Sphenolepis* de Montmartre, terrains tertiaires. Le seul vrai brochet (*Esox*) est de l'étage subapennin.

§ 312. 4e famille : Les LEBIASIDÆ (*Cyprinodontes*, Ag.). Ce sont des *Cyprinidæ* dont les mâchoires ont des dents. Des cinq genres vivant

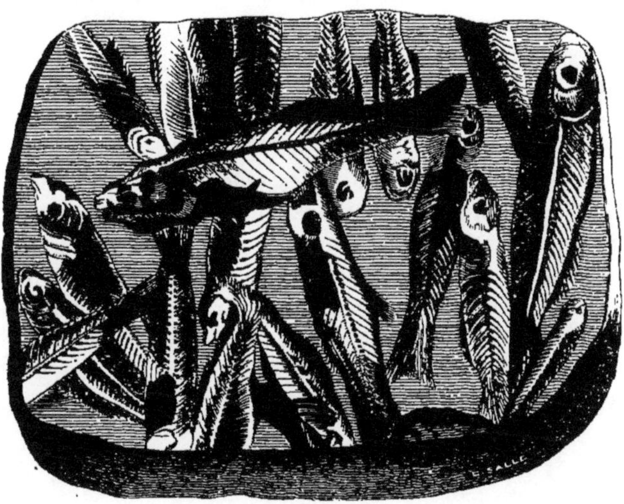

Fig. 124. Lebias cephalotes d'Aix (Provence).

dans l'eau douce, un seul est fossile, le G. *Lebias*, dans les terrains tertiaires (*fig.* 124).

§ 313. 5e famille : Les CYPRINIDÆ, qui contient le genre carpe. Poissons dépourvus de dents aux mâchoires, mais en ayant aux os pharyngiens. Tous les genres vivants et fossiles sont des eaux douces. On connaît un genre perdu (*Cyclurus*), et sept genres encore existants dans les étages falunien et subapennin des terrains tertiaires.

§ 314. 6e famille : Les LABRIDÆ. Ils ont de grandes écailles, une dorsale, des mâchoires recouvertes de lèvres charnues. Un grand nombre de genres sont marins. On n'en connaît que deux fossiles dans les terrains tertiaires inférieurs, *Labrus* et *Atherina*.

§ 315. 7e famille : Les LOPHYDÆ, dont notre *Baudroie* est le type. Poissons marins sans écailles, dont la pectorale est pédonculée. On connaît une espèce fossile du genre *Lophyus* dans les terrains tertiaires.

§ 316. 8e famille : BLENNIDÆ, qui se rapproche des *Blennies*, a les ventrales jugulaires composées de deux rayons, une dorsale qui occupe presque tout le dos. De cette famille nombreuse on connaît le seul genre éteint, *Spinacanthus*, Ag., au Monte-Bolca.

§ 317. 9e famille : SPHYRÆNIDÆ (*Sphyrænoides*, Ag.). Ces poissons ont le corps allongé, les écailles lisses, les mâchoires garnies de grandes dents tranchantes. Les genres sont marins. On en connaît huit à l'état fossile, dont quatre, *Cladocyclus*, *Saurodon*, *Saurocephalus* et *Hypsodon*, sont de l'étage sénonien des terrains crétacés. Les autres sont des terrains tertiaires ; les G. *Mesogaster* et *Ramphognathus*, du Monte-Bolca, et le G. *Sphyrænodus*, de l'étage parisien.

§ 318. 10e famille : XIPHIDÆ, qui renferme l'espadon, caractérisé par son long bec prolongé, sans dents ; on connait un genre éteint, *Cœlorynchus*, de l'étage parisien, et un genre encore vivant, *Tetrapterus*, de l'étage sénonien et du parisien.

§ 319. 11e famille : SCOMBERIDÆ. Ces poissons ont de petites écailles, des ventrales thoraciques ou jugulaires, à nageoires verticales non écailleuses. Les genres actuels sont infiniment plus nombreux que les genres fossiles ; parmi ceux-ci on compte quinze genres éteints, dont un commence avec l'étage sénonien des terrains crétacés. Les autres sont des terrains tertiaires du Monte-Bolca et de Glaris, que, d'après M. de Beaumont, nous plaçons dans les terrains tertiaires, bien que M. Pictet les fasse descendre à l'étage néocomien.

4e Ordre : Les CTÉNOIDES, Agassiz.

§ 320. Ils ont les écailles cornées, composées de plaques dentelées ou pectinées sur le bord postérieur (*fig.* 125). Comme les plaques sont de longueur inégale et superposées les unes sur les autres de manière que la plus inférieure dépasse la plus supérieure suivante, les pointes ou des dents nombreuses dont l'enveloppe écailleuse est recouverte rendent celle-ci inégale et rude au toucher. Le squelette est osseux. La perche, par exemple, appartient à cet ordre.

§ 321. 1re famille : Mugilidæ, formée du seul genre *Mugil*, Linné, comprennent des poissons dont les écailles sont à peine dentées. Leur corps est allongé ; ils sont pourvus de deux dorsales. On en connait une espèce fossile des terrains tertiaires du Monte-Bolca. M. *princeps*, Agassiz. Ils vivent maintenant dans les mers chaudes, tempérées et froides.

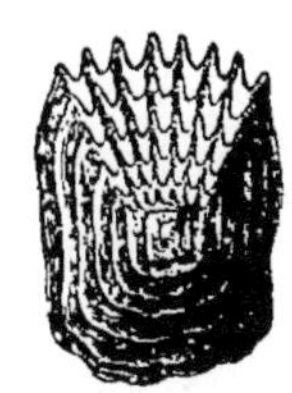

Fig. 125. Écaille de Cténoïde.

§ 322. 2e famille : Fistularidæ (*Bouches en flûte*, Cuvier, *Aulostomus*, Ag.), dont le type est le genre vivant *Fistularia*, Linné. Ils ont la bouche prolongée en un long tube. On en connait cinq genres, dont deux perdus (*Ramphosus*, *Urosphen*, Ag.) du Monte-Bolca, étage suessonien (?) et trois genres encore vivants du Monte-Bolca et de Glaris. Ils vivent aujourd'hui dans les mers chaudes de l'Inde.

§ 323. 3e famille : Plataxidæ (*Squammipennes*), qui se rapprochent du G. *Platax* (Voy. *fig.* 126), ont la base des nageoires dorsales et même la partie épineuse couvertes d'écailles. Leur corps est comprimé ; leurs dents sont généralement en brosses flexibles. Dix genres de cette famille se trouvent fossiles, parmi lesquels trois perdus : les *Pygæus* et *Sennophorus*, Ag., du Monte-Bolca, le *Macrostoma*, Ag., de l'étage parisien. Tous les autres sont du Monte-Bolca ou de Paris. Les genres vivants sont des mers chaudes.

§ 324. 4e famille : Naseidæ (*Theuties*, Ag.). Leur corps est comprimé, oblong, pourvu d'une double dorsale ; dents tranchantes sur une seule rangée à chaque mâchoire. Les deux genres rencontrés fossiles au Monte-Bolca (*Naseus* et *Acanthurus*) sont aujourd'hui des mers chaudes.

§ 325. 5e famille : Gobidæ (*Gobioïdes*), dont le type, le genre *Gobius*, caractérisé par des ventrales thoraciques réunies, et les rayons épineux d'une dorsale grêle et flexible, par un corps allongé, au milieu des autres vivants, est le seul représenté à l'état fossile dans les couches du Monte-Bolca.

§ 326. 6e famille : Cottidæ (*joues cuirassées*, Ag.), dont un des types vivants est le genre *Cottus*, Linné. Ces poissons ont un aspect singulier par leur tête hérissée et cuirassée, les sous-orbitaires étendus sur la joue et articulés avec l'opercule. On en connait deux genres perdus, *Collipteryx* et *Pterigocephalus*, du Monte-Bolca, et un genre actuellement vivant des derniers étages tertiaires.

§ 327. 7e famille : Scienidæ (*Scienoïdes*, Ag.). Ces poissons ont les dents, les préopercules et l'épine des opercules des *Percidæ*, et l'absence des dents palatines des *Sparidæ.* On en connaît un grand nombre de

Fig. 126. Platax altissimus.

genres vivants ; mais deux seulement se sont rencontrés fossiles, l'un perdu, *Odonteus*, Ag., du Monte-Bolca, l'autre encore vivant.

§ 328. 8e famille : SPARIDÆ (*Sparoïdes*, Ag.). Avec les caractères des *Percidæ*, ces poissons ont l'opercule sans épines et le palais sans dents ; une seule dorsale. Très-nombreux à l'état vivant, on en connaît à l'état fossile un genre éteint (*Sparnodus*), du Monte-Bolca, et trois genres actuellement vivants, représentés dans les couches du Monte-Bolca et dans l'étage parisien.

§ 329. 9e famille : Les Percidæ, dont un des genres est le G. *Perca*, Linné. Ce sont des poissons oblongs, dont les opercules ont des pointes ; des dents existent aux os palatins et au vomer ; la dorsale a des rayons mous et des rayons épineux. Les genres, très-nombreux principalement dans les mers des régions chaudes, sont représentés dans les terrains par dix-neuf genres fossiles : parmi ceux-ci huit genres perdus, dont quatre de l'étage sénonien, les G. *Agrogaster, Sphenocephalus, Aplopteryx*, Agassiz. Cinq genres perdus sont du Monte-Bolca et de Glaris, *Pristigenys, Smerdis, Podocys, Acamus* et *Cyclopoma*, Ag. Les genres encore vivants, à l'exception d'un seul (*Berix*, Cuv.) de l'étage sénonien, des terrains crétacés, sont tous des terrains tertiaires.

5e Ordre : PLEURONECTOIDES.

§ 330. Quand on voit tous les poissons qui précèdent avoir des formes symétriques, il est permis d'en séparer tout à fait, et de placer les derniers, des poissons qui n'ont plus rien de régulier dans leur structure ni dans les diverses parties. Ce sont, en un mot, des poissons qui, par rapport aux autres, sont couchés sur le côté, de manière à montrer toutes les parties sur un plan horizontal, mais avec les deux

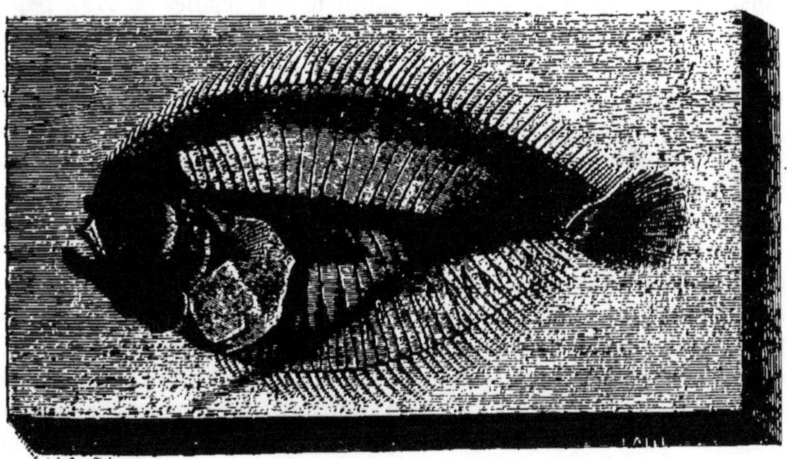

Fig. 127. Rhombus minimus.

yeux en dessus, c'est-à-dire d'un côté du corps et latéraux, au lieu d'être symétriques. Les nageoires sont également transposées ; la dorsale et l'anale sont latérales, tandis que les pectorales sont en dessus et en dessous, dans la station normale de ces singuliers êtres.

Nous attachons d'autant plus de valeur à cette singulière modification des pleuronectes, qu'elle se retrouve absolument la même chez les mollusques lamellibranches, que nous avons appelés *Pleuroconques*, et que dès lors elle n'est pas une modification accidentelle de quelques êtres isolés, mais bien une forme spéciale qu'il convient d'élever dans la valeur des classifications. En effet, nous ne concevrions pas qu'on fît passer après la forme des écailles, par exemple, toute l'organisation symétrique ou non de toutes les parties d'un corps et de son squelette intérieur. Nous ne balançons donc pas à former un ordre spécial des pleuronectes, qui par les écailles sont, du reste, caractérisés comme les *Cténoïdes* de M. Agassiz.

Nous en faisons une famille unique qui n'est représentée à l'état fossile que par un seul genre (*Rhombus*, Cuv.), dont on connaît une espèce du Monte-Bolca (*fig.* 127), et qui renferme aujourd'hui de nombreux genres et beaucoup d'espèces vivantes.

Résumé paléontologique sur les Poissons.

§ 331. **Comparaison générale.** Il ressort de l'ensemble des genres de poissons, disposés comme le sont les mammifères, les oiseaux et les reptiles de nos tableaux n°s 1, 2 et 3, que ces animaux ont suivi, pour ainsi dire, une marche régulière, parallèle aux reptiles (§ 279). Depuis qu'ils se sont montrés dans les mers anciennes avec l'étage murchisonien, le second des terrains paléozoïques, les poissons, en effet, occupent de même tous les étages géologiques, sans montrer, à proprement parler, de progression croissante, régulière, de forme, puisque les genres qui, à tous les étages, restent en arrière et s'éteignent dans les âges passés, sont plus de deux fois aussi nombreux que ceux qui arrivent à l'époque actuelle (1). Nous avons donc ici un remplacement successif de formes animales éphémères, depuis la première animalisation du globe jusqu'à nos jours. Nous ferons remarquer un fait curieux : c'est que tous les poissons fossiles qui ont été reconnus pour avoir, dans les temps passés, habité les eaux douces, comme nos carpes, nos brochets d'aujourd'hui (les genres fossiles *Perca* et les *Cyprinidæ*), sont tous des derniers étages tertiaires ; ainsi nous trouvons encore un rapport intime de plus entre la répartition géologique des reptiles et celle des poissons.

(1) Restreint par la place, nous n'avons pas pu donner, les 278 genres de poissons fossiles, en tableaux ; car il nous en aurait fallu quatre ; mais toutes les généralités sont basées sur les données générales des genres qui ne ressortent qu'imparfaitement dans notre tableau des familles.

§ 332. **Comparaison des ordres entre eux.** Nous commencerons par la série la plus ancienne à la surface du globe.

Les *Placoïdes* (parmi lesquels sont les raies et les requins) ont les premiers paru avec la première animalisation de notre planète, et ils atteignent presque le maximum de leur développement générique avec l'étage carboniférien. Ils diminuent de nombre dans les terrains triasiques, augmentent de nouveau avec les terrains jurassiques et restent stationnaires jusqu'à la fin des terrains tertiaires. Tout en montrant, à l'époque actuelle, quelques genres de plus que dans aucun des étages géologiques pris en particulier, nous voyons, cependant, que la faune actuelle, qui peut être regardée comme étant bien connue, a deux genres de moins que la faune perdue des terrains paléozoïques, dont nous ne connaissons que les débris échappés à la destruction générale et au laps de temps incommensurable qui s'est écoulé depuis cette époque. Nous croyons donc pouvoir en conclure que cette série animale est certainement dans une période décroissante, depuis les terrains paléozoïques, la première grande époque de l'animalisation du globe.

Les *Ganoïdes*, qui renferment les esturgeons, les coffres, etc., suivent à peu près la même répartition que les placoïdes. Ils commencent avec l'étage dévonien, où l'on compte 28 genres, et en renferment 34 dans les terrains paléozoïques. Ils diminuent un peu dans les terrains triasiques, ont 35 genres ou le maximum de leur développement numérique avec les terrains jurassiques, tandis que les terrains crétacés et les tertiaires n'ont pas montré la moitié de ce chiffre. Comme les mers actuelles ne nous présentent que 17 genres, que la famille entière des *Siluridæ*, propres aux eaux douces des régions chaudes, est entièrement inconnue à l'état fossile, et que, malgré les causes de destruction sans nombre qui se sont opposées à la conservation des êtres fossiles, nous voyons encore les familles des *Cephalaspidæ*, des *Celacanthidæ*, des *Acrolepisidæ*, des *Hybodidæ*, des *Pycnodontidæ* et des *Lepidotidæ* (1), rester toutes dans les âges passés, nous en conclurons péremptoirement que les ganoïdes sont bien positivement dans une période décroissante de forme zoologique.

Les *Cycloïdes*, où sont compris les carpes, les brochets, suivent une marche toute contraire. Totalement inconnus dans les terrains paléozoïques, triasiques et jurassiques, les genres de cette série commencent avec les étages supérieurs des terrains crétacés, et vont en progression croissante de nombre jusqu'à l'époque actuelle, où ils sont à un très-fort maximum de développement, par rapport aux époques passées. Tous les

(1) Voyez notre tableau n° 4, de la répartition géologique des familles.

genres fossiles appartiennent à des familles très-nombreuses aujourd'hui.

Les *Cténoïdes* suivent en tout la distribution géologique des *Cycloïdes*, avec cette seule différence que neuf familles sur dix sont inconnues dans les terrains crétacés et ne commencent qu'avec les terrains tertiaires. De même, toutes les familles fossiles existent aujourd'hui avec un immense développement de formes génériques.

Les *Pleuronectoïdes*, qui comprennent nos soles, nos turbots, nos limandes, commencent encore bien plus tard, puisque nous n'en connaissons qu'un seul genre fossile de l'étage inférieur des terrains tertiaires. Ils sont, dès lors, dans tout leur maximum de développement avec l'époque actuelle.

D'après la comparaison qui précède, on voit que les *Placoïdes* et les *Ganoïdes* sont dans une période de décroissance, tandis que les *Cycloïdes*, les *Cténoïdes* et les *Pleuronectoïdes* sont, au contraire, dans une grande voie croissante. Ici, comme pour les reptiles (§ 280), nous voyons tous les faits en contradiction complète avec la loi de perfectionnement des êtres, en marchant des époques anciennes aux plus modernes. Nous avons fait remarquer (§ 287) que les placoïdes ou poissons chondroptérygiens, par leurs rapports avec les reptiles, étaient les plus parfaits de toute la classe ; ce sont, pourtant, les premiers qui paraissent à la surface du globe. Les *Cycloïdes* et les *Cténoïdes*, qui leur sont bien inférieurs, inconnus dans les terrains paléozoïques, triasiques et jurassiques, ne paraissent que *vingt-deux* étages plus tard avec les terrains crétacés. Les *Pleuronectoïdes*, qui n'ont plus de formes symétriques, et qui sont pour ainsi dire des poissons dont la nature est déformée, sont inconnus même dans les terrains crétacés et ne se montrent qu'avec les terrains tertiaires, c'est-à-dire *vingt-quatre* étages plus tard que les *Placoïdes*, les poissons les plus parfaits. Il sera, dès lors, démontré que les poissons, comparaison faite de leurs ordres avec l'instant chronologique de leur apparition sur le globe, ont marché des plus parfaits aux plus imparfaits, au lieu de perfectionner leurs formes.

§ 333. **Déductions zoologiques générales** (Voyez le tableau n° 4). Comparés dans leurs nombres, sans avoir égard aux ordres, les genres de poissons nous amènent à des résultats d'une autre nature. Ils apparaissent pour la première fois avec l'étage silurien, le premier des terrains paléozoïques. Ces derniers terrains en montrent dans leur ensemble 67, les terrains triasiques 15, les terrains jurassiques 56, les terrains crétacés 46, et les terrains tertiaires 141. Il résulterait, de la comparaison des genres fossiles seulement, que les formes, déjà très-nombreuses dans les âges inférieurs, ont pourtant été en progression croissante dans les terrains tertiaires les plus rapprochés de nous. Si nous comparons à ces résultats les 450 genres environ qui habitent notre globe aujourd'hui, on reconnaîtra que le nombre des genres de poissons a toujours été en croissant depuis les temps anciens jusqu'à nos jours.

§ 334. **Déductions climatologiques et géographiques.** Comparativement à ce que nous avons déjà dit (§ 242, 282) des autres séries animales, les poissons viennent compléter nos résultats ; car il est certain qu'un grand nombre des genres qui sont fossiles au Monte-Bolca, en Italie; à Sheppy, en Angleterre; à Glaris: aux environs de Paris, en France, ne se trouvent plus aujourd'hui que dans les régions tropicales des Océans. La répartition des espèces fossiles, comparée à la répartition des espèces vivantes des mêmes genres, nous prouve encore, comme pour les autres classes (§ 243, 283), que la distribution géographique passée n'a aucun rapport avec la distribution actuelle.

§ 335. **Déductions géologiques tirées des genres** (§ 244). Les *caractères stratigraphiques négatifs* sont très-marqués pour les poissons, puisque aucun des 278 genres fossiles connus n'occupe tous les étages, et qu'ils sont, au contraire, tous restreints en des limites plus ou moins étendues, et peuvent servir de caractères négatifs pour les étages supérieurs ou inférieurs à ces limites de hauteur, où ils manquent.

Les caractères stratigraphiques positifs (§ 245) sont aussi prononcés chez les poissons. Les 278 genres environ, connus à l'état fossile, sont autant de caractères positifs pour les terrains et les étages qu'ils occupent; ils seront d'autant plus certains que, sur ces genres, 199 sont perdus pour l'époque actuelle et pour des étages supérieurs et inférieurs, et que 119 sont, jusqu'à présent, propres à un seul étage géologique. La persistance des caractères positifs est, chez les poissons, comme pour les mammifères (§ 246).

Pour les déductions géologiques tirées des espèces de poissons, elles sont les mêmes que pour les autres séries animales (§ 247), c'est-à-dire que les *mille* espèces connues à l'état fossile, d'après toutes les données inscrites dans les différents ouvrages de M. Agassiz, paraissent propres chacune à leur étage particulier et peuvent, dès lors, être considérées comme caractéristiques.

CHAPITRE VII.

DEUXIÈME EMBRANCHEMENT : ANIMAUX ANNELÉS.

§ 336. Les animaux annelés ont un caractère, que la fossilisation ne fait pas disparaître : l'absence d'un squelette intérieur, celui-ci remplacé souvent par un *squelette tégumentaire extérieur*, formé d'anneaux mobiles, placés, ainsi que tous les autres organes, en parties paires par rapport à une ligne droite médiane. M. Edwards a divisé les animaux annelés en deux séries : les *annelés*, comprenant les Insectes, les Myriapodes, les Arachnides, les Crustacés et les Cirrhipèdes; les *vers*, où sont les Annélides, les Systolides et les Helmintes.

Les caractères qui ont servi à établir les divisions dérivent à la fois des fonctions et des organes mous et solides. Il n'y a guère que ceux-ci qui puissent servir au paléontologiste dans la détermination des débris d'annelés qu'il rencontre à l'état fossile; mais les corrélations qui existent entre la structure des organes solides, celle des organes mous, et les fonctions que les uns et les autres exécutent, sont telles qu'on peut, d'après les seuls organes solides, déterminer la classe, l'ordre, le genre et même l'espèce à laquelle appartient l'annelé. Néanmoins, comme la science est loin d'être aussi avancée pour ces animaux que pour les autres, tant pour les caractères zoologiques que pour les indications géologiques, nous serons obligé de nous borner ici, le plus souvent, à des notions générales.

1re Classe : INSECTES.

§ 337. Le corps est divisé en tronçons et semble formé d'anneaux placés à la suite les uns des autres. Il se partage en trois portions distinctes : la tête, le thorax et l'abdomen. La tête est d'une seule pièce, les yeux, les antennes, l'appareil buccal; le thorax se compose de trois anneaux généralement soudés entre eux, portant trois paires de pattes articulées elles-mêmes, et les ailes, lorsqu'elles existent, au nombre d'une ou deux paires. L'abdomen offre une nombreuse suite de segments plus ou moins mobiles les uns sur les autres et dépourvus d'appendices, excepté les derniers qui en portent souvent un certain nombre dont les formes varient beaucoup. Le squelette tégumentaire présente à peu près la consistance cornée. Nous en avons vu la composition particulière au commencement de cet ouvrage (§ 41). On les a divisés en dix ordres, dont huit seulement ont des représentants fossiles.

§ 338. La matière demi-cornée du squelette extérieur des insectes les place dans des conditions défavorables de conservation ; on en connait, néanmoins, un assez grand nombre, dont quelques-uns ont été trouvés entiers. Un fait exceptionnel de conservation chez les insectes se montre dans le succin ou résine fossile qui, à l'état liquide, a enveloppé ceux-ci et les a conservés tels qu'ils étaient à l'instant où ils ont été recouverts. On peut les étudier par la transparence et les décrire avec presque autant de précision que les insectes vivants. Un autre cas rare est la découverte faite dans une couche calcaire marneuse du Puy-de-Covent (Auvergne), de l'enveloppe extérieure des larves ou des nymphes de Friganes. On a rapporté à de la cire fossile une matière toute particulière, rencontrée près du village d'Ilansik, district de Pakai, en Moldavie, au pied des monts Carpathes.

§ 339. 1er Ordre : COLÉOPTÈRES, dont un des types est le *Hanneton*, sont caractérisés par leurs ailes antérieures cornées, connues sous le nom d'*Élytres ;* les autres ailes sont repliées sous les élytres. Ce sont les insectes pourvus du squelette le plus solide.

Les coléoptères paraissent s'être montrés dans les derniers étages paléozoïques, à Coalbroock-Dale ; ils sont plus connus dans les terrains jurassiques et crétacés, mais augmentent bien plus dans les terrains tertiaires. On cite plus de cent genres fossiles.

§ 340. 2e Ordre : ORTHOPTÈRES, auxquels appartiennent les *Sauterelles*, dont les ailes antérieures se distinguent encore des postérieures par un peu plus d'épaississement, ces dernières se repliant rarement sur elles-mêmes. Les pattes sont longues et fortes ; les mâchoires propres à broyer. Les plus anciens sont de l'étage carboniférien des terrains paléozoïques. On en cite dans l'étage oxfordien de Bavière, des terrains jurassiques, et dans les terrains tertiaires d'Aix, d'Œningen, etc.

§ 341. 3e Ordre : NÉVROPTÈRES, qui renferment les animaux voisins des *Libellules*, voisins des précédents par les mâchoires, ont quatre ailes d'égale consistance, toujours tendues, à nombreuses nervures. Les larves de ces insectes sont aquatiques. Les premières traces fossiles de cet ordre se trouvent dans l'étage carboniférien d'Angleterre. Ils sont ensuite nombreux dans les étages liasien, bathonien et oxfordien des terrains jurassiques (*fig.* 128) ; on en connaît quelques-uns des terrains crétacés,

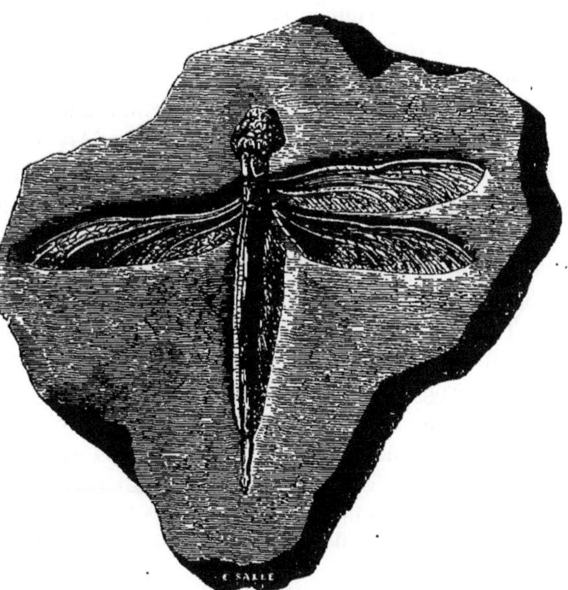

Fig. 128. Libellule.

mais bien plus dans les terrains tertiaires d'Aix et dans les succins.

§ 342. 4e Ordre : **HYMÉNOPTÈRES**, dont dépend l'*Abeille*. Leurs ailes, au nombre de quatre, sont transparentes, courtes, fortes, pourvues de rares nervures. Le squelette extérieur est assez ferme. On n'en connaît pas, jusqu'à présent, avant les terrains jurassiques; de l'étage oxfordien, de Bavière. Les autres sont des terrains tertiaires d'Aix et d'Œningen.

§ 343. 5e Ordre : **HÉMIPTÈRES**, où se trouvent les *Punaises*. Ce sont des insectes suceurs, pourvus d'une trompe articulée. Les ailes antérieures sont en partie durcies. On en a rencontré des représentants fossiles dans les mêmes étages et aux mêmes lieux que l'ordre précédent.

§ 344. 6e Ordre : **LÉPIDOPTÈRES**, ou *Papillons*. Ils ont une trompe enroulée en spirale, et leurs quatre ailes sont couvertes de petites écailles colorées. On en cite un représentant dans les calcaires lithographiques de Solenhofen, de l'étage oxfordien des terrains jurassiques. Les autres sont des terrains tertiaires d'Aix (Bouches-du-Rhône) et dans les succins.

§ 345. 7e Ordre : **DIPTÈRES**, où se trouvent les *Mouches*. Leur trompe est droite, non articulée, et leurs ailes au nombre de deux seulement, les postérieures étant remplacées par des balanciers. Comme les trois ordres précédents, on n'en connait pas avant les terrains jurassiques, depuis l'étage sinémurien du Glocestershire, jusqu'à l'étage oxfordien. On en cite ensuite dans l'étage néocomien de Wardour ; mais c'est surtout dans les terrains tertiaires d'Aix qu'ils abondent.

§ 346. En résumé, bien que nous n'ayons pas de documents assez certains pour établir des généralités sur les insectes, nous ferons remarquer que les coléoptères, les orthoptères et les névroptères, les plus parfaits des insectes, ont été rencontrés dans les couches terrestres, quatre étages plus tôt que les quatre ordres suivants. Si l'on s'en tenait à ces renseignements, les insectes n'auraient pas plus que les poissons, dans leur ordre chronologique d'apparition, suivi une marche progressive de perfectionnement; ils auraient, au contraire, suivi une marche tout à fait opposée. Néanmoins l'ensemble numérique des genres fossiles, comparé aux genres existants, amène à d'autres conclusions, puisque les genres actuellement vivants sont incomparablement plus nombreux ou dix fois plus multipliés que les genres fossiles; ainsi l'ensemble numérique aurait marché du simple au composé.

2e Classe : Les MYRIAPODES.

§ 347. On les reconnaît facilement par l'absence de séparation entre le thorax et l'abdomen, par le nombre des pattes qui est de 24 ou plus, par l'absence d'ailes, etc. Les *Iules*, les *Scolopendres* en dépendent. Tous les myriapodes sont terrestres; ils vivent généralement cachés dans la mousse, sous les pierres, sous l'écorce des arbres. Cette circonstance de leurs mœurs et leur nombre très-limité dans la création vivante font que leurs débris sont excessivement rares à l'état fossile; on ne connait en effet que cinq ou six genres de cette classe, représentés dans les couches solides. L'un d'eux, le plus ancien de tous, le *Geophilus proavus*, Munst., qui provient des schistes lithographiques de Kelheim, étage oxfordien, nous paraît être une espèce d'annélide bien caractérisé, et non un myriapode. Il ne resterait donc, en espèces fossiles, que les espèces des succins que MM. Koch et Berendt ont décrites. Elles appartiennent aux genres *Iule* et *Scolopendre*, qui ont encore des analogues vivants.

3e Classe : Les ARACHNIDES ou *Araignées*.

§ 348. Ces animaux sont caractérisés par la fusion de la tête avec le thorax; par quatre paires de pattes, par l'absence d'ailes et d'antennes,

Fig. 129. Cyclophthalmus Bucklandi.

etc. L'enveloppe tégumentaire est, en général, solide, quoique à un degré moindre que chez les insectes. Les débris de cette classe sont, comme ceux de la classe précédente, très-rares à l'état fossile. Toutefois, les arachnides ont commencé à exister à une époque très-ancienne. Le fameux *Scorpion* fossile (*Cyclophthalmus*) de Chomle, en Bohême, en est un exemple (*fig.* 129). Il a été trouvé dans l'étage carboniférien des terrains paléozoïques. Les autres arachnides fossiles sont : les uns de l'étage oxfordien de Solenhofen, terrains jurassiques; les autres, des terrains tertiaires d'Aix ou des succins.

4e Classe : CRUSTACÉS.

§ 349. Ce sont des animaux libres, à respiration branchiale, dont le thorax, très-développé, est recouvert d'une carapace dans laquelle, en avant, la tête est engagée. L'abdomen est composé d'articles. On compte cinq à sept paires de pattes, quelquefois des fausses pattes et des appendices maxillaires pairs.

Les crustacés, comme tous les autres animaux annelés qui ont la charpente solide, le squelette, ou les points d'appui des organes du mouvement purement extérieurs, offrent, dès lors, un mode de conservation tout différent des animaux vertébrés. En effet, on ne trouve plus des os de forme si variable, mais seulement des anneaux de leur charpente extérieure, ou divers articles de leur corps et de leurs membres. Les crustacés se rencontrent beaucoup plus fréquemment que les autres animaux annelés, parce qu'ils vivaient dans la mer, où se déposaient plus de sédiments, et que leur enveloppe extérieure, par sa composition plus dense, offrait plus de résistance dans les milieux de destruction. On rencontre des crustacés entiers, parfaitement conservés, dans les couches sédimentaires qui les ont enveloppés, les uns avec leur carapace, les autres à l'état d'empreintes et de moule. Les couches de tous les âges géologiques renferment des crustacés entiers ou presque entiers, depuis la première animalisation du globe jusqu'aux terrains tertiaires de la Tamise et de Dax. Lorsqu'on ne rencontre pas de crustacés entiers, on est au moins certain d'en trouver un grand nombre de débris. Il est même certaines couches qui renferment une telle quantité de débris de pattes qu'elles en sont caractérisées, comme on le voit, dans l'étage turonien des terrains crétacés d'Uchaux (Vaucluse), et dans l'étage parisien supérieur des sables tertiaires de Ver (Oise), aux environs de Paris. Des espèces d'entomostracés (cypris) abondent tellement sur certains points qu'ils couvrent la surface des couches.

Les empreintes physiologiques des pas de crustacés paraissent s'être montrées près de Bath et de Lyme (Angleterre) ; mais ces exemples sont très-rares.

La détermination de beaucoup de genres a été faite, chez les crustacés, avec trop peu de précision, pour que nous puissions regarder les données inscrites dans les ouvrages de paléontologie comme assez positives pour les admettre définitivement. Cette raison ne nous permet pas de sortir des généralités déduites de ces documents publiés, sans même pouvoir toujours répondre de leur exactitude.

Les caractères des organes solides varient extrêmement dans cette classe pour chacune des divisions qu'elle comprend. Ces divisions sont au nombre de trois ; elles sont ici fondées principalement sur la conformation de la bouche : ce sont les crustacés *Masticateurs*, dont la bouche est armée de mâchoires ; les *Suceurs*, dont la bouche est formée d'un bec tubulaire armé de suçoirs ; les *Xyphosures*, dont la bouche ne présente pas d'appendices qui lui appartiennent en propre, mais qui est entourée de pattes dont la base fait office de mâchoires (1). Les crustacés ***Maxillés*** ou ***Masticateurs***, renferment les ordres suivants. Une première division, les brachyures, ont l'abdomen petit, reployé et sans nageoires terminales.

§ 350. Ordre des **DÉCAPODES**. Cette division, parfaitement tranchée, renferme les crustacés dont la tête et le thorax sont confondus, les yeux pédonculés et mobiles ; les branchies renfermées dans le thorax, les pattes thoraciques, au nombre de cinq paires, dont la première se termine par une pince ; l'appareil buccal composé de six paires. Nous citerons, de cette division et des autres, seulement les familles qui ont des représentants presque certains dans les couches terrestres.

§ 351. Famille des CANCERIDÆ (*Cyclometopes*, Edwards), qui contient notre *Crabe* commun. Leur carapace est très-large, arquée en avant et rétrécie en arrière ; le front est transversal. Sur le nombre des genres vivants, on en connait quatre, *Cancer* (*fig.* 130), ***Carpilius***, ***Platycarcinus*** et ***Portunus***, qui ont des représentants dans les terrains tertiaires des étages parisien et falunien.

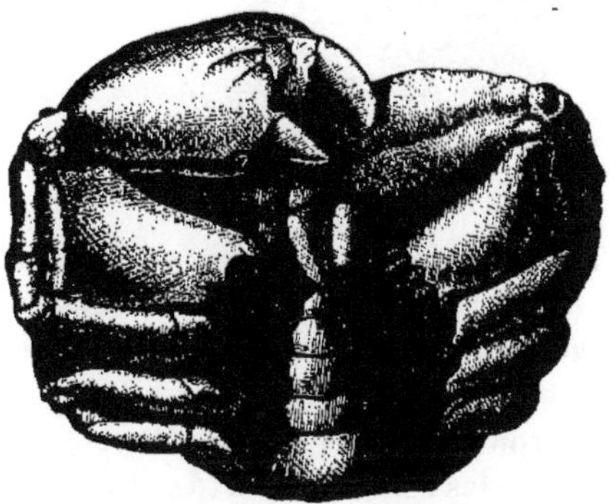

Fig. 130. Cancer macrochelus.

(1) Ces divisions et les suivantes, pour tout ce qui concerne les crustacés, sont empruntées, en partie, à M. Milne-Edwards, *Cours élémentaire de zoologie*, et *Histoire naturelle des crustacés*. Nous n'avons changé que la terminaison des familles, afin de leur donner une forme euphonique dans toutes les séries animales.

§ 352. Famille des Grapsidæ (*Catometopes*, Edw.). La carapace est quadrilatère ou ovoïde, le front transversal rabattu. Parmi les nombreux genres vivants, ceux qui ont laissé des espèces fossiles dans les terrains tertiaires supérieurs, sont les suivants : *Gelasimus*, *Macrophthalmus*, *Grapsus* et *Pseudograpsus*.

§ 353. Famille des Leucosidæ (*Oxystomes*, Edw.). Leur carapace est circulaire, leur cadre triangulaire, étroit en avant. Les nombreux genres vivants sont représentés, à l'état fossile, dans les terrains crétacés (étage albien), par les genres *Arcania* et *Coristes* ; dans les terrains tertiaires (étage parisien), par le G. *Leuconia* ; (étage falunien), par les G. *Eubalia*, *Philyra*, *Atelecyclus*, *Dorippe*.

§ 354. Famille des Dromidæ (*Aptérures*, Edw.), ont l'abdomen médiocre, dépourvu d'appendices terminaux. On connaît plusieurs genres vivants parmi lesquels on cite, à l'état fossile, mais seulement dans les terrains tertiaires : (étage parisien), le G. *Dromia* ; étages supérieurs, G. *Ranina* et *Hela* (*fig.* 131).

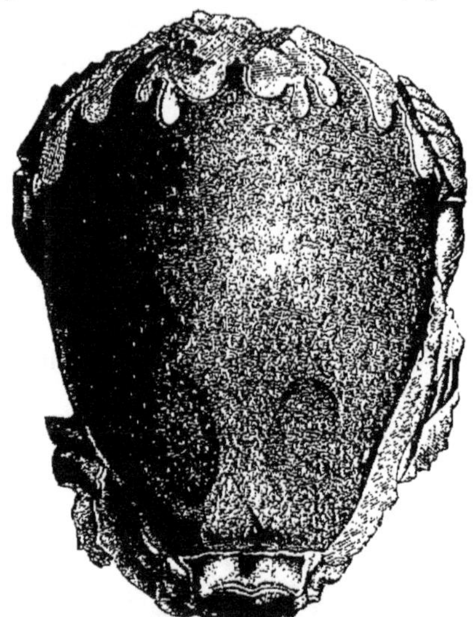

Fig. 131. Hela speciosa.

§ 355. Famille des Paguridæ (*Ptérygures*, Edw.). Leur abdomen est allongé, terminé par une paire d'appendices mobiles, mais mous et non propres à la natation. On a rapporté au genre vivant *Pagurus*, des espèces du crag d'Angleterre.

§ 356. Famille des Palinuridæ (*Cuirassés*). Enveloppe dure, plastron large en arrière, la carapace allongée, un peu déprimée, l'abdomen allongé et terminé par des nageoires ; caractère commun à toutes les familles suivantes de l'ordre. La *Langouste* en est le type. Trois genres sont perdus, le G. *Pemphix*, Meyer, de l'étage conchylien des terrains triasiques ; les genres *Eryon* (*fig.* 132), Desmarest, et *Cancrinos*, Münster, de l'étage oxfordien de Bavière, des terrains jurassiques. On connaît de plus les genres encore vivants, *Scyllarus*, dans l'étage sénonien des terrains crétacés, et le G. *Palinurus*, dans les terrains tertiaires supérieurs.

§ 357. Famille des Astacidæ (*Astaciens*). Leur forme est allongée, leur carapace allongée n'est pas déprimée, leur plastron est linéaire, leur abdomen long. Le type est l'*écrevisse*, le *Homard*. Les genres perdus sont nombreux, et ainsi répartis : dans les terrains jurassiques, étage liasien, le G. *Coleia*, Broderip ; de l'étage toarcien à l'oxfordien, le G. *Glyphæa*, Meyer ; puis dans l'étage oxfordien, les G. *Magila*, *Orphnea*, *Brisa*, *Brome*, *Bolina*, *Aura*, *Pterochirus*, Münster, *Klytea*, *Eryma*, Meyer, *Megachirus*, Bronn. On rapporte au genre vivant *Astacus*, une espèce des terrains jurassiques (étage oxfordien), et au genre *Calianassa*, une espèce des terrains tertiaires supérieurs.

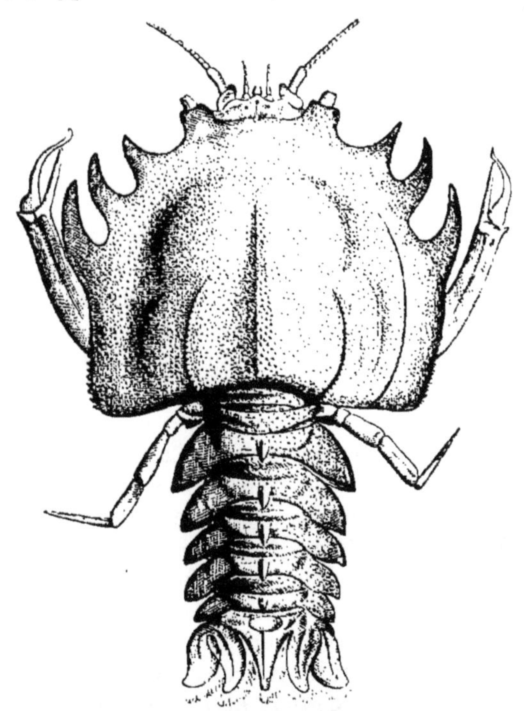

Fig 132. Eryon arctiformis.

§ 358. Famille des PALÆMONIDÆ (*Salicoques*). Corps comprimé, abdomen très-développé ; la base des antennes externes recouverte d'une grande écaille. Cette famille, comprenant aujourd'hui un grand nombre de genres, renferme notre *Crevette* et la *Salicoque*. M. de Münster a décrit, dans l'étage oxfordien de Bavière, les genres perdus suivants : *Æger*, *Antrimpos*, *Bylgia*, *Drobna*, *Kælga*, *Udora*, *Dusa*, *Hefriga*, *Bombur*, *Blaculia*, *Elder*, *Rauna*, *Saga*. On a rapporté au genre vivant *Crangon*, une espèce fossile du lias supérieur.

§ 359. Ordre des STOMAPODES. Ils ont encore les yeux pédonculés mobiles, les branchies extérieures ou nulles, les pattes thoraciques, au nombre de plus de cinq paires ; l'appareil buccal formé de trois paires ; leur forme est très-allongée. Le type est la *Squille*. Une famille unique, celle des SQUILLIDÆ, a montré, dans l'étage suessonien, des terrains tertiaires du Monte-Bolca, une espèce du genre *Squilla*.

§ 360. Ordre des AMPHIPODES. Leurs yeux sont sessiles ; leur respiration a lieu au moyen de palpes thoraciques ; leur abdomen bien développé, composé de sept segments, dont le dernier rudimentaire, et les trois précédents portant chacun une paire d'appendices réunis de manière à constituer un organe spécial propre au saut ou à la nage ; tous de petite taille, et les pattes dirigées les unes en avant et les autres en arrière ; leur forme est allongée. Des nombreux genres vivants de cet ordre voisin des *Talitres*, un seul, le G. *Typhis*, Risso, a été cité à l'état fossile dans les terrains tertiaires, étage parisien des États-Unis.

§ 361. Ordre des ISOPODES. Avec les yeux des *Amphipodes*, ces crustacés respirent par les membres abdominaux modifiés. Leur abdomen est très-développé et composé de sept anneaux, comme chez les amphipodes, auxquels ils ressemblent, du reste, par leur conformation générale, mais dont ils diffèrent en ce que leur abdomen ne se termine jamais par des appendices propres au saut ou à la nage. Notre *Cloporte* appartient à cette division.

§ 362. La famille des ONISCIDÆ ou cloportes, qui respirent l'air en nature, a montré deux genres fossiles, *Oniscus* et *Porcellio*, dans le succin fossile des terrains tertiaires supérieurs.

§ 363. La famille des SPHÆROMIDÆ contient tous les animaux marins voisins des cloportes, qui forment beaucoup de genres actuellement vivants. Tous les genres fossiles ont été regardés comme différents des formes génériques d'aujourd'hui. M. de Münster a décrit dans les terrains jurassiques (étage oxfordien de Bavière), les genres suivants : *Alvis*, *Urda*, *Norna*, *Sculda*, *Reckur* et *Naranda* ; M. Edwards a décrit le G. *Archæoniscus*, de l'étage néocomien des terrains crétacés, et le G. *Palæoniscus*, des terrains tertiaires parisiens.

§ 364. On sépare des autres crustacés, sous le nom d'*Entomostracés*, des genres dont les membres thoraciques sont lamelleux ou ramifiés, les organes respiratoires nuls ou sous la forme de dilatation des membres thoraciques. Deux ordres de cette division sont inconnus à l'état fossile, les *Daphnoïdes* et les *Copepodes*. Ceux qui ont montré des restes fossiles sont les suivants :

§ 365. Ordre des PHYLLOPODES. Ils ont les pattes très-nombreuses, onze anneaux au thorax, le corps nu ou renfermé dans une carapace bivalve ; leurs pattes sont foliacées et converties en branchies. On cite de cette division deux genres *Nebalia*, et surtout un *Apus* des terrains carbonifères de Coalbrook-Dale, décrit par M. Prestwich.

§ 366. Ordre des TRILOBITES ou PALEADES (Dalman), dont les pattes probablement nombreuses étaient, sans doute, charnues comme chez les *Phyllopodes*, et ne se sont pas conservées ; leur carapace est formée d'une série d'écussons et d'anneaux thoraciques variables. Ils offrent généralement la forme d'un bouclier ovale, composé d'articles divisés en trois parties, par deux dépressions latérales. Les téguments qui composent le bouclier sont formés de deux couches distinctes, l'une extérieure, mince, souvent granulée et ornée, l'autre, intérieure, plus solide et qui subsiste souvent seule. Il n'est pas toujours facile, dans un trilobite, d'apprécier avec certitude où se termine le thorax et où commence l'abdomen. Burmeister pense qu'on doit nommer thorax tous les articles libres jusqu'au dernier bouclier, et abdomen celui-ci et ceux qui se cachent sous lui. Le nombre de ces anneaux du thorax varie de 5 à 20, en présentant beaucoup de chiffres intermédiaires. Quoi qu'il en soit de ce nombre de divisions, l'article le plus antérieur et qui est généralement semi-circulaire, porte les yeux ; et, en avant, se trouve la bouche ; les yeux paraissent réticulés comme ceux des insectes ; quant à la bouche, elle est à peine connue ; dans quelques cas, elle a paru offrir de la ressemblance avec celle de certains entomostracés ; on n'a pas encore trouvé d'antennes. Ces organes manquaient, sans doute, au moins à la partie supérieure. Plusieurs tribolites avaient la possibilité de se rouler en boule ; d'où l'on peut conclure que l'abdomen ne présentait pas à son extrémité d'appendices spéciaux.

La comparaison des formes des trilobites avec celles des crustacés vivants rend probable qu'ils vivaient loin des côtes ou dans les bas-fonds, nageant sur le dos, sans s'arrêter jamais, parce que leurs pieds ne pouvaient pas les fixer et parce que le mouvement était nécessaire à leur respiration. Ils vivaient en familles nombreuses, présentant des associations considérables d'individus, mais un nombre proportionnellement restreint d'espèces et de genres. Tous sont des terrains paléozoïques, ou de la première animalisation du globe.

§ 367. 1re Famille : EURYPTERIDÆ, qui sont dépourvues de parties dures, munies d'antennes et d'yeux à facettes On ne connaît que le genre *Eurypterus*, Dekay, de l'étage silurien inférieur de l'Amérique du Nord.

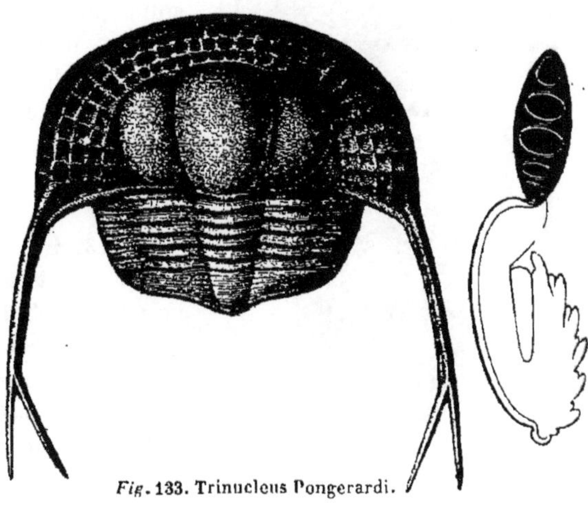

Fig. 133. Trinucleus Pongerardi.

§ 368. 2e Famille : OGYGIDÆ, ne peuvent pas s'enrouler en boule ; les pièces latérales des anneaux du thorax sont une seule et même surface, ne se recourbent pas en dessous et se terminent en arrière en une pointe très-longue qui fait un angle obtus avec la direction de l'anneau. Le bouclier de l'abdomen est simple, presque aussi grand que le céphalique et aussi long que le thorax; il a son axe partagé en plusieurs articles. On y rapporte deux genres perdus.

§ 369. G. *Trinucleus*, Murchison, qui ont six anneaux au thorax, le bouclier céphalique profondément ponctué vers le bord, avec trois bosses très-prononcées, etc. Les espèces de ce genre ont leur maximum de développement avec l'étage silurien, et ne se rencontrent pas au-dessus de l'étage murchisonien (*fig.* 133). On les trouve en Bretagne, aux États-Unis, etc.

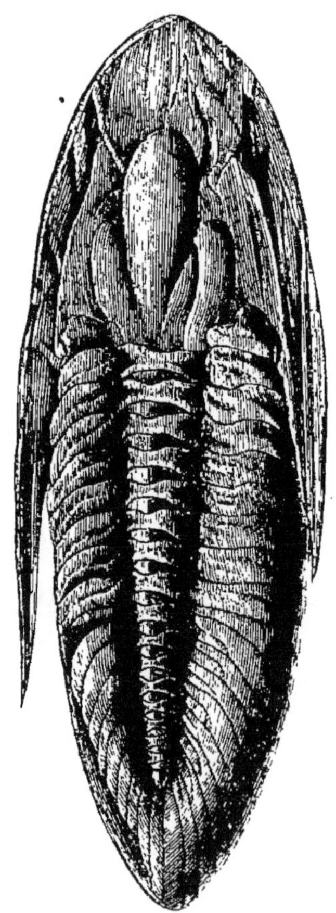

Fig. 134. Ogygia Guettardi.

§ 370. G. *Ogygia*, Brongniart, muni de huit anneaux au thorax, le bouclier céphalique lisse, à protubérance médiocre. Les espèces sont propres à l'étage silurien. Plusieurs se trouvent en France, près d'Angers, de Rennes, etc. (*O. Guettardi*) (*fig.* 134).

§ 371. Famille des ODONTOPLEURIDÆ, avec la forme des *Ogygidæ* et ne pouvant s'enrouler; celle-ci a le bouclier plus court que le thorax, et munis d'un petit nombres d'articles.

§ 372. G. *Odontopleura*, Murchison, pourvus de huit anneaux au thorax, d'épines latérales fortes; le bouclier, dont l'axe a deux articles, a une rangée de fortes épines au bord postérieur. Les espèces sont propres aux étages murchisonien et dévonien.

§ 373. G. *Arges*, Goldfuss, on lui compte huit anneaux au thorax, le bouclier céphalique voûté; le bouclier abdominal est pourvu d'un long aiguillon terminal et d'autres latéraux; l'axe n'est pas articulé. Les espèces ont commencé avec l'étage murchisonien et ont eu leur maximum avec l'étage dévonien.

§ 374. G. *Brontes*, Goldf. On leur connaît dix anneaux au thorax, l'axe du bouclier abdominal non articulé. Ils sont distribués comme les *Arges*.

§ 375. Famille des OLENIDÆ. Elle diffère des deux précédentes en ce que le bouclier de l'abdomen est très-petit et a un grand nombre d'articles.

§ 376. G. *Paradoxides*, Brongniart, thorax avec seize à vingt anneaux, bouclier et abdomen petits, à plusieurs articles ; le bouclier céphalique prolongé latéralement par des pointes. Les espèces sont propres aux étages silurien et murchisonien, et ont leur maximum dans le dernier (*fig.* 135).

§ 377. G. *Olenus*, Dalman. Thorax avec quatorze anneaux, abdomen plus large que long, les pointes du bouclier plus courtes. Leur maximum d'espèces paraît avoir lieu dans l'étage silurien; mais elles remontent dans l'étage murchisonien.

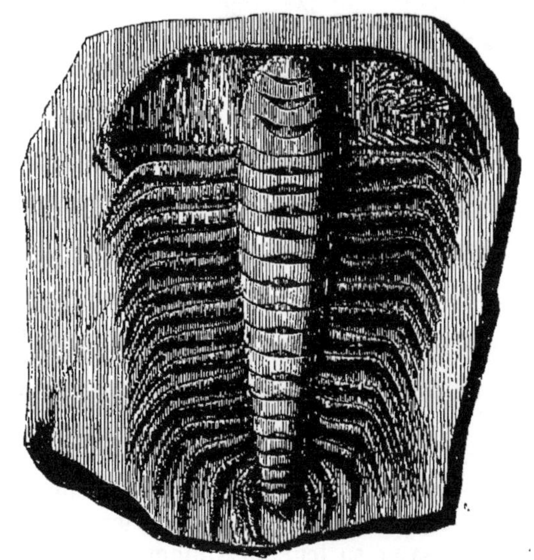

Fig. 135. Paradoxides spinulosus.

§ 378. Famille des HARPESIDÆ (*Campylopleures*). Elle se distingue nettement des autres familles, en ce que les lames latérales des anneaux se replient en dessous, depuis leur milieu; et au lieu de se terminer par une pointe, s'arrondissent vers leur extrémité.

§ 379. G. *Conocephalus*, Zenk. Bouclier céphalique et de l'abdomen semi-circulaire, le premier terminé en pointes postérieures ; quatorze anneaux au thorax ; l'axe du bouclier abdominal partagé en cinq articles. Les espèces paraissent être propres à l'étage murchisonien.

§ 380. G. *Ellipsocephalus*, Zenk. Un seul article au bouclier abdominal ; douze au thorax ; bouclier céphalique sans prolongement ; yeux étroits et semi-circulaires. De l'étage murchisonien.

§ 381. G. *Harpes*, Goldfuss. Thorax avec moins de vingt anneaux, yeux petits, bouclier céphalique très-grand, en fer à cheval, avec des pointes en arrière. Les espèces sont des étages murchisonien et dévonien.

§ 382. Famille des CALYMENIDÆ. Elle est facile à reconnaître en ce que le corps pouvait se rouler en boule. L'axe dorsal est rétréci en arrière, la carapace est granulée, et la plupart ont plus de dix anneaux au thorax.

§ 383. G. *Calymène*, Brongniart. Bouclier céphalique muni d'un bord relevé, treize anneaux au thorax. Les espèces commencent avec l'étage silurien ; elles ont leur maximum avec l'étage dévonien. On en connaît des espèces en Bretagne (C. *Tristani*) et beaucoup aux États-Unis (C. *Blumenbachii*) (*fig.* 136).

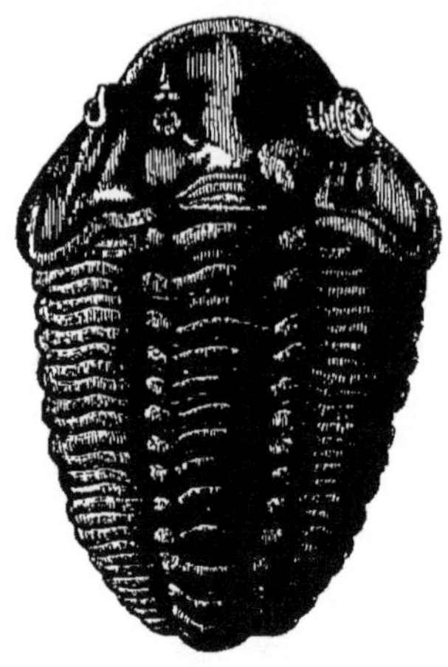

Fig. 136. Calymene Blumenbachii.

§ 384. G. *Homalonotus*, Kœnig. Même thorax, sans bords relevés au bouclier céphalique ; le bouclier abdominal non annelé. Les espèces commencent avec l'étage silurien ; elles ont leur maximum avec l'étage murchisonien, et disparaissent avec l'étage carboniférien.

§ 385. G. *Cyphaspis*, Burm. Onze anneaux au thorax, bouclier céphalique semi-lunaire, prolongé en arrière, ainsi que les premiers anneaux du thorax. Les espèces paraissent être propres à l'étage carboniférien.

§ 386. G. *Phacops*, Emmr. Même thorax, bouclier céphalique non prolongé, anneaux du thorax à bords arrondis ; point de rebord à leur bouclier céphalique. Les espèces commencent avec l'étage silurien, paraissent avoir eu leur maximum avec l'étage murchisonien, mais cessent avec l'étage dévonien.

§ 387. G. *Æonia*, Burm. Dix anneaux au thorax, bouclier céphalique très-renflé, sans pointes. Les espèces paraissent avoir vécu dans les étages murchisonien et dévonien.

§ 388. Famille des ASAPHIDÆ. Elle diffère des quatre premières par le corps, qui pouvait se rouler en boule, comme celui des calymènes, et par l'axe dorsal, qui n'était pas rétréci en arrière par la carapace ; celle-ci, au lieu d'être granulée, était souvent sculptée par des traits ou des lignes, enfin, pour la plupart, les genres ont moins de dix anneaux au thorax.

§ 389. G. *Illænus*, Burm. Dix anneaux au thorax, bouclier céphalique, transverse, bouclier abdominal voûtés, l'axe dorsal très-distinct, pas plus large que les côtés. Les espèces ont leur maximum avec l'étage silurien et remontent jusqu'à l'étage dévonien. Elles sont communes en Bretagne (J. *Giganteus*).

§ 390. G. ***Bumaster***, Murchison. Diffère du genre précédent par l'axe dorsal, bien plus large et moins distinct. Les espèces sont de l'étage murchisonien.

§ 391. G. *Archegonus*, Burm. Neuf anneaux au thorax, bosse de la tête très-prononcée; pas de pointes au bouclier céphalique; l'axe du bouclier abdominal long, divisé en anneaux. Les espèces apparaissent avec l'étage devonien, et ont leur maximum dans l'étage carboniférien.

§ 392. G. *Dysplanus*, Burm. Comme le genre précédent, avec le bouclier céphalique pourvu de pointes postérieures; l'axe du bouclier abdominal sans division. Les espèces paraissent être propres à l'étage murchisonien.

§ 393. G. *Asaphus*, Brongniart. Huit anneaux au thorax, de gros yeux ; bouclier abdominal égal au céphalique, pourvu d'un axe articulé. Les espèces commencent avec l'étage silurien, sont au maximum avec l'étage murchisonien, mais remontent jusqu'à l'étage carboniférien.

§ 394. G. *Ampyx*, Dalman. Six articles au thorax, le bouclier abdominal aussi grand que le céphalique. Les espèces paraissent être des étages silurien et murchisonien.

Beaucoup d'autres genres ont été indiqués dans l'ordre des *Trilobites;* mais l'histoire de ces crustacés est encore assez embrouillée, pour que nous nous abstenions d'en parler.

§ 395. Ordre des CYPROIDES. Leur corps est renfermé dans une carapace bivalve, munie d'une charnière dorsale, pouvant se fermer. Les

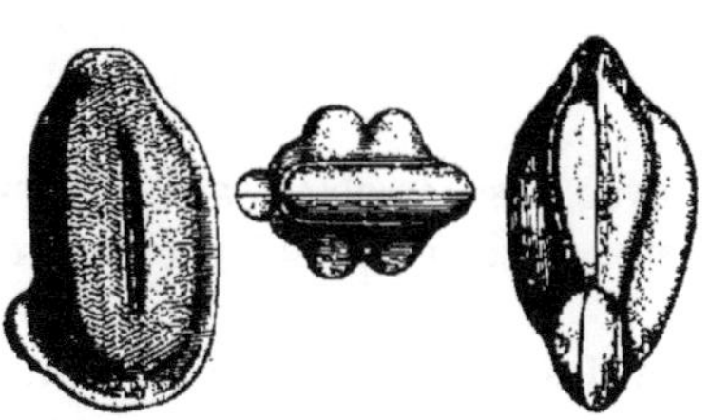

Fig. 137. Cythere auriculata.

Fig. 138. Limulus rotundatus.

pieds et les antennes sortent de la coquille, lorsque l'animal veut se mouvoir. Ce sont des crustacés de petite taille. On connaît de cet ordre cinq genres fossiles dont deux, *Cypridella* et *Cyprella*, de Koninck, sont spéciaux à l'étage carboniférien. Des trois autres genres, le G. *Cythere*, (*fig.* 137) est commun avec l'étage murchisonien et a son maximum dans les mers actuelles, ainsi que le G. *Cypridina*, qu'on voit paraître avec l'étage carboniférien, le G. *Cypris*, qui commence avec l'étage néocomien.

§ 396. Ordre des XIPHOSURES, ou *Crustacés suceurs,* qui se distinguent de tous les autres crustacés par leurs mâchoires réduites aux articles des pattes. Leur corps est formé d'un grand bouclier céphalo-thoracique, d'une longue queue styliforme Ces crustacés renferment aujourd'hui seulement le genre *Limulus*. On en connait trois genres fossiles : Le G. *Limulus*, qui commence avec l'étage carboniférien (*fig.* 138), se continue dans l'étage oxfordien et vit encore ; le G. *Halicine*, Meyer, de l'étage conchylien, et le G. *Bellenurus*, Konig, des terrains paléozoïques.

Résumé paléontologique sur les Crustacés.

§ 397. Les données paléontologiques partielles sur les crustacés ne nous paraissent pas assez positives pour oser les donner en tableau. Nous devons nous contenter de quelques comparaisons générales. Les crustacés, comme les reptiles et les poissons (§ 279, 331), ont occupé tous les étages, sans montrer de progression croissante régulière, mais bien un remplacement successif des genres, depuis les époques les plus anciennes de l'animalisation jusqu'à nos jours.

§ 398. **La comparaison des ordres entre eux** dans leur apparition chronologique nous donne les résultats suivants: Les *Trilobites* se sont montrés en grand nombre avec la première animalisation du monde, sans sortir des terrains paléozoïques. Ils naissent, en effet, avec l'étage silurien, paraissent atteindre le maximum de leur développement avec l'étage murchisonien, mais ne s'élèvent pas au-dessus de l'étage carboniférien. Ils sont complétement inconnus dans les mers actuelles.

Les *Cyproïdes* ont commencé avec les terrains paléozoïques, et se sont continués dans tous les étages, en montrant aujourd'hui leur maximum de développement générique.

Les *Xiphosures* se sont montrés avec les terrains paléozoïques, où leurs genres ont été le plus nombreux, puisqu'un seul sur trois existe aujourd'hui.

Les *Décapodes*, les plus nombreux des crustacés, commencent avec les terrains triasiques par un genre, et vont toujours en augmentant de formes génériques, dans les terrains jurassiques, jusqu'à l'étage oxfordien ; ils diminuent ensuite ; mais, à l'époque actuelle, ils sont en pleine voie croissante.

Les *Isopodes* paraissent à la partie supérieure des terrains jurassiques et augmentent beaucoup le nombre de leurs genres dans l'époque actuelle ; ils sont, de même, en voie croissante de développement. On peut en dire autant des *Stomapodes* et des *Amphipodes*.

Quand on voit les trilobites et les cyproïdes, les plus imparfaits des crustacés, se montrer les premiers sur la terre, et surtout les trilobites disparaître entièrement à la fin de la première grande époque de l'animalisation du globe, on doit naturellement en conclure que, dans cette série, la loi du perfectionnement successif est très-marquée, puisque les plus parfaits, les décapodes, ne se montrent que cinq étages plus tard avec les terrains triasiques, et qu'ils ont, aujourd'hui, un développement incomparablement plus grand que tous les autres ordres.

§ 399. **Déductions zoologiques générales.** L'ensemble numérique des genres, sans avoir égard aux ordres, nous montre environ 40 genres dans les terrains paléozoïques, *deux* dans les terrains triasiques, 36 dans les terrains jurassiques, *six* dans les terrains crétacés, et 24 dans les terrains tertiaires. Si l'on n'avait égard qu'aux genres fossiles, on pourrait croire que le maximum de développement générique a eu lieu avec la première animalisation du globe; mais ces proportions disparaissent, quand on voit que les genres connus dans la faune actuelle, dépassent le chiffre de *deux cents.* Il en faudra conclure que, suivant les ordres, ou pris dans leur ensemble, les crustacés ont toujours marché du simple au composé, dans une progression croissante de formes animales.

Les déductions climatologiques et géographiques sont les mêmes que pour les mammifères (§ 242, 243).

Les *déductions géologiques tirées des genres* sont très-marquées. Les *caractères négatifs* (§ 244) nous montrent que les cent genres connus à l'état fossile sont limités dans les terrains et dans les étages et qu'ils peuvent tous être employés. Les trilobites, par exemple, qui manquent dans les terrains triasiques, jurassiques, crétacés et tertiaires, sont d'excellents caractères négatifs pour ces terrains et pour leurs étages ; ainsi que ceux qui manquent, au contraire, dans les terrains paléozoïques, comme tous les autres ordres. Les *caractères positifs* (§ 245) sont aussi faciles à saisir, puisque les *cent* genres que nous avons cités comme fossiles, sont d'excellents caractères positifs à consulter. Ils le sont d'autant plus que 68 d'entre eux, n'arrivant pas à l'époque actuelle, sont perdus aujourd'hui; et que sur ce nombre, 35 n'occupent jusqu'à présent qu'un étage.

La persistance des caractères (§ 246), ainsi que les déductions qu'on peut tirer des espèces (§ 247), sont ici les mêmes qu'ailleurs.

5e CLASSE : les CIRRHIPÈDES.

§ 400. Ce sont des animaux fixés aux corps sous-marins, soit par un pédoncule charnu, soit par une coquille, et qui n'ont plus de pieds, ceux-ci étant remplacés, dans l'âge adulte, par des cirrhes articulés. Leur corps est enfermé dans un manteau qui sécrète une coquille bivalve ou multivalve, libre ou fixe. Cette coquille, analogue à celle des mollusques, nous a conservé, jusqu'à nos jours, beaucoup de cirrhipèdes. On en rencontre avec les valves réunies, ou seulement les parties séparées. Nous divisons cette classe en deux familles, qui pourraient avoir la valeur d'ordres.

§ 401. Famille des ANATIFIDÆ, d'Orb. Leur coquille bivalve ou multivalve est divisée en parties paires, et les parties des valves sont unies entre elles par des parties charnues; l'ensemble laisse deux parties bâillantes, l'une antérieure, pour le passage des cirrhes, l'autre inférieure, pour le pédoncule charnu. On connaît à l'état fossile les genres suivants :

§ 402. G. *Anatifa,* Bruguière. La coquille a cinq valves, deux de chaque côté, une grande et une petite, et une médiane appliquée sur la compression générale, du côté opposé à l'ouverture brachiale. Nous possédons un véritable anatife fossile des terrains tertiaires faluniens de Bordeaux, l'*A. burdigalensis*, d'Orb.

§ 403. G. *Pollicipes*, Leach. La coquille multivalve a un grand nombre de pièces anguleuses, treize et plus. On en connaît plusieurs espèces des étages albien, cénomanien et sénonien des terrains crétacés de France, d'Angleterre et d'Allemagne. On en connaît encore dans les étages parisien et falunien d'Angleterre et du Piémont.

§ 404. G. *Aptychus* (1), Meyer (*Trigonellites*, Parkinson, *Munsteria*, Deslongchamps). Nous plaçons ici l'un des fossiles qui a été le plus ballotté par les auteurs, mais sur le véritable classement duquel il ne nous reste aucun doute. MM. Bourdet de la Nièvre et G.-B. Sowerby en avaient fait des mâchoires de poisson, et le premier les appelait des *Ichthyosagones*. De ce qu'on trouvait quelquefois des aptychus dans la dernière loge des ammonites, MM. Ruppell et Voltz ont conclu qu'ils étaient des opercules d'ammonites. M. Deshayes croyait aussi que ce devaient être des parties intérieures de l'animal des ammonites. M. Hermann de Meyer croit que ce sont des coquilles intérieures de mollusques. M. Coquand les réunit au genre *Teudopsis*, en faisant des deux valves un seul tout analogue à l'osselet intérieur des calmars, parmi les céphalopodes acétabulifères. MM. Schlotheim, Parkinson et Deslongchamps les placent comme des coquilles bivalves, dans les mollusques lamellibranches. On voit par la place que nous assignons à l'*Aptychus*, que nous n'en faisons ni un poisson ni même un mollusque, et que nous le mettons avec les animaux annelés. Cette opinion, que nous professons depuis de longues années, est basée sur la comparaison rigoureuse du fossile et sur les circonstances dans lesquelles il se trouve.

La comparaison des *Aptychus* avec les séries animales auxquelles ils ont été rapportés par les auteurs cités ne soutient pas un mûr examen.

(1) Nous voulions, sur ce genre, publier un mémoire special; mais la nécessité de nous expliquer à son égard nous force de placer ici des faits que nous comptons développer plus tard.

Ce ne sont assurément pas des mâchoires de poissons. L'idée d'en faire des opercules d'ammonites était contraire aux observations zoologiques des êtres les plus voisins, les nautiles, et n'était due qu'à la jonction fortuite de ces deux corps. La réunion des *Aptychus* aux *Teudopsis* n'est pas plus admissible, puisqu'il y a bien réellement deux pièces distinctes, et que, du reste, l'épaisseur de l'*A. lævis*, par exemple, exclut tout à fait ce rapprochement. Il suffit également de voir ce genre pour s'assurer qu'il ne peut être un mollusque lamellibranche. La comparaison la plus superficielle amène, au contraire, à considérer les aptychus, non pour des valves operculaires d'une balane, mais pour des représentants *à deux valves seulement*, des *Anatifa*, qui en ont cinq. Bien qu'on n'ait attaché aucune importance à l'opinion de Scheuchzer et de Knorr, qui réunissaient les aptychus aux anatifes, on voit que nous nous rangeons à cette judicieuse opinion, qui est la meilleure, puisque nous considérons les aptychus comme un genre à deux valves voisins des anatifes. Qu'on place, par exemple, une valve d'aptychus à côté de la grande valve d'un anatife (*a*, *fig.* 139), et l'on s'assurera, tout de suite, que la forme est identique; que même, ainsi que chez ces animaux, les valves sont tantôt testacées, tantôt presque cornées; que de même la forme est trigone (Voy. *fig.* 140), que, de ces trois côtés, l'un *b* paraît avoir été enchâssé dans les tégu-

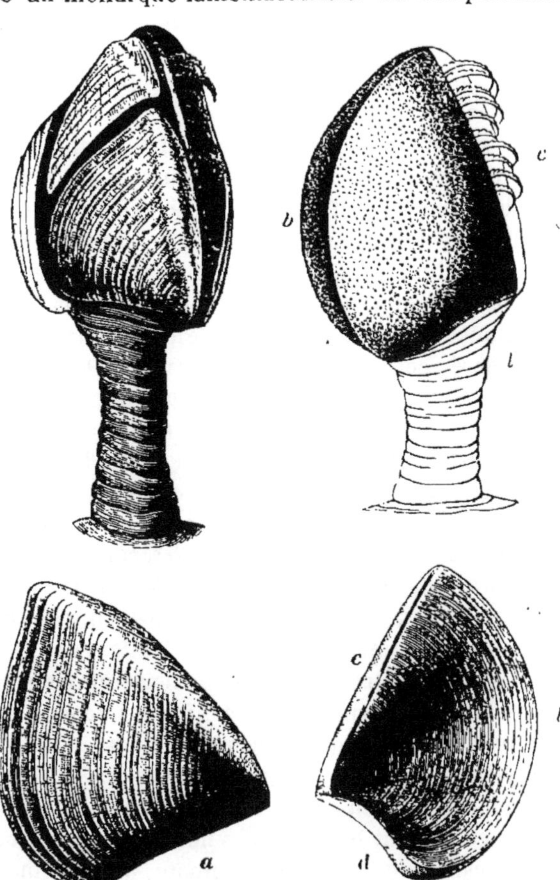

Fig. 139. Anatifa lævigata. *Fig.* 140. Aptychus sublævis.

ments ; que l'autre *c* est tronqué, taillé en biseau en dedans, et arqué pour laisser sortir les bras ; que le troisième *d* montre encore un fort bâillement, et de plus, la facette où le pédoncule devait s'insérer. Du reste, certaines espèces montrent un rebord extérieur à cette partie, analogue à ce que nous voyons chez quelques anatifes, ou même les impressions d'attaches intérieures du pédoncule. Il n'est pas jusqu'à la composition poreuse et les lignes internes de certains aptychus, qui ne soient identiques à quelques espèces de *Cypris*, crustacés à deux valves, comme l'âge embryonnaire de tous les cirrhipèdes. De ces considérations et de beaucoup d'autres que nous ne pouvons examiner ici, nous concluons qu'on ne peut pas placer les aptychus ailleurs qu'à côté des anatifes.

Il est dans la science des faits importants qui n'en restent pas moins toujours inconnus aux observateurs de cabinet, mais qui appartiennent au domaine des naturalistes capables de risquer jusqu'à leur existence pour élargir le cercle de leurs études. Nous voulons parler de la présence des aptychus dans les ammonites, ce qui les avait fait prendre pour des parties internes de céphalopodes, tandis qu'elle n'était qu'une circonstance dépendante du mode d'existence ordinaire de ces animaux, considérés comme des cirrhipèdes anatifidées. Tous les voyageurs sur mer savent que les anatifes d'aujourd'hui se fixent sur les corps flottants de toute nature. Les navires non doublés de cuivre en ont au niveau de la flottaison, tous les morceaux de bois, les plumes, pris à la surface des mers, sont couverts de ces animaux parasites ; et chaque fois que dans l'océan Atlantique, entre l'Afrique et l'Amérique nos filets de traîne apportaient *des coquilles de spirules, corps flotteurs par excellence, elles étaient toujours couvertes d'anatifes.* Ce fait actuel, comparé aux faits passés, nous a expliqué pourquoi les ammonites flottantes comme les Spirules renferment des aptychus. Cette réunion, qui a paru si extraordinaire, et qui a conduit à des considérations si étranges, devenait, au contraire, indépendamment des formes, le plus puissant argument, pour prouver l'analogie que nous avons signalée. Où trouve-t-on, en effet, les aptychus fossiles ? presque toujours sur des points littoraux des anciennes mers, où ils ont été déposés avec tous les corps flotteurs, le bois, et surtout les coquilles flottantes, telles que les nautiles et les ammonites. Il n'est donc pas étonnant, que l'ammonite qui était probablement couverte extérieurement de ces animaux parasites, en contienne aussi quelques-uns dans la vaste cavité formée par la loge où était contenu l'animal ; et que ceux-ci, abrités de tous les chocs et des agents de destruction, se soient conservés mieux que partout ailleurs. On voit que la comparaison zoologique et les faits généraux d'observation viennent ici se corroborer, pour éclaircir la question la plus controversée.

Nous connaissons des aptychus dans l'étage carboniférien de Sablé (A. *Galliennei*); ces animaux ont leur maximum de développement dans les terrains jurassiques, et se continuent dans tous les étages crétacés jusqu'à l'étage sénonien.

§ 405. Famille des BALANIDÆ. Ils manquent de pédoncule, la coquille conique se fixe directement sur les corps sous-marins, et se compose d'un certain nombre de pièces dont l'accroissement est indépendant. L'ouverture supérieure est fermée par des pièces operculaires du milieu desquelles sortent les bras.

§ 406. G. *Balanus*, Lamarck. La coquille conique a six pièces, quatre valves operculaires inégales. Toutes les espèces fossiles sont des étages falunien et subapennin des terrains tertiaires. Aujourd'hui, elles sont de toutes les mers.

§ 407. On a rencontré, de plus, dans les étages falunien et subapennin, quelques espèces des genres *Acasta*, Leach, *Chthamalus*, Ranzani, *Coronula*, *Creusia*, Lamarck, *Phryoma*, Savigny; mais il reste encore beaucoup à faire pour l'histoire de ces animaux fossiles.

§ 408. En résumé, nous avons vu les cirrhipèdes se montrer sous la forme d'*aptychus*, depuis les terrains paléozoïques jusqu'aux terrains crétacés inclusivement; les *Pollicipes* commencer avec les terrains crétacés, et tous les autres avec les terrains tertiaires, et avoir aujourd'hui leur maximum de développement générique dans les deux familles.

6e Classe : ANNÉLIDES.

§ 409. Les annélides sont caractérisés par un corps allongé, vermiforme, divisé en anneaux nombreux. La plupart vivent à nu; quelques-uns sont protégés par un tube, souvent calcaire, d'autres fois presque membraneux et fortifié par des grains de sable et divers autres débris. Ce tube est presque la seule trace qui nous reste des espèces qui ont vécu dans les mers anciennes; d'autres fois, cependant, des roches à sédiments fins ont conservé des empreintes des espèces nues.

§ 410. Ordre des ANNÉLIDES TUBICOLES. Leurs caractères paléontologiques sont d'avoir l'animal subcylindrique protégé extérieurement par une enveloppe testacée calcaire ou formée par des grains de sable agglutinés; leur forme est tubulaire ou vermiforme, diversement contournée ou enroulée en spirale. La famille des SERPULIDÆ renferme les genres suivants, pour ainsi dire arbitraires :

§ 411. G. *Serpula*, Linné, lorsque la coquille solide, testacée, fixe ou à moitié libre, forme un long tube s'accroissant toujours, contourné diversement, groupé ou solitaire, à ouverture terminale. On en connait depuis l'étage dêvonien jusqu'à nos jours, où se montre le maximum de développement spécifique (*fig.* 141).

§ 412. G. *Spirorbis*, Daudin. La coquille fixe est enroulée en spirale sur le corps, où elle est parasite. Les espèces sont distribuées comme les *Serpula*.

§ 413. G. *Terebella*, Cuvier, dont le tube est formé de grains de sable

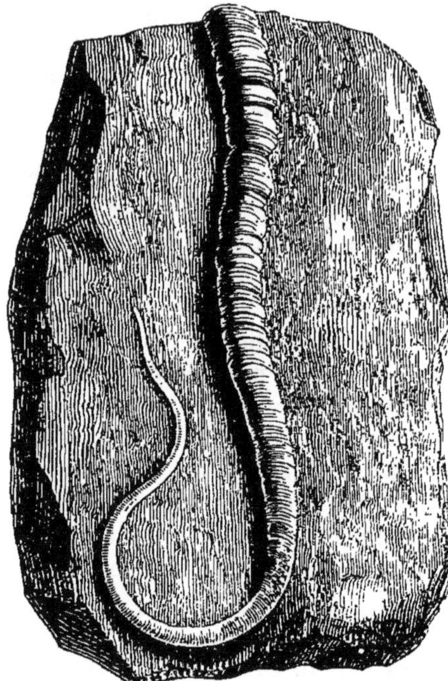

Fig. 141. Serpula flagellum.

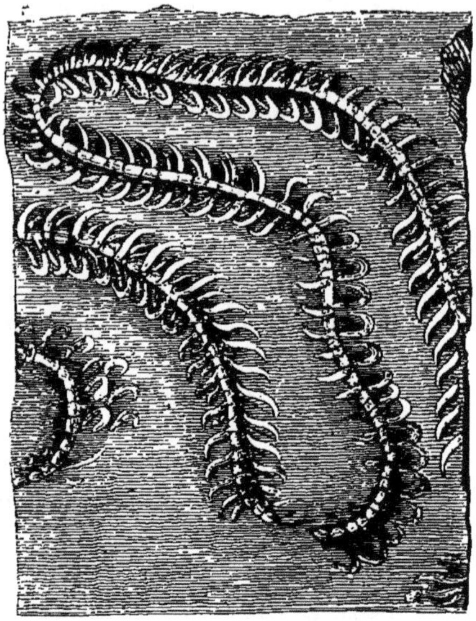

Fig. 142. Nereites Cambriensis.

agglutinés. On a rapporté à ce genre, peut-être avec raison, des espèces de l'étage oxfordien de Bavière.

§ 414. Ordre des ANNÉLIDES DORSIBRANCHES. Leur corps, nu, divisé en anneaux, porte latéralement des faisceaux de poils, des pieds ou des filaments Les branchies sont le long du corps vermiforme et très-allongé. On a rapporté à cet ordre des empreintes physiologiques très-remarquables qui ont été découvertes dans l'étage silurien des terrains paléozoïques. Le seul exemple qui nous paraît certain est le *Nereites cambriensis* (*fig.* 142).

Observations relatives aux animaux Mollusques et Rayonnés.

§ 415. Les deux séries animales que nous avons à traiter, étant incomparablement les plus nombreuses en genres et en espèces fossiles, et leurs restes s'étant montrés avec abondance depuis la première animalisation du globe jusqu'à nos jours, nous avons dû les considérer comme les plus indispensables à tout travail paléontologique sérieux. Ne voulant pas nous borner, dans cet ouvrage, à des données vagues ou prises sans discussion dans les auteurs, mais ayant, au contraire, le désir de fixer, sur des *bases solides*, les éléments paléontologiques généraux, nous n'avons pas balancé à prendre pour ces bases les *animaux mollusques et rayonnés* sur lesquels, après de longues recherches sur le sol de la France, nous sommes parvenus à réunir plus de *cent cinquante mille échantillons*. Possédant, en effet, dans notre collection, un nombre aussi considérable de documents recueillis par nous dans leur position stratigraphique rigoureuse, et sur lesquels il ne pouvait rester de doutes, nous avons pensé à nous servir de ces faits bien discutés, et sur lesquels nous avions d'innombrables observations paléontologiques et géologiques, comme point de départ de nos comparaisons avec les données inscrites dans les différents ouvrages. Ces données offrant, ainsi que nous l'avions reconnu dans notre *Paléontologie française*, les contradictions les plus extraordinaires, sous le double rapport de la zoologie et de la géologie, il devenait donc préalablement indispensable de les discuter de la manière la plus sévère, afin de ramener les genres et les espèces à leurs limites réelles, et de faire disparaître toutes les erreurs géologiques qui pouvaient résulter de faux rapprochements.

Nous avons entrepris cet immense travail, qui ne nous a pas coûté moins de *trois années* de recherches, indépendamment des travaux partiels renfermés dans notre Paléontologie française. Il s'agissait, non-seulement de tous les faits contenus dans notre collection, mais encore de tous les documents paléontologiques certains publiés jusqu'à ce jour, discutés sous le rapport de l'âge géologique, sous celui du véritable genre auquel appartient l'espèce, sous le rapport de l'identité de l'espèce, et enfin sous celui du nom qui doit rester à chacune de ces espèces comparée à l'ensemble des autres espèces vivantes et fossiles. Ce travail, terminé à la fin de 1847, et qui va paraître sous le nom de *Prodrome de paléontologie stratigraphique universelle des animaux mollusques et rayonnés* (1), renferme tous les documents paléontologiques desquels sont déduites nos généralités partielles, les généralités d'ensemble et les tableaux qui vont suivre.

Ces généralités seront donc basées sur l'étude comparative de près de *dix-huit mille espèces*, ou du même nombre de faits dont tout le monde peut apprécier la valeur dans l'ouvrage cité, auquel nous renvoyons pour toutes les citations de faunes géologiques successives, pour toutes les espèces des genres cités et pour les discussions critiques des espèces, notre cadre ne nous permettant pas de le faire ici.

(1) Cet ouvrage paraîtra dans quelques mois. Il se compose de deux vol. in-12, de 500 pages.

Les dix-huit mille espèces qui servent de base à nos généralités sont réparties dans les étages, comme nous les indiquons dans le tableau suivant, où l'on pourra juger de la valeur numérique des espèces qui caractérisent chaque étage et chaque terrain en particulier.

TERRAINS.	ÉTAGES.	NOMBRE PAR ÉTAGES des espèces de Mollusques.	NOMBRE PAR ÉTAGES des espèces d'animaux Rayonnés.	TOTAUX PAR ÉTAGES.	TOTAUX PAR TERRAINS.
TERTIAIRES....	27. Subapennin.................	444	162	606	6,040
	26. Falunien.....................	2,903	160	3,063	
	25. Parisien......................	1,478	199	1,677	
	24. Suessonien.....................	562	132	694	
CRÉTACÉS......	23. Danien.......................	47	17	64	4,098
	22. Sénonien.....................	1,061	507	1,568	
	21. Turonien.....................	218	148	366	
	20. Cénomanien..................	627	183	810	
	19. Albien.......................	307	52	359	
	18. Aptien.......................	146	4	150	
	17. Néocomien..................	656	124	781	
JURASSIQUES...	16. Portlandien..................	59	2	61	3,785
	15. Kimméridgien.	184	16	200	
	14. Corallien.....................	403	235	638	
	13. Oxfordien....................	499	230	729	
	12. Callovien....................	253	25	278	
	11. Bathonien...................	407	125	532	
	10. Bajocien.....................	508	94	602	
	9. Toarcien......................	273	14	287	
	8. Liasien.......................	270	13	283	
	7. Sinémurien..................	163	12	175	
TRIASIQUES....	6. Saliférien....................	619	114	733	840
	5. Conchylien....................	104	3	107	
PALÉOZOIQUES.	4. Permien......................	82	9	91	3,184
	3. Carboniférien...............	887	161	1,048	
	2. Dévonien.....................	1,054	146	1,200	
	1. Silurien.. B. Supérieur ou *Murchisonien*..	356	61	418	
	1. Silurien.. A. Inférieur ou *Silurien*.......	375	52	427	
	TOTAUX GÉNÉRAUX.....	14,947	3,000	17,947	17,947

CHAPITRE VIII.

TROISIÈME EMBRANCHEMENT : ANIMAUX MOLLUSQUES.

§ 416. Point de squelette intérieur ni extérieur, articulé ou annelé. Le corps de ces animaux est mou, recouvert d'une peau flexible, contractile, dans ou sur laquelle se forment des plaques cornées ou calcaires, qu'on nomme *coquilles*. Leurs principaux organes sont pairs et symétriques ; ils affectent le plus souvent, dans leur ensemble, une disposition courbe, de manière à rapprocher la bouche de l'extrémité opposée.

§ 417. Les coquilles sont, dans la plupart des cas : externes ; à moitié internes ou dermales, placées dans un repli du manteau, mais communiquant, par une petite partie, avec l'élément ambiant; elles sont totalement dermales, renfermées entre les couches du derme Malgré la différence de leur position interne ou externe, les coquilles se forment et s'accroissent suivant les mêmes lois. On peut diviser ce mode de formation en trois catégories, suivant que les molécules calcaires viennent se placer sur leur pourtour seulement, sur toutes leurs parties internes ou sur toutes leurs parties externes.

Une fois le *nucleus* formé, l'accroissement des coquilles a lieu par la juxtaposition de molécules calcaires plus ou moins chargées de parties animales, par lames ou par couches obliques, en dedans de l'épiderme, et successivement les unes sur le bord et en dedans des autres. Le bord du manteau ou du collier est l'organe qui dépose ces lames pendant toute la durée de l'accroissement. C'est ainsi que se forment et s'accroissent constamment, par le bord, les couches extérieures feuilletées, obliques, des coquilles qui contiennent les couleurs chez les céphalopodes, les gastéropodes et les acéphales. On peut, du reste, toujours les reconnaître, dans la fossilisation, par exemple, parce qu'elles se détachent des autres, et dans le test extérieur de beaucoup de coquilles. Nous désignerons ces couches sous le nom de couches *dermales*.

Indépendamment de cet accroissement par les couches dermales obliques et concentriques, les coquilles s'épaississent encore constamment, sur toutes les parties internes, par des couches que nous appellerons *intérieures*. Plus serrées, plus minces que les couches dermales, les couches intérieures sont formées de lames qui suivent les contours intérieurs de la coquille, et ne sont plus déposées seulement par le bord du manteau, mais bien par toute sa surface et par les muscles mêmes. Ces couches, toujours distinctes des premières et s'en séparant facilement, soit par la calcination, soit par la fossilisation, sont de deux natures différentes. Les plus ordinaires sont souvent incolores; tout en leur ressemblant beaucoup, elles sont d'un tissu plus serré, plus compacte que les couches dermales. Elles forment, enduisent et polissent toutes les callosités intérieures, et de plus ces encroûtements intérieurs si remarquables des *Hippopodium*, ou encore ces espèces de cloisons successives qu'on remarque dans l'intérieur de la spire de quelques gastéropodes, cloisons ou épaississements qui remplissent le commencement de la coquille, à mesure que l'animal, augmentant toujours par le bord, son enveloppe extérieure s'éloigne trop du principe de la spire pour en occuper l'extrémité.

Les couches intérieures les plus remarquables sont, sans contredit, ces dépôts chatoyants, nacrés ou irisés, déposés par lames horizontales, qui tapissent l'intérieur de beaucoup de coquilles, dont les couches dermales sont blanches, mates ou colorées, mais jamais nacrées. On doit encore à ces couches nacrées les cloisons aériennes des *Nautilus*, des *Ammonites*.

Toutes les coquilles, tandis qu'elles s'accroissent par le bord au moyen des couches dermales, se consolident, s'épaississent en dedans, sur tous les points, par leurs couches intérieures.

Le troisième mode de consolidation des coquilles, par leurs parties externes seulement, est le plus exceptionnel. Il a lieu principalement chez les genres qui ont une coquille dermale cachée dans les téguments, dont le test se couvre, en dessus, de granulations postérieures à son accroissement. On le retrouve plus rarement chez les mollusques pourvus d'une coquille externe, où, par exemple, un ou deux lobes du manteau viennent déposer, sur la coquille complétement formée, des couches très-minces, polies, brillantes, qui tendent à l'épaissir constamment (les *Cypræa*). On le retrouve encore chez l'*Argonauta*, où les bras palmés, remplissant les fonctions ordinaires du manteau, déposent autant de parties calcaires en dehors qu'en dedans de la coquille. Nous désignerons ce mode d'encroûtement par le nom de *couches extérieures*. Souvent elles se déposent simultanément avec les deux autres.

En résumé, la coquille externe ou interne étant le produit d'une sécrétion mucoso-calcaire déposée entre le réseau vasculaire et l'épiderme, tous ses points internes recouvrant l'être qui la porte ou même y adhérant, elle est certainement une partie intégrante de l'animal. Ce fait admis, la coquille doit, dans certaines limites, reproduire extérieurement ou intérieurement les formes des mollusques et leurs caractères organiques. En effet, on la voit se modeler sur le manteau et en prendre la forme, ainsi que celle des muscles. Lorsque le manteau est ovale, elle l'est aussi. Lorsque le manteau se contourne en spirale ou lorsqu'il est conique, la coquille le suit extérieurement et intérieurement. Lorsque le manteau forme deux lobes latéraux, il y a deux coquilles symétriques, dans le cas où ces lobes sont égaux, et deux coquilles inégales dans le cas où ils sont inégaux. Lorsque enfin quelques parties n'ont pas été recouvertes par les deux coquilles, qu'on appelle alors *valves*, un plus grand nombre de pièces testacées devient nécessaire pour les protéger. Indépendamment de ces pièces testacées, qu'on nomme coquilles et qui dépendent du manteau, il en est de moins importantes fixées au pied. Ces pièces testacées ou cornées, toujours médiocres, ont été, d'après leurs fonctions, nommées *opercules*.

§ 418. Suivant sa position, sa forme générale extérieure ou intérieure, la coquille change de fonctions dans l'organisme des mollusques. Externe, elle est presque toujours un corps protecteur, soit de l'ensemble de l'animal, soit d'une ou de plusieurs de ses parties. En effet, quand elle se trouve assez grande pour loger l'animal contracté, qu'elle soit spirale, conique, composée d'une pièce ou de deux, elle sert évidemment à le soustraire aux atteintes extérieures auxquelles l'expose sa nature mollasse. Rudimentaire seulement, elle en protége les branchies ou les parties les plus délicates.

Placée au milieu des téguments, la coquille interne ne peut conserver les mêmes fonctions. Par sa position longitudinale, elle doit soutenir la masse charnue, comme les os des mammifères ; donner à l'animal des points d'appui dans la contraction musculaire, et dès lors plus de force dans sa natation.

La singulière disposition des loges aériennes que présente l'intérieur de quelques coquilles dénote encore d'autres fonctions que nous décrirons avec détail, en parlant des céphalopodes. Ces fonctions sont des moyens d'allége donnés par la nature à tous les animaux, pour rétablir l'équilibre et les rendre plus légers, par l'addition de nouvelles loges aériennes, au fur et à mesure qu'ils grandissent et que leur corps se développe. Elles sont analogues à celles de la vessie natatoire des poissons.

Dans presque tous les cas, la coquille remplit des fonctions très-compliquées ; si, par son extension, elle abrite l'animal ; si, par ses loges aériennes, elle fait l'office d'allége, il est certain que, par les différents muscles qui s'y rattachent, elle sert encore de point d'appui, de centre de mouvement. C'est, en effet, sur la paroi interne des coquilles que s'insèrent les leviers puissants qui servent, dans la contraction, à fermer si brusquement une coquille bivalve, ou à rapprocher l'opercule de l'ouverture des coquilles spirales, afin de garantir l'animal des atteintes extérieures. C'est aussi sur les coquilles que portent les points d'appui de contraction des bivalves, et de presque toutes les parties des gastéropodes.

La coquille étant, comme on le voit, non-seulement un corps protecteur, mais encore un point d'appui du mouvement, on doit croire qu'elle se façonne sur l'animal de manière à en reproduire toutes les parties. C'est, en effet, ce qu'on observe presque toujours. Certaines coquilles ont, à leur partie antérieure, un canal proportionné au tube respiratoire qui en sort; certaines autres ont un bâillement du côté anal, pour le passage de l'énorme siphon dont elles sont pourvues; d'autres ont, pour le passage de leur pied volumineux, une ouverture buccale entre leurs valves.

§ 419. **Période embryonnaire des coquilles.** Les coquilles étant une partie toujours appréciable de l'organisation des mollusques, et se conservant dans les couches terrestres de toutes les époques de l'animalisation de notre planète, demandent une attention d'autant plus particulière, que leur étude plus ou moins complète peut compromettre les déductions générales qu'on en pourrait tirer. La coquille se forme quelquefois après que le jeune mollusque est sorti de son œuf; des mollusques pourvus de coquille à la sortie de l'œuf la perdent plus tard, tandis que le plus grand nombre des mollusques munis de coquilles l'ont déjà formée à la sortie de l'œuf, et la conservent, la façonnent de différentes manières, tout le temps de leur vie. Pour bien faire comprendre les changements apportés par l'âge embryonnaire, nous croyons devoir les diviser en trois catégories : 1° suivant qu'ils modifient la forme de cette coquille, 2° suivant qu'ils montrent des ornements qui disparaissent dans l'âge adulte ; ou 3° enfin, suivant que ces ornements sont plus simples à cette période que plus tard.

Les coquilles dont l'âge embryonnaire diffère complétement de l'âge adulte sont infiniment plus nombreuses qu'on ne pourrait le croire. Nos recherches à cet égard nous les ont fait retrouver dans une foule de cas où les annales de la science ne les avaient pas encore signalées. Des coquilles sont libres dans le jeune âge et fixées dans l'âge adulte (*Vermetus*, *Hinnites*, etc.). Celles-ci sont, dès lors, infiniment plus régulières à cette première période que dans le reste de leur accroissement, où leur fixité les oblige à subir toutes les conséquences de la localité où elles se trouvent, qu'elles soient fixées par l'animal, par la coquille, ou qu'elles soient retenues dans une cavité qu'elles creusent. Parmi les coquilles libres, l'âge embryonnaire ou le *nucleus* est surtout très-remarquable chez beaucoup de gastéropodes et de nucléobranches. Dans certains cas, par une bizarrerie singulière, au lieu de suivre, dans sa spire, un seul axe d'enroulement, ce nucleus en change tout à fait avec l'accroissement. Il est d'abord, par exemple, suivant une verticale ; mais, à l'instant où il laisse l'âge embryonnaire, il prend subitement une autre direction, et l'axe nouveau de cet enroulement forme, avec le premier, un angle de 90°, qui se continue ensuite durant toute la vie de l'animal (*Turbonilla*). D'autres fois, ce nucleus, long, turriculé, formé de tours nombreux d'un enroulement oblique, abandonne tout de suite ce mode d'accroissement pour s'enrouler sur le même plan. Dans quelques autres circonstances, le nucleus, contourné en spirale latérale, s'évase plus tard et forme une coquille en capuchon, à côtés égaux (*Capulus*), ou bien une coquille qui continue à s'enrouler latéralement, mais s'élargit tout à coup d'une manière extraordinaire, et devient bien différente de celle du jeune âge. Il reste enfin une multitude de coquilles dont le nucleus, sans montrer d'aussi grandes différences, est pourtant bien distinct du reste de la coquille, qu'il soit plus allongé que le reste ou que ses tours soient plus rentrés et forment un angle plus ouvert. Certaines coquilles commencent encore par un cône étroit et aigu, qui devient caduc et tombe, lorsque la coquille adulte, changeant de forme, a pris un aspect tout différent *(Cuvieria)*.

Les coquilles dont l'âge embryonnaire montre des ornements extérieurs, qui disparaissent plus tard, sont plus nombreuses que les premières, et appartiennent à toutes les classes. On les retrouve, en effet, chez des céphalopodes, où la coquille commence par avoir des stries, des côtes, qui disparaissent dans l'accroissement. Beaucoup de gastéropodes sont aussi dans le même cas, ainsi qu'un grand nombre de bivalves ou d'acéphales.

Les coquilles dont l'âge embryonnaire est plus simple dans ses ornements extérieurs que le reste de l'accroissement forment, néanmoins, le plus grand nombre. C'est, en effet, on pourrait le dire, la règle générale, quand les autres ne sont que l'exception. On retrouve ce caractère chez presque tous les céphalopodes où la coquille est lisse, unie, quand même, plus tard, elle serait plus ou moins carénée et surchargée d'ornements. On le voit dans les coquilles de quelques nucléobranches, dans une multitude de gastéropodes et chez des acéphales.

Dans tous les cas, que l'âge embryonnaire des coquilles apporte plus ou moins de changement dans les formes, ou seulement dans les ornements extérieurs, ce changement n'est pas toujours le même. Lorsque ces modifications appartiennent à l'embryon, quand il était dans l'œuf, elles forment une partie distincte du reste de la coquille, circonscrite par un bourrelet ou par un sillon, qu'elles dépendent des différentes familles de gastéropodes ou d'acéphales. Alors cette première modification, ce premier âge peut recevoir le nom spécial de *nucleus;* mais, lorsque ces modifications sont postérieures à la sortie de l'œuf, elles ne sont marquées, sur la coquille, par aucun point d'arrêt dans l'accroissement. C'est, du reste, ce qui a lieu chez les céphalopodes, chez beaucoup de gastéropodes et d'acéphales. On retrouve quelquefois le nucleus distinct, et, de plus, un accroissement postérieur également différent du reste. Cette circonstance s'est montrée principalement chez des gastéropodes et des acéphales.

§ 420. **Période d'accroissement des coquilles.** L'accroissement des coquilles peut être envisagé de deux manières : il est limité, ou pour ainsi dire indéfini, en ce sens qu'il dure tant que l'animal existe.

L'accroissement est limité principalement chez les gastéropodes. Il s'arrête effectivement pour toujours, lorsque certaines coquilles terrestres forment ce bourrelet qui entoure son ouverture, ce qui l'a fait nommer *péristome*. Il est encore limité quand d'autres coquilles marines forment leur bourrelet unique qui circonscrit la bouche, ou quand elles épaississent leur ouverture, soit par un rebord recourbé en dedans, soit par des digitations plus ou moins nombreuses, combinées avec l'épaississement général de ce bord.

L'accroissement des coquilles est souvent illimité chez les mollusques. On voit, par exemple, les céphalopodes croître tant qu'ils existent. Un nombre considérable de gastéropodes de tous les ordres sont dans le même cas, et tous les acéphales, sans exception, semblent suivre cette marche.

Parmi les coquilles dont l'accroissement dure tout le temps de l'existence, il en est chez lesquelles il est régulier, et pour ainsi dire uniforme, pendant toute la vie, comme on peut le remarquer parmi les céphalopodes, les gastéropodes et les acéphales ; mais il en est aussi chez lesquelles il admet des temps d'arrêt ou de repos. C'est, en effet, alors que se forment ces bourrelets, ces sillons espacés qui marquent les anciennes bouches de quelques ammonites. Ces bourrelets, également anciennes bouches, soit irrégulièrement espacés, soit sur trois faces, soit enfin alternes, qu'on remarque chez une infinité de gastéropodes, on pourrait même les retrouver dans les lames successives espacées de certaines bivalves.

Ces points d'arrêt momentanés ou définitifs pourraient fort bien être en rapport avec des périodes de reproduction et d'accouplement. On doit au moins le croire pour les coquilles des ammonites, toujours assez minces, et pour un nombre considérable de gastéropodes, chez qui la coquille est, dans l'intervalle de chaque bourrelet, si fragile qu'elle ne pourrait, sans se briser, se rapprocher d'autres corps durs ou se mettre en contact immédiat avec eux.

Dans les coquilles dont l'accroissement est limité, elles grandissent pendant un temps plus ou moins long, suivant les espèces, avant d'atteindre le *summum* de leur taille. Pendant cet accroissement, elles laissent peu à peu leurs ornements, leurs côtes, leurs stries pour les espèces qui doivent devenir plus simples, ou elles les prennent pour celles qui doivent être plus compliquées. Enfin, les unes devenues lisses, les autres, s'étant chargées d'ornements plus ou moins variés, toutes atteignent leur grande taille. L'animal forme alors, comme nous l'avons dit, un bourrelet, des digitations ou diverses excroissances, selon les genres et les espèces, et ne grandit plus. Pendant le reste de son existence, ce rebord se renforce, la coquille s'épaissit ou de nouvelles couches se déposent sur les expansions ou digitations de ses bords.

Dans les coquilles dont l'accroissement est illimité, les choses se passent autrement. On voit, chez les ammonites, par exemple, succéder à la coquille lisse, les tubercules, les côtes, la carène, qui se marquent de plus en plus, pendant un temps plus ou moins long. Le même phénomène a lieu aussi chez quelques nautiles, tandis qu'au contraire d'autres perdent les ornements du jeune âge pour devenir plus simples. Quelques gastéropodes et des acéphales offrent encore des changements analogues, soit en s'ornant davantage, soit en se simplifiant. Il est à remarquer que, chez les gastéropodes, les ornements s'accusent en général d'autant plus fortement que les coquilles sont plus âgées.

§ 421. **Période de dégénérescence dans l'accroissement des coquilles.** La période de dégénérescence est surtout très-marquée chez les céphalopodes, où, par exemple, les côtes ou les tubercules latéraux s'éloignent, s'abaissent, disparaissent enfin, à mesure que la coquille s'accroît, et finissent par s'effacer entièrement, laissant alors la coquille aussi lisse dans son dernier tour que dans son état embryonnaire. La période de dégénérescence est rare chez les gastéropodes; car on ne peut appeler ainsi l'instant où, limitées dans leur accroissement, les coquilles ne font plus qu'épaissir au lieu de grandir. Elle est aussi rarement marquée chez des acéphales.

§ 422. **Variations naturelles des coquilles déterminées par les sexes.** Cette série de variations ne peut exister que chez les céphalopodes ou chez les gastéropodes à sexes séparés ; aussi est-elle exceptionnelle chez les mollusques ; néanmoins, comme elle joue quelquefois un grand rôle, nous croyons devoir en parler ici. Les variations de ce genre amènent seulement une plus grande largeur dans la coquille des femelles, sans que les ornements extérieurs changent beaucoup. Les osselets cornés internes de certains céphalopodes en montrent un exemple. Nous avons également remarqué ce fait dans les rostres des bélemnites ; et ce caractère est très-visible surtout chez les ammonites. On le retrouve encore dans la coquille de quelques gastéropodes ; mais le cas est rare.

§ 423. **Variations pathologiques des coquilles.** Les cas pathologiques doivent entrer quelquefois dans les causes d'erreur, lorsqu'il s'agit de la détermination des espèces. Ils se montrent, en effet, sous toutes les formes, suivant les classes. Chez les céphalopodes, des accidents produits par une blessure ont changé l'extrémité des rostres des bélemnites, ou même ont été assez extraordinaires pour servir à l'établissement de genres distincts. D'autres blessures amènent des modifications très-remarquables dans les ornements extérieurs des ammonites. Chez les gastéropodes, ces modifications changent quelquefois l'aspect des coquilles. La spire, par exemple, au lieu de suivre l'enroulement des autres individus de l'espèce, se contourne du côté opposé. D'autres fois, au lieu d'avoir l'angle spiral ordinaire à l'espèce, cette spire se détache, s'allonge plus ou moins et ne ressemble plus à celle des autres individus. Ces variations, assez communes chez les coquilles terrestres, sont assez rares chez les coquilles marines. On voit encore, dans cette classe, les résultats des blessures du manteau, qui laissent toujours des traces sur la coquille. Sans que ce soient précisément des cas pathologiques, on peut considérer comme des déformations ces accidents si nombreux des coquilles fixées par leur byssus ou par leur test, qui, gênées dans leur accroissement, prennent des formes bizarres déterminées soit par la place restreinte qui leur reste pour s'étendre, soit par les corps sur lesquels elles se moulent et dont elles reproduisent tous les ornements extérieurs.

§ 424. **Variations naturelles des coquilles déterminées par l'influence locale et par les possibilités vitales.** Les variations déterminées par l'habitat des coquilles sont immenses et peuvent souvent tromper l'observateur superficiel. Cette influence se montre dans les limites d'accroissement, dans les ornements extérieurs, ou même dans la forme et l'épaisseur des coquilles.

Les coquilles libres subissent de toutes les manières l'influence des lieux. On voit, par exemple, telle espèce terrestre ou d'eau salée, dont l'accroissement est limité, devenir fréquemment, suivant que les localités sont plus ou moins propices à son accroissement, plus grande du double en un lieu que dans un autre. La taille est donc loin de présenter un caractère constant. Quelquefois telles coquilles qui, par suite de leur tranquille accroissement, prennent dans une localité des ornements très-marqués, en manquent lorsqu'elles ont, au contraire, à lutter contre l'action incessante de la houle. Cette influence se remarque dans une foule de coquilles marines, parmi les gastéropodes et surtout parmi les acéphales, où la même espèce, prise dans une baie tranquille, dans un marais, est toute différente par ses côtes, par ses stries, et par l'épaisseur de la coquille, de ce qu'elle est sur une plage battue de la vague. On voit encore ces modifications se prononcer sur les espèces terrestres.

Si les coquilles libres, qui dès lors peuvent, jusqu'à certaines limites, choisir des conditions favorables d'existence, sont sujettes à une foule de modifications, ces modifications deviendront d'autant plus fortes chez les coquilles fixées au sol, soit par leur animal, soit par leur coquille. Nous avons reconnu que, suivant l'espace que trouve telle espèce pour s'accroître, elle est large, demi-sphérique, longue et déprimée, ou bien étroite et très-haute. Nous avons encore remarqué que tels individus de gastéropodes ou de bivalves se sont modifiés dans leurs formes et dans leurs ornements, suivant les conditions favorables ou non favorables à leur plus grand développement, et l'état de calme ou d'agitation dans lequel l'élément aqueux les laisse s'accroître.

§ 425. **Limites de l'espèce dans les Mollusques**. D'après tout ce que nous venons de dire sur les variations déterminées par l'âge, par le sexe, par les cas pathologiques et par les influences locales, on concevra facilement que, sans ces connaissances préliminaires, qu'on ne peut acquérir, le plus souvent, que sur les lieux ou par une longue suite d'études, on ne saurait arriver à aucune détermination parfaite. Il ne s'agit pas, en effet, de fixer arbitrairement les limites de l'espèce dans le cabinet, en se basant sur des systèmes plus ou moins erronés ; mais bien d'observer, de méditer et de discuter toutes les causes d'erreur qui peuvent influer sur une bonne détermination spécifique. Lorsqu'on n'aura d'autres guides que des caractères conchyliologiques, ce qui a lieu pour toutes les espèces fossiles, il conviendra de comparer un grand nombre d'individus recueillis dans la même couche, afin de s'assurer des diverses modifications, pour ne pas ériger en espèces de simples états d'accroissement, des variétés, des déformations ou des états de fossilisation (§ 181). En général, relativement aux céphalopodes, on devra surtout tenir compte des âges et des cas pathologiques. Pour les gastéropodes, les différences d'âge, les cas pathologiques, les influences locales, sont plus indispensables encore. Pour les acéphales, les brachiopodes, les âges et les influences locales doivent être surtout étudiés avec soin.

En résumé, les limites de l'espèce sont loin d'être uniformes dans les êtres. On voit, par exemple, les couleurs seulement donner de bons caractères spécifiques chez les oiseaux et chez les insectes ; mais, chez les mollusques, les couleurs ne peuvent pas toujours être admises, bien qu'elles donnent quelquefois de bonnes indications pour les coquilles vivantes.

Les limites de l'espèce sont, chez les mollusques, bien tranchées et constantes, sans avoir, néanmoins, les mêmes bornes dans toutes les classes. La forme, la taille, ne sont pas toujours, en effet, des caractères constants chez les coquilles terrestres. Les couleurs, jointes à la forme, donnent, au contraire, d'excellents caractères pour beaucoup de coquilles marines libres. On peut dire qu'en ce qui concerne les animaux marins, les limites de l'espèce, abstraction faite des variations dont nous avons parlé, sont d'autant plus étroites que l'animal est plus libre dans ses mouvements. Quelques céphalopodes, beaucoup de gastéropodes, d'acéphales libres, ont des limites très-restreintes, tandis que les gastéropodes et les acéphales fixés par l'animal ainsi que les brachiopodes, en demandent déjà de bien plus larges ; et ces limites doivent encore s'étendre beaucoup plus pour les gastéropodes et pour les acéphales, les brachiopodes et les bryozoaires fixés par leur coquille. Tel caractère qui, quoique peu saillant, distinguera suffisamment entre eux des céphalopodes, des gastéropodes et des acéphales libres, ne s'appliquera plus à la séparation des coquilles fixées par l'animal ou par le test lui-même.

Ce qui précède démontre que la bonne détermination de l'espèce dépend, dans les cas difficiles, des études plus ou moins approfondies de l'observateur, de son jugement plus ou moins juste et de sa sagacité. Cette réunion indispensable de connaissances nécessaires expliquera combien les erreurs ont dû se multiplier dans la science. Il est bien certain que des causes d'erreur de nomenclature, des causes d'erreur zoologique que nous venons de faire connaître, sont nées toutes les dissidences qui existent entre les observateurs ; dissidences considérablement augmentées, pour les espèces fossiles, par les variations qu'apportent la déformation (§ 181) et surtout la fossilisation.

§ 426. Il est certain que si les poissons ont été les plus nombreux, parmi les animaux vertébrés, les ***Mollusques*** pourront, à eux seuls, représenter trois fois l'équivalent numérique de tous les autres animaux fossiles réunis. Ils sont, en effet, très-multipliés depuis la première animalisation du globe jusqu'à nos jours.

Les mollusques ont quelquefois offert des exemples rares de conservation, les bélemnites de Christian-Malford (Angleterre), les *Acanthoteuthis* et les *Sepia* de Solenhofen (Bavière), ont montré l'empreinte complète de l'animal, conservant encore une partie des fibres musculaires du corps, des nageoires et des bras. Dans les mêmes localités, dans les schistes bitumineux du département de l'Ain, et dans le lias d'Hobden, on a rencontré, plus fréquemment encore, à l'état fossile, le sac qui contient l'encre ou la matière noire, et des parties cornées parfaitement conservées, comme les ongles des bélemnites, des *Acanthoteuthis* et les osselets internes cornés d'un grand nombre de céphalopodes. Il ne reste, le plus souvent, dans les couches terrestres, que les parties testacées, ou la coquille des mollusques. On trouve celle-ci entière dans sa position normale, avec ses diverses parties réunies, comme les deux valves des bivalves, par exemple, ou bien les parties séparées, mais intactes. D'autres fois les coquilles sont transformées, détruites, et ne montrent que des empreintes, des moules, des modèles ou des contre-empreintes.

On a indiqué, sans que cela soit bien prouvé, comme des traces physiologiques laissées par des bivalves marchant, des sillons tracés dans le lias de Wainlode-Cliff, au comté de Glocester (Angleterre).

Les mollusques se divisent en six classes : les *Céphalopodes*, les *Gastéropodes*, les *Lamellibranches* ou *Acéphales*, les *Brachiopodes*, les *Tuniciens* et les *Bryozoaires*. Les tuniciens seuls sont inconnus à l'état fossile.

1re Classe : MOLLUSQUES CÉPHALOPODES. Cuvier.

Mollusca brachiata, Poli. — *Céphalophores*, de Blainville.

§ 427. **Animal** libre, formé de deux parties distinctes : l'une postérieure, le corps, ouvert en avant, contenant les viscères et les branchies; l'autre, antérieure ou céphalique, portant des bras ou des tentacules. *Corps* variable, rond, allongé, cylindrique, pourvu ou non de nageoires, se rattachant à la tête par des brides fixes, ou au moyen d'un appareil facultatif particulier; logé dans une coquille uniloculaire; dans la dernière cavité d'une coquille multiloculaire, ou renfermant, dans l'épaisseur des téguments, une coquille cornée, testacée, simple, spirale, formée de loges aériennes successives, traversées par un siphon. *Tête* volumineuse, plus ou moins séparée du corps, pourvue latéralement d'yeux saillants très-complets, d'oreilles ; en dessous, d'un tube locomoteur entier ou fendu ; en avant, de huit ou dix bras charnus, ou de tentacules nombreux. Au milieu des bras, un appareil buccal composé de deux mandibules cornées ou testacées agissant de haut en bas, de lèvres charnues, et d'une langue hérissée de crochets par lignes longitudinales. *Sexes* séparés sur des individus distincts, les uns mâles, les autres femelles. La respiration se fait au moyen des branchies inter-

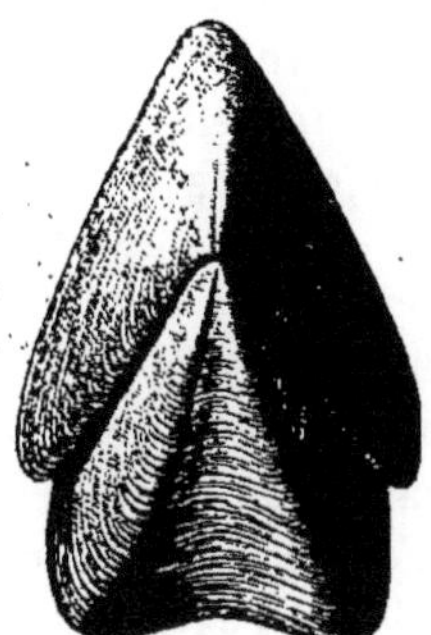

Fig. 143. Rhyncholeuthis Astieriana.

nes paires ou symétriques, au nombre de deux ou de quatre. Ces animaux ont une excrétion singulière noire ou brune, qu'ils emploient à colorer l'eau, et qui est renfermée dans une poche spéciale.

§ 428. Les **organes de manducation**, chez les céphalopodes, se composent d'un bec formé de deux *mandibules* cornées ou calcaires. Le *bec*, organe puissant de manducation, est calcaire chez les *Nautilus*, les *Conchorhynchus* et les *Rhynchoteuthis* (Voy. *fig.* 143), corné chez les autres céphalopodes acétabulifères. Il se compose de deux mandibules qui agissent de haut en bas, et ressemblent beaucoup au bec d'un oiseau ; néanmoins, ce bec offre toujours une position inverse de celui de ces animaux, puisque la mandibule supérieure ne recouvre point l'inférieure, mais rentre, au contraire, dans l'inférieure, qui la recouvre ; position anormale, et souvent méconnue par ceux qui se sont occupés des céphalopodes.

§ 429. Les céphalopodes ont une coquille cornée ou calcaire, interne ou externe, partie souvent la seule conservée dans les couches de l'écorce terrestre du globe, et dès lors l'unique moyen qui soit resté de comparer les espèces antérieures à notre époque à celles qui existent maintenant dans les mers. Elle devient donc essentielle dans les caractères zoologiques des céphalopodes. La *coquille interne*, développée surtout chez les décapodes, est placée dans une gaine spéciale, entre deux couches de téguments, sur la ligne médiane en dessus du corps. Elle est testacée chez les *Sepia*, les *Beloptera*, les *Spirulirostra ;* elle est testacée et cornée chez les *Belemnites*, les *Conoteuthis*, tandis qu'elle est seulement cornée chez les *Loligo*, les *Ommastrephes*, etc. Lorsque la coquille interne est testacée, elle est ovale ou oblongue et contient toujours des loges aériennes.

Lorsque la coquille interne est cornée et testacée, elle s'allonge, forme une partie cornée, large ou étroite en avant, et une partie testacée en arrière, contenant des loges aériennes empilées les unes sur les autres et percées d'un siphon. Ces loges sont seulement recouvertes de test chez les *Conoteuthis*, tandis que, chez les *Belemnites*, elles sont protégées extérieurement par un rostre testacé, quelquefois très-long. Ce rostre, absolument identique de composition à celui de la *Sepia*, se forme de couches successives très-serrées, rayonnantes.

La coquille interne, seulement cornée, varie beaucoup suivant les genres. Chez les calmars, les teudopsis et les énoploteuthes, l'osselet figure une plume plus ou moins large. Comparées aux autres caractères, les diverses formes des coquilles internes nous donnent la certitude que chaque fois qu'elles éprouvent des modifications, il existe également des caractères zoologiques très-marqués, et dès lors des motifs puissants pour distinguer génériquement les animaux qui les renferment. En partant de ces résultats appliqués aux restes fossiles de céphalopodes, on peut être certain, *à priori*, que des différences de formes entre les coquilles fossiles dénotent évidemment des formes zoologiques distinctes entre les animaux auxquels ces coquilles appartiennent. On peut, conséquemment, en toute assurance, établir, pour tous ces corps, des coupes nouvelles.

L'étude de la coquille interne, considérée quant à ses fonctions dans l'économie animale et à ses rapports de formes avec la force comparative de natation et les habitudes des céphalopodes, demande plus de développement. Les fonctions sont de trois espèces, qui diffèrent entièrement, en raison de telles ou telles modifications spéciales : 1° lorsque la coquille interne est cornée, elle sert tout simplement à soutenir les chairs, remplissant alors les fonctions des os des mammifères; 2° lorsqu'elle est cornée ou testacée, et qu'elle contient des parties remplies d'air, comme l'alvéole des bélemnites, non-seulement elle soutient les chairs, mais encore elle sert d'allége, en représentant, chez les mollusques, la vessie natatoire des poissons ; 3° lorsque, cornée ou testacée, pourvue ou non de parties remplies d'air, la coquille interne s'arme postérieurement d'un rostre calcaire, aux deux fonctions précédentes vient se réunir celle de résister aux chocs dans l'action de la nage rétrograde, ou peut-être de servir d'arme défensive, et c'est alors un corps protecteur.

Nous allons passer en revue ces trois séries de fonctions, en comparant leurs rapports avec les habitudes des animaux.

§ 430. **Premières fonctions.** La coquille interne est toujours placée en dessus, sur la ligne médiane longitudinale du corps, et logée sous les couches musculaires du dos, dans une gaîne spéciale, où elle est quelquefois entièrement libre. Dans tous les cas, ses fonctions les plus simples sont de soutenir la masse charnue, d'affermir le corps et de lui permettre la résistance aux efforts de la natation ; elles sont donc, alors, analogues à celles des os des animaux vertébrés. En général, on peut dire que le plus ou moins d'allongement de la coquille interne est toujours en rapport avec la vélocité de natation des animaux qui en sont pourvus.

§ 431. **Secondes fonctions.** La coquille interne qui, indépendamment de sa composition cornée ou testacée, contient des parties remplies d'air, est de différente structure. Elle est, chez la seiche, pourvue, en dessus, d'une partie testacée ferme, et contient, en dessous, une série de loges obliques, séparées, dans leur intérieur, par une foule de petits diaphragmes remplis d'air. Chez la spirule, c'est une coquille spirale formée de cloisons qui la séparent en compartiments irréguliers, aussi remplis d'air. Chez les spirulirostres, c'est une coquille analogue logée dans un rostre. Chez les conoteuthes, c'est un cône placé à l'extrémité d'une coquille cornée et divisée en cloisons ; chez les bélemnites, c'est également un cône alvéolaire, placé à l'extrémité d'une coquille cornée dans un rostre calcaire terminal. Nous avons dit que nous considérions cette modification comme une simple fonction d'allége, analogue à celle des vessies natatoires des poissons. Nous fondons cette opinion sur ces deux seuls faits : 1° que ces coquilles surnagent à la surface des eaux, lorsqu'elles ont été retirées de l'animal ; et 2° qu'il y a coïncidence constante de l'augmentation progressive du nombre des loges avec l'accroissement du corps de l'animal, comme pour maintenir constamment l'équilibre dans les diverses périodes de l'existence. En effet, la seiche, la spirule, avec leurs proportions massives, devaient avoir besoin de cet appareil pour s'aider dans leur natation ; et cela est si vrai que la spirule, avec sa forme plus arrondie, est pourvue, par la nature, d'une bien plus grande masse d'air que le conoteuthe, dont la forme dénote un animal infiniment plus agile et meilleur nageur. Chez la bélemnite, l'empilement des loges aériennes vient, sans doute, compenser le poids énorme du rostre calcaire de l'extrémité de l'osselet, qui, sans cette allége, obligerait l'animal à se tenir dans la position verticale, tandis que la station normale est généralement horizontale. Il résulterait donc, à n'en pas douter, de ce qui précède, que les loges aériennes, chez les genres cités, ainsi que chez les nautiles, les ammonites et toutes les autres coquilles divisées par des cloisons, ne sont que des moyens d'allége donnés par la nature à tous ces animaux, pour rétablir l'équilibre chez des êtres essentiellement nageurs, dont les formes sont souvent assez lourdes.

Le volume d'air contenu en dehors ou en dedans du corps, paraît être en raison inverse de l'allongement du corps, puisqu'il est très-grand chez la spirule et chez la seiche, dont le corps est très-massif, et qu'il est proportionnellement très-restreint chez le conoteuthe et la bélemnite, dont le corps était évidemment très-allongé. Ces résultats, joints aux résultats obtenus relativement à l'allongement du corps, comparé à la puissance de natation, prouvent que le volume d'air est aussi en raison inverse de cette même force de natation, puisque la spirule et la seiche, dont le volume d'air est très-grand, sont bien moins bons nageurs que les ommastrèphes, dont les conoteuthes et les bélemnites paraissent être si voisins. Il suffit, d'ailleurs, de comparer l'énorme volume d'air que doivent contenir les nautiles et les ammonites, avec la forme de leurs coquilles qui s'oppose à toute natation rapide, pour se persuader qu'il en est ainsi de tous les animaux pourvus de coquilles remplies d'air.

§ 432. **Troisièmes fonctions.** Les céphalopodes nagent au moyen de leur tube locomoteur. Dès lors, loin de se diriger la tête en avant, quand ils veulent promptement échapper à la poursuite des autres animaux, ils sont, contrairement à la loi ordinaire, obligés d'aller à reculons, sans jamais pouvoir calculer la portée de leur élan ; c'est ainsi qu'ils s'élancent dans les airs, au sein des océans, ou qu'ils s'échouent sur la grève, près du littoral des continents. Les animaux qui vivent constamment au milieu des mers ne sont pas sujets à trouver d'obstacles dans leur nage rétrograde ; aussi leur osselet est-il entièrement corné, comme celui des onychoteuthes, des ommastrèphes, qui ne s'approchent que fortuitement des côtes ; mais, lorsque ces animaux sont exposés à rencontrer fréquemment des obstacles qui pourraient les blesser, lorsqu'ils s'élancent la tête en arrière sans être à portée de les apprécier, la nature les a pourvus d'une partie protectrice, consistant en un rostre calcaire, dur, le plus souvent aigu, capable de résister aux divers chocs (1). Cette partie rostrale est ordinairement conique ; elle termine, en arrière, l'extrémité de la coquille en une pointe indépendante des cloisons, chez la seiche et le spirulirostre, ou bien enveloppe et protége les loges aériennes chez la bélemnite, tout en se prolongeant bien au delà, en une pointe plus ou moins aiguë. Suivant cette explication, le rostre des seiches, des béloptères, des spirulirostres et des bélemnites, ne serait, zoologiquement parlant, qu'un corps protecteur, qu'une partie mécanique placée en arrière, du côté où l'animal s'avance, pour résister au choc sur les corps durs et le garantir de toute blessure organique. Cette partie n'aurait, dès lors, qu'une importance secondaire dans l'économie animale ; et la forme, par suite des fréquentes lésions, en serait, plus que celle de toutes les autres, susceptible de nombreuses modifications dans une seule et même espèce, ce qu'on observe, du reste, dans l'extrémité du rostre des bélemnites.

Défini pour ces fonctions, le rostre nous donne encore, en scrutant les faits, des résultats curieux et surtout très-utiles, comme application aux fossiles, sur les habitudes des animaux qui en sont pourvus. Le seul genre muni de rostre, parmi ceux qui vivent actuellement, est la seiche. La seiche est, sans contredit, le céphalopode le plus côtier. D'un autre côté, on n'a pas vu de rostre parmi les genres de céphalopodes des hautes mers, comme chez l'ommastrèphe, l'onychoteuthe, etc. On devrait donc croire que le rostre peut caractériser les animaux côtiers ; et cela avec d'autant plus de raison, que l'animal qui reste toujours au sein des océans n'en a pas besoin, et que ce corps protecteur n'est réellement utile qu'aux céphalopodes qui, se tenant plus souvent sur le lit-

(1) Nous avons toujours vu, chez les seiches, l'extrémité du rostre sortir en dehors des téguments. Il serait possible alors que le rostre pût encore servir d'arme, la pointe aiguë se trouvant peut-être dans les mêmes circonstances que les griffes des *Onychoteuthis*, qui ne sortent de leur membrane protectrice qu'à la volonté de l'animal.

toral, sont plus à portée de se heurter. Le rostre, en dernière analyse, dénoterait souvent un animal côtier.

Nous avons voulu passer en revue les diverses modifications des osselets internes des céphalopodes vivants, comparer leur composition, leurs formes, aux différentes fonctions qu'ils sont destinés à remplir, aux habitudes des genres qui en sont pourvus, afin d'arriver à pouvoir dire, par comparaison, ce que devaient être les céphalopodes dont il n'est resté, au sein des couches terrestres, que des parties plus ou moins complètes. C'est, en effet, en procédant ainsi, du connu à l'inconnu, qu'on parviendra sûrement et sans hypothèse à expliquer, par des faits bien constatés, ce que devaient être les animaux des faunes plus ou moins anciennes qui ont couvert le globe aux diverses époques géologiques.

§ 433. La coquille simple ou uniloculaire se voit seulement chez l'*Argonauta ;* elle est largement ouverte, symétrique, à peine enroulée en spirale et d'une contexture fibreuse, cornéo-calcaire, très-remarquable. Elle se distingue des autres coquilles par le manque de *nucleus* dans le jeune âge, et par sa composition, étant formée de deux couches appliquées l'une sur l'autre, l'une interne, l'autre externe, ce qui s'explique par son mode singulier de formation.

Les coquilles externes multiloculaires sont spéciales aux céphalopodes tentaculifères (*Nautilus*, *Ammonites*, etc.) ; elles se distinguent des coquilles multiloculaires internes propres aux céphalopodes acétabulifères, par la présence, au-dessus de la dernière loge aérienne, d'une cavité assez grande pour contenir l'animal. C'est ainsi que, chez les *Nautilus*, les *Ammonites*, etc., on remarque depuis un demi-tour jusqu'à un tour complet dépourvu de loges aériennes, et destiné à contenir et à protéger l'animal. Ces coquilles sont composées de deux couches, l'une extérieure, calcaire, terne, qui contient les couleurs, et l'autre intérieure, nacrée, sur laquelle viennent s'appuyer les cloisons également nacrées qui séparent les loges aériennes.

§ 434. Ces **cloisons** sont simplement arquées ou droites chez les *Nautilus*, les *Orthoceratites ;* elles sont anguleuses chez les *Aganides*, chez les *Clymenia*, et lobées, ramifiées à l'infini chez les *Ammonites*, les *Crioceras*. Lorsqu'on examine la forme de l'animal des nautiles, on voit que l'extrémité postérieure du corps est arrondie et sans aucune saillie à son pourtour ; aussi produit-il des cloisons de forme identique légèrement creuses pour le recevoir, ou, pour mieux dire, modelées sur lui. Par analogie, on doit croire que les *Clymenia* devaient avoir un appendice de chaque côté de l'extrémité du corps, afin de former les sinus latéraux qu'on remarque aux cloisons. On doit croire aussi que l'extrémité du corps avait plusieurs expansions ou pointes au pourtour, pour former les cloisons des *Aganides*, et que ces expansions, de plus en plus lobées, représentaient de véritables arbuscules chez les ammonidées, afin de reproduire, à chaque cloison, ces lobes, si singulièrement ramifiés suivant chaque espèce, dans cette famille remarquable. Ainsi, les sinuosités extérieures des cloisons dépendent de la forme de l'extrémité du corps des animaux, et de la plus ou moins grande complication des productions charnues ou des lobes de cette partie.

Si l'on cherche quelles pouvaient être les fonctions, l'utilité de ces lobes dans l'économie animale, on pensera qu'ils servaient à l'animal à se cramponner dans sa coquille. Cela est si vrai que presque tous les genres qui possèdent des cloisons unies (*Nautilus*, *Orthoceratites*, *Lituites*) ont le siphon central par lequel l'animal pouvait retenir sa coquille, tandis que tous ceux qui ont ce siphon latéral (les *Ammonidées*, les *Aganides*), ne pouvaient donner qu'un point d'appui excentrique : dès lors leurs cloisons sont pourvues de lobes plus ou moins profonds. Toutes les parties anguleuses, digitées ou ramifiées, qui, en partant de la bouche, s'enfoncent dans la coquille, ont été appelées avec raison, *lobes* (*fig.* 144 D, L, E, A¹ 2-4), par M. de Buch ; et les parties

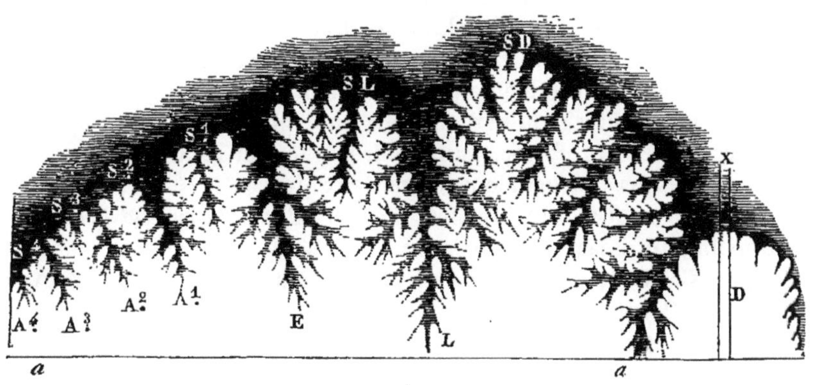

Fig. 144. Cloison de l'Ammonites Truellei.

saillantes en avant, qui les séparent, ont reçu du même savant le nom de *selles* (S D, S L, S¹, 2-4), parce qu'elles supportent les séparations des lobes, comme s'ils étaient à cheval dessus. De plus, il subdivise ces parties ainsi qu'il suit : le *lobe dorsal* (D) est unique, entoure le siphon (X), et occupe la région médiane du dos de la coquille ; en partant de ce lobe, le premier qu'on trouve, de chaque côté, est le *lobe latéral-supérieur* (L), placé, le plus souvent, vers le tiers de la hauteur de la bouche, en partant du dos. En s'éloignant encore plus du dos, le second lobe, de chaque côté, est le *lobe latéral-inférieur* (E), puis les autres lobes latéraux, quel que soit leur nombre, sont les *lobes auxiliaires*

(A^1, A^2, A^3, A^4). Contre le retour de la spire, il existe un lobe médian opposé au lobe dorsal ; c'est le *lobe ventral*. Les selles se subdivisent aussi : la première, entre le lobe dorsal et le lobe latéral-supérieur, est la *selle dorsale* (S D) ; la seconde, entre le lobe latéral-supérieur et le lobe latéral-inférieur, est la *selle latérale* (S L) ; les autres, les selles auxiliaires (S^1, S^2, S^3, S^4) (1).

Toutes les coquilles multiloculaires des céphalopodes sont percées d'un *siphon*. On appelle ainsi un tube qui part de la première cloison, et qui se continue jusqu'à la dernière sans communiquer avec l'intérieur des loges aériennes. Il en résulte que ce siphon, loin de pouvoir donner aux céphalopodes la faculté de remplir leurs loges d'air ou d'eau, à la volonté de l'animal, en est, au contraire, entièrement séparé, et ne communique nullement avec elles. C'est un tube indépendant qui les traverse et reçoit un organe creux, charnu, cylindrique, placé à l'extrémité du corps.

Les coquilles externes des céphalopodes sont ou non symétriques. Elles sont symétriques dans le plus grand nombre des cas, c'est-à-dire qu'une ligne pourrait les séparer en deux portions absolument égales. Trois genres, les *Turrilites*, les *Heteroceras* et les *Helicoceras*, sont les seuls non symétriques, en ce sens qu'au lieu de former une spirale enroulée sur le même plan, cette spirale s'enroule obliquement, et alors la coquille montre d'un côté une spire saillante, conique ; de l'autre, un *ombilic*, formé, au milieu, par le tour contigu ou non.

Nous divisons les céphalopodes en deux ordres :

1er Ordre : ACETABULIFERA, Fér. et d'Orb. (*Cryptodibranches*, Blainville, Férussac ; *Dibranchiata*, Owen).

§ 435. **Coquille,** lorsqu'elle existe, rarement externe, le plus souvent interne. Externe, elle est spirale, et ne contient point de loges aériennes ; interne, elle est cornée ou testacée, pourvue ou non de loges aériennes, mais n'ayant jamais, au-dessus de cette dernière loge aérienne, de cavité propre à loger l'animal.

§ 436. Les **céphalopodes acétabulifères** (2), renferment deux divisions : une première, nommée d'après le nombre des bras, OCTOPODA, ne renferme encore à l'état fossile que le seul genre *Argonauta*, Linné, caractérisé par sa coquille externe, enroulée sur le même plan, et sans

(1) La ligne *a*, *a*, est la ligne que nous appelons du *rayon central ;* c'est une ligne tirée de l'extrémité du lobe dorsal jusqu'au centre de la spire, pour montrer l'inclinaison de l'ensemble, par rapport à cette ligne.

(2) Voyez, pour la distribution des genres et des espèces dans les étages, le tableau n° 6; pour le nom et la répartition des espèces fossiles, notre *Prodrome de Paléontologie stratigraphique universelle ;* pour les descriptions et les figures des espèces des terrains crétacés et jurassiques, notre *Paléontologie française ;* et pour les espèces vivantes, nos *Céphalopodes acétabulifères*, publiés avec M. de Férussac.

loges aériennes internes. La seule espèce connue, *A. hians*, est de l'étage subapennin de Piémont.

§ 437. La seconde division des Céphalopodes, appelée d'après le nombre des bras, DECAPODA, se divise en plusieurs familles :

§ 438. La famille des SEPIDÆ est caractérisée par une coquille interne, remplie, lorsqu'elle existe, de locules irrégulières, non traversées par un siphon. On ne connait à l'état fossile que le seul G. *Sepia*, Linné, pourvu d'une coquille testacée ovale, déprimée, régulière, remplie, en dessous, de locules irrégulières. Les espèces se sont montrées dans l'étage oxfordien des terrains jurassiques, dans l'étage parisien des terrains tertiaires, et sont à leur maximum dans les mers actuelles.

§ 439. La famille des SPIRULIDÆ est toujours munie d'une coquille interne testacée, formée de loges aériennes percées d'un siphon, renferme deux genres fossiles.

§ 440. G. *Beloptera*, Desh. Coquille enveloppée dans un rostre calcaire allongé, obtus, formé de loges aériennes placées sur une ligne presque droite. Ce genre perdu ne se trouve que fossile, dans les étages suessonien et parisien des terrains tertiaires.

§ 441. G. *Spirulirostra*, d'Orb. Coquille enveloppée dans un rostre calcaire acuminé, formée de loges aériennes constituant une spirale : la seule espèce connue, le *S. Bellardii*, d'Orb., est de l'étage falunien des terrains tertiaires des environs de Turin (*fig.* 145).

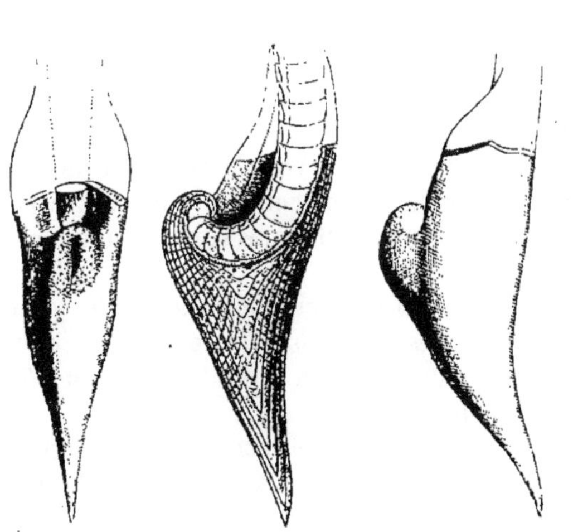

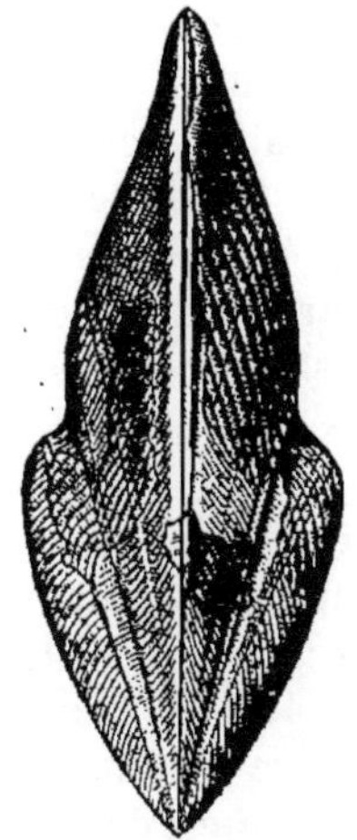

Fig. 145. Spirulirostra Bellardii.

Fig. 146. Beloteuthis subcostata.

§ 442. La famille des LOLIGIDÆ, est munie d'une coquille interne cornée, en forme de plume ou de spatule, sans loges aériennes. On connaît à l'état fossile, les genres suivants :

§ 443. G. *Loligo*, Lamarck. Coquille en forme de plume étroite en haut. On n'en connaît qu'une espèce fossile de l'étage toarcien des terrains jurassiques. Le maximum de développement du genre a lieu dans les mers actuelles.

§ 444. G. *Teudopsis*, Deslongchamps. Coquille cornée en cuiller, étroite en haut. Toutes les espèces fossiles sont des terrains jurassiques et propres à l'étage toarcien.

§ 445. G. *Leptoteuthis*, Meyer. Coquille cornée en fer de lance, très-large en haut, acuminée en bas. La seule espèce connue, le *L. gigas*, Mey., est de l'étage oxfordien des terrains jurassiques.

§ 446. *Beloteuthis*, Münster. Coquille cornée, oblongue, acuminée en avant, élargie et pourvue de deux expansions aliformes en arrière. On en a découvert une seule espèce fossile, le *B. subcostata*, Münster, de l'étage toarcien, d'Ohmden, terrains jurassiques (*fig.* 146).

§ 447. G. *Belemnosepia*. Agassiz. Coquille élargie et tronquée en avant, spatuliforme et acuminée en arrière. Toutes les espèces connues sont des terrains jurassiques et propres à l'étage toarcien.

§ 448. La famille des TEUTHIDÆ est pourvue d'une coquille interne cornée, très-allongée, en forme de flèche, et sans loges aériennes. Les genres suivants se trouvent à l'état fossile.

§ 449. G. *Enoploteuthis*, d'Orb. Coquille cornée, très-longue, très-étroite, en plume ; des bras pourvus de crochets. Une espèce est fossile, de l'étage oxfordien. Les espèces vivantes sont des mers chaudes.

§ 450. G. *Acanthoteuthis*, Wagner. Coquille cornée en glaive étroit, sans ailes ; des bras pourvus de crochets cornés. On en connaît une espèce de l'étage oxfordien de Bavière.

§ 451. G. *Ommastrephes*, d'Orb. Coquille cornée en forme de flèche, pourvue d'un godet inférieur creux. On en connaît plusieurs espèces fossiles de l'étage oxfordien. Les espèces vivantes sont des mers chaudes et froides.

§ 452. La famille des BELEMNITIDÆ se compose de genres munis d'une coquille interne cornée et testacée, pourvue de loges aériennes empilées sur une ligne, et percées d'un siphon latéral et marginal. Tous les genres de cette famille sont perdus.

§ 453. G. *Conoteuthis*, d'Orb. Coquille étroite en avant, terminée en arrière par un godet conique rempli de loges aériennes. La seule espèce connue est de l'étage aptien, terrains crétacés.

§ 454. G. *Belemnitella*, d'Orb. Coquille large en avant, terminée, en arrière, par un cône alvéolaire, rempli de loges aériennes, recouvertes d'un rostre calcaire, conique, pourvu d'une fissure inférieure. Toutes sont des terrains crétacés ; commencent avec l'étage cénomanien ; ont leur maximum avec l'étage sénonien (*fig.* 147).

§ 455. G. *Belemnites.* Coquille comme celle des *Belemnitella*, mais sans fissures inférieures au rostre. Les espèces au nombre d'environ 60 se sont montrées, pour la première fois, avec l'étage sinémurien ; elles ont eu leur maximum de développement avec l'étage néocomien, et ont cessé d'exister avec l'étage cénomanien. Depuis le premier étage qui en contient, jusqu'au dernier, elles se sont toujours montrées. Toutes les espèces sont caractéristiques de leur étage, et même des groupes particuliers de forme se montrent à chaque époque ; ainsi les espèces *canaliculées* sont des étages bajocien et bathonien ; les espèces *lancéolées* à canal, de l'étage oxfordien; les espèces *en massue* sans canal, de l'étage liasien, et les espèces *comprimées* de l'étage néocomien.

Fig. 147. Belemnitella mucronata.

Nous plaçons à la suite des céphalopodes acétabulifères, quelques genres dont nous ne connaissons encore que le bec testacé fossile, qui ne peut se rapporter à aucun genre vivant, et qui caractérise certainement des genres perdus.

§ 456. G. *Conchorhynchus*, Blainv. Bec triangulaire, convexe en dessus, concave en dessous, pourvu, antérieurement en dessous, d'une surface dentaire costulée. Toutes les espèces sont des étages conchylien et salifèrien des terrains triasiques.

§ 457. G. *Rhynchoteuthis*, d'Orb. Bec triangulaire, convexe en dessus, non concave en dessous, formé de deux parties, l'une antérieure, aiguë, l'autre postérieure avec des ailes latérales. Les espèces, au nombre de 8 connues, ont commencé au maximum, avec l'étage callovien des terrains jurassiques, et ont disparu avec l'étage sénonien des terrains crétacés (Voy. *fig.* 143).

§ 458. G. *Palæoteuthis*, d'Orb., 1847. Bec voisin des *Rhynchoteuthis* mais bien plus étroit, très-pointu, lancéolé en avant, sans ailes latérales, pourvu seulement d'un talon postérieur, plus large que le reste. Une seule espèce connue est de l'étage callovien.

2e Ordre : TENTACULIFERA, d'Orb. (1) (*Siphonifères*, d'Orb. *Siphonoidea* de Haan. *Tetrabranchiata*, Owen).

§ 459. Les coquilles de cette division se distinguent des autres en ce

(1) Voyez, pour la distribution des genres et des espèces dans les étages, notre tableau nº 5 ; pour le nom, la synonymie et la répartition de ces espèces fossiles, notre *Prodrome de Paléontologie stratigraphique universelle ;* pour les descriptions et les figures des espèces des terrains crétacés et jurassiques, notre *Paléontologie française*.

qu'elles sont toujours externes, qu'elles renferment l'animal, et, dès lors, sont toujours pourvues, au-dessus de la dernière cloison aérienne, d'une grande cavité propre à loger l'animal, caractère essentiel, que la fossilisation ne peut détruire. Ces coquilles sont pourvues d'un siphon qui traverse toutes les loges aériennes sans communiquer avec elles. Suivant que ce siphon est au milieu ou presque au milieu de la cloison, sur le bord interne ou externe de la coquille, nous les divisons en trois familles ; car le siphon est, pour nous, d'une immense valeur, puisque sa place accompagne toujours la modification des autres organes.

§ 460. 1re famille : NAUTILIDÆ. Siphon placé au milieu ou presque au milieu des cloisons que forment les loges aériennes. Coquille spirale ou droite, à cloisons simples ou sinueuses, non ramifiées, ni anguleuses sur leurs bords, pourvue d'une ouverture généralement sinueuse, au bord interne dorsal. Nous y réunissons les genres suivants tous perdus, à l'exception du genre *Nautilus*.

§ 461. G. *Nautilus*, Linné. Coquille spirale, enroulée sur le même plan, à tours de spire à tous les âges contigus, apparents ou recouverts. Ce genre montre plus de

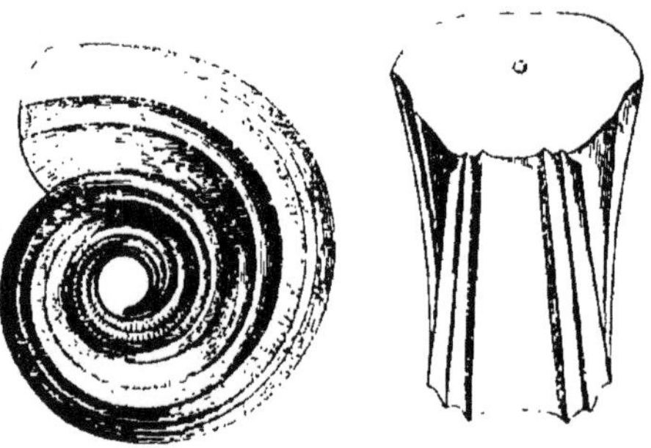

Fig. 148. Nautilus Koninckii.

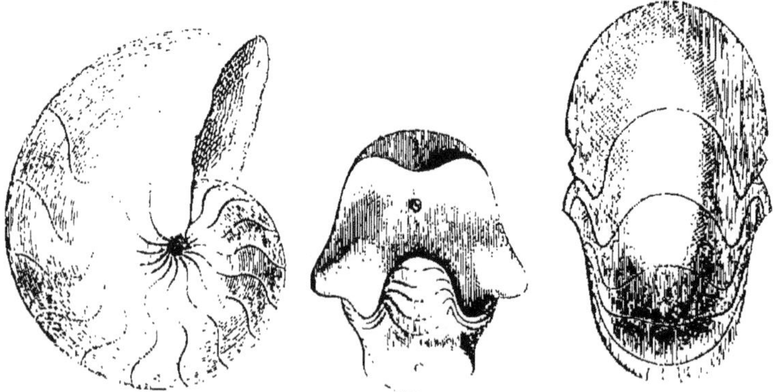

Fig. 149. Nautilus Danicus.

112 espèces fossiles, dont les premières sont de l'étage dévonien, a eu son maximum de développement spécifique avec l'étage carboniférien,

après avoir traversé tous les étages ; on n'en connaît aujourd'hui, dans les mers chaudes, que deux espèces vivantes, seuls représentants de ces genres si variés des tentaculifères fossiles.

Les nautiles ont presque toujours l'âge embryonnaire pourvu de stries, quand même elles seraient lisses plus tard. Les espèces *à tours à découvert* sont généralement des terrains paléozoïques ; les espèces *striées* longitudinalement sont, le plus souvent, des terrains jurassiques ; les espèces *radiées* sont plus propres aux terrains crétacés. Depuis 1825, nous avons rapproché des nautiles un bec testacé qu'on rencontre souvent fossile (*fig.* 148, 149).

§ 462. *Lituites*, Breynius. Coquille spirale, enroulée sur le même plan, à tours de spire contigus dans le jeune âge, et se projetant ensuite en ligne droite. Siphon central ou sub-interne. Le maximum a lieu dans l'étage silurien, et les espèces ne passent pas l'étage murchisonien. On en connaît huit espèces (*fig.* 150).

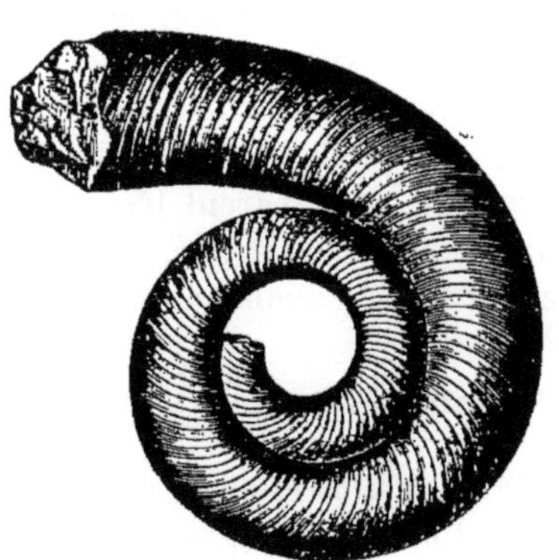

Fig. 150. Lituites cornu-arietis.

§ 463. G. *Hortolus*, Montfort, 1808. Coquille spirale enroulée sur le même plan, à tours de spire non contigus, disjoints dans le jeune âge, et se projetant ensuite en ligne droite. Le genre qui renferme cinq espèces a commencé avec l'étage silurien, et a eu son maximum dans l'étage murchisonien.

§ 464. G. *Nautiloceras*, d'Orb. 1847. Ce genre ayant, comme les *Gyroceras*, la coquille enroulée sur le même plan, à tours de spire disjoints et non contigus, s'en distingue par son siphon subcentral. Les espèces connues ont leur maximum avec l'étage carboniférien, et remontent jusqu'à l'étage saliférien.

§ 465. G. *Aploceras*, d'Orb. 1847. Ce genre, semblable, pour la forme, aux *Cyrtoceras*, de même, ayant la forme d'une simple corne arquée, a le siphon subcentral. Toutes ses espèces sont de l'étage carboniférien.

§ 466. G. *Gomphoceras*, Sow. 1839. *Apioceras*, Fischer, 1844. Coquille droite, fusiforme, rétrécie à l'ouverture, qui est comprimée. Siphon central. On en connaît 10 espèces. Les premières sont de l'étage silurien, le maximum et les dernières à l'étage carboniférien.

§ 467. G. *Gonioceras*, Hall. 1847. Coquille droite, fortement comprimée, carénée sur les côtés. Siphon subcentral un peu externe. La seule espèce connue est de l'étage silurien.

§ 468. G. *Orthoceratites*, Breynius. Coquille droite, allongée, conique, siphon unique, simple, central ou subcentral. On en connaît plus de 125 espèces, dont les premières sont de l'étage silurien. Le maximum a lieu dans l'étage dévonien, et les dernières vivaient dans l'étage saliférien.

§ 469. G. *Actinoceras*, Bronn. 1835. (*Conotubularia*, Trost, 1838. *Ormoceras*, *Huronia*, Stokes, 1840) Coquille droite, allongée, conique. Siphon central, formé extérieurement, de parties renflées, correspondant ou non à l'intervalle des cloisons. On en connaît 6 espèces. Le maximum est à l'étage silurien; les dernières espèces sont dans l'étage carboniférien.

§ 470. G. *Andoceras*, Hall. Ce sont des orthocères dont le siphon subcentral est large, multiple, les uns dans les autres comme dans une gaine. Des 23 espèces connues, le maximum est avec l'étage silurien, et les dernières sont avec l'étage dévonien.

§ 471. 2° famille : CLYMENIDÆ, d'Orb. Siphon placé à la partie interne des cloisons qui séparent les loges aériennes, de la coquille. Coquille spirale, arquée ou droite, à cloisons le plus souvent anguleuses sur les côtés. Nous n'avons, dans cette famille, que des genres perdus.

A. Point de lobe latéral ni de lobe dorsal aux cloisons.

§ 472. G. *Melia*, Fischer, 1830 (*Thoracoceras*, Fischer, 1844) Coquille étroite, allongée, conique, à siphon unique, étroit, placé sur le bord de

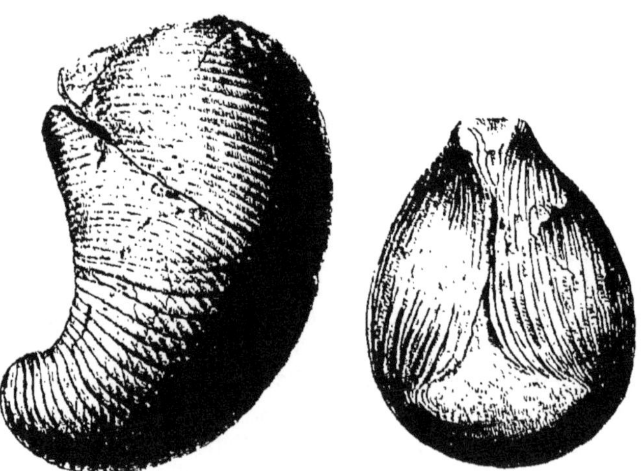

Fig. 151. Campulites ventricosus.

la coquille; cloisons des loges aériennes, droites ou arquées, non sinueuses. C'est une orthocératite à siphon marginal. On en connaît 23 espèces, les premières de l'étage silurien, le maximum à l'étage dévonien, et les dernières à l'étage saliférien.

§ 473. G. *Cameroceras*, Conrad, 1842. Ce sont des *Melia* droites, allongées, coniques, à siphon large, placé sur le bord de la coquille. On en connaît trois espèces de l'étage silurien.

§ 474. G. *Campulites*, Deshayes, 1832 (*Phragmoceras*, Broderip). Coquille arquée, non spirale, représentant une corne; ouverture supérieure comprimée et fortement rétrécie, siphon près du bord interne des cloisons droites, ou seulement arquées. On en connaît 6 espèces : les premières et le maximum à l'étage murchisonien, les dernières avec l'étage dévonien (*fig.* 151).

§ 475. G. *Trocholites*, Conrad, 1838 (*Clymenia* (pars), Munster. Coquille spirale, enroulée sur le même plan, à tours de spire contigus, recouverts ou non. Cloisons droites ou arquées, sans lobes latéraux ni lobe dorsal. On en connait 21 espèces : les premières avec l'étage silurien ; le maximum et les dernières avec l'étage dévonien.

B. Un lobe latéral aux cloisons, point de lobe dorsal.

§ 476. G. *Clymenia*, Münster, 1832 (*Endosiphonites*, Anstedt). Coquille spirale, enroulée sur le même plan, à tours de spire contigus, recouverts ou non, les uns par les autres. Cloisons pourvues latéralement d'un lobe ou d'un angle profond, sans lobe dorsal; siphon étroit. On en connaît 25 espèces, toutes de l'étage dévonien (*fig.* 152).

§ 477. G. *Megasiphonia*, d'Orb., 1847. Ce sont des clymenia qui, au lieu d'avoir le siphon étroit, l'ont très-large, à parois épaisses et en forme d'entonnoir. On en connaît 5 espèces, toutes des terrains tertiaires; les premières dans l'étage

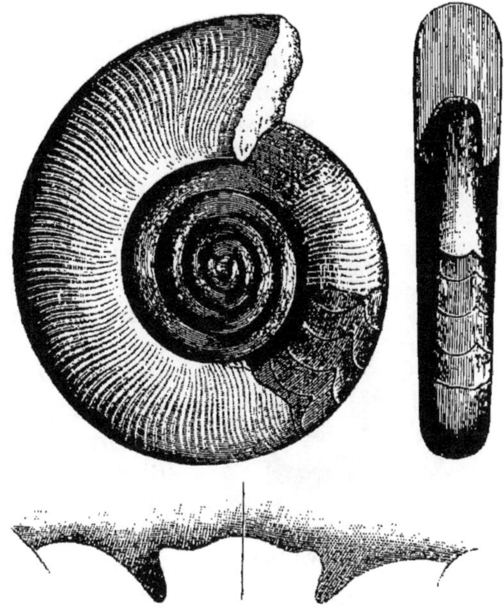

Fig. 152. Clymenia Sedgwickii.

suessonien, le maximum à l'étage parisien, les dernières avec l'étage falunien.

C. Un lobe dorsal, point de lobe latéral aux cloisons.

§ 478. G. *Subclymenia*, d'Orb. Coquille spirale enroulée sur le même plan, à tours de spire contigus, cloisons sinueuses, sans être anguleuses sur les côtés, mais pourvues d'un lobe dorsal entier, qui manque dans tous les autres genres de la famille. La seule espèce connue est de l'étage dévonien.

§ 479. 3e Famille. Ammonitidæ. Siphon placé à la partie externe dorsale des cloisons qui séparent les loges aériennes. Coquille spirale ou droite, arquée ou diversement coudée, généralement pourvue d'une ouverture, saillante au bord externe dorsal; cloisons presque toujours anguleuses ou ramifiées sur leurs bords, divisées en lobes et en selles. Nous y réunissons les genres suivants, tous perdus.

A. Cloisons entières, point de lobe dorsal.

§ 480. G. *Oncoceras*, Hall. 1847. Ce sont des *Gomphoceras* qui ont le siphon externe, et la bouche comprimée. On en connait trois espèces: les premières et le maximum avec l'étage silurien; la dernière avec l'étage murchisonien.

§ 481. G. *Cyrtoceras*, Goldf., 1833 (*Campyloceras*, *Trigonoceras*, M'Coy, 1845). Coquille arquée, non spirale, formant une partie d'arc, ou mieux une corne. Siphon externe. On en connait 37 espèces : les premières de l'étage silurien, le maximum à l'étage dévonien, les dernières à l'étage carboniférien.

§ 482. *Gyroceras*, Meyer, 1829. Coquille spirale, enroulée sur le même plan, à tours de spire non contigus et disjoints; siphon externe. On en connaît 13 espèces : les premières de l'étage murchisonien, le maximum et les dernières avec l'étage dévonien (*fig.* 153).

Fig. 153. Gyroceras Eifelensis.

§ 483. G. *Cryptoceras*, d'Orb., 1847. Coquille spirale enroulée sur le même plan, à tours de spires contigus et embrassants. Cloisons simplement arquées, non sinueuses. Nous en connaissons deux espèces, l'une de l'étage dévonien, l'autre de l'étage carboniférien, classées d'après leurs formes extérieures parmi les nautilus, mais s'en distinguant par leur siphon, placé sur le dos de la coquille, mais sans lobe dorsal.

B. Cloisons entières, un lobe dorsal.

§ 484. G. *Stenoceras*, d'Orb. 1847. Coquille droite, conique, non spirale; cloisons arquées sans former d'angles, mais ayant un lobe dorsal prononcé. Ce genre diffère des *Orthoceras* par son siphon et par son lobe dorsal; des *Baculites* par ses cloisons non ramifiées. On en connaî. une espèce de l'étage dévonien, que possède notre ami M. de Verneuilt

C. Cloisons anguleuses non ramifiées des lobes latéraux, un lobe dorsal anguleux.

§ 485. G. *Aganides*, Montfort, 1808 (*Goniatites*, de Haan, 1825). Coquille spirale, régulière, enroulée sur le même plan, à tours de spire contigus, embrassants ou non. Cloison pourvue latéralement de parties anguleuses, indépendamment d'un lobe dorsal également anguleux. On en connaît 152 espèces : les premières et le maximum à l'étage dévonien, les dernières à l'étage saliférien (*fig.* 154).

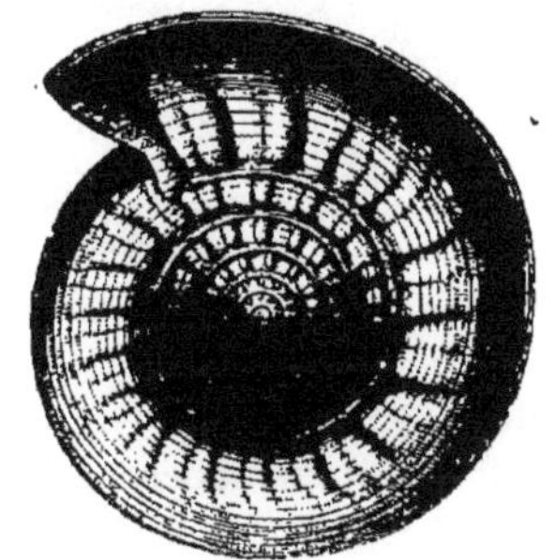

§ 486. G. *Ceratites*, de Haan, 1825. Coquille spirale régulière, enroulée sur

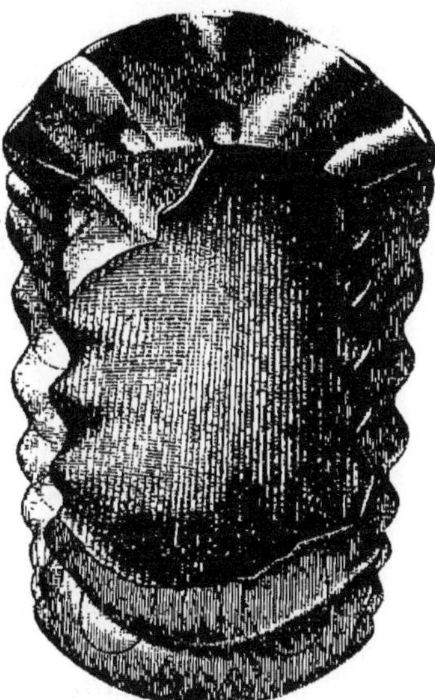

Fig. 154. Aganides Jossæ.

le même plan, à tours de spire contigus, pourvue de cloisons dont les bords forment des découpures plus ou moins profondes, obtuses et non ramifiées Lobe dorsal profond, à peine séparé par une petite selle médiane pleine. On en connaît 28 espèces : les premières à l'étage conchylien, le maximum à l'étage saliférien, les dernières avec l'étage cénomanien (*fig.* 155).

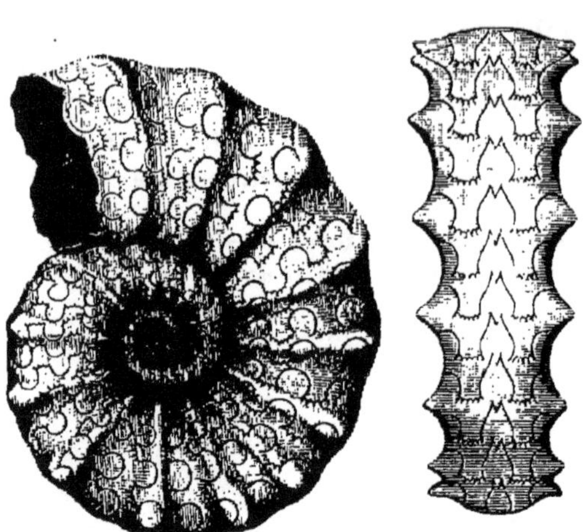

Fig. 155. Ceratites nodosus.

§ 487. G. *Baculina*, d'Orb., 1847. Ce sont des *Baculites*, dont les cloisons, au lieu d'être ramifiées, sont simples comme chez les *Ceratites*. La seule espèce connue est de l'étage néocomien.

D. Cloisons ramifiées, un lobe dorsal.

§ 488. G. *Ammonites*, Bruguière, 1790. Coquille formant une spirale régulière enroulée sur le même plan, à tours de spire contigus (Voyez *fig.* 144). Après les nombreuses réductions que nous avons fait subir aux espèces, en y appliquant le fruit de nos recherches (1) sur les variétés dues à l'âge (§ 414-416), au sexe (§ 417) et aux cas pathologiques (§ 418), nous connaissons encore plus de 530 espèces d'ammonites. Déjà très-nombreuses avec l'étage saliférien, elles ont eu leur maximum de développement numérique (86 espèces) avec l'étage néocomien, le premier des terrains crétacés, et remontent jusqu'à l'étage sénonien, où elles disparaissent pour toujours. Les ammonites sont donc nées à dix-huit époques successives, et chacune présente, après l'anéantissement complet des espèces qui existaient, l'arrivée de nouvelles séries bien distinctes des premières. On voit, de plus, des groupes d'espèces, caractérisés par leurs formes, être particuliers aux terrains et aux étages et donner ainsi de bons caractères, pour les distinguer les uns des autres (*fig.* 156 à 163)

§ 489. G. *Scaphites*, Parkinson, 1811. Coquille formée d'une spirale

(1) Voyez nos recherches spéciales sur les ammonites, *Paléontologie française*, terrains crétacés. t. I, p. 369, notre cadre ne nous permettant d'entrer ici dans aucun développement.

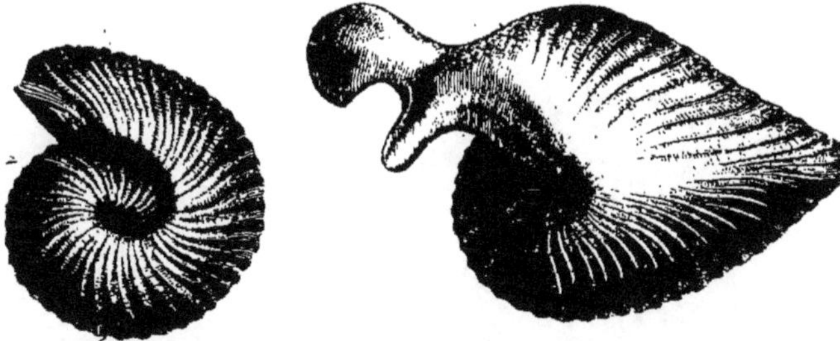

Fig. 156. Ammonites refractus.

Fig. 157. A. bullatus.

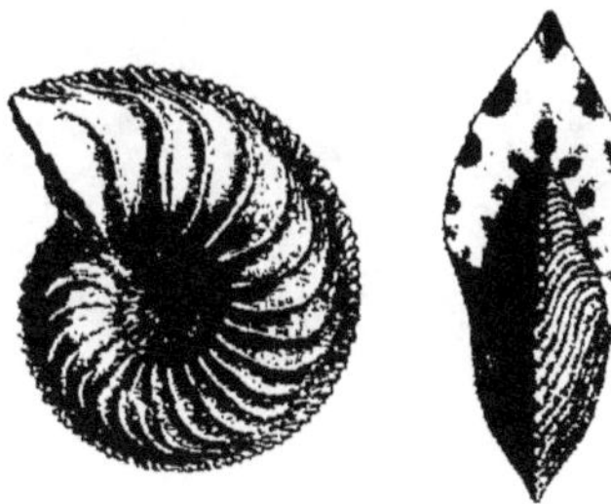

Fig. 158. A. cordatus.

Fig. 159. A. Jason.

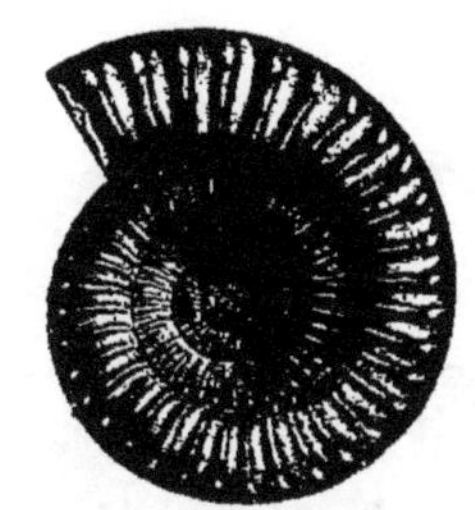

Fig. 160. A. bisulcatus.

régulière, enroulée sur le même plan, à tours contigus, croissant régulièrement jusqu'au dernier tour, qui se détache des autres et se projette en crosse plus ou moins allongée. On en connait 17 espèces des terrains crétacés; elles ont commencé à l'étage néocomien et ont fini à leur maximum dans l'étage sénonien.

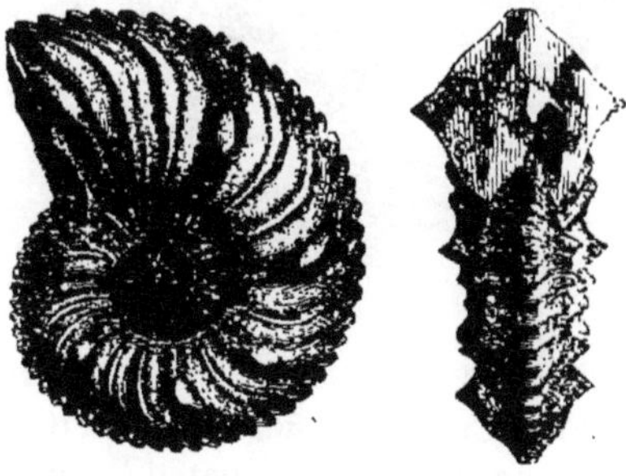

Fig. 161. A. margaritatus

§ 490. G. *Crioceras*, Léveillé, 1836 (*Tropæum*, Sow., 1837). Coquille

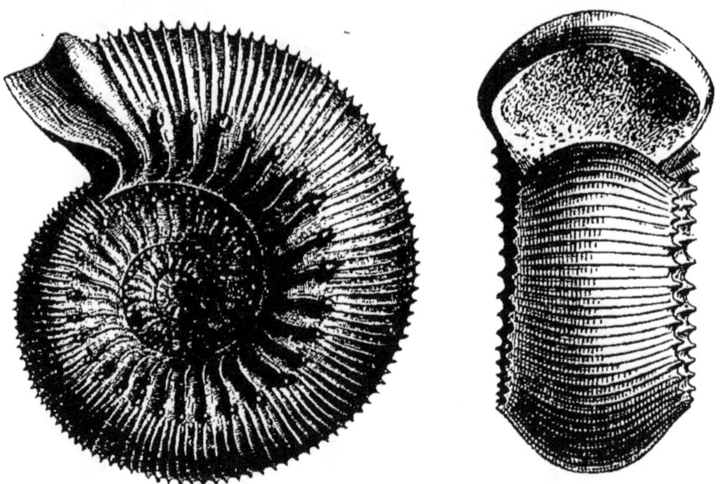

Fig. 162. Ammonites Humpriesianus.

ornée d'une spirale régulière, enroulée sur le même plan, à tours non contigus et disjoints, croissant régulièrement à tous les âges. On en connaît 9 espèces : les premières et le maximum dans l'étage néocomien ; les dernières dans l'étage albien.

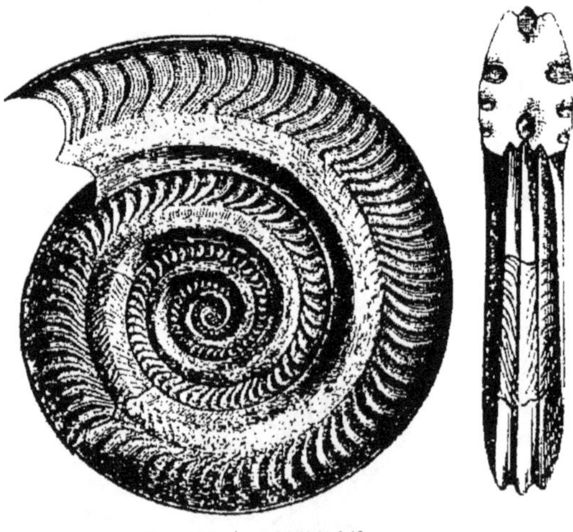

Fig. 163. Ammonites bifrons.

§ 491. G. *Ancyloceras*, d'Orb., 1842. Coquille formée d'une spirale régulière, enroulée sur le même plan, à tours non contigus et disjoints, croissant régulièrement jusqu'au dernier tour, qui se sépare des autres et se projette en crosse souvent très-longue. Les *Ancyloceras* sont aux *Crioceras* dans les mêmes rapports que les *Scaphites* sont aux *Ammonites ;* seulement ils ont les tours disjoints, au lieu de les avoir contigus. On en connaît 38 espèces; les premières de l'étage bajocien, le maximum à l'étage néocomien ; les dernières à l'étage sénonien (*fig.* 164).

§ 492. G. *Toxoceras*, d'Orb., 1842. Coquille non spirale, arquée, re-

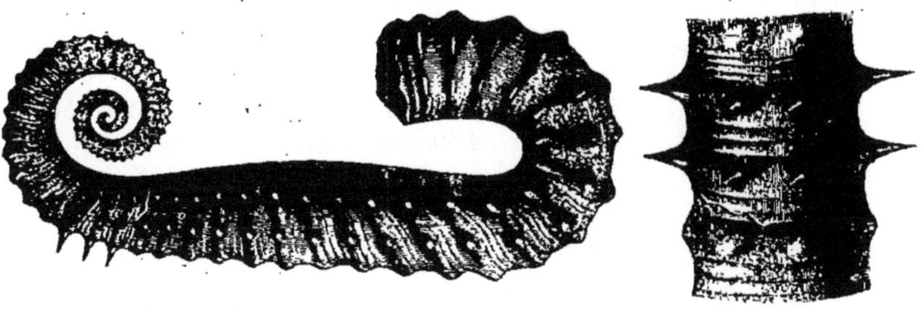

Fig. 164. Ancyloceras Matheronianus.

présentant une partie d'arc, ou mieux, une corne arquée dont l'ensemble, identique à tous les âges, ne se courbe pas assez pour former une spire ; lobes composés de parties impaires. Nous en connaissons 19 espèces : les premières à l'étage bajocien, le maximum à l'étage néocomien, les dernières à l'étage aptien.

§ 493. G. *Baculites*, Lam. Coquille droite, allongée, conique à tous les âges ; lobes formés de parties paires. Nous en connaissons 11 espèces : les premières de l'étage néocomien, les dernières et le maximum à l'étage sénonien.

§ 494. G. *Ptychoceras*, d'Orb., 1842. Coquille droite, allongée, conique, dont l'extrémité supérieure se recourbe sur elle-même, et vient s'appliquer sur la partie conique. On en connaît 7 espèces : les premières de l'étage néocomien, le maximum à l'étage albien, les dernières à l'étage sénonien.

§ 495. G. *Hamites*, Parkinson, 1811. Coquille cylindrique, formée de coudes ou de crosses successives, représentant une sorte de spire irrégulière elliptique, ou bien d'une partie conique simple, que termine une crosse séparée par un intervalle de la partie conique. On en connaît 58 espèces : les premières et le maximum avec l'étage néocomien, les dernières avec l'étage sénonien.

§ 496. G. *Turrilites*, Lam. Coquille régulière, spirale, enroulée obliquement, et dès lors, plus ou moins conique ou turriculée dans son ensemble, formée de tours contigus à tous les âges. Nous en avons distingué 25 espèces : les premières de l'étage sinémurien, le maximum à l'étage albien, les dernières à l'étage sénonien (*fig.* 165).

§ 497. G. *Heteroceras*, d'Orb., 1847. Coquille spirale, enroulée obliquement, à tours de spire contigus, comme les *Turrilites*, dont le dernier se sépare des autres et se projette en crosse, comme chez les *An-*

cyloceras. Nous en connaissons 2 espèces : l'une de l'étage néocomien, l'autre de l'étage sénonien.

§ 498. G. *Helicoceras*, d'Orb., 1842. Coquille spirale, enroulée obliquement, à tours de spire non contigus et disjoints à tous les âges. Nous en avons décrit 11 espèces : les premières de l'étage bajocien, le maximum à l'étage albien, les dernières à l'étage sénonien.

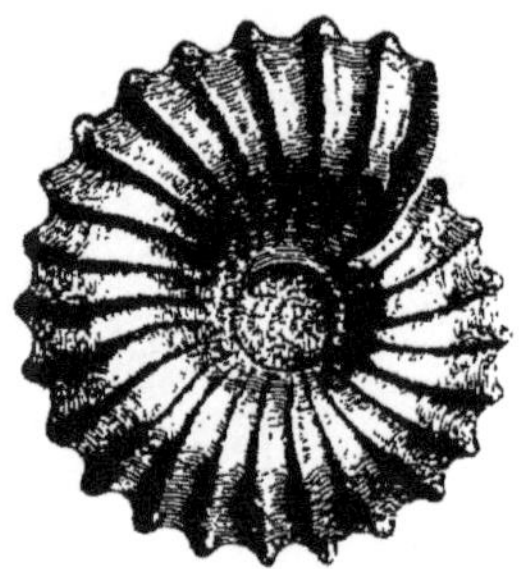

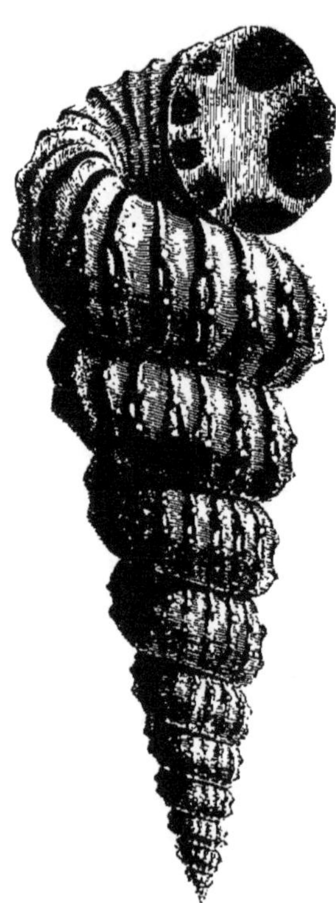

Fig. 165. Turrilites catenatus.

Résumé paléontologique sur les Céphalopodes.

§ 499. **Comparaison générale.** Si l'on jette les yeux sur notre tableau nº 5, de la répartition chronologique des *Céphalopodes tentaculifères* à la surface du globe, on est frappé du contraste qui existe avec nos tableaux précédents. Ce ne sont plus, en effet, comme chez les mammifères et chez les oiseaux, des êtres inconnus aux premiers âges du monde, qui apparaissent tout à coup avec la période qui a précédé notre époque. Ce ne sont plus, comme chez les reptiles et les poissons, des formes animales qui se remplacent successivement les unes les autres depuis le commencement de l'animalisation jusqu'à nos jours. On voit, avec le remplacement successif des genres, que ceux-ci ont été principalement créés à deux époques distinctes dans les terrains paléozoïques et crétacés, tandis qu'ailleurs c'est à peine s'ils ont montré quelques genres isolés. On voit encore qu'ils ont montré une progression décroissante de cette première époque jusqu'à l'époque actuelle.

§ 500. **Comparaison des ordres entre eux.** Les comparaisons que nous pouvons établir ne prouveront pas grand'chose, quant à la question de savoir si les plus parfaits ou les plus imparfaits des céphalopodes ont paru les premiers ; car, sous ce rapport, les deux ordres peuvent être placés en parallèle. Néanmoins le résultat géologique de chacun pris en particulier, est quelque peu différent.

Les *tentaculifères* (parmi lesquels est le *Nautile*) se sont montrés avec la première animalisation du globe, et atteignent le maximum de leur développement numérique avec l'étage silurien, le premier du monde animé. Ils ont 22 genres dans les étages paléozoïques, en montrent *sept* formes dans les terrains triasiques, le même nombre dans les terrains jurassiques, 14 dans les terrains crétacés, deux seulement dans les terrains tertiaires ; puis, de tous ces genres, un seul, le genre *Nautile*, représente, à l'époque actuelle, tous les genres si variés des autres âges du monde. Ainsi, sans aucun doute, les céphalopodes tentaculifères ont été dans une période décroissante, depuis l'étage silurien jusqu'à nos jours.

Les *Acétabulifères* (Voy. tableau no 6), qui renferment la *Seiche*, le *Calmar*, ont commencé avec *un* genre dans l'étage conchylien ; ils en ont *douze* dans les terrains jurassiques ; *quatre* dans les terrains crétacés ; le même nombre dans les terrains tertiaires ; et, de tous ces genres, *cinq* seulement sont représentés aujourd'hui. Si l'on n'avait égard qu'aux genres fossiles, les acétabulifères auraient eu leur maximum dans les terrains jurassiques et auraient diminué jusqu'à présent ; mais, lorsqu'on leur compare les 20 genres vivants, on pourrait en conclure que cette série est en voie croissante de développement de formes génériques ; néanmoins, comme parmi ces vingt genres vivants, un grand nombre sont purement charnus, ils n'ont pas pu, quand même ils eussent existé, conserver leurs traces dans les étages géologiques ; que les autres n'ont que des parties cornées qui ne se conservent qu'exceptionnellement, on ne peut rien affirmer de certain ; et tout porterait à croire, au contraire, que comparés aux tentaculifères, leurs formes étaient très-multipliées aux époques anciennes.

§ 501. **Déductions zoologiques générales.** En réunissant les genres de céphalopodes contenus dans nos tableaux nos 5 et 6, sans avoir égard aux ordres, nous trouvons, à peu de choses près, les mêmes conclusions. Nous connaissons aujourd'hui 22 genres dans les terrains paléozoïques, 8 dans les terrains triasiques, 17 dans les terrains jurassiques, 18 dans les terrains crétacés, *six* dans les terrains tertiaires. Les genres fossiles montreraient, dès lors, une décroissance constante depuis la première animalisation du globe jusqu'à l'époque actuelle, conclusion qui ne peut être modifiée par les 21 genres connus dans nos mers ; car beaucoup de ces genres, comme nous l'avons dit, ne pouvaient pas se conserver ou ne devaient se conserver que très-rarement. Voici donc, en résultat, les céphalopodes, les plus parfaits des mollusques, qui, depuis le premier âge animé du globe, sont en marche décroissante de formes génériques. Nous insistons sur ce fait, relatif aux céphalopodes que nous comparerons, plus tard, aux autres classes de mollusques moins parfaites, ce qui devra nous amener à cette conclusion que les mollusques, suivant les classes, ont certainement marché du composé au simple, ou dans une voie de non-perfectionnement.

§ 502. **Déductions climatologiques et géographiques.** Encore ici une confirmation (§ 242); en effet, le genre *Nautilus*, qui habite seulement aujourd'hui les régions tropicales des mers de l'Inde, et que nous trouvons dans les terrains tertiaires de France, d'Angleterre et de Belgique, prouve que ces lieux avaient, à cette époque, une température bien plus élevée. La présence du genre nautile en Europe, tandis qu'il est spécial au Grand Océan, ainsi que la découverte de l'*Argonauta hians*, sur les bords de la Méditerranée, où il ne vit plus aujourd'hui, prouvent que, de même, la répartition géographique passée (§ 243) n'était pas la même que celle de nos jours.

§ 503. **Déductions géologiques tirées des genres** (§ 244). Les *caractères stratigraphiques négatifs* sont très-marqués pour les céphalopodes ; puisque aucun des 51 genres fossiles connus n'occupe tous les étages et qu'ils sont, au contraire, tous restreints dans des limites plus ou moins étendues, et peuvent servir de caractères négatifs pour les étages supérieurs ou inférieurs à ces limites où ils manquent encore.

Les caractères *stratigraphiques positifs* (§ 245) sont aussi prononcés pour les céphalopodes. En effet, les 51 genres connus à l'état fossile sont autant de caractères positifs pour les terrains et les étages où ils ont été rencontrés jusqu'à présent. Ils seront d'autant plus certains que sur ces genres, 45, ou la presque totalité, sont perdus pour l'époque actuelle et pour les étages supérieurs et inférieurs, et que 14 sont spéciaux à un seul étage. La persistance (§ 246) est surtout très-remarquable, comme on peut le voir pour presque tous les genres de notre tableau n° 5, et surtout pour les genres *Nautilus*, *Ammonites*, *Orthoceratites*, *Hamites*, etc.

Les déductions géologiques tirées des espèces, chez les céphalopodes, sont, à très-peu d'exceptions près, comme pour les autres séries animales (§ 247). Les espèces, au nombre de 1448, sont spéciales à un seul étage, qu'elles ne franchissent pas ; aussi sont-elles caractéristiques des étages où elles vivaient.

FIN DU PREMIER VOLUME.

TABLE DES MATIÈRES

CONTENUES DANS CE PREMIER VOLUME.

DEUXIÈME PARTIE. — Éléments stratigraphiques.

TROISIÈME PARTIE. — Éléments zoologiques.

FIN DE LA TABLE.

www.ingramcontent.com/pod-product-compliance
Ingram Content Group UK Ltd.
Pitfield, Milton Keynes, MK11 3LW, UK
UKHW020202250726
13967UKWH00003B/1215